战略性新兴领域"十四五"高等教育系列教材

机器人传感技术原理与应用

主　编　黄志尧

参　编　黄平捷　张　涛

机械工业出版社

传感技术涉及信息获取、信息处理和传输、信息融合及智能感知等，是机器人工程乃至信息工程领域的核心关键技术。

　　本书共 8 章，主要围绕机器人传感技术原理与应用的基本知识，以"传感与检测基础—传感原理—敏感元件—传感器—应用"为主线组织相关内容，通过循序渐进的方式，从传感与检测基础、传感原理和敏感元件，到机器人测距与定位、力/触觉感知、速度/加速度与方向及图像信息获取等所需的传感器和相应的检测方法，最后到多传感器信息融合技术及其案例。本书力求将相关领域最新的传感技术、信息处理方法和传感器等及时反映其中，并做到知识性与趣味性、理论性与实践性、基础性与前瞻性的统一。

　　本书适合作为普通高等院校机器人工程、自动化、智能制造、测控技术与仪器、人工智能等专业的教材，也可作为从事自动化、机器人工程开发与应用等的工程技术人员的参考书。

　　本书配有电子课件、习题答案和教学大纲等教学资源，选用本书作教材的教师请登录 www.cmpedu.com 注册后下载。

图书在版编目（CIP）数据

机器人传感技术原理与应用/黄志尧主编 . -- 北京：机械工业出版社，2024.12. --（战略性新兴领域"十四五"高等教育系列教材）. -- ISBN 978-7-111-77657-4

Ⅰ. TP242

中国国家版本馆 CIP 数据核字第 2024AF0606 号

机械工业出版社（北京市百万庄大街 22 号　邮政编码 100037）
策划编辑：吉　玲　　　　　　　责任编辑：吉　玲
责任校对：陈　越　刘雅娜　　　封面设计：张　静
责任印制：单爱军
北京华宇信诺印刷有限公司印刷
2024 年 12 月第 1 版第 1 次印刷
184mm×260mm · 19.25 印张 · 462 千字
标准书号：ISBN 978-7-111-77657-4
定价：69.80 元

电话服务　　　　　　　　　　　网络服务
客服电话：010-88361066　　　机　工　官　网：www.cmpbook.com
　　　　　010-88379833　　　机　工　官　博：weibo.com/cmp1952
　　　　　010-68326294　　　金　书　网：www.golden-book.com
封底无防伪标均为盗版　　　机工教育服务网：www.cmpedu.com

人工智能和机器人等新一代信息技术正在推动着多个行业的变革和创新，促进了多个学科的交叉融合，已成为国际竞争的新焦点。《中国制造 2025》《"十四五"机器人产业发展规划》《新一代人工智能发展规划》等国家重大发展战略规划都强调人工智能与机器人两者需深度结合，需加快发展机器人技术与智能系统，推动机器人产业的不断转型和升级。开展人工智能与机器人的教材建设及推动相关人才培养符合国家重大需求，具有重要的理论意义和应用价值。

为全面贯彻党的二十大精神，深入贯彻落实习近平总书记关于教育的重要论述，深化新工科建设，加强高等学校战略性新兴领域卓越工程师培养，根据《普通高等学校教材管理办法》（教材〔2019〕3 号）有关要求，经教育部决定组织开展战略性新兴领域"十四五"高等教育教材体系建设工作。

湖南大学、浙江大学、国防科技大学、北京理工大学、机械工业出版社组建的团队成功获批建设"十四五"战略性新兴领域——新一代信息技术（人工智能与机器人）系列教材。针对战略性新兴领域高等教育教材整体规划性不强、部分内容陈旧、更新迭代速度慢等问题，团队以核心教材建设牵引带动核心课程、实践项目、高水平教学团队建设工作，建成核心教材、知识图谱等优质教学资源库。本系列教材聚焦人工智能与机器人领域，凝练出反映机器人基本机构、原理、方法的核心课程体系，建设具有高阶性、创新性、挑战性的《人工智能之模式识别》《机器学习》《机器人导论》《机器人建模与控制》《机器人环境感知》等 20 种专业前沿技术核心教材，同步进行人工智能、计算机视觉与模式识别、机器人环境感知与控制、无人自主系统等系列核心课程和高水平教学团队的建设。依托机器人视觉感知与控制技术国家工程研究中心、工业控制技术国家重点实验室、工业自动化国家工程研究中心、工业智能与系统优化国家级前沿科学中心等国家级科技创新平台，设计开发具有综合型、创新型的工业机器人虚拟仿真实验项目，着力培养服务国家新一代信息技术人工智能重大战略的经世致用领军人才。

这套系列教材体现以下几个特点：

（1）教材体系交叉融合多学科的发展和技术前沿，涵盖人工智能、机器人、自动化、智能制造等领域，包括环境感知、机器学习、规划与决策、协同控制等内容。教材内容紧跟人工智能与机器人领域最新技术发展，结合知识图谱和融媒体新形态，建成知识单元 711 个、知识点 1803 个，关系数量 2625 个，确保了教材内容的全面性、时效性和准确性。

（2）教材内容注重丰富的实验案例与设计示例，每种核心教材配套建设了不少于 5 节的核心范例课，不少于 10 项的重点校内实验和校外综合实践项目，提供了虚拟仿真和实操项目相结合的虚实融合实验场景，强调加强和培养学生的动手实践能力和专业知识综合应用能力。

（3）系列教材建设团队由院士领衔，多位资深专家和教育部教指委成员参与策划组织工作，多位杰青、优青等国家级人才和中青年骨干承担了具体的教材编写工作，具有较高的编写质量，同时还编制了新兴领域核心课程知识体系白皮书，为开展新兴领域核心课程教学及教材编写提供了有效参考。

期望本系列教材的出版对加快推进自主知识体系、学科专业体系、教材教学体系建设具有积极的意义，有效促进我国人工智能与机器人技术的人才培养质量，加快推动人工智能技术应用于智能制造、智慧能源等领域，提高产品的自动化、数字化、网络化和智能化水平，从而多方位提升中国新一代信息技术的核心竞争力。

中国工程院院士

2024 年 12 月

　　本书是为高等院校机器人工程专业编写的教材，也可作为自动化、测控技术与仪器等相关专业开设的传感与检测类专业课程的教材。

　　传感技术涉及信息获取、信息处理和传输、信息融合及智能感知等，是机器人工程乃至信息工程领域的核心关键技术。有鉴于此，本书以"传感与检测基础—传感原理—敏感元件—传感器—应用"为主线组织相关内容，利于教师开展教学，便于学生连贯、系统地学习知识并掌握相关传感器的应用。

　　本书按48学时为基准进行教学内容的编写。通过循序渐进的方式，从传感与检测基础、传感原理和敏感元件，到机器人测距与定位、力/触觉感知、速度/加速度与方向及图像信息获取等所需的传感器和相应的检测方法，最后到多传感器信息融合技术及其案例，科学地编排教材内容，力求将相关领域最新的传感技术、信息处理方法和传感器等及时反映在教材中，并做到知识性与趣味性、理论性与实践性、基础性与前瞻性的统一。本书注重原理和方法，并突出应用。

　　参加本书编写的均为具有传感与检测类专业课程丰富教学经验的教师，其中第1、2、4、8章由黄志尧编写，第3、7章由张涛编写，第5、6章由黄平捷编写。全书由黄志尧整理定稿。

　　本书在编写过程中参考和借鉴了许多相关的教材、专业书籍、论文和产品技术手册/说明书等，在此一并对相关引用文献的作者表示感谢。

　　本书虽经多次核校，并在浙江大学作为机器人工程专业教学讲义使用多年，但限于编者的水平和能力，书中难免有不足甚至错漏之处，恳请读者批评指正。

编　者

于杭州老和山下求是园

V

VI

VII

X

第 1 章　绪论

关于机器人的定义，目前国际上还未有统一和普适性的定义。我国科学家对机器人的定义是：机器人是一种自动化的机器，所不同的是，这种机器具备与人或生物相似的智能能力，如感知能力、规划能力、动作能力和协同能力，是一种具有高度灵活性的自动化机器。

从不同角度出发，机器人有不同的分类。如从应用环境角度出发，我国将机器人分为工业机器人和特种机器人两类。国际上从应用环境角度出发的机器人分类与我国类似，也分为两类，即制造业工业机器人和非制造业服务与仿人机器人。又如从机器人的移动性角度出发，机器人可分为固定机器人和移动机器人两类。固定机器人也常称为半移动机器人，以应用于制造业的机械臂为典型代表，机器人主体被安装在某一固定位置，但其关节或某些部件可移动并可进行相关的操作。而移动机器人的主体则可在各个方向上移动（运动），如各种仿人 / 仿生机器人、无人机、水下机器人、物流机器人、搜救机器人、防爆机器人和月球 / 火星探测机器人等。

根据文献，"机器人"（Robot）一词可溯源于 20 世纪 20 年代初捷克作家卡雷尔·凯佩克（Karel Capek）的科幻剧作《罗萨姆的万能机器人》（"*R. U. R. Rossum's Universal Robots*"）。1950 年著名科幻作家阿西莫夫（Isaac Asimov）在其著作《我，机器人》（"*I, Robot*"）中提出了著名的"机器人三准则"：①机器人不得伤害人类，也不允许它看到人类将受到伤害而袖手旁观；②机器人必须服从人类的指令，除非这些指令与第一条相违背；③机器人必须保护自己不受伤害，除非这与第一条或第二条相违背。"机器人三准则"的核心思想是确保机器人不会对人类造成任何伤害并保护人类的生命和财产安全。

20 世纪中叶世界上第一台工业机器人诞生，标志着机器人已不再是科幻小说中的虚构角色，达到了实用阶段并真正进入了人类社会。自此，机器人技术逐渐受到关注和重视，尤其是 20 世纪 80 年代以来，伴随着先进传感、自动控制、计算机、人工智能、机械工程、微电子、先进材料和仿生学等相关学科领域技术的发展，机器人技术方面的研究和应用越来越深入而广泛。经过多年的快速发展，目前机器人已成为一个重要的学科方向，并形成了一个欣欣向荣的产业。其服务对象已逐渐渗透到人类生产生活的各个方面，且其产业规模也在快速增长。从某种意义上讲，机器人技术的发展水平已成为衡量一个国家整体科技发展水平的重要指标之一。

作为一种高度智能化的自动化机器，机器人必须配置有较为完备的感知系统。基于所配置的多个传感器所获得的测量信息并进行相应的信息处理，机器人才能实现自身状态的控制和调整，有效地适应环境的变化，并进而完成相应的任务。因此，毋庸置疑，传感技术一直是机器人领域研究发展的核心技术，在许多应用场合机器人传感技术及其相应传感器的发展水平是决定或制约相应机器人功能和能力的关键因素。

1.1　机器人传感技术概述

图 1-1 为机器人传感器的概貌，无论何种机器人均需要基于传感技术利用各种各样的传感器来实现如下两方面的功能。

（1）感知自身的状态

机器人需要通过传感器监测机器人本身（包括机器人主体及其各个部件）的状态，如当前机器人是否处于工作状态？处于何种工作状态？机器人本体及各个部件是否工作正常？各个部件相对于本体处于什么位置？机器人本体或各个部件是否处于运动中？运动速度如何？移动方向如何等。

（2）获取环境信息以实现交互

机器人需要通过传感器获取与任务相关的环境信息，以使机器人和环境发生良好的交互，适应环境并顺利完成既定的任务。如自主移动机器人需基于各传感器测量信息以确定自身在环境中的位置（即实现机器人自身的定位），搞清楚行进方向上是否有障碍物以及障碍物与机器人之间的相对位置（即实现环境目标物定位）。若该机器人还需实现抓取和装配等任务，则还需要利用相应的传感器获得目标物的相对位置、目标物的图像、是否与目标物接触、机器人与目标物相互间作用力为多少等信息。

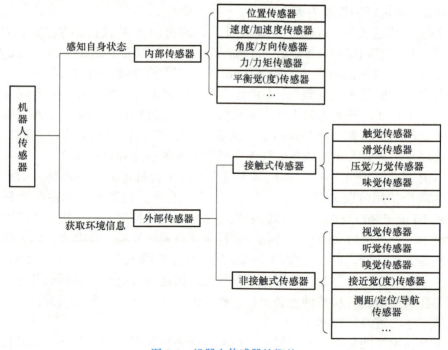

图 1-1　机器人传感器的概貌

从应用功能需求角度出发，机器人对传感器一般有如下基本性能要求：

（1）高精度和高实时性

机器人传感器必须具备较好的测量精度和实时性。机器人能否准确无误地操作并完成既定的任务往往取决于相应传感器的精度和实时性能。如传感器实时获取的高精度距离和位置等信息是无人车或无人机是否能顺畅工作的前提。而制造业中装配或焊接机器人的工作质量和效率则依赖于相应视觉、触觉／力觉和定位传感器的测量精度和快速响应能力。

（2）高可靠性和高环境适应性

机器人传感器的高可靠性和高环境适应性是保证机器人长期稳定工作的必要条件。由于机器人是在无人值守的条件下代替人自主进行工作，机器人的工作环境千变万化，有时客观上甚至需要机器人在高污染、高干扰和高危险等恶劣或极端条件下进行操作，因此，机器人传感器必须具备较好的抗电磁干扰和抗恶劣环境能力，在不同的工作场景下均能可靠有效地获取信息。

（3）高兼容性和高适配性

机器人传感器应尽量采用行业内通用的标准或规范（如通用的数据传输接口、通信协议和机械安装标准等）以保证良好的兼容性和适配性。同一机器人传感器应能用于不同的机器人，且便于安装和维护。若传感器的数据传输（通信）接口或安装要求等过于独特不通用，则有可能增加相应机器人设计和应用的复杂性，导致整体成本的上升和后续维护的困难，同时反过来也会在一定程度上限制该传感器的推广和应用。

此外，机器人传感器的质量、体积和成本也是机器人选用传感器时的重要参考因素，在同等条件下，结构紧凑体积小、质量轻和成本低的传感器具有明显的优势。

经过几十年的研究和发展，机器人传感技术已取得了很大的进展，相应传感器的测量性能和智能化程度已得到很好的提升，并在众多领域得到了很好的实际应用。从仿生和功能需求角度而言，对于机器人的视觉、听觉和触觉／力觉等重要感知需求，目前已有不少商品化和实用化传感器，其性能也已能基本满足大多数实际应用的要求；对于机器人测距／定位／导航方面的需求，目前亦有机器视觉、激光测距仪／激光雷达、毫米波雷达、超声波传感器阵列／超声雷达以及全球导航卫星系统（Global Navigation Satellite System，GNSS）等多种方案或产品可供选择，并在不同的应用场景下取得了很好的测量效果；对于机器人嗅觉和味觉方面的感知需求，目前的研究虽有一定的进展，但整体而言研究还较为薄弱，突破性的进展还较少，成熟传感器种类少且功能还较为简单。

虽然机器人传感技术已取得了较大的进步，但目前机器人传感技术的技术水平还未达到人们的预期。现有机器人传感技术仅具有有限的感知能力，要想达到"人类"或"拟人／仿生"的目标还有相当长的路要走，仍有不少科学与工程问题亟待突破。结合国内外研究动态和最新研究进展，机器人传感技术未来的主要发展趋势大致概括为以下几方面：

（1）充分利用现有成熟的传感原理或测量方法并结合相关新技术研发性能更好的传感器

基于现有的各种成熟传感原理或测量方法并结合相关新技术是目前机器人领域绝大多数传感器研发的主要技术途径。这方面的研究工作目前还有巨大的发展潜力可挖，其核心和关键是利用相关新技术，且在可预计的将来仍将是机器人传感技术研究发展的主流。近年来发展很快的激光雷达就是一个很好的例子，其传感原理和测量方法与传统的激光测距仪别无二致，但应用了近年来涌现的新型激光、MEMS 和新光电材料等技术，性能得到了跨越式提升，已可快速有效地获取三维距离（位置）信息，且结构越来越紧凑，体积越来越小，成本也得到了大幅度降低。

（2）研究新型敏感材料

敏感材料是传感技术进步和传感器研发的基础支撑条件。新型敏感材料的成功研发，可在很大程度上促进相应传感技术的进步和传感器的更新换代。如得益于各种新型光电材料，近年来机器视觉传感技术发展迅速，相应的传感器（各种相机或摄像头等）也在较短的时间内实现了从模拟式到数字式的更新换代，所获图像的分辨率和清晰度也越来越高。又如各种新型导电橡胶的出现，为触觉传感技术及其传感器方面的研究提供了一条很好的途径。

（3）充分利用各种先进信息处理方法和多传感器信息融合技术以提升测量性能和智能化水平

机器人已发展到智能机器人阶段，未来对测量信息的准确性和机器人整体感知系统的智能化水平方面的要求会越来越高。客观上需要充分利用各种先进信息处理方法和多传感器信息融合技术对所获测量信息进行集成化、多功能化和智能化综合处理以提高参数测量结果的精度和可靠性，提升机器人整体感知系统的智能化水平，并使其具备更好的自身状态和环境感知能力。

（4）研究仿生传感机理

目前机器人传感技术进一步研究发展的障碍之一是仿生传感机理方面的研究还较为薄弱。以触觉为例，目前的触觉传感器大多是基于压阻、电容或压电等敏感元件或材料去模仿皮肤的行为。然而，触觉的产生和传递是一个复杂的过程，并非简单地将力学物理特性转化为电信号。虽经多年大量研究，但目前仍无法做到精确地模仿触觉传感机理。这或多或少地制约了触觉传感技术的进步。味觉和嗅觉感知方面也有同样的问题，现有的人工鼻和人工舌仅能识别一种或数种物质，而人的舌头和鼻子可以同时识别出各种各样的物质。因此，机器人传感技术未来要真正地模拟并达到类似人的水平，需要多学科交叉合作以加强仿生传感机理方面的研究。

（5）研究极端条件或恶劣环境下的机器人传感技术

随着科技的进步和社会的发展，机器人需要处理或应对的环境将越来越广泛而复杂，其中不乏极端条件（如深海、太空和核辐射等）或恶劣环境（如高温、高压、恶劣气象、高粉尘、高污染等环境，以及地下事故矿井和灾难废墟等）的应用场合。对于这些特殊的应用场景，常规的检测技术和传感器可能不适用，需要特别研发专用的传感技术和传感器以保证相应的机器人能正常工作并完成既定的任务。在我国，近年来这方面的研究越来越受到关注和重视。

1.2　本书概要和章节安排

本书拟以智能机器人实现信息获取并与自身及外部环境进行信息交互为逻辑主线，较全面系统地介绍机器人所涉及的传感原理、测量方法、传感器以及信息处理/集成方法等。本书内容安排框架如图 1-2 所示，循序渐进地重点介绍传感与检测的基础知识，常用传感原理与敏感元件，机器人视觉、听觉、触觉/力觉及测距/定位/导航等的相关传感器和测量方法等，扼要介绍多传感器信息融合技术及其案例。

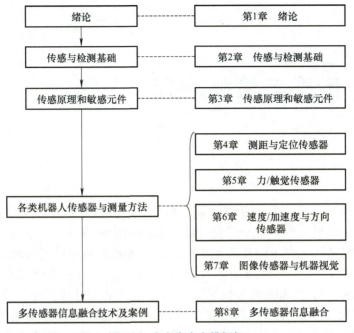

图 1-2　本书内容安排框架

本书的各章节内容安排如下：

第 1 章　绪论：扼要介绍机器人传感技术概况，本书概要和章节安排。

第 2 章　传感与检测基础：介绍传感器的分类、基本术语，静态性能指标和动态特性，可靠性分析，以及误差分析与处理等。

第 3 章　传感原理和敏感元件：介绍机器人领域常用的基于电学、声学、光学、力学和光电效应等的传感原理和敏感元件。

第 4 章　测距与定位传感器：介绍基本的三角测量法和多边定位法，基于激光、声学和毫米波雷达的测距与定位技术，以及 GNSS 等。

第 5 章　力 / 触觉传感器：介绍基于电阻、电容、压电和光纤等传感原理的各种力 / 触觉传感器和相应的测量方法。

第 6 章　速度 / 加速度与方向传感器：介绍机器人的各种速度、加速度和方向传感器。

第 7 章　图像传感器与机器视觉：介绍机器视觉的基础知识，常用图像传感器，以及常用机器视觉测量方法等。

第 8 章　多传感器信息融合：扼要介绍多传感器信息融合技术及典型案例。

🔍 思考题与习题

1-1　"机器人三准则"有什么重要意义？

1-2　查找相关文献，了解机器人传感技术和机器人传感器方面的最新研究进展和行业动态。

1-3　举一个机器人的实例，并弄清楚该机器人选用了多少传感器以及每台传感器的功能。

第 2 章　传感与检测基础

　　传感与检测是一门研究如何获取信息的科学，涉及应用数学、应用物理、应用化学、生物、材料工程、机械工程、电子信息、集成电路和计算机等多个学科的知识。而这些相关学科的最新研究进展也会不同程度地推进传感器和检测技术的研发和应用。

　　传感与检测的重要性不言而喻。人类时时刻刻都在用五官感受外部的世界，获取图像、声音、触觉、味觉和嗅觉等信息。在科学研究和工业生产中，各种传感器及其检测则是认识客观规律，实现工业过程安全可靠运行等的前置性必要条件。以图 2-1 所示的典型闭环控制系统为例，可以看出，如果没有反馈通道中测量变送环节传感器检测出被控变量的大小及其变化，不可能实现有效的自动控制，也就得不到高质量的控制效果。

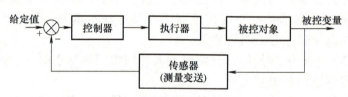

图 2-1　典型闭环控制系统框图

　　传感器（Sensor/Transducer）是信息获取的工具。传感器是利用敏感元件感受被测量的大小及其变化，并按一定的标准或规律转化成可用输出信号的器件或装置。除了传感器这一名称外，作为信息获取的工具，在不同的科学和工程领域中，还有仪器或仪表（Instrument）等称谓。由于在机器人领域，"传感器"这一称谓最为通用，因此，在本书后续章节中主要采用"传感器"一词代表信息获取的工具。

　　采用传感器进行检测或测量（Measurement）是获得信息的过程，即按特定的方法利用传感器获取相应被测量测量信息的过程。"检测"和"测量"两词基本上可以通用。

　　传感器大致可分为敏感元件、转换元件及测量/信号处理电路等，如图 2-2 所示。其中敏感元件和转换元件是两个基本组成部分。敏感元件（Sensing Element）是依据相应的传感原理直接感受被测量。转换元件（Transduction Element）是对敏感元件的输出进行相应的变换和处理，将敏感元件的输出转化为便于应用和后续处理的信号（通常为电信号，如电流或电压等）。而测量和信号处理电路则是对转换元件的输出信息进行进一步的处理，显示或输出反映被测参数大小及其变化的测量信息。

图 2-2　传感器构成框图

从数学角度而言，被测量 x 与传感器的输出 y 之间存在的函数关系为

$$y = f(x) \qquad (2\text{-}1)$$

所谓检测或测量即完成从被测量 x（自变量）到传感器的输出 y（因变量）的映射。

如果传感器敏感元件的输出经转换元件和测量 / 信号处理电路处理后，传感器能输出标准统一信号，如直流电流 4 ～ 20mA，直流电压 1 ～ 5V，各种标准数据通信协议，以及 20 ～ 100kPa 空气压力（气动仪表）等，则该传感器也可称为变送器（Transmitter）。以电容式压力传感器为例，膜片感受压力的变化并引起膜片的形变（位移），但由于该位移量非常小（一般为 μm 级），信号微弱且不便于信息传递，因此膜片只是一个敏感元件，不能称为传感器。若把膜片与一固定极板构成一对电容器，将膜片中心位移转化为相应的电容量变化量，并有相应的测量电路将电容变化量转换成便于应用的电流或电压信号，这样就构成了压力传感器。如果再进一步引入测量 / 信号处理电路，传感器的输出是与被测压力相对应的标准统一信号（如便于远距离传送的直流 4 ～ 20mA 信号），则该压力传感器亦可称为压力变送器。

通常情况下，一个传感器是一个相对独立使用的整体，它以一一对应的方式实现某个参数的检测，即一个传感器检测一个参数，如温度传感器测量温度。

然而，并不是所有参数的检测都能用单个传感器就能实现，有些参数的检测需采用多个传感器获得的测量信息并通过特定的测量模型计算后才能实现。如图 2-3 所示，利用超声波传感原理进行主动式距离检测时，就需要一个温度传感器和一个超声波传感器。温度传感器获得环境温度 T（℃）确定声速 c，用超声波传感器发出超声波并获得超声波来回时间差 Δt，然后利用距离测量模型计算获得距离 l。这种利用若干个传感器实现某一个或多个参数检测所构成的系统称为检测系统或测量系统（Measurement System）。

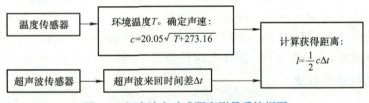

图 2-3　超声波主动式距离测量系统框图

需要指出的是，随着科学技术的飞速发展，传感器和检测系统的功能越来越强大，集成化程度也越来越高。目前，智能型传感器除敏感元件、转换元件和测量 / 信号处理电路等部分外，还有数据存储、滤波、数据处理、故障诊断、显示、数据通信等模块，并能以多种方式（数字和屏幕图像等）显示测量信息，以多种方式（模拟量，电流、电压或频率；数字量，各种通信协议）输出测量信息。与此同时，有些专用的检测系统也已被集成化成一台拥有若干个敏感元件以及相应的转化元件等的专用智能传感器。传感器与检测系统之间已没有明显的界限。

2.1 传感器的分类

传感器有多种分类方法，机器人领域中较为常用的传感器分类方法有以下几种。

1. 按被测参数分类

每个传感器一般用于检测某个特定的被测参数。因此，可依据被测参数的不同对传感器进行分类，如温度传感器、压力传感器、加速度传感器、角度/方向传感器和位移传感器等。

2. 按传感原理分类

按不同的传感原理，传感器可分为力学/机械式、电阻式、电容式、压电式、压阻式、压磁式、磁电式、光电式、热电式、声学/超声式、光纤式等。

3. 接触式传感器与非接触式传感器

传感器可分为接触式传感器和非接触式传感器两大类。接触式传感器的敏感元件与被测对象直接接触获得被测参数的信息，而非接触式传感器则不与被测对象直接接触，多是利用被测对象对电磁波、光波或声波/超声波等的响应特性来获得被测参数的信息。如测量某一物体的温度，热电阻或热电偶温度传感器属于接触式传感器，而红外温度传感器则为非接触式传感器。

4. 内传感器与外传感器

内传感器也常称为本体感受传感器，内传感器主要用于感知机器人自身的工作状态，以控制机器人的操作和运动，如运动部件的位置、速度和受力情况、内部温度、驱动电机的电流等。外传感器也常称为外感受传感器，主要用于机器人对外部环境信息的获取，使机器人对环境具有自适应能力，如与障碍物的距离、环境物的轮廓等。

5. 按需实现的功能分类

机器人传感器本质上是模仿人类的感知并实现相应的功能。依据机器人需实现的功能，有定位、导航/运动（方向、速度、加速度、距离/里程）、力/触觉及视觉等功能，传感器可相应地分为定位传感器、导航传感器、速度传感器、加速度传感器、里程仪、力觉传感器、触觉传感器、视觉传感器（图像传感器）等。

6. 按使用的能量源分类

按使用的能量源，传感器可分为机械传感器、电动传感器和气动传感器。机械传感器一般不需要使用外部能源，通常利用敏感元件的膨胀或位移效应带动传感器的传动机构，使指针产生偏转，通过仪表盘上的刻度显示被测参数的大小，如机械式陀螺仪、弹簧管压力表、水银温度计等。电动传感器使用电源作为传感器能源，其输出信号也是电信号。由于所需电源易于获得，输出信号易于传输、显示和处理，因此绝大部分传感器都为电动传感器，是目前最常用的传感器类型。气动传感器多用压缩空气/气体作为传感器的能量源和信号传递介质。该类传感器由于没有使用电源，因此安全性能高，适用于易燃易爆等高危险环境下的参数检测。实际应用过程中需要注意的问题是，气动传感器是利用压缩气体传递信号，滞后比较大，同时传递信号的气管路上的任何泄漏或堵塞也会导致信号衰减或消失。

7. 主动式传感器和被动式传感器

主动式传感器是将能量（一般为电磁波或声波等）释放出去，并根据被测对象的响应或反应信号来实现测量。而被动式传感器则无须向外界释放能量。如超声波主动测距需要超声波传感器先发出超声波，然后通过测量障碍物的反射回波实现距离检测。而被动测距的传声器传感器（多为传声器阵列）则是直接利用接收到的环境声信号进行距离检测。

2.2　基本术语和传感器的静态性能指标

本节主要介绍和讨论涉及传感器和检测技术的基本术语，以及描述和评定传感器静态性能的常用技术指标。

2.2.1　基本术语

1. 被测量

被测量（Measurand）是拟测量的量，也常称为被测量（Parameter to be Measured）。

2. 测量值

测量值（Measured Value）是传感器输出或显示的被测量数值，也常称为示值或读数。测量值更为严格的术语名称是测得的量值（简记测得值），以强调测量得到的值。

3. 真值

真值（True Value）是被测量本身具有的真实大小。被测量真值是一个理想化的概念，只有在某些特殊的情况下才能确定，如三角形三个内角之和是180°。一般情况下，多用约定真值（Conventional True Value）来代替，如国际上公认的保存在国际计量局的1kg铂铱合金标准器，符合国家相关规范的标准计量装置或精密检测仪器等的测量结果等。科学研究和工程应用中常采用在较为理想情况下获得的足够多次测量值的平均值作为真值。国标 GB/T 6379.1—2004/ISO 5725-1：1994 推荐采用接受参照值（Accepted Reference Value），其定义为：用作比较的经协商同意的标准值，它来自于：①基于科学原理的理论值或确定值；②基于一些国家或科学组织的实验工作的指定值或认证值；③基于科学或工程组织赞助下合作实验工作中的同意值或认证值；④当①～③不能获得时，则可用（可测）量的期望，即规定测量总体的均值（注意：为简化相关内容的描述，在本书后续的章节中，统一简化采用"真值"一词，不再特别区分理想真值、约定真值和接受参照值等）。

2.2.2　传感器的静态性能指标

1. 准确度（精度）

准确度（Accuracy）表征被测量的测量值与真值之间的一致程度，习惯上也常称为精度。准确度（精度）是一个定性的概念。根据国家相关标准的规定，传感器的准确度划分为若干等级，称为准确度等级。实际应用中，传感器准确度高意味着检测很准确，测量值与真值之间相符合的程度高。

2. 测量范围和量程

每个传感器都有一个特定的测量范围，在这个范围内，传感器的准确度能符合所规定的值。这个范围的最小值和最大值分别称为测量下限和测量上限。测量上限和测量下限之差即称为传感器的量程，即

$$量程 = 测量上限值 - 测量下限值$$

例如，一台温度传感器的测量上限值是 300℃，下限值是 -50℃，则测量范围为 -50 ~ 300℃，量程为 350℃。

3. 误差

误差（Error）是用于表征传感器检测获得的测量值（示值、测得值）偏离真值的程度。通常有如下多种具体描述误差的术语。

（1）绝对误差（Absolute Error）

绝对误差是传感器测量值与真值之间的差值，即

$$e = 测量值 - 真值 = x - x_0 \tag{2-2}$$

式中，e 为绝对误差；x 为传感器的测量值；x_0 为被测量的真值。传感器的绝对误差给出了测量值偏离真值的大小。绝对误差具有与测量值和真值一样的量纲，有正有负，同时各测量值相对应的绝对误差也有所不同。绝对误差也常称为示值误差。

（2）相对误差（Relative Error）

相对误差是传感器的绝对误差与被测量真值之比值，常用百分数表示，即

$$\delta = \frac{绝对误差}{真值} = \frac{e}{x_0} \times 100\% \tag{2-3}$$

式中，δ 为传感器的相对误差。显然，相对误差 δ 无量纲。

（3）引用误差

传感器的绝对误差与量程之比值，也常用百分数表示，即

$$\delta_r = \frac{绝对误差}{量程} = \frac{e}{量程} \times 100\% \tag{2-4}$$

式中，δ_r 为引用误差。由于量程与绝对误差具有相同量纲，引用误差无量纲。

（4）最大引用误差

在正常工作条件下，被测量平稳增大或减小时，传感器量程范围内所有测量值中最大绝对误差的绝对值与量程之比值，即量程范围内的最大引用误差的绝对值，称为传感器的最大引用误差，即

$$\delta_{max} = \frac{|e_{max}|}{量程} \times 100\% \tag{2-5}$$

式中，δ_{max} 为最大引用误差；e_{max} 为传感器量程范围内所有测量值中的最大绝对误差。

在传感器量程范围内，各测量值的绝对误差是不一样的。对于给定的一个传感器，最好只用一个指标来表示其误差性能。相较于绝对误差、相对误差和引用误差等指标，最大引用误差能更好地整体地描述传感器误差性能。因此，最大引用误差是传感器的重要质量指标，也是传感器基本误差性能的主要表现形式。最大引用误差能很好地量化表征传感器的准确度，其数值是确定传感器准确度等级的依据。

基于上述讨论，传感器的准确度等级的确定步骤如下：

1）获得量程范围内的最大绝对误差 e_{max}。

2）根据式（2-5）计算获得该传感器的最大引用误差 δ_{max}，略去百分号。

3）根据国标划分的准确度等级（如压力传感器，国标所划分的等级有……0.05、0.1、0.25、0.35、0.5、1.0、1.5、2.5、4.0……），选择其中数值上最接近又比计算获得的最大引用误差 δ_{max} 大的准确度等级作为该传感器的准确度等级。注意：准确度等级的数字越小，传感器的准确度越高，或者说传感器的测量误差越小。

例 2-1　有一个压力传感器，其量程为100kPa，经检验发现其量程内出现的最大绝对误差为0.6kPa。试问该台压力传感器的准确度等级为多少？

解： 由题意可以算出该传感器的最大引用误差为0.6%，略去其百分号，根据压力传感器准确度等级，0.6大于准确度等级中的0.5而小于1.0，则该传感器的准确度等级应定为1.0级。

例 2-2　拟对某容器的压力进行检测，正常压力在150kPa左右，要求压力测量误差不大于4.5kPa，问什么准确度等级的压力传感器能满足测量要求？

解： 由题意，选择的压力传感器的最大绝对误差应小于4.5kPa才能满足测量要求。另一方面，压力传感器的量程一般应比正常被测压力大30%以上，可选择压力传感器的量程为250kPa，则可计算获得传感器的最大引用误差为4.5/250=1.8%，选择的压力传感器的准确度等级应为1.5或更小。

4. 线性度

传感器的输入–输出特性曲线最好具有线性特性，以便于信息处理、显示和传递，同时利于提高传感器的整体准确度。然而，具有线性特性的传感器往往由于各种因素的影响，其工作时的实际输入–输出特性偏离线性，如图2-4所示。传感器的线性度（Linearity）也常称为非线性误差，表征的是传感器的实际输入–输出特性曲线相对于相应的理论直线的偏离程度，其数值是量程范围内实际输入–输出特性曲线与理论直线之间的绝对误差的最大值 $\Delta y'_{max}$ 与传感器量程之比值的百分数，即

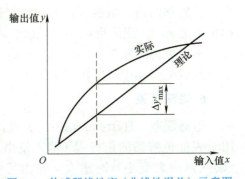

图 2-4　传感器线性度（非线性误差）示意图

$$线性度(非线性误差) = \frac{\Delta y'_{max}}{量程} \times 100\% \tag{2-6}$$

5. 灵敏度和分辨率

灵敏度（Sensitivity）S 是传感器对被测量变化的灵敏程度，常以传感器输出变化量

11

Δy 与输入变化量 Δx 之比表示：

$$S = \frac{\Delta y}{\Delta x} \tag{2-7}$$

灵敏度本质上是传感器输入 – 输出特性曲线的斜率。灵敏度高表示在相同输入变化量 Δx 时具有较大的输出变化量 Δy。若传感器的线性度较好（非线性误差较小），则灵敏度 S 可视为恒定常数，如图 2-5a 所示；若传感器的输入 – 输出特性曲线存在严重的非线性，则灵敏度 S 就难以视为恒定常数，灵敏度 S 值就与输入值 x 有关，不同的 Δx 对应不同的 Δy，呈现出不同的灵敏度 S，如图 2-5b 所示。

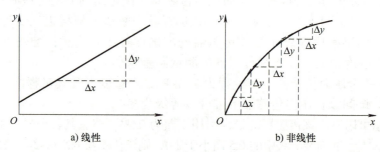

a) 线性   b) 非线性

图 2-5　传感器灵敏度示意图

传感器的灵敏度实质上是个有量纲的放大倍数，可以用增大传感器的整体放大倍数来提高。需要指出的是，仅增大灵敏度而不改变传感器的其他基本性能，实际上并不能提高传感器的准确度。

分辨率（Resolution）是指能引起传感器输出发生变化时输入量的最小变化量，即最小输入变化量。分辨率也常称为灵敏限或灵敏阈，它表征了传感器响应和分辨微小输入变化量的能力。

传感器的输入量的变化不致引起传感器输出量可察觉的变化的有限区间一般称为死区（Dead Zone）。死区也称不灵敏区，在这个区间内，仪表的灵敏度为零或较低，被测量的变化不易被传感器有效检测到。死区产生的因素主要有传感机理的局限、硬件电路设计的不当及机械传动中的摩擦和间隙等。

6. 迟滞误差

迟滞误差（Hysteresis Error）也常称为回差或变差，用于表征传感器的正行程（输入量由小变大）和反行程（输入量由大变小）时输入 – 输出特性曲线的不一致程度。如图 2-6 所示，存在迟滞现象的传感器在同一被测量时可能有不止一个输出值，从而产生误差。数值上，迟滞误差对应于传感器在量程范围内同一被测量在其上行和下行时对应输出值间的最大绝对误差 $\Delta y'_{max}$ 与传感器量程之比值的百分数，即

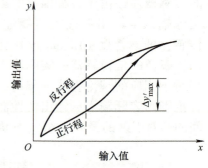

图 2-6　迟滞误差示意图

$$迟滞误差 = \frac{\Delta y'_{max}}{量程} \times 100\% \tag{2-8}$$

由于正反行程输入 – 输出特性曲线构成一个奇怪的环状，迟滞有时也称滞环。传感器出现迟滞误差主要是由敏感元件材料的物理性质缺陷和机械部件的缺陷等引起，如运动部件的摩擦、弹性元件的弹性滞后、磁性元件的磁滞损耗等。

7. 稳定性、重复性和再现性

传感器的稳定性（Stability）一般从时间和工作条件两个方面来描述。

1）时间稳定性：在工作条件保持恒定时，传感器的输出随时间变化波动的程度。

2）工作条件稳定性：在规定的工作条件内某个条件的变化对传感器输出的影响程度。例如，工作环境温度引起的传感器输出漂移，俗称温漂。

重复性（Repeatability）是指在相同的测量条件下，对同一被测量进行多次重复测量时，所获测量结果之间相一致的接近程度。这些相同的测量条件包括相同的测量方法、相同的操作者、相同的测量设备、在相同的地点以及在短的时间内重复测量等。

再现性（Reproducibility）是指用不同的测量方法、不同的操作者、不同的测量设备，在不同的地点，在相对较长的时间间隔内，对同一被测量重复测量时，所获测量结果之间相一致的接近程度。

传感器的重复性和再现性一般由测量范围内对同一被测量重复测量中传感器输出值之间的最大差值与量程比的百分数来表示。

2.3　传感器模型及其动态特性

实际应用中，被测量大多随时间变化，传感器的输入是时间的函数。同时，由于传感器或多或少地存在机械的、电的和磁的各种惯性，传感器的输出不能很好地及时响应随时间变化的输入信号，传感器的输出与输入信号间存在差异。换而言之，实际测量过程是动态测量，而动态测量存在动态误差 $e(t)$，$e(t) = y(t) - x(t)$，其中 $y(t)$ 为传感器的输出，$x(t)$ 为传感器的输入。因此，有必要建立传感器动态模型并分析研究传感器的动态特性，即动态测量时，传感器输出与随时间变化的输入量之间的关系。

2.3.1　传感器模型

一般情况下传感器可归结为线性定常系统，其输入和输出之间的关系可用常系数微分方程表示为

$$a_n \frac{\mathrm{d}^n y}{\mathrm{d}t^n} + \cdots + a_1 \frac{\mathrm{d}y}{\mathrm{d}t} + a_0 y = b_m \frac{\mathrm{d}^m x}{\mathrm{d}t^m} + \cdots + b_1 \frac{\mathrm{d}x}{\mathrm{d}t} + b_0 x \tag{2-9}$$

式中，a_n 和 b_m 是由传感器结构及其特性决定的常数。

假定传感器这一线性定常系统满足零初始条件，对式（2-9）做拉普拉斯变换，传感器的传递函数 $G(s)$ 为

$$G(s) = \frac{Y(s)}{X(s)} = \frac{b_m s^m + \cdots + b_1 s + b_0}{a_n s^n + \cdots + a_1 s + a_0} \tag{2-10}$$

式中，$Y(s)$、$X(s)$ 分别为传感器输出 $y(t)$、传感器输入 $x(t)$ 的拉普拉斯变换。根据传感

器的传递函数，传感器的输出可表示为

$$Y(s) = G(s)X(s) \tag{2-11}$$

实际应用中，只要获知传递函数 $G(s)$ 和输入信号的拉普拉斯变换 $X(s)$，依据式（2-11）获得 $Y(s)$，对 $Y(s)$ 做拉普拉斯逆变换即可获得时域的输出表达式 $y(t)$。

令 $s = \mathrm{j}\omega$，由式（2-10）可方便地推得频率响应特性函数 $G(\mathrm{j}\omega)$ 为

$$G(\mathrm{j}\omega) = \frac{Y(\mathrm{j}\omega)}{X(\mathrm{j}\omega)} = \frac{b_m(\mathrm{j}\omega)^m + \cdots + b_1(\mathrm{j}\omega) + b_0}{a_n(\mathrm{j}\omega)^n + \cdots + a_1(\mathrm{j}\omega) + a_0} = G_R(\omega) + \mathrm{j}G_I(\omega) \tag{2-12}$$

式中，ω 为角频率；$Y(\mathrm{j}\omega)$、$X(\mathrm{j}\omega)$ 分别为传感器输出 $y(t)$、输入 $x(t)$ 的傅里叶变换。$G_R(\omega)$、$G_I(\omega)$ 分别为 $G(\mathrm{j}\omega)$ 的实部和虚部。频率响应特性函数是在频率域中反映系统对正弦输入信号的稳态响应。若用指数形式来表示，式（2-12）可表示为

$$G(\mathrm{j}\omega) = A(\omega)\mathrm{e}^{\mathrm{j}\varphi(\omega)} \tag{2-13}$$

式中，$A(\omega)$ 为模，常称为传感器的幅频特性，描述的是系统输出与输入两正弦信号幅值之比随输入正弦信号频率变化的关系，即

$$A(\omega) = |G(\mathrm{j}\omega)| = \sqrt{G_R^2(\omega) + G_I^2(\omega)} \tag{2-14}$$

$\varphi(\omega)$ 为相角，常称为传感器的相频特性，描述的是系统输出与输入两正弦信号相位差随输入正弦信号频率变化的关系，即

$$\varphi(\omega) = \arctan\frac{G_I(\omega)}{G_R(\omega)} \tag{2-15}$$

虽然微分方程 [式（2-9）]、传递函数 [式（2-10）] 和频率响应特性函数 [式（2-12）] 均可作为传感器数学模型，用于描述其动态特性，但由于直接求解微分方程较为困难，且传递函数和频率响应特性函数中的各参数（a_n 和 b_m）本质上仅与传感器结构及其特性有关，应用时较为便捷，因此，传感器模型多用变换域的传递函数和频率响应特性函数来描述。

对比传递函数和频率响应特性函数，可以看出两者的模型参数是一样的，形式上相似，且两者之间可通过 $s = \mathrm{j}\omega$ 这一关系互相导出，但传递函数和频率响应特性函数还是有所不同。传递函数是输出拉普拉斯变换和输入拉普拉斯变换之比 [式（2-10）]，对系统的输入没有特别的限定（即不限定输入为正弦函数），只要输入的拉普拉斯变换 $X(s)$ 已知，由式（2-11），对 $Y(s)$ 做拉普拉斯逆变换即可求得反映系统完整动态响应特性的时域输出 $y(t)$，包括稳态响应和暂态响应。而频率响应特性函数反映的是在输入为正弦信号情况下系统的稳态响应。根据自动控制原理，对于稳定的线性定常系统，当输入为正弦信号时，其稳态响应也是正弦信号，输出信号频率与输入信号相同，只不过幅值和相位发生了变化。

2.3.2 传感器的动态特性

传感器的动态特性需从时域和频域两方面来分析。输入信号是多种多样的，其相应的

响应特性不可能一一研究。为便于比较和评价，一般多采用阶跃信号和正弦信号这两个适用范围广和可操作性强的信号作为标准输入信号进行理论分析。阶跃信号用于分析时域内的传感器的动态响应特性，而正弦信号用于分析频域内的传感器的动态响应特性。

阶跃信号的函数表达式为

$$x(t) = \begin{cases} 0 & t \leq 0 \\ A & t > 0 \end{cases} \tag{2-16}$$

式中，A 为阶跃信号的幅值。当 $A = 1$ 时为单位阶跃信号。

正弦信号的函数表达式为

$$x(t) = \sin\omega t \tag{2-17}$$

单位阶跃信号和正弦信号示意图如图 2-7 所示。

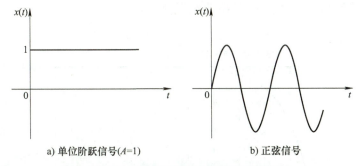

a) 单位阶跃信号($A=1$)　　　　　　b) 正弦信号

图 2-7　阶跃信号和正弦信号示意图

对于传感器，模型参数 $b_m = b_{m-1} = \cdots = b_1 = 0$ 是合理的简化假设，同时绝大多数传感器可归结为零阶、一阶或二阶系统，高阶传感器很少。零阶传感器的动态特性简单而理想，因此将其归并到 2.3.3 节与传感器不失真条件一起介绍。这里主要介绍一阶传感器和二阶传感器的动态特性。

1. 一阶传感器的动态特性

一阶传感器的微分方程为

$$a_1 \frac{\mathrm{d}y}{\mathrm{d}t} + a_0 y = b_0 x \tag{2-18}$$

传递函数为

$$G(s) = \frac{Y(s)}{X(s)} = \frac{b_0}{a_1 s + a_0} = \frac{K}{\tau s + 1} \tag{2-19}$$

式中，K 为静态灵敏度，$K = b_0 / a_0$；τ 为时间常数，$\tau = a_1 / a_0$。

（1）时域动态响应特性

传感器输入为单位阶跃信号，其拉普拉斯变换为

$$X(s) = \frac{1}{s} \tag{2-20}$$

15

根据式（2-11）可得输出的拉普拉斯变换为

$$Y(s) = G(s)X(s) = \frac{K}{\tau s + 1} \frac{1}{s} \tag{2-21}$$

对式（2-21）进行拉普拉斯逆变换，可得传感器的输出为

$$y(t) = K\left(1 - e^{-\frac{t}{\tau}}\right) = K - Ke^{-\frac{t}{\tau}} \tag{2-22}$$

一阶传感器对于单位阶跃输入的响应可分为两部分，一部分为不随时间变化的稳态响应部分 K，另一部分为随时间变化的暂态响应部分 $-Ke^{-\frac{t}{\tau}}$。相应的一阶传感器的单位阶跃响应曲线如图 2-8 所示。可以看出，随着时间的推移，暂态项按指数规律衰减，传感器的输出随时间增大，逐渐达到稳定。由式（2-22）可知，理论上 $t \to \infty$ 输出才能达到稳定值 $y(\infty) = K$，因此传感器不可避免地存在动态误差。

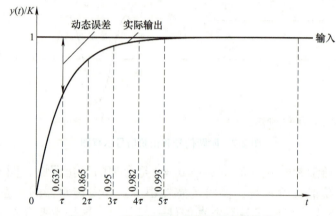

图 2-8　一阶传感器的单位阶跃响应曲线

当 $t = \tau$ 时，输出达到稳定值的 63.2%，$t = 4\tau$ 时输出达到稳定值的 98.2%。工程上常将时间常数 $t = 4\tau$ 作为一阶传感器对阶跃输入的响应时间。（注意：在实际应用过程中，也有将 $t = 3\tau$ 或 $t = 5\tau$ 作为一阶传感器对阶跃输入的响应时间的情况，分别对应输出达到稳定值的 95.0% 或 99.3%。）

（2）频域动态响应特性

一阶传感器的频率响应特性函数为

$$G(j\omega) = \frac{K}{\tau(j\omega) + 1} \tag{2-23}$$

相应的幅频特性为

$$A(\omega) = \frac{K}{\sqrt{1 + (\omega\tau)^2}} \tag{2-24}$$

相频特性为

$$\varphi(\omega) = -\arctan\omega\tau \tag{2-25}$$

　　从图 2-9a 所示幅频特性曲线和图 2-9b 所示相频特性曲线可以看出，时间常数 τ 越小，$A(\omega)$ 越接近常数 K，$\varphi(\omega)$ 也越小（接近 0），传感器的频率响应特性越好。当 $\omega\tau \ll 1$ 时，传感器的输入和输出呈现很好的线性关系，传感器相当于一个放大倍数为 K 的放大器，能很好地响应输入。

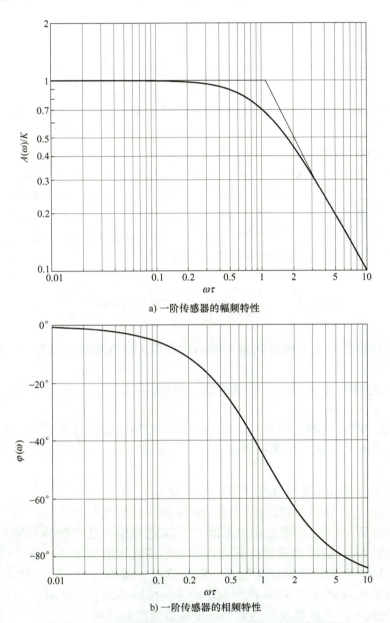

a) 一阶传感器的幅频特性

b) 一阶传感器的相频特性

图 2-9　一阶传感器的频率响应特性（幅频特性和相频特性）

　　总之，时间常数 τ 是一阶传感器动态响应特性的重要指标。一阶传感器的时间常数越小，传感器的输出响应就越快，越能真实地反映输入的变化，相应动态误差也越小。

2. 二阶传感器的动态特性

二阶传感器的微分方程为

$$a_2 \frac{\mathrm{d}^2 y}{\mathrm{d}t^2} + a_1 \frac{\mathrm{d}y}{\mathrm{d}t} + a_0 y = b_0 x \tag{2-26}$$

传递函数为

$$G(s) = \frac{Y(s)}{X(s)} = \frac{b_0}{a_2 s^2 + a_1 s + a_0} = \frac{K\omega_n^2}{s^2 + 2\xi\omega_n s + \omega_n^2} \tag{2-27}$$

式中，K 为静态灵敏度，$K = b_0 / a_0$；ξ 为阻尼系数，$\xi = \dfrac{a_1}{2\sqrt{a_0 a_2}}$；$\omega_n$ 为系统固有频率，$\omega_n = \sqrt{a_0 / a_2}$。

（1）时域动态响应特性

传感器输入为单位阶跃信号，由自动控制原理可知，对于二阶系统，当 $\xi < 0$ 时，系统响应发散；当 $\xi = 0$ 时，无阻尼，系统等幅振荡；当 $\xi = 1$ 时，临界阻尼，系统响应无超调量，为稳态项叠加一随时间按指数规律减小的暂态项，响应速度较慢；当 $\xi > 1$ 时，过阻尼，系统的响应无超调量，近似为一阶系统，但响应速度更慢。因此，二阶传感器通常是欠阻尼，即 $0 < \xi < 1$，其对单位阶跃输入的响应为

$$y(t) = K\left[1 - \frac{\mathrm{e}^{-\omega_n \xi t}}{\sqrt{1-\xi^2}} \sin\left(\sqrt{1-\xi^2}\,\omega_n t + \arctan\frac{\sqrt{1-\xi^2}}{\xi} \right) \right] \tag{2-28}$$

典型二阶传感器对于单位阶跃输入的响应也分为稳态和暂态两部分，稳态部分为 K，

暂态部分为一随时间变化的阻尼衰减振荡，即 $-K\dfrac{\mathrm{e}^{-\omega_n \xi t}}{\sqrt{1-\xi^2}} \sin\left(\sqrt{1-\xi^2}\,\omega_n t + \arctan\dfrac{\sqrt{1-\xi^2}}{\xi} \right)$。

图 2-10 为典型二阶传感器的单位阶跃响应曲线及时域性能指标示意图。可以看出，二阶传感器的单位阶跃响应曲线出现超调（过冲）和波动现象，并随着时间的推移输出逐步逼近稳态值。

典型二阶传感器的主要时域性能指标描述如下：

1）延迟时间 t_d：传感器输出达到稳态值的 50% 所需的时间。

2）上升时间 t_r：传感器输出从稳态值的 10% 达到稳态值的 90% 所需的时间。

3）响应时间 t_s：传感器输出达到允许误差范围且输出波动能一致保持在允许误差范围内所需的时间。允许误差范围工程上一般多选稳态值的 ±5% 或 ±2%，并以传感器输出初次进入稳态值的 95% 或 98% 范围的时间为该传感器的响应时间。

4）峰值时间 t_p：传感器输出达到第一个峰值所需的时间。

5）超调量 σ：传感器输出的最大偏差（过冲量，输出与稳态值之间的偏差）与稳态值比值的百分数。

需要说明的是，上述各性能指标均可根据阻尼系数 ξ 和固有频率 ω_n 计算获得。具体计算公式可参阅相关自动控制原理教材，不再冗述。

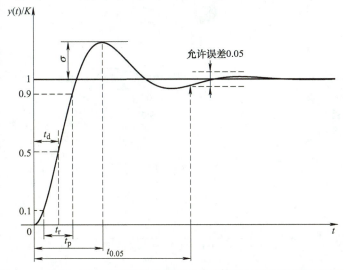

图 2-10　典型二阶传感器的单位阶跃响应曲线及时域性能指标示意图

（2）频域动态响应特性

二阶传感器的频率响应特性函数为

$$G(\mathrm{j}\omega)=\frac{Y(\mathrm{j}\omega)}{X(\mathrm{j}\omega)}=\frac{K}{\left(\dfrac{\mathrm{j}\omega}{\omega_{\mathrm{n}}}\right)^{2}+2\xi\dfrac{\mathrm{j}\omega}{\omega_{\mathrm{n}}}+1} \qquad (2\text{-}29)$$

幅频特性为

$$A(\omega)=\frac{K}{\sqrt{\left[1-\left(\dfrac{\omega}{\omega_{\mathrm{n}}}\right)^{2}\right]^{2}+\left[2\xi\left(\dfrac{\omega}{\omega_{\mathrm{n}}}\right)\right]^{2}}} \qquad (2\text{-}30)$$

相频特性为

$$\varphi(\omega)=-\arctan\frac{2\xi\dfrac{\omega}{\omega_{\mathrm{n}}}}{1-\left(\dfrac{\omega}{\omega_{\mathrm{n}}}\right)^{2}} \qquad (2\text{-}31)$$

图 2-11 为二阶传感器的二阶频率响应特性。

从式（2-28）、式（2-30）、式（2-32）及图 2-10、图 2-11 可以看出，对于二阶传感器而言，阻尼系数 ξ 和固有频率 ω_{n} 是两个重要的参数。

由自动控制原理可知，对于欠阻尼系统（$0<\xi<1$），系统响应有超调（过冲），但上升速度较快，响应时间也比较短，只要合理地选择阻尼系数 ξ，可以使二阶传感器既具有令人满意的快速响应，又具有较好的响应平稳性，即可以做到响应时间短和较小的超调量。实际应用中推荐阻尼系数 $\xi=0.6\sim0.8$，且以 ξ 在 0.7 左右为最佳。

19

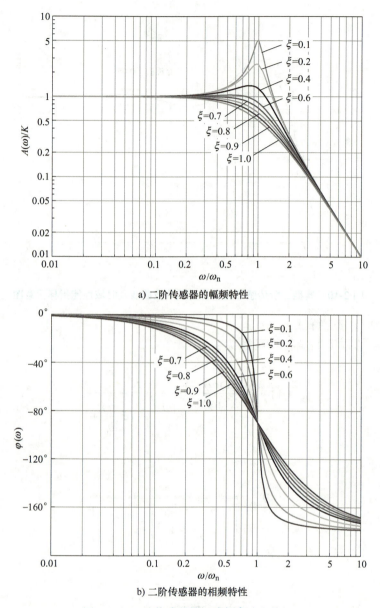

a) 二阶传感器的幅频特性

b) 二阶传感器的相频特性

图 2-11　二阶传感器的二阶频率响应特性

与此同时，传感器的频率响应特性与 ω/ω_n 密切相关，ω/ω_n 越小频率响应特性越好。当 $\omega/\omega_n \ll 1$ 时，$A(\omega)$ 接近常数 K，$\varphi(\omega)$ 很小，传感器能很好地响应输入信号。随着 ω/ω_n 的增大，传感器的频率响应特性将逐渐恶化。当 $\omega/\omega_n = 1$ 时，系统将发生共振，实际应用时应避免出现这种情况。工程上一般取 $\omega_n > (3 \sim 5)\omega$，即传感器的固有频率 ω_n 至少应大于被测信号频率 ω 的 $3 \sim 5$ 倍，以确保传感器具有良好的频率响应特性。

2.3.3　传感器不失真测量条件和理想传感器

1. 传感器不失真测量条件

当传感器的输入和输出之间的关系为

$$y(t) = \frac{b_0}{a_0} x(t-t_0) = Kx(t-t_0) \tag{2-32}$$

式中，K 和 t_0 均为常数。则称该传感器满足不失真测量条件。相应地，该传感器可称为不失真测量传感器。

直观上看，不失真测量传感器的输入输出波形一致，输出是将输入信号精确地放大到原来的 K 倍，时间上滞后了 t_0，如图 2-12 所示。

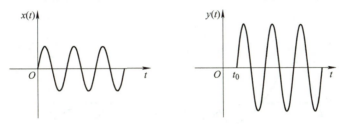

图 2-12　不失真测量示意图

不失真测量传感器的频率响应函数为

$$G(\mathrm{j}\omega) = \frac{Y(\mathrm{j}\omega)}{X(\mathrm{j}\omega)} = Ke^{-\mathrm{j}\omega t_0} \tag{2-33}$$

相应的幅频特性和相频特性为

$$A(\omega) = K \tag{2-34}$$

$$\varphi(\omega) = -\omega t_0 \tag{2-35}$$

式（2-32）～式（2-35）表明，传感器不失真测量条件包括幅值不失真（幅频特性 $A(\omega)$ 是常数）和相位不失真（相频特性 $\varphi(\omega)$ 与 ω 间满足线性关系）两部分。

传感器的输入信号可能千变万化甚至较为复杂，但一般都可分解成多个简单信号（不同频率 ω 的正弦信号）的叠加。传感器不失真测量条件的物理含义就可描述为：①输入信号各频率分量的幅值通过该传感器时均放大 K 倍，满足幅值不失真；②输入信号各频率分量的相位通过该传感器时有与频率 ω 成固定比例（$-t_0$）的相移，满足相位不失真。传感器只有同时满足幅值不失真和相位不失真，才可称为不失真传感器。不失真传感器能准确地反映或复现输入信号波形，信号不失真，但存在时间滞后 t_0。

在绝大多数情况下，传感器不是孤立存在的。作为信息获取的工具，其测量结果一般作为某控制系统的反馈信号（或某监控系统的部分输入信息），若传感器存在的较大的测量滞后，则有可能破坏系统的稳定性和操作性能，极端情况下有可能引起系统的失效，因此，不失真测量传感器难以称得上是理想传感器，满足不失真测量条件的传感器仍需根据实际情况尽量减小时间滞后。

例 2-3　一不失真传感器 $y(t) = Kx(t-t_0)$，$K=1.5$，$t_0=0.5\mathrm{s}$。输入信号 $x(t)$ 由三个不同频率的正弦信号合成，$x(t) = x_1(t) + x_2(t) + x_3(t) = \sin\omega_1 t + \sin\omega_2 t + \sin\omega_3 t$，$\omega_1 = 2\pi$，$\omega_2 = \pi$，$\omega_3 = \frac{2}{3}\pi$。问输入信号的三个不同频率的分量 $x_1(t)$、$x_2(t)$、$x_3(t)$ 通过该不失真传感器后的

21

相移分别为多少？画出输入信号 $x(t)$ 及其三个不同频率分量通过该不失真传感器前后的波形。

解： 由题意可知，该不失真传感器有 0.5s 的滞后时间。对应于该滞后时间，输入信号分量 $x_1(t)$ 的角频率为 2π，则根据式（2-35）可知相移应为滞后 π。类似地，分量 $x_2(t)$ 的角频率为 π，相移应为滞后 $\pi/2$。分量 $x_3(t)$ 的角频率为 $\dfrac{2}{3}\pi$，相移应为滞后 $\pi/3$。信号 $x(t)$ 及其三个不同频率分量通过该不失真传感器前后的波形如图 2-13、图 2-14 所示。

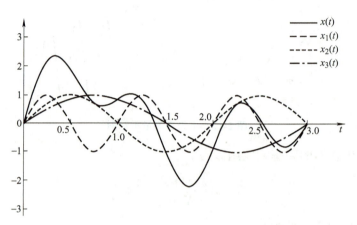

图 2-13　输入信号 $x(t)$ 及其三个不同频率分量

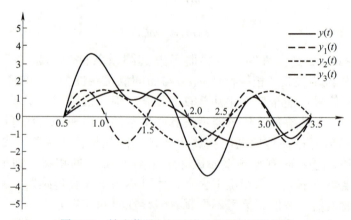

图 2-14　输出信号 $y(t)$ 及其三个不同频率分量

从图 2-13 和图 2-14 可以看出，不同频率的分量通过该不失真传感器后幅值均放大为原来的 1.5 倍，频率不改变。但由于不同的分量频率不同，对应有不同的周期（$\omega = 2\pi/T$，T 为周期），因此，对应于同样的滞后时间 t_0，相移必然不同。只有相移与频率成线性比例关系，频率大的分量相移大，频率小的分量相移小，才能使各分量同步，滞后时间一样，从而叠加出不失真的输出信号，实现不失真测量。

2. 理想传感器（零阶传感器）

理想传感器即零阶传感器，即式（2-9）表征的微分方程中 $a_n = a_{n-1} = \cdots = a_1 = 0$，

$b_m = b_{m-1} = \cdots = b_1 = 0$ ，其输入输出关系为

$$y(t) = \frac{b_0}{a_0} b_0 x(t) = Kx(t) \tag{2-36}$$

零阶传感器之所以称为理想传感器是因为它能实时准确地反映传感器输入及其变化。它满足不失真测量条件，输出的幅值是输入幅值的 K 倍，其输出和输入之间无滞后（即无相移或无相位差），整个传感器相当于一个放大倍数为 K 的理想放大器。

线性电位器是零阶传感器的一个例子。相对于一阶和二阶传感器，零阶传感器的实际占比还是属于少数。然而，零阶传感器的优良性能是一阶或二阶等高阶传感器的标杆。

由 2.3.2 节关于一阶和二阶传感器动态特性的相关分析可知，对于一阶传感器，当其时间常数 τ 很小时，传感器就能及时真实地反映输入的变化，输出幅值与输入幅值可近似为固定的比例关系，输入输出的相移 $\varphi(\omega)$ 也很小，且当 $\varphi(\omega)$ 很小时， $\varphi(\omega)$ 与 ω 间近似满足线性关系，此时，一阶传感器已基本满足不失真测量条件且其性能已接近零阶传感器；对于二阶传感器，当阻尼系数合适， $\xi = 0.6 \sim 0.8$ ，且 $\omega / \omega_n \ll 1$ 时， $A(\omega)$ 可近似为常数 K ， $\varphi(\omega)$ 也很小，且当 $\varphi(\omega)$ 很小时， $\varphi(\omega)$ 与 ω 间也近似满足线性关系，该传感器也已基本满足不失真测量条件，性能也接近零阶传感器。因此，若一阶传感器的时间常数相对于输入信号足够小，或二阶传感器设计得当，其固有频率 ω_n 远大于输入信号的频率 ω 时，相应的一阶或二阶传感器可近似地看成零阶传感器，即基本上可称为理想传感器。反之，若一阶传感器时间常数不够小，二阶传感器的固有频率不够大，则传感器的输出会存在较大的动态误差和较大的相移（或滞后），参数检测效果就不甚理想。

2.4　传感器和检测系统的可靠性

可靠性是描述产品长时间稳定正常运行能力的一个通用的概念。根据国家标准 GB/Z 32513—2016，可靠性定义为：产品在规定的条件下和规定的时间内，完成规定功能的能力。这里所说的产品可以是系统、装置、设备和元器件等。规定条件包括环境条件、使用条件、维护条件和操作条件等。规定功能泛指产品应具有的性能及其相应的技术指标等。规定时间是指产品能完成规定功能的时间（对于某些特殊的产品，如起动开关，也可定义为操作工作次数等）。

可靠性是产品质量的基础。产品的技术指标必须建立在产品的可靠性之上。不可靠的产品是没有多少实用价值的。对于传感器和检测系统而言，可靠性是不可或缺的重要指标。一台故障频发的传感器，其测量结果是很难令人信服的，即便它具有很好的技术指标（如准确度好和灵敏度高等）。检测系统若经常发生故障，会严重地影响过程控制，导致整个流程或装置瘫痪，甚至会发生严重的事故。随着现代工业和科学技术的迅猛发展，系统复杂化和集成化程度越来越高，检测和控制要求不断提升，使用的环境也越来越苛刻和极端。传感器和检测系统的可靠性越来越受到关注，目前已发展成一个重要的学科方向。

可靠度、失效率和平均寿命是三个定量描述可靠性的特征量。

1. 可靠度

可靠度（Reliability）是指产品在规定条件下和规定时间内，完成规定功能的概率。

23

可靠度可表示为

$$R(t) = P(T > t) \tag{2-37}$$

式中，$R(t)$ 为可靠度，它是时间 t 的函数。从式（2-37）可以看出，可靠度 $R(t)$ 实际上描述的是产品可靠运行时间 T 大于时间 t 的概率。

随机抽取 N 个样品进行寿命试验，可靠度 $\tilde{R}(t)$ 可估计为

$$\tilde{R}(t) = \frac{n_s}{N} \tag{2-38}$$

对于不可修复产品，N 个样品在 $t = 0$ 时开始工作，到规定时间 t 时，共有 n_f 个产品失效（即发生故障，不能有效工作），n_s 为仍能继续正常工作的剩余样品个数，$n_s = N - n_f$。不可修复产品的可靠度 $\tilde{R}(t)$ 估计示例如图 2-15 所示。

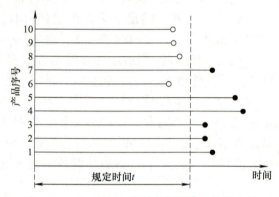

图 2-15　不可修复产品的可靠度 $\tilde{R}(t)$ 估计示例

注：共有 10 个产品，$N = 10$，到规定时间 t 时，共有 $n_f = 4$ 个产品失效，
还有 $n_s = N - n_f = 6$ 个产品能继续工作，则可靠度 $\tilde{R}(t)$ 为 0.6。

对于可修复产品，n_s 是指一个或多个产品的无故障工作时间达到或超过规定时间 t 的次数，N 为观测时间内无故障工作总次数。在计算 N 时，每个产品的最后一次无故障工作时间若不超过规定时间 t，则不予以计入。可修复产品可靠度 $\tilde{R}(t)$ 估计示例如图 2-16 所示。

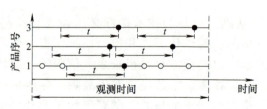

图 2-16　可修复产品的可靠度 $\tilde{R}(t)$ 估计示例

注：3 个产品，在观测时间内，扣除每个产品不超过规定时间 t 的最后一次无故障工作时间，共有 10 次
无故障工作，$N = 10$，其中无故障工作时间超过规定时间 t 的共有 5 次，$n_s = 5$，则可靠度 $\tilde{R}(t)$ 为 0.5。

2. 失效率

失效率（Failure Rate）也称故障率，是指产品工作到 t 时刻后的单位时间内发生失效

的概率，记为 $\lambda(t)$ 。

大多数产品的失效率曲线 $\lambda(t)$ 呈现出两头高、中间低平的浴盆形状，俗称浴盆曲线，如图 2-17 所示。整条曲线按时间大致可分为三个阶段，即早期失效期、偶然失效期和耗损失效期。

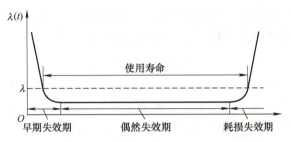

图 2-17　典型失效率浴盆曲线

在早期失效期，产品的失效率较高，但随着时间的推移会快速下降并趋于稳定。产品早期失效期失效率高一般由元器件、材料、制造工艺和安装等的缺陷引起。在偶然失效期，产品的失效率低且稳定，可近似为常数。这个时期产品的失效主要由偶然因素引起，故障偶发。在耗损失效期，产品的失效率会随时间快速上升。失效率增加的主要原因是元器件、材料和零部件等的老化、疲劳和损耗。当产品的失效率超过允许值（见图 2-17 中虚线所示），则意味着需要进行产品更换或维修。

可靠度和故障率的关系可表示为

$$R(t) = e^{-\int_0^t \lambda(t)\mathrm{d}t} \tag{2-39}$$

当产品的失效率可视为一常数时，$\lambda(t) = \lambda_0$，则有

$$R(t) = e^{-\lambda_0 t} \tag{2-40}$$

式（2-40）表明，当失效率为一常数时，可靠度为一随时间负指数变化的函数。由于电子产品和绝大多数数字设备的早期失效期和耗损失效期一般时间较短，产品的主要工作时间区间是在偶然失效期，因此式（2-40）的指数分布规律常用于描述传感器和检测系统的可靠度分布规律。相应地，与可靠度对应的不可靠度 $F(t)$ 的分布规律可表示为

$$F(t) = 1 - e^{-\lambda_0 t} \tag{2-41}$$

式中，$F(t)$ 为不可靠度。

3. 平均寿命

平均寿命（Mean Time）是描述产品可靠性最常用的特征量。较之于可靠度和失效率，它更形象而直观地刻画了产品的可靠性。

对于不可修复产品，平均寿命为产品从开始工作到发生失效前的平均工作时间，记为 MTTF（Mean Time to Failure）。

对于可修复产品，平均寿命为产品相邻故障之间的平均工作时间，记为 MTBF（Mean Time Between Failure）。

MTTF 和 MTBF 可通过产品的寿命试验来估计。

25

对于不可修复产品，假设共随机抽取了 N 个样品，若所有试验样品均观察到寿命终了，则 MTTF 用这 N 个样品寿命的平均值来估计，即

$$\text{MTTF} = \frac{1}{N} \sum_{i=1}^{N} t_i \tag{2-42}$$

式中，t_i 为第 i 个样品的寿命。若试验结束，仍有一部分样品能正常工作，则 MTTF 用 N 个样品的累积试验时间 T 与失效样品个数 n_f 的比值估计，即

$$\text{MTTF} = \frac{T}{n_f} \tag{2-43}$$

对于可修复产品，将一个或多个产品在它使用寿命期内的某个观察期间累积工作时间 T_{total} 与累积发生故障次数 $n_{f-\text{total}}$ 之比值作为 MTBF 的估计，即

$$\text{MTBF} = \frac{T_{\text{total}}}{n_{f-\text{total}}} \tag{2-44}$$

2.5 测量误差分析和处理基础

2.5.1 测量误差的分类

26

按出现的规律（或性质）分类，测量误差可分为随机误差、系统误差和粗大误差三类。

1. 随机误差（Random Error）

根据国家计量技术规范 JJF 1001—2011《通用计量术语及定义》，随机误差可定义为测量结果减去重复性条件下对同一被测量进行无限多次测量所得结果的平均值。它是指在同一测量条件下多次重复测量同一被测量时，其绝对值和符号以不可预定的方式变化，具有随机性的误差。

随机误差一般由目前人们尚未认知或无法控制的某些因素引起，如电子线路中的噪声、部件的形变和摩擦、工作环境条件（如温度、压力、湿度、振动、电磁场等）的变化等。随机误差是测量值与其数学期望之差，表示测量结果的离散（或弥散）性。其特点是就每次测量而言，测量结果与数学期望之间的偏差是随机的（所出现数值的大小和符号均不相同）、没有规律的，但若进行多次重复测量，其总体符合统计规律。当重复测量次数为足够多时，随机误差的平均值趋近于零。

精密度（Precision）用于表征由随机误差引起的测量值与其数学期望之间的偏离程度。精密度仅依赖于随机误差的分布，与真值无关。它可用测试结果的标准差来度量。测试结果的标准差越小，精密度越高，在规定条件下，各独立测量结果间的一致程度就越好。

2. 系统误差（Systematic Error）

根据国家计量技术规范 JJF 1001—2011《通用计量术语及定义》，系统误差可定义为

在重复性条件下对同一被测量进行无限多次测量所得结果的平均值减去被测量的真值。它是指在同一条件下（测量程序、操作人员、测量传感器和测量地点等均相同），对同一被测参数进行多次重复测量时，所出现的数值、符号都相同的误差，或者在条件改变时，按一定规律变化的误差。按其特点前者称为定值（恒值）系统误差，后者称为变值系统误差。

系统误差一般由测量原理或测量方法的不完善、标准量值的不准确、传感器设计或制造的缺陷、传感器安装和调试不恰当等原因引起。由于系统误差通常是固定的或按一定规律变化的，因此可以对其进行修正。对于系统误差的产生原因和规律较为明确的场合，系统误差可通过相应的修正措施或方法得到有效的克服或消除，如对于定值（或恒值）系统误差，通过施加一偏置量即可得到有效的克服；对于系统误差的产生原因和规律难以确知的场合，系统误差一般难以通过修正措施得到很好的消除，至多获得一定或有限程度的补偿。

正确度（Trueness）用于表征由系统误差引起的测量值与真值之间的偏离程度，可用大量测试结果得到的平均值（测试结果的期望）与真值之差来度量。偏差越小，测量结果越正确。

3. 粗大误差（Gross Error）

粗大误差是指明显超出在规定条件下预期的误差。粗大误差数值较大，明显表现为测量结果异常。含有粗大误差的测量值不能视为有效的测量值，必须剔除。

导致粗大误差的原因有主观和客观两类。主观原因主要是指测量人员的操作失误，错误读数、指示或记录等；客观原因主要是指测量条件或传感器工作环境意外发生变化，如突然的机械冲击和振动、偶发的剧烈电磁干扰等。

系统误差、随机误差和粗大误差是三类性质有本质区别的测量误差。射击打靶结果可直观地用于阐明三类测量误差。图 2-18 为三次打靶结果，靶心相当于测量真值，各着弹点相当于各测量值。可以看出，图 2-18a 存在较大系统误差，正确度不佳，但各着弹点集中度很好，密集地集中在一较小的区域，随机误差较小，精密度高，同时没有异常着弹点，即不存在粗大误差的测量值；图 2-18b 各着弹点围绕着靶心分布，系统误差较小，正确度较佳，但各着弹点离散分布，分散度大，精密度不高；图 2-18c 着弹点密集地围绕着靶心分布，系统误差较小，正确度较佳，随机误差也较小，精密度也较好，但存在一个异常的着弹点（左下角），即存在有粗大误差的测量值。

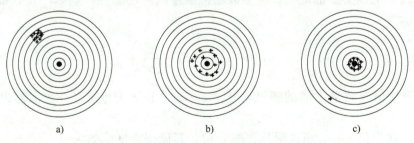

a)　　　　　　　　　　b)　　　　　　　　　　c)

图 2-18　系统误差、随机误差和粗大误差示例

需要指出的是，由于粗大误差存在偶然性和突发性，相应的测量结果是无效并应予以

剔除的测量值，因此，传感器准确度这一概念一般不包含粗大误差的影响，准确度主要考虑由系统误差和随机误差共同引起的测量值偏离真值的程度。正确度反映测量结果中系统误差的影响，而精密度反映测量结果中随机误差的影响。如图 2-18 所示，正确度高但精密度不一定高，反之亦然。只有正确度和精密度都高的传感器，即其系统误差和随机误差都很小的传感器，其准确度才高。

2.5.2 随机误差的分析与处理

1. 随机误差的分布

在重复条件下对某个量 x 进行 N 次测量，获得 N 个测量值 $x_1, x_2, \cdots, x_i, \cdots, x_N$，$i = 1, 2, \cdots, N$，则各次测量的随机误差（假设系统误差和粗大误差已消除）e_i 可表示为

$$\begin{cases} e_1 = x_1 - \mu \\ e_2 = x_2 - \mu \\ \quad\vdots \\ e_i = x_i - \mu \\ \quad\vdots \\ e_N = x_N - \mu \end{cases} \tag{2-45}$$

式中，μ 为测量值 x 的真值。就每次测量而言，其随机误差 e_i 的符号和数值各有所不同，存在随机性，但当 N 足够大，对大量随机误差 e_i 进行分析和整理后可以发现，随机误差总体上具有以下统计特征：

1）有界性。随机误差的绝对值是有界的。

2）对称性。绝对值相等的正、负随机误差出现的概率几乎相等。

3）单峰性。绝对值越小的随机误差在测量中出现的概率越大。

4）抵偿性。随测量次数 N 的增加，随机误差的代数和趋向于零，即当 $N \to \infty$ 时，有

$$\sum_{i=1}^{N} e_i \to 0 \tag{2-46}$$

上述各统计特征反映了随机误差的统计规律，表明可以用数理统计的方法对随机误差进行分析和处理。

科学实验和工程实践都证明，大多数随机误差服从正态分布规律，其分布概率密度函数 $p(e)$ 可表示为

$$p(e) = \frac{1}{\sqrt{2\pi}\sigma} \exp\left(-\frac{e^2}{2\sigma^2}\right) \tag{2-47}$$

式中，e 为测量值与真值之间的随机误差，$e = x - \mu$；σ 为标准差（也常称为标准偏差或方均根误差）。

相应地，测量值 x 的分布也服从正态分布，其概率密度函数为

$$p(x) = \frac{1}{\sqrt{2\pi}\sigma} \exp\left[-\frac{(x-\mu)^2}{2\sigma^2}\right] \tag{2-48}$$

图 2-19 为式（2-47）和式（2-48）对应的正态分布曲线。可以看出，正态分布曲线关于峰值对应中心线对称分布。同时，对比图 2-19a 和图 2-19b 可知，式（2-47）表征的正态分布曲线相当于式（2-48）所表征曲线 $\mu = 0$ 时的情况。

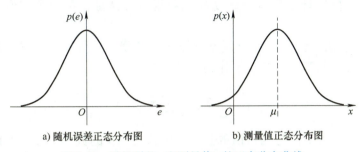

a) 随机误差正态分布图　　　　　b) 测量值正态分布图

图 2-19　随机误差 e 和测量值 x 的正态分布曲线

从数学角度而言，μ 和 σ 是两个决定正态分布曲线形态的特征参数。μ 为随机变量（x 或 e）的数学期望，σ 为随机变量（x 或 e）的标准偏差。μ 对应于随机变量的集中位置（分布曲线峰值对应中心线位置），σ 对应于随机变量的分散程度。μ 改变、σ 不变，曲线的形状保持不变，但曲线将随 μ 沿横坐标做平移变化，如图 2-20 所示。μ 不变、σ 改变，正态分布曲线的峰值对应中心线位置不会变，但曲线的形状将发生改变，如图 2-21 所示。σ 越小正态分布曲线越尖锐，σ 越大正态分布曲线越平缓。

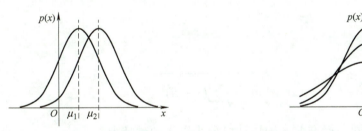

图 2-20　μ 改变 σ 不变时的正态分布曲线（$\mu_1 < \mu_2$）　　图 2-21　μ 不变 σ 改变时的正态分布曲线（$\sigma_3 > \sigma_2 > \sigma_1$）

从参数测量角度而言，μ 对应的是测量值的真值，而 σ 则对应的是测量数据或随机误差的离散程度，σ 可以用来描述传感器的精密度。σ 越小表明传感器测量结果间的一致程度越好，随机误差越小，反之 σ 越大，则传感器测量结果间的分散程度就越高，随机误差就会较大。

综合上述，欲对参数测量的随机误差进行分析，其核心是获取测量值的真值和实现标准差的估计。

2. 测量值真值和标准差的估计

（1）测量值真值的获取与估计

如 2.2.1 节所述，测量值的真值是个理想化的概念，只有在某些特殊的情况下才能确定，应用实践中多采用以下三种方法来获取真值。

1）标准传感器法。该方法也常称为标准表法，是将高准确度等级的标准传感器（或仪器）的输出值作为真值。而所谓高准确度等级的标准传感器或仪器是指该标准传感器的准确度等级至少高于相应的测量传感器一个等级，该标准传感器的误差小于相应测量传感器误差（或被测参数允许绝对误差）的1/3。

2）计量器具法。该方法是将法定标准计量器具（包括技术工具或装置）的输出值作为真值。由于法定标准计量器具准确度高且获得官方认证，可作为测量基准用于检定传感器。

3）算术平均值法。该方法在重复条件下对某个量x进行N次测量，将获得的N个测量值$x_1, x_2, \cdots, x_i, \cdots, x_N$的算术平均值$\bar{x}$作为真值，即

$$\bar{x} = \frac{1}{N} \sum_{i=1}^{N} x_i \tag{2-49}$$

算术平均值法是将$\bar{x}$作为测量值的真值（随机变量x的数学期望μ）的最佳估计。由数理统计知识可知

$$\mu = \lim_{N \to \infty} \frac{1}{N} \sum_{i=1}^{N} x_i \tag{2-50}$$

虽然N不可能无穷大，但只要N足够大，实际操作中还是比较容易获得真值近似值的。

标准传感器法和计量器具法需要额外的标准传感器或计量器具，并按照一定的规范才能实施，因此在三种真值方法中，算术平均值法最便于实施，是实际应用中最常采用的真值获取方法。

（2）标准差的估计

标准差的定义式为

$$\sigma = \lim_{N \to \infty} \sqrt{\frac{1}{N} \sum_{i=1}^{N} (x_i - \mu)^2} \tag{2-51}$$

根据真值获取方式的不同，标准差σ的估计可分为以下两种情况：

1）已知真值。若真值已知，如用标准传感器法或计量器具法获得真值，标准差σ的估计公式直接套用式（2-51）为

$$\sigma = \sqrt{\frac{1}{N} \sum_{i=1}^{N} (x_i - \mu)^2} \tag{2-52}$$

2）真值由算术平均值法获得。真值由式（2-49）给出，为N个测量值$x_1, x_2, \cdots, x_i, \cdots, x_N$的算术平均值$\bar{x}$，此时标准差$\sigma$的估计公式为

$$\sigma = \sqrt{\frac{1}{N-1} \sum_{i=1}^{N} (x_i - \bar{x})^2} \tag{2-53}$$

由于在实际测量过程中，测量次数N为有限值且真值μ为未知，多以N个测量值的算术平均值$\bar{x}$替代真值，因此，式（2-52）只在某些特殊场合应用，一般仅具有理论意义。在实际测量实践中，多采用式（2-53）来实现标准差σ的估计。式（2-53）也常称为贝塞尔（Bessel）公式，由式（2-53）估计出的标准差常称为实验标准差（实验标准偏差），并用符号s表示。

对比式（2-52）和式（2-53）可以发现两个公式的差别，式（2-52）根号内是除以 N，而式（2-53）根号内是除以 $N-1$。这主要是因为当用算术平均值 $\bar{x}$ 替代作为真值时，只有式（2-53）才是标准差 σ 的无偏估计。

该 N 个测量值 $x_1, x_2, \cdots, x_i, \cdots, x_N$ 均为独立测量值，且服从同一正态分布。若 $E(x)$ 表示随机变量 x 的数学期望，$E(x) = \mu$，$D(x)$ 表示随机变量 x 方差的数学期望，$D(x) = E[(x - E(x))^2] = \sigma^2$。由数理统计可知

$$\mu_{\bar{x}} = E(\bar{x}) = E\left(\frac{1}{N}\sum_{i=1}^{N} x_i\right) = \frac{1}{N}\sum_{i=1}^{N} E(x_i) = \frac{1}{N}(N\mu) = \mu \tag{2-54}$$

即算术平均值 $\bar{x}$ 的数学期望 $\mu_{\bar{x}}$ 仍是 μ，因此，算术平均值 $\bar{x}$ 是随机变量 x 数学期望的无偏估计，则有

$$D(\bar{x}) = D\left(\frac{1}{N}\sum_{i=1}^{N} x_i\right) = \frac{1}{N^2}\sum_{i=1}^{N} D(x_i) = \frac{1}{N^2}(N\sigma^2) = \frac{\sigma^2}{N} \tag{2-55}$$

即方差的平方根 $D(\bar{x})$ 为原有方差 σ^2 的 $1/N$。标准差为方差的正平方根，则算术平均值 $\bar{x}$ 的标准差 $\sigma_{\bar{x}}$ 为

$$\sigma_{\bar{x}} = \frac{\sigma}{\sqrt{N}} \tag{2-56}$$

考虑 $\dfrac{1}{N}\sum_{i=1}^{N}(x_i - \bar{x})^2$ 的数学期望为

$$
\begin{aligned}
E\left[\frac{1}{N}\sum_{i=1}^{N}(x_i - \bar{x})^2\right] &= \frac{1}{N}E\left\{\sum_{i=1}^{N}[(x_i - \mu) - (\bar{x} - \mu)]^2\right\} \\
&= \frac{1}{N}E\left[\sum_{i=1}^{N}(x_i - \mu)^2 - 2\sum_{i=1}^{N}(x_i - \mu)(\bar{x} - \mu) + N(\bar{x} - \mu)^2\right] \\
&= \frac{1}{N}E\left[\sum_{i=1}^{N}(x_i - \mu)^2 - \sum_{i=1}^{N}(\bar{x} - \mu)^2\right] = \frac{1}{N}\left[\sum_{i=1}^{N} D(x_i) - ND(\bar{x})\right] \\
&= \frac{1}{N}(N\sigma^2 - \sigma^2) = \frac{N-1}{N}\sigma^2 \neq \sigma^2
\end{aligned}
$$

则 $\dfrac{1}{N}\sum_{i=1}^{N}(x_i - \bar{x})^2$ 不是随机变量 x 的方差 $D(x) = \sigma^2$ 的无偏估计。若要获得方差的无偏估计，由上面的推导结果可知

$$E\left[\frac{1}{N-1}\sum_{i=1}^{N}(x_i - \bar{x})^2\right] = E\left[\frac{N}{N-1}\frac{1}{N}\sum_{i=1}^{N}(x_i - \bar{x})^2\right] = \frac{N}{N-1}E\left[\frac{1}{N}\sum_{i=1}^{N}(x_i - \bar{x})^2\right] = \sigma^2$$

因此，$\dfrac{1}{N-1}\sum_{i=1}^{N}(x_i - \bar{x})^2$ 才是随机变量 x 的方差 $D(x) = \sigma^2$ 的无偏估计。相应地，式（2-53）才是用算术平均值 $\bar{x}$ 替代作为真值时标准差 σ 的无偏估计。

（3）测量值的置信度和置信区间

利用 N 次测量结果，用其算术平均值 $\bar{x}$ 可作为测量值的真值（随机变量 x 的数学期望 μ）的最佳估计 [式（2-49）]，而贝塞尔公式 [式（2-53）] 可用于标准差 σ 的无偏估计。进一步，由数理统计知识可知测量值真值估计值的可信程度，即置信度。

测量值 x、随机误差（$e = x - \mu$）均是随机变量。随机变量的置信度用速记变量落在某一区间（称为置信区间）的概率（称为置信概率）来量化表征。因此，对于测量值而言，所谓置信度即为测量值真值的估计值能以多大的概率落在某一置信区间内。一般常将测量值置信区间取为 $[\mu - k\sigma, \mu + k\sigma]$，其中 k 为置信系数或置信因子。随机误差的置信区间取为 $[-k\sigma, +k\sigma]$。

在正态分布条件下，对于随机误差，其置信概率 $P_k(e)$ 为

$$P_k(|e| \leqslant k\sigma) = \int_{-k\sigma}^{k\sigma} \frac{1}{\sqrt{2\pi}\sigma} \exp\left(-\frac{e^2}{2\sigma^2}\right) de \tag{2-57}$$

测量值与真值（或数学期望 μ）之间的偏差小于 $k\sigma$ 的置信概率为

$$P_k(|x - \mu| \leqslant k\sigma) = \int_{\mu-k\sigma}^{\mu+k\sigma} \frac{1}{\sqrt{2\pi}\sigma} \exp\left[-\frac{(x-\mu)^2}{2\sigma^2}\right] dx \tag{2-58}$$

式（2-57）和式（2-58）数学上是等价的，所表征的物理含义也一致，因此仅用式（2-57）来进行相关描述。图 2-22 为带置信区间和置信概率的随机误差正态分布曲线。当 $k = 1$ 时，随机误差落在 $\pm\sigma$ 的概率为 68.269%；当 $k = 2$ 时，随机误差落在 $\pm2\sigma$ 的概率为 95.450%；当 $k = 3$ 时，随机误差落在 $\pm3\sigma$ 的概率为 99.730%。其他不同置信因子 k 条件下的置信概率见表 2-1。当 $k \to \infty$ 时，置信概率 P_k 为 100%。由于在置信区间 $[-3\sigma, 3\sigma]$ 相应的置信概率已经达到 99.730%，可以认为随机误差基本上就落在这个区间内，即相应测量值落在 $[\mu - 3\sigma, \mu + 3\sigma]$ 这一区间（测量值与真值之间的偏差为 $\pm3\sigma$）的概率为 99.730%，只有 0.270% 可能超出这一范围，因此，工程实践过程中常用 3σ 作为极限误差。

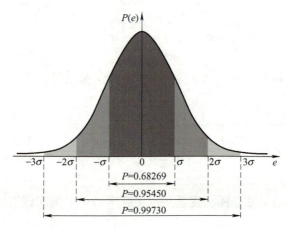

图 2-22　带置信区间和置信概率的随机误差正态分布曲线

表 2-1 正态分布下置信概率数据表

概率 P_k	k	概率 P_k	k	概率 P_k	k	概率 P_k	k
0.00000	0	0.57629	0.8	0.91087	1.7	0.99068	2.6
0.07966	0.1	0.63188	0.9	0.92814	1.8	0.99307	2.7
0.15852	0.2	0.68269	1.0	0.94257	1.9	0.99489	2.8
0.23585	0.3	0.72867	1.1	0.95450	2.0	0.99627	2.9
0.31084	0.4	0.76986	1.2	0.96427	2.1	0.99730	3.0
0.38293	0.5	0.80640	1.3	0.97219	2.2	0.999535	3.5
0.45194	0.6	0.83849	1.4	0.97855	2.3	0.999937	4.0
0.50000	0.6745	0.86639	1.5	0.98361	2.4	0.999999	5.0
0.51607	0.7	0.89040	1.6	0.98758	2.5	1.000000	$\rightarrow \infty$

（4）减小随机误差的方法

虽然随机误差的来源具有不可完全预知性和不可克服性，且不可能被完全消除，但随机误差有其统计规律，最本质的特征是抵偿性 [式（2-46）]，因此可采取提高传感器准确度、抑制噪声干扰和对测量结果进行统计处理等方法来减小随机误差。

1）提高传感器准确度。从传感器敏感原理、测量方法、部件选择、电子线路设计、制造和检定等各方面出发，采取措施尽可能地消除或削弱能引起随机误差的主要因素，如选用合理有效的措施对传感器进行优化设计，尽量避免采用存在摩擦的可动部分，减小可动部分器件的质量，合理设计测量电路并选用较好的芯片和电子元器件，以及以微型计算机为基础构建信息处理能力强的传感器等，从根本上提高传感器的准确度，减小随机误差。

2）抑制噪声干扰。噪声是传感器随机误差的主要来源之一，因此，采取屏蔽、接地、选频、去耦、隔离传输和滤波等措施能有效地抑制噪声（尤其是电子或电磁噪声），减小随机误差。滤波是目前传感器普遍采用的抑制噪声的有效方法。该方法依据有用测量信号和噪声具有不同的频率特性实现去噪目的。通过合理设计的滤波器，可使表征被测量参数信息的有用测量信号得到充分保留，而噪声信号得到有效的衰减或抑制。常用的滤波器有低通滤波器、高通滤波器、带通或带阻滤波器等。具体的实现方式有模拟滤波器和数字滤波器两种。模拟滤波器由电子元器件（电阻、电容和运算放大器等）组成的电路来实现滤波功能，而数字滤波器则是相应的计算机程序，通过对数字化的测量信息进行相应的运算和变换来实现滤波的目的。随着微型计算机和信息处理技术的飞速发展，模拟或数字滤波器已成为现代传感器的标准配备。

3）对测量结果的统计处理。随机误差具有抵偿性，大部分测量系统的误差分布符合正态规律，因此，可以通过统计处理的方法减小随机误差。由前述内容可知，在重复条件下对某个量 x 进行 N 次测量，其算术平均值 $\bar{x}$ 的数学期望 $\mu_{\bar{x}}$ 仍是 μ，即 $\mu_{\bar{x}} = \mu$，但算术平均值 $\bar{x}$ 的标准差 $\sigma_{\bar{x}}$ 为原来的 $1/\sqrt{N}$ 倍，即 $\sigma_{\bar{x}} = \dfrac{\sigma}{\sqrt{N}}$。根据这一统计规律，在实际测量过程中，只要传感器的响应足够快和系统采样频率足够高，传感器可采用多次测量统计平均方法，即用多次测量获得的 N 个测量结果的算术平均值 $\bar{x}$ 作为传感器输出的测量值。相较于常规的单次测量值，多次测量可有效地减少随机误差，算术平均值 $\bar{x}$ 的标准差明显地减小，传感器输出测量值的精密度和准确度得到有效提高。理论上，测量次数越多，越能减小随机误差对测量结果的影响。然而，算术平均值 $\bar{x}$ 的标准差 $\sigma_{\bar{x}}$ 与测量次数 N 的平方根成反比关系 [式（2-56）]。当 $N \geq 10$ 时，$\sigma_{\bar{x}}$ 随 N 增大而减小的幅度或速率会变得越来越小，测量次数提高所能获得的功效越来越不明显，如图 2-23 所示。同时，多次测量也将影响传感器的实时响应特性，因此，测量次数 N 不是越大越好，一般情况下取 $N \leq 10$ 较为合适。

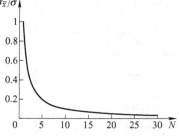

图 2-23　算术平均值 $\bar{x}$ 的标准差 $\sigma_{\bar{x}}$ 与测量次数 N 的关系

2.5.3　系统误差的分析与处理

1. 系统误差的判别

如何发现和判别测量数据中是否存在系统误差是分析和处理系统误差的关键。粗大误差具有偶发性，一般情况下需单独处理。系统误差往往与随机误差同时存在于测量数据之中，不易发现，有时多次重复测量也不能减小系统误差对测量结果的影响，因此，系统误差判别的重点是利用系统误差和随机误差特性的不同，从测量数据中识别出是否存在系统误差。

设同时含有系统误差和随机误差的测量列 x_i，$i = 1, 2, \cdots, N$，有

$$\begin{cases} x_1 = x_0 + \gamma_1 + e_1 \\ x_2 = x_0 + \gamma_2 + e_2 \\ \quad\cdots \\ x_i = x_0 + \gamma_i + e_i \\ \quad\cdots \\ x_N = x_0 + \gamma_N + e_N \end{cases} \tag{2-59}$$

式中，γ_i 和 e_i 分别为第 i 个测量数据 x_i 的系统误差和随机误差；x_0 为真值。可得该测量列的算术平均值 $\bar{x}$ 为

$$\bar{x} = \frac{1}{N} \sum_{i=1}^{N} x_i = x_0 + \frac{1}{N} \sum_{i=1}^{N} \gamma_i + \frac{1}{N} \sum_{i=1}^{N} e_i \tag{2-60}$$

由于随机误差具有抵偿性，当 N 足够大时，$\frac{1}{N} \sum_{i=1}^{N} e_i = 0$，随机误差对测量结果的影响可以忽略。式（2-60）可表示为

$$\bar{x} = \frac{1}{N} \sum_{i=1}^{N} x_i = x_0 + \bar{\gamma} \tag{2-61}$$

式中，$\bar{\gamma}$ 为该测量列系统误差的算术平均值。系统误差不具有抵偿性，以数值上叠加 $\bar{\gamma}$ 的形式使算术平均值 $\bar{x}$ 发生变化，从而对测量结果产生不利影响。

进一步可以推知，对于定值系统误差，γ_i 是一恒定值，$\bar{\gamma}$ 可视为一常量，测量列的算术平均值 $\bar{x}$ 相对于真值 x_0 产生了 $\bar{\gamma}$ 的恒定偏移，但测量列的标准差 σ 不会发生变化，测量数据及其误差的分布仍服从正态分布。定值系统误差只影响测量结果的正确度，不影响

测量结果的精密度。但对于变值系统误差，γ_i 是按某种规律变化的，$\bar{\gamma}$ 不可视为一常量，因此变值系统误差会同时对测量的均值和标准差产生影响，不仅影响测量结果的正确度，也影响测量结果的精密度，测量数据及其误差的分布将偏离正态分布。

目前在实际测量过程中已有多种不同的检验方法用于判别是否存在系统误差，主要有实验对比法、残余误差观察法和残余误差校验法等。

（1）实验对比法

若有准确度等级较高的标准传感器或标准仪表（即标准表，准确度等级至少高一个等级），则可用该标准表在相同条件下对同一被测量进行测量，将其测量结果与被检定传感器的测量结果进行比较，如果两者之间有差别，说明被检定传感器存在系统误差。若没有找到合适的标准表，也可用与被检定传感器相同准确度等级的同类传感器代替标准表，并对两者的测量结果进行比对，若两者的测量结果有明显差别，说明存在系统误差，但这种情况下无法判断究竟是哪台传感器有系统误差。实验对比法适用于发现定值系统误差。

（2）残余误差观察法

测量列中各测量数据的残余误差（简称残差）ε_i 可表示为

$$\varepsilon_i = x_i - \bar{x} = x_i - \frac{1}{N}\sum_{i=1}^{N} x_i \tag{2-62}$$

由于 $\varepsilon_i = x_i - \bar{x} = x_i - \frac{1}{N}\sum_{i=1}^{N} x_i = (x_0 + \gamma_i + e_i) - (x_0 + \bar{\gamma}) = e_i + (\gamma_i - \bar{\gamma})$，对于定值（恒值）系统误差，$\gamma_i - \bar{\gamma} = 0$，因此，残余误差观察法不适合用于定值系统误差的发现，而适合用于判别变值系统误差，即适合用于 $\gamma_i - \bar{\gamma} \neq 0$ 的情况。

若系统误差 γ_i 远大于随机误差 e_i，残差 ε_i 主要由 γ_i 和测量列系统误差的算术平均值 $\bar{\gamma}$ 确定，$\varepsilon_i \approx \gamma_i - \bar{\gamma}$。可根据测量列中各测量数据残余误差大小和符号的变化规律，由残余误差数据曲线来判断是否存在系统误差。

残余误差观察法主要适用于判定有规律变化的变值系统误差。按测量列测量的先后次序将测量列中各测量数据的残余误差作图进行观察，如图 2-24 所示。若残差数据曲线如图 2-24a 所示，残余误差大体上正负相间，且无显著变化规律，则表明测量数据中不存在变值系统误差；若残差数据曲线如图 2-24b 所示，残余误差有规律地递增或递减，且开始测量时残余误差符号与测量结束时的符号相反，则表明存在线性的系统误差；若残余误差数据曲线如图 2-24c 所示，残余误差符号有规律地正、负交替重复变化，则表明存在周期性的系统误差；若残余误差数据曲线如图 2-24d 所示，则表明可能同时存在线性的和周期性的系统误差。

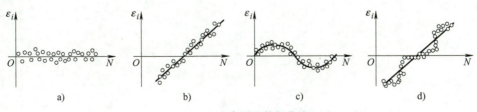

a)　　　　　　　b)　　　　　　　c)　　　　　　　d)

图 2-24　残余误差数据曲线

（3）残余误差校验法

若系统误差 γ_i 不是远大于随机误差 e_i，残余误差 $\varepsilon_i = e_i + (\gamma_i - \bar{\gamma})$，残余误差观察法就难以发现系统误差，此时需要采用残余误差校验法来发现变值系统误差。残余误差校验法依据统计判别准则通过检验测量数据误差的分布是否偏离正态分布来识别是否有系统误差存在。目前已提出不少有效的判别准则，常用的有马利科夫准则、阿贝 – 赫梅特准则和标准差比较准则等。

1）马利科夫准则。假设获得的 N 个测量值可等分为两组，$(x_1, x_2, \cdots, x_i, \cdots, x_L)$ 和 $(x_L, x_{L+1}, \cdots, x_i, \cdots, x_N)$，其中 $L = N/2$。由式（2-62）计算出这 N 个测量值的残余误差分别为 $\varepsilon_1, \varepsilon_2, \cdots, \varepsilon_L, \varepsilon_{L+1}, \cdots, \varepsilon_N$。将前 L 个残余误差和后 L 个残余误差分别求和，取其差值为 D，即

$$D = \sum_{i=1}^{L} \varepsilon_i - \sum_{L+1}^{N} \varepsilon_i \qquad (2\text{-}63)$$

若差值 D 显著地不为零，即差值 D 的绝对值明显地大于零，则表明存在线性的系统误差。

2）阿贝 – 赫梅特准则。令

$$C = \left| \sum_{i=1}^{N-1} \varepsilon_i \varepsilon_{i+1} \right| = \left| \varepsilon_1 \varepsilon_2 + \varepsilon_2 \varepsilon_3 + \cdots + \varepsilon_i \varepsilon_{i+1} + \cdots + \varepsilon_{N-1} \varepsilon_N \right| \qquad (2\text{-}64)$$

若

$$C > \sigma^2 \sqrt{N-1} \qquad (2\text{-}65)$$

成立，其中 σ^2 为该测量列的方差，则表明存在周期性的系统误差。

3）标准差比较准则。对获得的 N 个测量值 $x_1, x_2, \cdots, x_i, \cdots, x_N$，分别用两种不同的公式计算其标准差 σ，即

贝塞尔（Bessel）公式 $$\sigma_B = \sqrt{\frac{\sum_{i=1}^{N} \varepsilon_i^2}{N-1}} \qquad (2\text{-}66)$$

佩特尔斯（Peters）公式 $$\sigma_P = \sqrt{\frac{\pi}{2}} \frac{\sum_{i=1}^{N} |\varepsilon_i|}{\sqrt{N(N-1)}} \qquad (2\text{-}67)$$

数理统计学已证明：对于同一测量列，σ_B 和 σ_P 估计的一致性取决于测量次数 N 是否趋于无穷大、测量数据中是否存在系统误差。当 $N \to \infty$ 且不存在系统误差时，则有 $\sigma_B = \sigma_P$。若 N 为有限，无系统误差时，σ_B 和 σ_P 两值应相近；存在系统误差时，σ_B 和 σ_P 两值相远。

令

$$\mu = \frac{\sigma_P}{\sigma_B} - 1 \qquad (2\text{-}68)$$

若

$$|\mu| \geqslant \frac{k}{\sqrt{N-1}} \qquad (2\text{-}69)$$

则表明有理由怀疑存在变值系统误差。其中 k 为置信概率决定的置信系数，当 $k = 2$ 时，对应的置信概率为 95.450%；当 $k = 3$ 时，对应的置信概率为 99.730%。

2. 减小和消除系统误差的方法

减小和消除系统误差的关键是找出系统误差产生的原因（找到误差源）或是发现系统误差的规律。相应地，在测量实践中减小和消除系统误差主要有消除误差源法和引入修正值法两种常用方法。消除误差源法适用于系统误差产生原因已明晰的场合。引入修正值法适用于系统误差产生原因不明确但系统误差分布规律已知的场合。

（1）消除误差源法

消除误差源法是减小和消除系统误差最根本的方法。该方法是对整个测量过程中可能产生系统误差的各个环节进行分析，找到系统误差产生的原因，并做相应的改进（如改进测量方法、优化硬件检测电路等），从根源上消除系统误差。以热敏电阻测温为例，热敏电阻测温依据热敏电阻的阻值随温度发生变化的原理实现温度测量。实际应用时，连接热敏电阻的导线的电阻如果处理不当将引起温度测量的系统误差。找到这个系统误差产生的根源后，工程上多用电桥测量电路，并采用三线制接法，如图 2-25 所示，其中 R_T 为热敏电阻，u_{out} 为桥路输出。三线制接法中两根连接导线接至热敏电阻的一个引出端，另一根连接导线接至热敏电阻的另一个引出端。由于连接导线分别接在电桥的两个桥臂上，受温度和导线长度变化引起的导线电阻变化将同时影响两个桥臂，互相抵消从而较好地消除了连接导线电阻对桥路输出 u_{out} 的影响，提高了温度测量的准确度。

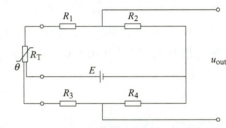

图 2-25　热敏电阻测温电桥测量电路的三线制接法

（2）引入修正值法

引入修正值法是减小和消除系统误差最常用的方法。该方法包括两个步骤：①画出误差曲线或图表，弄清楚系统误差的规律，建立相应的修正（校正）曲线、修正图表或修正模型等；②实际测量时，根据相应的修正曲线（或修正图表、修正模型），获得修正值（其值与误差数值大小相近、符号相反），将实际测得值加上相应的修正值，最后得到修正后的测量结果。引入修正从而消除系统误差一般可由硬件和软件两种方式实现。随着微型计算机技术的普及化，目前多用软件方式，即编制一个相应的修正计算机程序来实现。由于相应的修正曲线（或修正图表、修正模型）不可能尽善尽美，修正值有一些偏差，系统误差难以实现完全补偿，因此，一般情况下经修正的测量结果中仍会残留少量的误差。但只要处理得当，在大多数测量场合，引入修正值法还是很有效的，这些残留的误差一般很小，基本上淹没在随机误差中。

需要补充说明的是，在测量实践中，系统误差的判别和处理大多是在传感器出厂检定（或定期检定）阶段进行，实际传感器投入运行后，一般默认该传感器的系统误差已得到足够的消除或修正，对测量结果的影响很小。若一台实际投运的传感器存在显著的系统误差而未被发现，将严重影响测量结果的准确度和有效性，且在运行过程中一般难以进行系统误差的判别和处理，因此，传感器的出厂检定（或定期检定）要重点关注系统误差。

2.5.4　粗大误差的分析与处理

1. 粗大误差的判别

在实际测量过程中，由于人为或某些偶发的客观原因（如雷击或突然的剧烈振动），会有个别测量值明显偏离正常情况下测量数据的波动范围，则该测量值应视为可疑数据，极有可能含有粗大误差。含有粗大误差的数据应及时判别出并合理地予以剔除，以免影响测量结果的有效性。

拉依达（Pauta）法和格拉布斯（Grubbs）法是目前工程上常用的两种粗大误差判别方法，其基本思想是正常的测量数据应以接近 1 的置信概率 P_k 落在相应的置信区间内，因此，给定一个显著性水平 α，$\alpha = 1 - P_k$，按一定的统计方法确定临界值，若超过临界值则判定为含有粗大误差的测量数据，应予以剔除。

（1）拉依达法

对获得的 N 个测量值 $x_1, x_2, \cdots, x_i, \cdots, x_N$，计算出其算术平均值 $\bar{x}$ 和每个测量值的残差 ε_i，$\varepsilon_i = x_i - \bar{x}$，并按贝塞尔公式计算标准差 σ。假定各测量值 x_i 只含有随机误差，则根据正态分布规律，其残余误差 ε_i 落在区间 $[-3\sigma, 3\sigma]$ 内的概率为 99.730%，落在区间外的概率很小，为 0.270%。因此，若在测量数据中发现有大于 3σ 残余误差的测量值 x_i，即

$$|\varepsilon_i| = |x_i - \bar{x}| > 3\sigma \tag{2-70}$$

则可以认为该测量值 x_i 含有粗大误差，应予剔除。然后用剔除后的数据，重新按上述方法计算，再进行检验，直到判定无粗大误差为止。

拉依达法也常称为 3σ 准则法，是进行粗大误差判别比较方便的一种方法。需要注意的是，拉依达法要求有足够的测量次数，一般 $N > 30$。当测量次数 $N < 20$ 时其判别结果可能不可靠；当测量次数 $N < 10$ 时，拉依达法不再适用。

（2）格拉布斯法

对获得的 N 个测量值 $x_1, x_2, \cdots, x_i, \cdots, x_N$，计算出其算术平均值 $\bar{x}$ 和每个测量值的残余误差 ε_i，$\varepsilon_i = x_i - \bar{x}$，并按贝塞尔公式计算标准差 σ。若某个测量值 x_i 的残余误差 ε_i 为

$$|\varepsilon_i| > \lambda(\alpha, N)\sigma \tag{2-71}$$

则认为该测量值 x_i 含有粗大误差，应予剔除。其中 $\lambda(\alpha, N)$ 为格拉布斯系数，具体数值见表 2-2。表中显著性水平 α 一般取 0.01 或 0.05，相当于置信概率 P_k 分别为 99.0% 或 95.0%。判别出含有粗大误差的测量数据 x_i 剔除后，重新按上述方法计算，再进行检验，直到判定无粗大误差为止。

格拉布斯法可以用在测量次数不多的测量场合。与拉依达法比较，格拉布斯法来判别粗大误差更具有一般性。当测量次数较少（$N < 30$）时，工程上推荐采用格拉布斯法进行粗大误差的判别。

例 2-4　对某被测量进行 30 次重复测量，得到表 2-3 的数据，试分别用拉依达法和格拉布斯法判别该测量列中是否有测量数据存在粗大误差。

表 2-2　格拉布斯系数 $\lambda(\alpha, N)$

N	α		N	α		N	α	
	0.01	0.05		0.01	0.05		0.01	0.05
3	1.15	1.15	12	2.55	2.29	21	2.91	2.58
4	1.49	1.46	13	2.61	2.33	22	2.94	2.60
5	1.75	1.67	14	2.66	2.37	23	2.96	2.62
6	1.94	1.82	15	2.71	2.41	24	2.99	2.64
7	2.10	1.94	16	2.75	2.44	25	3.01	2.66
8	2.22	2.03	17	2.79	2.47	30	3.10	2.75
9	2.32	2.11	18	2.82	2.50	35	3.18	2.81
10	2.41	2.18	19	2.85	2.53	40	3.24	2.87
11	2.48	2.23	20	2.88	2.56	50	3.34	2.96

表 2-3　重复测量结果　　　　　　　　　　　　（单位：m）

N	测量值 x_i	残余误差 1 $\vert\varepsilon_i\vert$	残余误差 2 $\vert\varepsilon_i\vert$	N	测量值 x_i	残余误差 1 $\vert\varepsilon_i\vert$	残余误差 2 $\vert\varepsilon_i\vert$
1	0.203	0.0009	0.0012	16	0.203	0.0009	0.0012
2	0.202	0.0001	0.0002	17	0.200	0.0021	0.0018
3	0.211	0.0089		18	0.201	0.0011	0.0008
4	0.201	0.0011	0.0008	19	0.203	0.0009	0.0012
5	0.203	0.0009	0.0012	20	0.202	0.0001	0.0002
6	0.202	0.0001	0.0002	21	0.202	0.0001	0.0002
7	0.202	0.0001	0.0002	22	0.201	0.0011	0.0008
8	0.203	0.0009	0.0012	23	0.203	0.0009	0.0012
9	0.201	0.0011	0.0008	24	0.203	0.0009	0.0012
10	0.202	0.0001	0.0002	25	0.201	0.0011	0.0008
11	0.201	0.0011	0.0008	26	0.202	0.0001	0.0002
12	0.202	0.0001	0.0002	27	0.201	0.0011	0.0008
13	0.202	0.0001	0.0002	28	0.200	0.0021	0.0018
14	0.200	0.0021	0.0018	29	0.203	0.0009	0.0012
15	0.201	0.0011	0.0008	30	0.202	0.0001	0.0002

　　解：根据表 2-3 列出的测量数据，可以计算出这 30 个测量值的算术平均值 $\bar{x} = 0.2021$，进而可以获知每次测量的残余误差绝对值 $\vert\varepsilon_i\vert$，见表 2-3 中残余误差 1 列。由贝塞尔公式［式（2-66）］算出标准差为 $\sigma = 0.00194$。

　　分别用拉依达法和格拉布斯法逐个判定测量数据是否存在粗大误差。拉依达法的界

限是 3σ，格拉布斯法的界限依显著性水平 α 不同（由表 2-2，α 取 0.01 或 0.05）分别为 3.10σ 或 2.75σ，则可以发现第 3 个测量数据 $x_3 = 0.211$ 含有粗大误差，因为 x_3 的残余误差绝对值 $|\varepsilon_3|$ 与标准差 σ 的比值 $\varepsilon_3 / \sigma = \dfrac{0.0089}{0.00194} = 4.6$，无论是拉依达法还是格拉布斯法，$x_3$ 的残余误差绝对值都超过了界限。将 x_3 这一测量数据剔除后，重新对剩下的 29 个测量数据计算，得 $\bar{x} = 0.2018$，$\sigma = 0.00098$，相应的各测量值的残余误差绝对值见表 2-3 中残余误差 2 列。再次分别用拉依达法和格拉布斯法判断，发现在余下的 29 个测量数据中不再有粗大误差存在。

因此，根据拉依达法和格拉布斯法，表 2-3 所列测量数据中存在含有粗大误差的测量数据为 $x_3 = 0.211$。

2. 减小和消除粗大误差的方法

粗大误差是指在规定条件下明显超出预期的误差，表现为测量结果显著异常，在实际应用过程中必须寻求有效的措施以减小或消除粗大误差的影响，否则可能引起相应控制系统的剧烈振荡甚至失效。

减小和消除粗大误差的方法也是从误差原因着手。如 2.5.1 节所述，导致粗大误差的原因一般有主观和客观两类。

减小和消除由主观原因引起的粗大误差主要的方法是建章立制，加强教育和管理。提高操作人员的责任心和业务能力，可避免由人为因素导致的失误（如错误记录和操作等），并辅以相应的示警 / 报警系统等（如当操作人员进行错误操作或测量值异常时，计算机控制系统用声光报警器提示操作人员注意）。措施实施到位，由主观因素引起的粗大误差一般可得到有效消除。

减小和消除由客观原因引起的粗大误差则要相对复杂一些，因为这些客观原因往往具有不可预测性、偶发性和时效性，如机械设备突发振动产生对传感器的冲击，雷暴引发的强电磁干扰等。经过多年计算机控制系统的应用实践，软测量模型方法已被证明是减小或消除这类粗大误差的有效方法。其原理如图 2-26 所示。软测量模型一般根据机理分析和已有的有效测量（包括操作）数据通过数据挖掘技术来建立，为计算机控制系统程序的一部分，并可依据新获有效数据进行模型更新。软测量模型能通过已有数据计算获得一个预测测量值。实际工作时，先将实时获取的测量值与软测量模型给出的预测测量值进行比较和评估，判别当前的测量值是否属于粗大误差。如判定实时测量值无异常，不存在粗大误差，则再将该实时测量值用于计算机控制系统；如判定实时测量值出现异常，则不采用实时测量值，而将软测量模型给出的预测测量值用于计算机控制系统。如此，可有效克服粗大误差对系统控制的影响，以保证相应系统平稳正常运行。

2.5.5 测量不确定度

由于测量误差的存在，被测量的真值难以确定，测量结果带有不确定性。长期以来，由于准确度（精度）涉及难以获得的真值，因此，准确度只能对测量结果的质量或有效性做定性的描述。若要定量地评价测量结果质量高低的程度，则需要用到测量不确定度的概念。

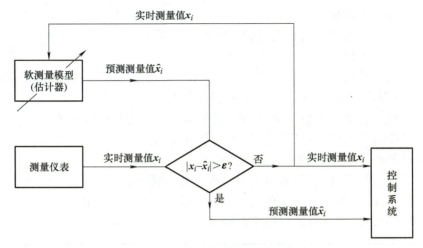

图 2-26　软测量模型方法原理示意图

测量不确定度（Uncertainty of Measurement）是根据所用到的信息，表征赋予被测量值分散性的非负参数，简称不确定度。实际应用中，这个参数可以用标准差及其倍数或置信区间的半宽度表示。

以标准差表示的测量不确定度称为标准测量不确定度，简称标准不确定度。标准不确定度有两类评定方法：A 类评定和 B 类评定。

A 类评定是对在规定测量条件下测得的量值用统计的方法进行的测量不确定度分量的评定。用 A 类评定得到的标准不确定度用标准差定量表征。

B 类评定是用不同于测量不确定度 A 类评定的方法对测量不确定度分量进行的评定。B 类评定基于的有关信息包括权威机构发布的量值、有证标准物质的量值、校准证书、仪器漂移、经检定的测量仪器的准确度等级、根据人员经验推断的极限值等。用 B 类评定得到的标准不确定度用估计的标准差定量表征。

扩展不确定度（Expended Uncertainty）是标准不确定度与一个大于 1 的数字因子的乘积，用 U 表示，$U = ku$，其中 u 为标准不确定度。扩展不确定度是被测量值的包含区间的半宽度，该区间 $[\mu - U, \mu + U]$ 包含了被测量值的大部分。若输出符合正态分布，标准不确定度用 A 类评定，以标准差 σ 定量表征，则 $u = \sigma$。当 $k = 2$ 时，$U = 2\sigma$，被测量值落在区间 $[\mu - 2\sigma, \mu + 2\sigma]$ 的概率为 95.450%，当 $k = 3$ 时，$U = 3\sigma$，被测量值落在区间 $[\mu - 3\sigma, \mu + 3\sigma]$ 的概率为 99.730%。如已知某台温度传感器的标准差为 0.05℃，取 $k = 3$，则该温度传感器的扩展不确定为：$U = 3 \times 0.05℃ = 0.15℃$，记为 $U = 0.15℃(k = 3)$。

测量不确定度是经典误差理论研究发展的产物。不确定度和误差都是评价测量结果质量高低的重要指标，都可作为测量结果有效性的评定参数。但是测量不确定度的内容不能取代误差理论的所有内容，它只是经典误差理论的补充，是现代误差理论的内容之一。

思考题与习题

2-1　传感器的静态性能指标主要有哪些？

2-2　传感器的量程和传感器的测量范围是同一个概念吗？

2-3　传感器的准确度等级如何确定？

2-4　准确度、正确度和精密度三者有何区别和联系？

2-5　灵敏度高的传感器准确度也高吗？

2-6　一个温度传感器，量程为 0～100.0℃，准确度等级为 1.0 级。出厂检定时在某点出现的最大绝对误差为 1.5℃，问这个传感器合格吗？

2-7　不失真传感器与理想传感器的区别在哪里？说明其物理含义。

2-8　传感器的可靠性和稳定性有什么联系与区别？

2-9　MTBF 和 MTTF 的物理含义分别是什么？

2-10　系统误差、随机误差和粗大误差各有什么特点？

2-11　简要论述均值和标准差在误差分析和处理中的重要作用。

2-12　对一个位移传感器进行检定获得如下测量数据：

位移真值 /mm	10.0	20.0	30.0	40.0	50.0	60.0	70.0	80.0	90.0	100.0
位移测量值 /mm	12.1	21.9	32.2	41.8	51.7	62.5	78.3	81.6	92.5	101.9

已知该位移传感器的量程为 0～100mm，准确度等级为 1.0 级，请问这个被检定的传感器存在哪些误差？为什么？如何克服存在的误差？

第 3 章　传感原理和敏感元件

　　敏感元件是传感器系统的关键，它的主要功能是直接感受被测量，并进行信号转换。敏感元件直接关系到被测参数的可测范围、测量准确度，以及机器人传感系统的使用条件、使用场合等。

　　参数的检测就是利用敏感元件特有的物理、化学和生物等效应，把被测量的变化转换为敏感元件的某一物理（化学）量的变化。可以实现这些功能的敏感元件种类很多，所采用的原理、方法也各不相同，如电学法、光学法、声学法、力学法、磁学法、热学法、射线法、化学法等。本章主要围绕机器人传感应用，介绍电学法、磁学法、声学法及光学法传感原理和敏感元件。表 3-1 列出了这些传感器所利用的各种基础效应 / 原理。

表 3-1　机器人传感领域常用敏感元件的基础效应 / 原理

类型	基础效应 / 原理	物理量变化	敏感元件 / 传感器举例
电阻式	应变效应	电阻	金属应变片
	压阻效应		压敏电阻
电容式	极板间距、面积、介电常数引起电容变化	电容	变极距型、变面积型、变介电常数型电容敏感元件
压电式	正压电效应	电压	压电元件，超声波接收器
	逆压电效应	频率	超声波发生器
磁电式	电磁感应	电压	磁电式敏感元件
	电感现象	电感、电压	差动变压器电感式传感器
	电涡流效应	电流	电涡流传感器
	霍尔效应	电压	霍尔元件
光电式	光电发射效应	电流	光电管、光电倍增管
	光电导效应	电阻	光敏电阻
	光生伏特效应	电压、电流	光电池，光电二极管，光电晶体管

1. 电学法

　　电学法一般是利用敏感元件把被测量的变化转换成电压、电阻、电容等电学量的变化，所利用的基础效应包括应变效应、压阻效应、压电效应等。

（1）应变效应

金属导体材料在外界拉力或压力作用下会发生机械形变，导致电阻率和几何因子发生改变，从而引起电阻阻值变化，这种现象称为应变效应。利用该效应可以制成金属应变片，常用于力和压力的测量。

（2）压阻效应

半导体材料在某一方向受到作用力时，电阻率会发生明显变化，这种现象称为压阻效应。利用该效应可以制成压敏电阻，用于力和压力的测量。其比金属应变片具有更大的灵敏度系数，但温度稳定性较后者差。

（3）电容变化

根据电容量公式，极板间距、面积及介电常数的变化都会引起电容量的改变，利用这些性质可以构建变极距型、变面积型和变介电常数型电容敏感元件，广泛用于位移、振动、角位移、加速度、压力等参数的测量。

（4）压电效应

压电效应可以分为正压电效应和逆压电效应。正压电效应是指某些电介质沿一定方向受力而变形时，在其两个相对的表面上集聚正、负相反的电荷，电荷量的大小与受到的力成正比。由此可以制成力、压力、加速度及声波敏感元件。逆压电效应是指在电介质的极化方向上施加电场时，这些电介质会发生变形，当施加交变电场时，电介质将产生机械振动，常用于超声波发生器。

2. 磁学法

磁学法是利用被测介质有关磁性参数的差异及被测介质或敏感元件在磁场中表现出的特性来实现有关参数的检测。常见的物理效应和原理有电磁感应、电感现象、电涡流效应、霍尔效应、磁致伸缩效应等。

（1）电磁感应

当穿过闭合导体回路的磁通量发生变化时，不管这种变化是由什么原因引起的（如磁场变化、导体运动等），闭合导体回路中就会出现电流，称为电磁感应现象。回路中所产生的电流称为感应电流，所产生的电动势称为感应电动势。电磁感应是磁学式敏感元件的基础，电感式敏感元件和磁电式敏感元件都是基于这一基本原理。

（2）电感现象

电感是指当电流通过线圈时，在线圈中形成感应磁场，感应磁场又会产生感应电流来抵制通过线圈中的电流。电感式传感器是利用电磁感应原理将待测物理量转变为线圈自感系数或互感系数的变化，再通过测量电路转换成电压或者电流的变化，从而实现对非电物理量的测量。

（3）电涡流效应

根据法拉第电磁感应定律，当金属导体置于变化的磁场中或在磁场中做切割磁力线运动时，导体中将产生旋涡状的闭合感应电流，称为电涡流。利用电涡流效应可以对位移、振动、转速等物理量进行非接触式测量。

（4）霍尔效应

当电流垂直于外磁场通过半导体时，在半导体垂直于磁场和电流方向的两个侧面会出现电动势差，这一现象便是霍尔效应。基于此原理构成的传感器称为霍尔传感器，可用于位移、压力、磁场和电流的测量。

（5）磁致伸缩效应

铁磁材料在外磁场作用下，其磁化矢量发生转动（或称磁化），使其形状发生变化（沿磁场方向伸长或缩短），但体积保持不变，这种现象称为磁致伸缩效应。利用该效应可以制成超声波发生器和接收器。

3. 声学法

声学法大多是利用超声波在介质中的传播以及在介质间界面处的反射等性质进行参数检测。利用声学法进行测量时通常需要一组超声波发射和接收探头，当声波传播的速度一定时，声波传播的距离的变化会引起声波传播时间的改变。利用此方法可以实现位置（距离）的测量。

4. 光学法

光学法是利用光的反射、透射、折射、散射等现象将被测量的变化转换成光信号的变化，从而引起电信号的相应改变。光电式敏感元件主要是基于光电效应，是指光照射到某些物质上，使该物质吸收能量后发生电特性变化（电子发射、电导率、电位、电流等）的现象。光电效应可以分为外光电效应和内光电效应，其中内光电效应又分为光电导效应和光生伏特效应。

（1）外光电效应

在光的照射下，使电子逸出物质表面的现象称为外光电效应，亦称为光电发射效应。利用外光电效应制成的敏感元件主要有光电管和光电倍增管。

（2）内光电效应

在光的照射下，物质原子产生的光电子只在物质内部运动，不会逸出物质表面，从而引起物质的电阻率发生变化或者产生电动势，这种现象称为内光电效应。

（3）光电导效应

某些物体（一般是半导体）受到光照时，其内部原子释放的电子留在物体内部而使得物体的导电性增加，电阻值下降，这一现象称为光电导效应。利用该效应可以制成光敏电阻。

（4）光生伏特效应

某些物体（一般是半导体）受到光照时，会产生一定方向的电动势，这种现象称为光生伏特效应。基于该效应的光电元件有光电池、光电二极管和光电晶体管等。

3.1　电学式传感原理和敏感元件

基于电学信号的传感器种类很多，如电阻式传感器、电容式传感器、电感式传感器、压电式传感器等，它们在机器人力觉/触觉感知、加速度与方向感知等方面的应用十分广泛。本节将重点介绍这些传感器的检测原理、敏感元件种类与结构及应用范围等。

3.1.1 电阻式敏感元件

通过电阻参数的变化来实现物理量测量的传感器统称为电阻式传感器。它们的基本工作原理是将待测物理量的变化转换成传感器电阻值的变化，再利用一定的检测电路实现测量结果的输出。电阻式传感器的类型很多，根据引起传感器电阻值变化的机制不同，可以分为应变式、热敏式、湿敏式及气敏式等，对应的检测元件分别为电阻应变片、热敏电阻、湿敏电阻和气敏电阻，广泛用于位移、形变、加速度、力、力矩、压力、温度及湿度等参数的测量。

本节主要以机器人传感领域常用的应变式检测元件为例介绍电阻式敏感元件。它是利用电阻应变片将应变转换成电阻变化的敏感元件。所谓应变，是物体在外部作用力下发生形变的现象。当外力去除后，物体又能恢复其原来尺寸和形状的应变称为弹性应变，具有这样性质的物体称为弹性元件。应变式检测元件主要由弹性元件和电阻应变片组成，基本工作原理如下：电阻应变片被粘贴在弹性元件（如膜片、薄壁圆筒、悬臂梁等）上，被测物理量（如力、压力、位移、扭矩、加速度等）作用在弹性元件上使其发生应变，电阻应变片将感受到同样的应变并产生相应的电阻变化，再通过检测电路将电阻变化变成电压等电量输出。

1. 工作原理

金属导体材料在外界拉力或压力作用下会发生机械形变，导致电阻率和几何因子发生改变，从而引起电阻值变化，这种现象称为应变效应。

如图 3-1 所示，对于一根长度为 l、截面积为 A、电阻率为 ρ 的电阻丝，其初始电阻值 R 可以表示为

$$R = \rho \frac{l}{A} \tag{3-1}$$

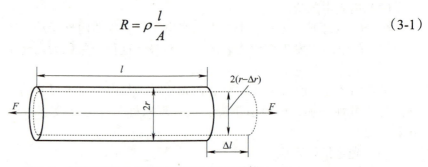

图 3-1　电阻丝受拉力作用后几何尺寸发生变化

当电阻丝受到外力作用被压缩或拉伸，会导致 l、A、ρ 发生改变，从而引起电阻值 R 的变化。电阻值变化量可以通过对式（3-1）进行全微分获得，即

$$dR = \frac{l}{A}d\rho + \frac{\rho}{A}dl - \frac{\rho l}{A^2}dA \tag{3-2}$$

结合式（3-1）可得

$$\frac{dR}{R} = \frac{d\rho}{\rho} + \frac{dl}{l} - \frac{dA}{A} \tag{3-3}$$

假设电阻丝的截面为圆形，则 $A = \pi r^2$，微分后可得

$$dA = 2\pi r dr \tag{3-4}$$

于是，圆形电阻丝的截面积相对变化量就可以转换为半径的相对变化量，即径向应变，为

$$\frac{dA}{A} = \frac{2dr}{r} \tag{3-5}$$

由于 l、A、ρ 的变化量都很小，可以用 Δl、ΔA、$\Delta \rho$ 代替 dl、dA、$d\rho$，于是式（3-3）可以写成

$$\frac{\Delta R}{R} = \frac{\Delta \rho}{\rho} + \frac{\Delta l}{l} - 2\frac{\Delta r}{r} \tag{3-6}$$

式中，$\Delta l / l$ 为外力作用所引起的轴向应变 ε。进一步由材料力学可知，径向应变与轴向应变的关系为

$$\frac{\Delta r}{r} = -\mu \frac{\Delta l}{l} = -\mu \varepsilon \tag{3-7}$$

式中，μ 为电阻丝材料的泊松比。对于大多数金属材料，μ 的取值范围为 $0.3 \sim 0.5$；负号表示径向应变与轴向应变方向相反，如金属丝受到拉力作用时，沿轴向伸长，沿径向缩小，反之亦然。

进一步结合式（3-6）和式（3-7）可得

$$\frac{\Delta R}{R} = (1 + 2\mu)\varepsilon + \frac{\Delta \rho}{\rho} \tag{3-8}$$

由式（3-8）可以看出，电阻值的变化主要由两部分组成，第一部分是由于拉伸或压缩时长度的变化引起的，称为几何尺寸效应；第二部分是应变引起的电阻率变化，也称为压阻效应（在后续半导体电阻应变片中将继续讨论）。

通常将单位应变所引起的电阻值相对变化量 K 称为电阻应变片的应变灵敏系数，这可以通过将式（3-8）左右两边同时除以 ε 得到，即

$$\frac{\Delta R / R}{\varepsilon} = (1 + 2\mu) + \frac{\Delta \rho / \rho}{\varepsilon} = K \tag{3-9}$$

由式（3-9）可知，应变片的灵敏系数 K 主要由两个因素决定，一是 $1 + 2\mu$，由电阻丝的几何尺寸改变引起；另一个是 $\dfrac{\Delta \rho / \rho}{\varepsilon}$，由电阻丝的电阻率 ρ 随应变的改变引起。对于大多数的金属应变片，由于材料的电阻率 ρ 受应变 ε 的影响很小，因而 $1 + 2\mu$ 起主导作用；而半导体材料则刚好相反，$\Delta \rho / \rho$ 起主导作用。实验证明，在应变片拉伸极限内，电阻的相对变化量与应变成正比，即 K 为常数。

由于应变 ε 正比于应力 σ，即

$$\varepsilon = \frac{\Delta l}{l} = \frac{\sigma}{E} \tag{3-10}$$

式中，σ 为被测试件的应力；E 为被测试件材料的弹性模量，也称杨氏模量，单位为 Pa。

应力 σ 与力 F 和受力面积 A 之间的关系又可以表示为

$$\sigma = \frac{F}{A} \tag{3-11}$$

因此，可以通过弹性元件将压力等物理量转变为应变片的应力、应变，从而引起电阻阻值的变化，这是应变式电阻检测元件的基本原理。

2. 应变片的种类与结构

根据材料的不同，电阻应变片主要分为金属电阻应变片和半导体电阻应变片。

（1）金属电阻应变片

研究发现，金属材料的电阻率相对变化正比于体积的相对变化，即

$$\frac{\Delta\rho}{\rho} = C\frac{\mathrm{d}V}{V} = C\frac{\mathrm{d}(lA)}{lA} = C\left(\frac{\mathrm{d}l}{l} - 2\mu\frac{\mathrm{d}l}{l}\right) = C(1-2\mu)\varepsilon \tag{3-12}$$

式中，C 为与金属导体晶格结构相关的比例系数，由材料和加工方式决定。将式（3-12）代入式（3-8）可得

$$\frac{\Delta R}{R} = [(1+2\mu) + C(1-2\mu)]\varepsilon = K_{\mathrm{m}}\varepsilon \tag{3-13}$$

式中，K_{m} 为金属电阻应变片的灵敏系数。对于一般金属而言，如康铜，$\mu \approx 0.33$，因此 $1+2\mu \approx 1.66$，$C \approx 1$，$C(1-2\mu) \approx 0.4$。可见，在金属应变片中，电阻的相对变化具有尺寸效应。据此可以推算，金属电阻应变片的灵敏系数在 1.5 ～ 2 之间。

金属应变片一般分为丝式、箔式和膜式，按工作温度不同又可分为常温、中温、高温和低温应变片。

1）丝式应变片。丝式应变片是利用金属电阻丝（又称应变丝）制成的敏感元件。为了在较小的尺寸范围内产生较大的电阻变化，通常把应变丝绕制成栅状结构，可分为回线式应变片和短接式应变片两种，如图 3-2a、b 所示。丝式应变片的基本结构如图 3-2c 所示，一般由敏感栅、基片、盖片和引出线等部分组成。通过黏结剂将基片、敏感栅和盖片黏结在一起，敏感栅的两端通过引出线引出，接入测量电路。

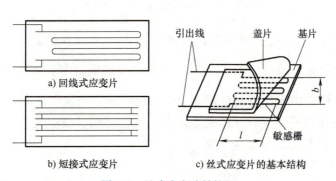

图 3-2　丝式应变片结构图

敏感栅：主要作用是感受构件的应变，并转化为电阻值的变化。敏感栅通常由具有高电阻率、直径为 0.015 ～ 0.05mm 的金属丝密集排列而成。在用应变片组成应变测量电路时，应变片的金属丝两端存在一定的电压。为了防止金属丝中流过的电流过大而产生发热

和熔断等现象，电阻值不能太小，这就要求金属丝具有一定的长度。但在测量构件的应变时，为测得微小的真实应变，又要求尽可能缩短应变片的长度。因此，应变片中的金属丝一般做成栅状，称为敏感栅。图 3-2c 中 l 为栅长，b 为栅宽。

基片：为了保持敏感栅的形状、尺寸和位置，通常用黏结剂将它固定在基片上。基片需要将构件所感受的应变准确地传递到敏感栅上，并起到敏感栅和构件间的绝缘作用，因此通常做得很薄（厚度约为 $0.02 \sim 0.04\text{mm}$），并具有良好的绝缘性能及抗潮和耐热性能。基片有纸基、纸浸胶基和胶基等种类。纸基应变片制造简单、价格低廉、便于粘贴，但耐热和耐潮性较差，一般只在短期的室内实验中使用，并且使用温度一般在 70 ℃ 以下。纸浸胶基是用酚醛树脂、聚酯树脂等胶液将纸浸透，并进行硬化处理，这使其特性得到较大改善，使用温度可达 180 ℃，抗潮性能也较好，可以长期使用。

盖片：盖片材料与基片基本相同，用于保护敏感栅，同时起着防潮、防腐蚀等作用。

引出线：焊接于金属电阻丝的两端，用以与外接电路相接，常用的是直径为 $0.1 \sim 0.15\text{mm}$ 的低阻镀锡铜线，或者由其他金属材料制成的扁带。

黏结剂：可以分为有机和无机两大类。有机黏结剂主要用于低温、常温和中温环境。常用的有机黏结剂主要有聚丙烯酸酯、有机硅树脂、聚酰亚胺等。无机黏结剂可以用于高温环境，常用的有磷酸盐、硅酸盐、硼酸盐等。

在一定的形变范围内，金属丝的电阻相对变化量（变化率）与应变成线性关系。当应变片被安装在处于单向应力状态的构件表面，并使敏感栅的栅轴方向与应力方向一致时，应变片电阻值的变化率 $\Delta R/R$ 与敏感栅栅轴方向的应变 ε 成正比。应变片的灵敏系数一般由制造厂家通过实验测定，这一过程称为应变片的标定。在实际应用时，可根据需要选用不同灵敏系数的应变片。

2）箔式应变片。箔式电阻应变片是由极薄的康铜或镍铬金属箔片（厚度为 $3 \sim 10\mu\text{m}$）利用光刻和蚀刻技术加工而成。制造时，先在箔片的一面涂上一薄层聚合胶，使之固化为基底，箔片的另一面涂感光胶，并用光刻技术光刻出所需要的形状，然后放在刻蚀剂中将裸露的箔片部分腐蚀掉，再焊接上引线就构成了箔式电阻应变片。箔式应变片的基本结构与图 3-2 类似，常见的箔式应变片图案如图 3-3 所示。其中，图 3-3a 应变片常用于测量单应力，图 3-3b 应变片常用于测量扭矩，图 3-3c 应变片一般用于压力的测量。

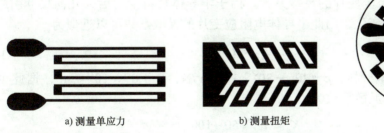

a) 测量单应力　　　　　　　b) 测量扭矩　　　　　　　　c) 测量压力

图 3-3　常见的箔式应变片图案

箔式应变片采用了先进的制造技术，能够保证敏感栅线条均匀、尺寸准确，易于大批量生产，且可以加工成任意的形状。它的表面积和截面积比较大，散热性能较好，故允许通过较大的工作电流，从而增大了输出信号。鉴于这些特点，箔式应变片获得了日益广泛的应用，并有逐渐取代丝式应变片的趋势。

3）膜式应变片。膜式应变片是采用真空溅射或真空沉积等方法将金属或合金材料在弹性元件上制成各种形状的敏感栅（厚度在 0.1μm 以下），具有滞后和蠕变很小、灵敏度高的优点。常见的膜式应变片结构如图 3-4 所示。

图 3-4　常见的膜式应变片结构

（2）半导体电阻应变片

顾名思义，半导体电阻应变片就是利用半导体材料压阻效应构建的敏感元件。半导体材料在某一方向受到作用力时，电阻率会发生明显变化，这种现象称为压阻效应，可以用压阻系数 π 表示。产生这一现象的主要原因是半导体材料的电阻率主要取决于少数载流子的迁移率，当一定的外力被施加在半导体上时，其能带将发生变化，导致少数载流子的迁移率增大或减小，从而引起电阻率的显著变化。

回顾式（3-8）可知，压阻效应对应于第二部分，即

$$\frac{\Delta \rho}{\rho} = \pi\sigma = \pi E\varepsilon \tag{3-14}$$

式中，π 为压阻系数，与半导体的种类及应力方向和晶轴方向之间的夹角有关；E 为材料的弹性模量；ε 为在应力 σ 作用下所产生的应变。

将式（3-14）代入式（3-8），可得

$$\frac{\Delta R}{R} = (1+2\mu)\varepsilon + \pi E\varepsilon = (1+2\mu+\pi E)\varepsilon = K_S\varepsilon \tag{3-15}$$

式中，K_S 为半导体电阻应变片的灵敏系数。由于半导体材料受力后，几何尺寸引起的电阻变化远小于电阻率的变化，因此半导体电阻应变片的灵敏系数可以近似为

$$K_S \approx \pi E \tag{3-16}$$

对于常用的半导体材料，$\pi=(40 \sim 80) \times 10^{-11} m^2/N$，$E=1.87 \times 10^{11} N/m^2$，据此可以估计半导体电阻应变片的灵敏系数为

$$K_S \approx \pi E \approx 50 \sim 100 \tag{3-17}$$

半导体电阻应变片的灵敏系数远大于金属电阻应变片。其他优点还包括尺寸小、滞后小、动态特性好等，而缺点则是温度稳定性较差，在测量较大范围应变时非线性严重。

根据结构特征不同，半导体电阻应变片主要有体型半导体应变片、薄膜型半导体应变

片和扩散型半导体应变片等类型。

体型半导体应变片是将原材料按所需晶向切割成片状或者条状，粘贴在弹性元件上使用。

薄膜型半导体应变片是利用真空蒸镀法将锗覆盖在绝缘支持片上，形成厚度为 0.1μm以下的薄膜，也可以将薄膜直接蒸镀在传感器的弹性元件上，从而省去粘贴工艺，提高稳定性。

扩散型半导体应变片是在电阻率很大的单晶硅支持片上通过扩散或渗透方法直接掺杂 P 型或 N 型杂质，形成一层极薄的 P 型或 N 型导电层，然后在它上面装上电极即成为半导体应变片。有时也用硅片作为弹性元件（硅梁或硅杯），通过在它上面直接扩散 P 型或 N 型杂质，制成整体式传感器。

图 3-5 为一种基于扩散硅半导体应变片的压力传感器，它由硅膜片、扩散电阻和引线等组成。其中，硅膜片是该传感器的核心部分，由于其形状像一个倒扣的杯子，故又称硅杯。在硅膜片上，用半导体扩散掺杂工艺做成四个相等的电阻，并蒸镀金属电极及连线，接成惠斯通电桥，再用压焊法与外引线相连。硅膜片两侧有两个压力腔，一侧是高压腔，与被测介质相通，另一侧是低压腔，通常与大气相通。当两边存在压力差时，膜片将发生变形，从而使电阻值发生变化，电桥失去平衡，输出相对应的电压，其大小反映了膜片所受的压力差值。

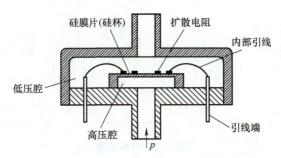

图 3-5　基于扩散硅半导体应变片的压力传感器

3. 电阻应变片的测量电路

电阻应变片实际应用过程中必须采用合适的转换电路把电阻变化转换成电压或者电流信号。目前广泛采用的是电桥电路，如图 3-6 所示。R_1、R_2、R_3、R_4 为桥臂电阻，U_I 为直流稳压电源，U_O 为电桥输出电压。电桥输出电压可以表示为

$$U_O = U_I \left(\frac{R_1}{R_1 + R_2} - \frac{R_4}{R_3 + R_4} \right) = U_I \frac{R_1 R_3 - R_2 R_4}{(R_1 + R_2)(R_3 + R_4)} \tag{3-18}$$

可见，当电桥平衡时，即 $U_O = 0$，则有

$$R_1 R_3 = R_2 R_4 \quad \text{或} \quad R_2 / R_1 = R_3 / R_4 \tag{3-19}$$

式（3-19）说明，要满足电桥平衡条件，必须使对臂积相等或邻臂比相等。

用于测量应变片电阻变化时，可将应变片作为一个或多个电桥桥

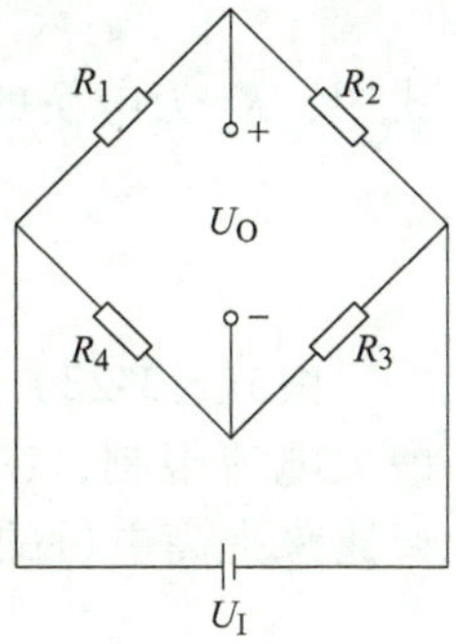

图 3-6　电桥电路

51

臂。显然，当应变片的电阻发生变化时，电桥平衡将被破坏，输出电压 U_O 不再为 0，这就是应变电桥的基本原理。

应变片在电桥中的接法常有以下三种形式。

（1）单臂工作电桥

单臂工作电桥是将应变片接入电桥的一个臂。如图 3-7a 所示，设 R_1 为应变片，当其承受应变时，电阻值变化为 ΔR_1，此时电桥处于不平衡状态，输出电压为

$$U_O = U_I \left(\frac{R_1 + \Delta R_1}{R_1 + \Delta R_1 + R_2} - \frac{R_4}{R_3 + R_4} \right) = U_I \frac{\Delta R_1 R_3}{(R_1 + \Delta R_1 + R_2)(R_3 + R_4)} \tag{3-20}$$

式（3-20）左右两侧同时除以 $R_1 R_3$，可得

$$U_O = U_I \frac{\dfrac{\Delta R_1}{R_1}}{\left(1 + \dfrac{\Delta R_1}{R_1} + \dfrac{R_2}{R_1}\right)\left(1 + \dfrac{R_4}{R_3}\right)} \tag{3-21}$$

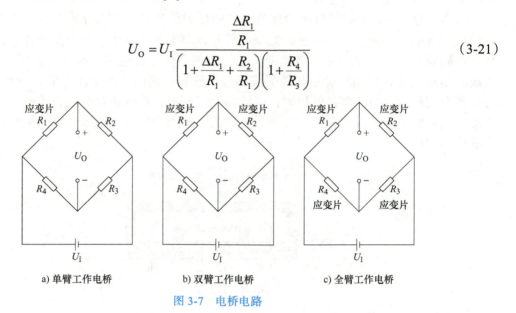

a) 单臂工作电桥   b) 双臂工作电桥   c) 全臂工作电桥

图 3-7　电桥电路

设桥臂比 $R_2 / R_1 = R_3 / R_4 = n$，由于 $\Delta R_1 \ll R_1$，可以忽略分母中的 $\Delta R_1 / R_1$ 项，于是式（3-21）可以写成

$$U_O = U_I \frac{\Delta R_1 / R_1}{(1+n)\left(1 + \dfrac{1}{n}\right)} = U_I \frac{n}{(1+n)^2} \frac{\Delta R_1}{R_1} = K_u \frac{\Delta R_1}{R_1} \tag{3-22}$$

式中，K_u 为电桥的灵敏度，且

$$K_u = U_I \frac{n}{(1+n)^2} \tag{3-23}$$

由式（3-23）可知，电桥的灵敏度与电源电压 U_I 成正比，但受到应变片允许承受的最大电流限制，U_I 不能超过额定值，以免损坏传感器。在 U_I 一定时，还可以通过调节桥臂比来提高电桥的灵敏度。很显然，当 $n=1$ 时，灵敏度最高，即

$$K_u = \frac{U_I}{4} \tag{3-24}$$

结合式（3-9）可得

$$U_{\mathrm{O}} = \frac{U_{\mathrm{I}}}{4} K \varepsilon \tag{3-25}$$

上面的讨论是在电阻变化很小的情况下得出的线性关系，即忽略了分母中的 $\Delta R_1 / R_1$ 项。但实际上，当应变片承受较大应变时，输出特性是非线性的。实际的非线性曲线与理想的线性曲线之间的偏差称为非线性误差。

当不能忽略分母中的 $\Delta R_1 / R_1$ 项时，实际的输出电压应为

$$U_{\mathrm{O}}' = U_{\mathrm{I}} \frac{\dfrac{\Delta R_1}{R_1}}{\left(1 + n + \dfrac{\Delta R_1}{R_1}\right)\left(1 + \dfrac{1}{n}\right)} = U_{\mathrm{I}} \frac{\dfrac{\Delta R_1}{R_1} n}{\left(1 + n + \dfrac{\Delta R_1}{R_1}\right)(1 + n)} \tag{3-26}$$

由式（3-22）和式（3-26）可以计算非线性误差为

$$\gamma = \frac{U_{\mathrm{O}} - U_{\mathrm{O}}'}{U_{\mathrm{O}}} = \frac{\dfrac{\Delta R_1}{R_1}}{1 + n + \dfrac{\Delta R_1}{R_1}} \tag{3-27}$$

当 $n=1$ 时，有

$$\gamma = \frac{\dfrac{\Delta R_1}{R_1}}{2 + \dfrac{\Delta R_1}{R_1}} \tag{3-28}$$

可见，非线性误差大致上与 $\Delta R_1 / R_1$ 成正比。对于金属电阻应变片，因为 $\Delta R_1 / R_1$ 很小，非线性误差可以忽略；而对于半导体电阻应变片，由于灵敏系数大得多，则不能忽略。

（2）双臂工作电桥

为了克服非线性误差，常采用双臂工作电桥，也称半桥差动电路。它是将两个完全相同的应变片贴在弹性元件的不同部位，使得在外力作用下，其中一片受力收缩，而另一片受力拉伸，并把这两个应变接在电桥的相邻桥臂，另两个桥臂接固定电阻，如图 3-7b 所示。当应变使电阻发生变化时，输出电压为

$$U_{\mathrm{O}} = U_{\mathrm{I}} \left(\frac{R_1 + \Delta R_1}{R_1 + \Delta R_1 + R_2 - \Delta R_2} - \frac{R_4}{R_3 + R_4} \right) \tag{3-29}$$

对于等臂电桥，$R_1 = R_2 = R_3 = R_4$，且 $\Delta R_1 = \Delta R_2$，则有

$$U_{\mathrm{O}} = \frac{U_{\mathrm{I}}}{2} \frac{\Delta R_1}{R_1} = \frac{U_{\mathrm{I}}}{2} K \varepsilon \tag{3-30}$$

可见，双臂工作电桥的输出电压与输入电压呈线性关系，故无非线性误差，且灵敏度是单臂工作电桥的两倍，同时具有温度补偿作用。

53

（3）全臂工作电桥

全臂工作电桥也称全桥差动电路，是接入四个完全相同的应变片，其中两个受压，另外两个受拉，如图 3-7c 所示。按照与前面类似的推导方法，可得输出电压为

$$U_O = U_I K \varepsilon \tag{3-31}$$

全臂工作电桥不但没有非线性误差，而且灵敏度是单臂工作电桥的四倍，同时也具有温度补偿作用。

必须注意的是，接入同一电桥各桥臂的应变片的电阻值、灵敏系数和电阻温度系数均应相同。

4. 电阻应变片的温度效应补偿

（1）温度效应

前面的讨论都是以温度恒定为前提条件的，而在实际应用中环境温度会不断变化，从而影响应变片的输出。这种由温度变化引起的应变片输出变化的现象，称为应变片的温度效应。其主要原因包括以下两个方面。

1）电阻温度系数的影响。应变片敏感栅的电阻值随温度变化的关系可以表示为

$$R_{t\alpha} = R_0 + \alpha R_0 \Delta t \tag{3-32}$$

式中，R_0 和 $R_{t\alpha}$ 分别为温度 t_0 和 t 时刻的电阻值；α 为电阻温度系数。由此可得

$$\frac{\Delta R_{t\alpha}}{R_0} = \alpha \Delta t \tag{3-33}$$

这里可以将温度变化 Δt 引起的电阻相对变化折合成应变 ε_α，即

$$\varepsilon_\alpha = \frac{\Delta R_{t\alpha} / R_0}{K} = \frac{\alpha \Delta t}{K} \tag{3-34}$$

2）试件材料与应变片的膨胀系数不同。当试件材料与应变片的膨胀系数不同时，环境温度的变化会使敏感栅产生额外的形变，从而引起电阻值变化。由膨胀系数差异所引起的应变可以表示为

$$\varepsilon_\beta = \frac{\Delta l}{l} = (\beta_g - \beta_s)\Delta t \tag{3-35}$$

式中，β_g 和 β_s 分别为试件和应变片的膨胀系数。

综合式（3-34）和式（3-35）可以得到，由温度变化 Δt 所有引起的总的应变为

$$\varepsilon_t = \varepsilon_\alpha + \varepsilon_\beta = \left(\frac{\alpha}{K} + \beta_g - \beta_s \right) \Delta t \tag{3-36}$$

可见，由环境温度变化引起的附加应变除了与 Δt 相关外，还与应变片自身的灵敏系数 K、电阻温度系数 α、膨胀系数 β_s 及试件的膨胀系数 β_g 相关。

（2）温度效应补偿方法

电阻应变片的温度效应补偿方法有自补偿法和桥路补偿法两大类。

1）自补偿法。这种方法是通过精心选配敏感栅的材料和结构参数，使得温度变化引起的附加应变相互抵消。由式（3-36）可知，只要满足

$$\varepsilon_t = \left(\frac{\alpha}{K} + \beta_g - \beta_s\right)\Delta t = 0 \tag{3-37}$$

即

$$\alpha = -K(\beta_g - \beta_s) \tag{3-38}$$

即可。自补偿法的最大缺点是一种应变片仅适合一种特定的试件材料，具有很大的局限性。

2）桥路补偿法。桥路补偿法是最常用而且最有效的温度效应补偿方法。其电路结构如图 3-7b 所示，两个完全相同的应变片（受拉、受压特性完全一致）分别作为工作片和补偿片。当温度变化时，两个应变片的电阻变化相同，即 $\Delta R_{t1} = \Delta R_{t2}$。在没有外力作用时，电桥平衡仍处于平衡状态，即

$$\begin{aligned}
U_O &= U_I\left[\frac{R_1 + \Delta R_{t1}}{(R_1 + \Delta R_{t1}) + (R_2 + \Delta R_{t2})} - \frac{R_4}{R_3 + R_4}\right] \\
&= U_I\frac{(R_1 + \Delta R_{t1})R_3 - (R_2 + \Delta R_{t2})R_4}{[(R_1 + \Delta R_{t1}) + (R_2 + \Delta R_{t2})](R_3 + R_4)} = 0
\end{aligned} \tag{3-39}$$

在有外力作用时，相邻两桥臂的阻值会一增一减，灵敏度会更高，此时输出电压为

$$U_O = \frac{U_I}{2}\frac{\Delta R_1}{R_1 + \Delta R_{t1}} \tag{3-40}$$

5. 应变片的主要特性

（1）应变片电阻值

应变片在没有受到应力的情况下，室温下测定的电阻值称为初始电阻值。应变片初始电阻值有一定的系列，如 60Ω、120Ω、200Ω、350Ω、500Ω、1000Ω，其中以 120Ω 最为常用。应变片测量电路应与电阻值的大小相配合。

（2）灵敏系数 K

应变片的阻值相对变化与构件上主应力方向的应变之比，称为灵敏系数 [式（3-9）]。K 值的准确度直接影响测量精度，一般要求 K 值尽量大而且稳定。

（3）横向效应

应变片的横向效应（H）定义为在单向应变作用下垂直于单向应变方向安装的应变片的指示应变与平行于单向应变方向安装的同批应变片的指示应变之比，以百分数表示。在一般情况下，H 都小于 2%。

（4）机械滞后

应变片贴在构件上后进行循环加载和卸载，加载和卸载时的输入 – 输出特性曲线（特性曲线）不重合的现象称为机械滞后。一般用同一应变量下输出的最大差值来表示。

（5）零漂和蠕变

对于已安装的应变片，在温度恒定和不受应力的条件下，指示应变随时间的变化通常简称零漂。在恒定温度下，使应变片承受一恒定的机械应变，指示应变值随时间变化称为蠕变。零漂和蠕变是衡量应变片对时间的稳定性的重要指标，对长时间测量具有重要意义。

（6）允许电流

允许电流是指应变片不因电流产生的热量而影响测量准确度所允许通过的最大电流。在实际使用中，丝式应变片通常规定静态测量时允许电流为 25mA，动态测量时可达 75～100mA。

（7）应变极限

理想情况下，应变片电阻相对变化与所承受的轴向应变成正比，当构件表面的应变超过某一数值时，它们的比例关系不再保持。应变片的应变极限是指在规定的使用条件下，指示应变与真实应变的相对误差不超过规定值（一般为 10%）时的最大真实应变值。

（8）温度效应及补偿

当温度发生变化时，敏感栅会受到附加的应变，从而会引起电阻值的变化，这种现象称为温度效应。温度效应可以采用桥式电路进行补偿。

6. 电阻式传感器应用

电阻式传感器是工业测量领域应用较多的一类传感器，可以用来测量各种力、力矩等。在机器人传感领域，电阻式传感器主要用于感知力/力矩的变化，一个典型的例子是多维力/力矩传感器，在机器手臂控制方面具有非常重要的作用。此外，还可以利用电阻式传感器来感知加速度的变化，电阻式压力传感器在气动式软体机器人控制方面也有广泛应用。

3.1.2 电容式敏感元件

电容式传感器是将待测物理量转变为电容量变化的一类传感器，可以广泛用于位移、振动、角位移、加速度、压力等参数的测量。在机器人领域，电容式传感器主要用于压力和触觉传感。

电容式传感器具有一系列优点，如结构简单、体积小、功耗低、分辨率高、动态响应好、易于实现非接触式测量等。同时也存在一些局限性，如电容量小，电容的变化量更小，容易受到外界干扰，因此必须采取良好的屏蔽和绝缘措施。

1. 工作原理

电容式敏感元件实际上是各种类型的可变电容器，它能将待测量的变化转换为电容量的变化，再通过一定的测量电路将电容变化转换为电压、电流、频率等信号。电容式敏感元件的常见结构包括平板状和圆筒状两种，如图 3-8 所示。

对于平板状电容器，当忽略该电容器的边缘效应时，其电容量为

$$C = \varepsilon \frac{A}{d} = \varepsilon_0 \varepsilon_r \frac{A}{d} \tag{3-41}$$

式中，A 为极板面积；d 为两极板间的距离；ε 为极板间介质的介电常数；ε_0 为真空介电常数（8.85×10^{-12}F/m）；ε_r 为相对介电常数，$\varepsilon_r = \varepsilon / \varepsilon_0$，对于空气介质，$\varepsilon \approx 1$。

对于圆筒状电容器，当忽略该电容器的边缘效应时，其电容量为

$$C = \frac{2\pi\varepsilon_0\varepsilon_r l}{\ln \dfrac{R}{r}} \tag{3-42}$$

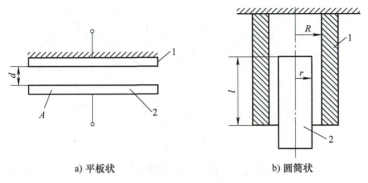

a) 平板状　　　　　　　　　b) 圆筒状

图 3-8　电容式敏感元件

1—固定极板　2—可动极板

　　由式（3-41）和式（3-42）可知，当被测参数变化使电容器的参数 d、A（或 l）和 ε 中任一个发生变化时，电容量 C 也将随之变化。在实际使用中，通常保持其中两个参数不变，只改变另外一个参数，再将由其所引起的电容变化转换成电压等输出信号，这就是电容式传感器的基本工作原理。

　　从上面的公式还可以看出，电容式传感器根据其工作原理可分为三种类型，即变极距型、变面积型和变介电常数型。变极距型和变面积型可以反映位移等机械量或压力等过程的变化；变介电常数型可以反映液位高度、材料温度和组分含量等的变化。

2. 结构和类型

（1）变极距型电容式敏感元件

　　图 3-9 给出了两种变极距型电容式传感器结构。当某个被测量变化时，会引起动极板的位移，从而改变极板间的距离 d，导致电容量 C 的变化。

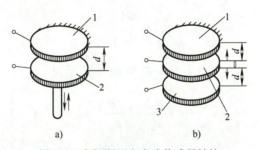

a)　　　　　　　　　　b)

图 3-9　变极距型电容式传感器结构

1、3—固定极板　2—动极板

　　对于图 3-9a 所示电容式传感器，设极板间的介质为空气（$\varepsilon \approx 1$），初始间距为 d_0，则初始电容量为

$$C_0 = \varepsilon_0 \frac{A}{d_0} \tag{3-43}$$

　　当极板间距减小 Δd（$\Delta d \ll d$）时，相应的电容量变为

57

$$C = C_0 + \Delta C = \varepsilon_0 \frac{A}{d_0 - \Delta d} = \varepsilon_0 \frac{A}{d_0} \frac{1}{1 - \frac{\Delta d}{d_0}} = C_0 \frac{1}{1 - \frac{\Delta d}{d_0}} \tag{3-44}$$

$$\Delta C = C - C_0 = C_0 \frac{1}{1 - \frac{\Delta d}{d_0}} - C_0 = C_0 \frac{\frac{\Delta d}{d_0}}{1 - \frac{\Delta d}{d_0}} \tag{3-45}$$

由式（3-45）可知，电容变化量 ΔC 与极板间距变化量 Δd 之间为非线性关系。如图 3-10 所示，即使相同的极板间距变化（$\Delta d_1 = \Delta d_2$），也会引起不同的电容变化（$\Delta C_1 > \Delta C_2$），说明平板状电容式传感器在不同位置的灵敏度是不一样的。

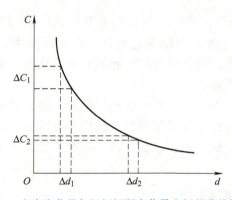

图 3-10　电容变化量与极板间距变化量之间的非线性曲线

由式（3-45）可以得到极板间距变化前后的相对电容变化量为

$$\frac{\Delta C}{C_0} = \frac{\Delta d}{d_0} \frac{1}{1 - \frac{\Delta d}{d_0}} \tag{3-46}$$

当极板间距变化很小时，可将式（3-46）按幂级数展开为

$$\frac{\Delta C}{C_0} = \frac{\Delta d}{d_0} \left[1 + \frac{\Delta d}{d_0} + \left(\frac{\Delta d}{d_0} \right)^2 + \left(\frac{\Delta d}{d_0} \right)^3 + \cdots \right] \tag{3-47}$$

由于 $\Delta d / d_0 \ll 1$，对式（3-47）进行线性化处理，即略去高次项，可得

$$\frac{\Delta C}{C_0} \approx \frac{\Delta d}{d_0} \tag{3-48}$$

将式（3-48）左右两侧同除以 $\Delta d / C_0$，可得

$$\frac{\Delta C}{\Delta d} = \frac{C_0}{d_0} = \frac{\varepsilon_0 A}{d_0^2} = K_C \tag{3-49}$$

式中，K_C 为变极距型电容式传感器的检测灵敏度，它反映了单位位移变化量所能引起的电容的变化量。由式（3-49）可知，K_C 与初始极板间距 d_0 的平方成反比，这说明要提高

灵敏度，d_0 越小越好，但 d_0 过小容易引起电容器击穿或极板间短路。为了克服这一问题，可以在极板间放置高介电常数的材料作为介质，如云母片（$\varepsilon_{rg} = 7$），其击穿电压远高于空气，因此极板间距可以大大减小。

式（3-48）中省去了高次项，由此引起的相对非线性误差为

$$\delta = \frac{\Delta C - \Delta C'}{\Delta C} = -\left[\frac{\Delta d}{d_0} + \left(\frac{\Delta d}{d_0}\right)^2 + \left(\frac{\Delta d}{d_0}\right)^3 + \cdots\right] \tag{3-50}$$

可见，随着极板间距减小，非线性误差将增大。

为了增大灵敏度，同时减小非线性误差，通常采用差动式电极结构，即在两个固定极板之间设置一个可移动极板，如图 3-9b 所示。假设上、下两电容器的初始极板间距均为 d_0，初始电容量均为 C_0，当动极板向上移动 Δd 时，上方电容器的极板间距变为 $d_0 - \Delta d_0$，而下方电容器的极板间距则变为 $d_0 + \Delta d_0$。再由式（3-44）可得

$$C_{up} = C_0 \frac{1}{1 - \dfrac{\Delta d}{d_0}} \tag{3-51}$$

$$C_{down} = C_0 \frac{1}{1 + \dfrac{\Delta d}{d_0}} \tag{3-52}$$

当极板间距改变很小时，即 $\Delta d / d_0 \ll 1$，式（3-51）、式（3-52）的幂级数展开形式分别为

$$C_{up} = C_0 \left[1 + \frac{\Delta d}{d_0} + \left(\frac{\Delta d}{d_0}\right)^2 + \left(\frac{\Delta d}{d_0}\right)^3 + \cdots\right] \tag{3-53}$$

$$C_{down} = C_0 \left[1 - \frac{\Delta d}{d_0} + \left(\frac{\Delta d}{d_0}\right)^2 - \left(\frac{\Delta d}{d_0}\right)^3 + \cdots\right] \tag{3-54}$$

于是，电容量总的变化为

$$\Delta C = C_{up} - C_{down} = C_0 \left[2\frac{\Delta d}{d_0} + 2\left(\frac{\Delta d}{d_0}\right)^3 + \cdots\right] \tag{3-55}$$

$$\frac{\Delta C}{C_0} = 2\frac{\Delta d}{d_0} + 2\left(\frac{\Delta d}{d_0}\right)^3 + \cdots \tag{3-56}$$

类似地，式（3-56）可以近似为

$$\frac{\Delta C}{C_0} \approx 2\frac{\Delta d}{d_0} \tag{3-57}$$

灵敏度为

$$K_C = \frac{\Delta C}{\Delta d} = 2\frac{C_0}{d_0} \tag{3-58}$$

相对非线性误差为

$$\delta = \frac{\Delta C - \Delta C'}{\Delta C} = -\left[\left(\frac{\Delta d}{d_0}\right)^2 + \left(\frac{\Delta d}{d_0}\right)^4 + \cdots\right] \tag{3-59}$$

由式（3-58）和式（3-59）可知，差动式电容检测不但提高了灵敏度，而且非线性误差显著降低 [比较式（3-50）]。另外，当温度变化时，上、下电容器的值同时发生变化，因此还可以有效地改善温度等环境因素和静电引力给测量带来的影响，所以在实际应用中差动式更为常见。

（2）变面积型电容式敏感元件

变面积型电容式传感器可用于测量直线位移和角位移。图 3-11a 和图 3-11b 为两种常见的变面积型电容式传感器，即平板状电容式传感器和圆筒状电容式传感器。

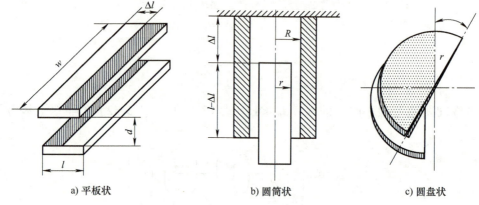

a) 平板状　　　　　b) 圆筒状　　　　　c) 圆盘状

图 3-11　变面积型电容式传感器

对于平板状变面积型电容式传感器，当动极板在被测量的作用下发生位移，使两极板相对有效面积改变 ΔA，电容量的变化为

$$\Delta C = C_0 - C = \frac{\varepsilon_0}{d}A - \frac{\varepsilon_0}{d}A_0 = \frac{\varepsilon_0}{d}\Delta A \tag{3-60}$$

灵敏度为常数，说明变面积型电容元件的输入 – 输出关系在理论上是线性的，即

$$K_C = \frac{\Delta C}{\Delta A} = \frac{\varepsilon_0}{d} \tag{3-61}$$

当动极板的平移距离为 Δl 时，如图 3-11a 所示，有

$$\Delta C = \frac{\varepsilon_0}{d}\Delta A = \frac{\varepsilon_0}{d}w\Delta l \tag{3-62}$$

对于圆筒状变面积型电容式传感器，如图 3-11b 所示，当动极板沿轴向移动 Δl 时，有

$$\Delta C = C_0 - C = \frac{2\pi\varepsilon_0 l}{\ln\dfrac{R}{r}} - \frac{2\pi\varepsilon_0 (l - \Delta l)}{\ln\dfrac{R}{r}} = \frac{2\pi\varepsilon_0}{\ln\dfrac{R}{r}}\Delta l \tag{3-63}$$

由式（3-62）和式（3-63）可知，对于平板状和圆筒状变面积型电容式传感器，电容的变化量分别与动极板的水平位移和轴向位移呈线性关系，这就是变面积型电容式传感器用于直线位移检测的基本原理。

图 3-11c 为一种角位移电容式传感器。当动极板有一个角位移 θ 时，有效极板面积变为

$$A = A_0 - \theta r^2 / 2 \, , \ A_0 = \pi r^2 / 2 \tag{3-64}$$

由式（3-64）可得

$$A = A_0\left(1 - \frac{\theta}{\pi}\right) \tag{3-65}$$

$$\Delta A = A_0 - A = A_0 \frac{\theta}{\pi} \tag{3-66}$$

再根据式（3-60）可得

$$\Delta C = \frac{\varepsilon_0}{d}\Delta A = \frac{\varepsilon_0}{d} A_0 \frac{\theta}{\pi} = C_0 \frac{\theta}{\pi} \tag{3-67}$$

灵敏度为

$$K_C = \frac{\Delta C}{\theta} = \frac{1}{\pi}\frac{\varepsilon_0}{d} A_0 = \frac{1}{\pi} C_0 \tag{3-68}$$

由式（3-67）可知，对于圆盘状变面积型电容式传感器，电容的变化量与动极板的角位移呈线性关系，这就是变面积型电容式传感器用于角位移检测的基本原理。

（3）变介电常数型电容式敏感元件

变介电常数型电容式传感器可以用于测定介质的介电常数、厚度和位移，也可以间接测量温度、湿度等影响介电常数的物理量。根据被测对象不同，变介电常数型电容式传感器的工作原理与结构也不尽相同。

1）平板状电容式传感器。依据式（3-41）很容易得到，当两极板间介质的介电常数 ε 变化 $\Delta\varepsilon$ 时，由此引起的电容改变量 ΔC 为

$$\Delta C = \frac{A}{d}\Delta\varepsilon \tag{3-69}$$

应用式（3-69）的前提是介质（如气体）均匀充满整个电容器，即电容器的面积 A 和极板间距 d 不变，此时可以直接测定介质的介电常数变化，或者间接测定温度、湿度等参数。但实际情况更复杂一些，对于液体介质还需要考虑其液位，而对于固体介质则需要同时考虑其厚度和插入位置。这些情况可以等效为电容的串联、并联及串并联等形式。

对于电容串联结构，如图 3-12a、b 所示，可以认为是空气介质（ε_0）与另一种介质（ε_{r1}）电容器的串联。此时，总的电容为

$$C = \frac{C_1 C_2}{C_1 + C_2} = \frac{\varepsilon_{r1}\varepsilon_0 A}{d_1 + \varepsilon_{r1}(d_0 - d_1)} \tag{3-70}$$

当未引入介质 ε_{r1} 时，电容量为

$$C_0 = \varepsilon_0 \frac{A}{d_0} \tag{3-71}$$

引入介质 ε_{r1} 后的电容变化量为

$$\Delta C = C - C_0 = C_0 \frac{\varepsilon_{r1} - 1}{1 + \varepsilon_{r1}\dfrac{d_0 - d_1}{d_1}} \tag{3-72}$$

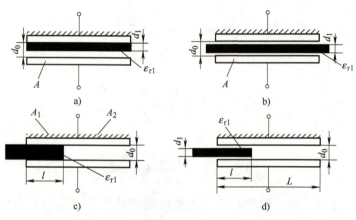

图 3-12　变介电常数型电容式传感器

当介电常数 ε_{r1} 保持不变时，可以利用式（3-72）测定介质（如纸张、薄膜）的厚度；当介质厚度保持不变时，也可以获得介质的介电常数。需要注意的是，介质引入后电容的变化量与介电常数 ε_{r1} 以及介质厚度 d_1 均不呈线性关系。

对于电容并联结构，如图 3-12c 所示，总的电容为

$$C = C_1 + C_2 = \frac{\varepsilon_{r1}\varepsilon_0 A_1}{d_0} + \frac{\varepsilon_0 A_2}{d_0} \tag{3-73}$$

当未引入介质 ε_{r1} 时，电容量为

$$C_0 = \varepsilon_0 \frac{A_1 + A_2}{d_0} \tag{3-74}$$

引入介质 ε_{r1} 后的电容变化量为

$$\Delta C = C - C_0 = C_0 \frac{\varepsilon_0 A_1(\varepsilon_{r1} - 1)}{d_0} \tag{3-75}$$

由式（3-75）可知，对于并联结构电容变化量与所引入介质的相对介电常数 ε_{r1} 呈线性关系，因此可以用于介电常数的测定。考虑到 $A_1 = wl$，w 为极板的宽度，当介质的介电常数保持不变时，电容变化量还与介质的有效长度 l 呈线性关系，因此可以用于测量位移。

串并联结构如图 3-12d 所示，可以用于介电常数、温度、湿度、液位等参数的测定，其总的电容量可以表示为

$$C = \frac{C_1 C_2}{C_1 + C_2} + C_3 = \frac{\varepsilon_{r1}\varepsilon_0 wl}{d_1 + \varepsilon_{r1}(d_0 - d_1)} + \frac{\varepsilon_0 w(L - l)}{d_0} \tag{3-76}$$

2）圆筒状电容式传感器。图 3-13 为一种用于液位测量的圆筒状变介电常数型电容式传感器。当液位高度为 h 时，传感器的电容值为

$$C = C_1 + C_2 = \frac{2\pi\varepsilon_{r1}\varepsilon_0 h}{\ln\dfrac{D}{d}} + \frac{2\pi\varepsilon_0(H - h)}{\ln\dfrac{D}{d}} = \frac{2\pi\varepsilon_0 H}{\ln\dfrac{D}{d}} + \frac{2\pi\varepsilon_0 h(\varepsilon_{r1} - 1)}{\ln\dfrac{D}{d}}$$

$$= C_0 + \frac{2\pi\varepsilon_0 h(\varepsilon_{r1} - 1)}{\ln\dfrac{D}{d}} \tag{3-77}$$

3. 等效电路

以上讨论都是将电容式敏感元件视作一个纯电容。若传感器在高频率或者高温、高湿条件下工作，则电容损耗、电感效应、极板间等效电阻等必须考虑，此时电容式传感器的等效电路如图 3-14 所示。其中，C 为电容式传感器；R_p 为并联损耗，包括极板间泄漏电阻和介质损耗等；R_s 为串联损耗，包括引线电阻、极板电阻和金属支架电阻；电感 L 由电容器自身电感和引线电感组成，与电容器的结构形式及引线长度有关；C_p 为寄生电容。

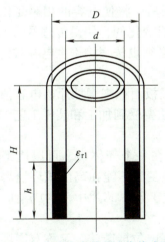

图 3-13　变介电常数型液位传感器

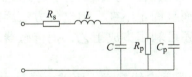

图 3-14　电容式传感器等效电路

在图 3-14 所示等效电路中，容抗大小可以表示为 $X_C = 1/\omega C$。低频时容抗较大，电感 L 和串联损耗 R_s 可以忽略，而高频时容抗较小，等效电感和电阻不能忽略。对于任一

谐振频率以下的频率，由于 L 的存在，检测元件的有效电容 C_e 在忽略 R_p、R_s 的影响时，可表示为

$$C_e = \frac{C}{1 - \omega^2 LC} \tag{3-78}$$

有效电容的相对变化量为

$$\frac{\Delta C_e}{C_e} = \frac{\Delta C}{C} \frac{C}{1 - \omega^2 LC} \tag{3-79}$$

因此，每次改变激励频率或者更换引线时，都必须重新对电容式传感器进行标定。测量时必须与校准时处在同样的条件下，其电源频率与引线长度不能改变。

4. 温度与寄生电容的影响

（1）温度的影响

温度变化对电容式传感器的影响主要有两个方面：

1）温度变化能引起电容式传感器各零件几何尺寸的变化，使电容极板间隙或面积发生改变，从而导致电容量的变化，产生附加误差。由于极板间隙很小，电容式传感器对于结构尺寸变化非常敏感。为了减小温度引起的这种误差，一般要选用温度系数小且稳定的材料，如近年来采用在陶瓷、石英等材料上喷镀金、银的工艺。

2）温度变化还能引起介电常数的变化，从而带来测量误差。空气及云母的介电常数受温度影响较小，而硅油、煤油等液体介质的介电常数受温度的影响则很大，一般要在转换电路中采用补偿的措施加以消除。

（2）寄生电容的影响

电容式传感器除了极板间的电容外，还可能与周围物体之间产生电容联系，称为寄生电容。电容式传感器的电容量都很小（一般为几十皮法），而连接传感器与电子线路的引线电缆电容、电子线路的杂散电容及传感器内极板与周围导体构成的电容等所形成的寄生电容却较大（可达几百皮法）。它们与传感器电容并联后，将使电容的相对变化量大大减小，从而降低传感器的灵敏度。另外，这些电容是随机变化的，使得传感器的工作很不稳定，影响测量精度，甚至使传感器无法工作。因此，必须设法消除寄生电容对传感器的影响。主要方法如下：

1）增加初始电容值。通过减小极板间距或增大极板面积来增加原始电容值，从而使寄生电容相对于电容传感器的电容量减小。但这种方法要受到加工和装配工艺、精度、示值范围、击穿电压等限制。

2）集成法。将传感器与电子线路的前置级集成在一个壳体内，可以使寄生电容大大减小而且固定不变。但这种方法因电子元器件的存在而不能在高温或环境恶劣的地方使用。还可利用集成工艺，把传感器和调理电路集成于同一芯片中，构成集成电容式传感器。

3）驱动电缆技术。驱动电缆技术实际上是一种等电位屏蔽法，又称双层屏蔽等电位传输技术，其基本结构如图3-15所示。在电容器与转换电路之间采用双层屏蔽电缆，且内屏蔽层与信号传输线通过1:1放大器实现等电位，以消除传输线与内屏蔽层之间的容性漏电，克服寄生电容的影响；外屏蔽层接地用来防止外界电场的干扰；内、外屏蔽层之

间的电容构成驱动放大器的负载。由于屏蔽线上有随传感器输出信号变化而变化的电压，因此称为驱动电缆。该方法对 1∶1 驱动放大器的要求很高，它必须是一个输入阻抗很高、具有容性负载、在宽频带上放大倍数严格为 1（准确度要求达 1/1000）的同相（相移为零）放大器，因此电路复杂，但能保证传感器电容值小于 1pF 时也能正常工作。

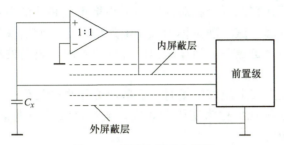

图 3-15　驱动电缆基本结构

4）整体屏蔽技术。整体屏蔽将传感器和所采用的转换电路、传输电缆等用同一个屏蔽壳屏蔽起来，正确选取接地点可减小寄生电容的影响和防止外界干扰。图 3-16 为差动电容式传感器交流电桥所采用的整体屏蔽系统，接地点选择在两固定阻抗臂 Z_3 和 Z_4 中间，使电缆芯线与其屏蔽层之间的寄生电容 C_{p1} 和 C_{p2} 分别与 Z_3 和 Z_4 相并联。如果 Z_3 和 Z_4 比 C_{p1} 和 C_{p2} 的容抗小得多，则寄生电容 C_{p1} 和 C_{p2} 对电桥平衡状态的影响就很小。整体屏蔽技术应用较为广泛，屏蔽效果也比较好。

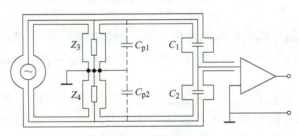

图 3-16　整体屏蔽示意图

5. 电容式敏感元件的应用

电容式敏感元件应用非常广泛，可以用于测量直线位移、角位移、振动、压力等参数。在机器人领域除了可以作为力、压力传感器外，还可以构建转速、加速度、方向、接近觉和触觉传感器。特别是基于 MEMS 技术的集成电容式传感器，已被广泛用于惯性测量器件（IMU）、声音接收器、指纹识别等。在消费电子产品领域，诸如触摸屏、触控笔、智能手机、平板计算机等也更多采用了电容式传感器。

3.1.3　压电式敏感元件

压电式敏感元件是利用压电材料的压电效应工作的。当其受到外力作用时，压电材料的表面将产生电荷，因而压电式敏感元件是一种典型的有源器件。压电式敏感元件可广泛用于机器人的各种动态力、机械冲击与振动、加速度和扭矩等物理量的测量。

65

1. 压电效应

压电效应是压电式敏感元件的物理基础，它可以分为正压电效应和逆压电效应。

（1）正压电效应

对某些电介质沿一定方向施加作用力使其变形时，其内部正负电荷中心会发生相对位移产生极化现象，从而在它的两个相对的表面上集聚正负相反的电荷，去除外力后，它又重新恢复到不带电的状态。这种现象称为正压电效应。电介质所受的作用力越大，机械变形越大，所产生的电荷量也越多。当作用力的方向改变时，电荷的极性也随之改变。

（2）逆压电效应

当在电介质的极化方向上施加电场时，这些电介质也会发生变形，电场去掉后，电介质的变形随之消失，这种现象称为逆压电效应，或称电致伸缩现象。当施加交变电场时，电介质将产生机械振动。

压电效应是可逆的，故可以实现机械能与电能的相互转换，如图 3-17 所示。其中，正压电效应是将机械能转变为电能，而逆压电效应则是将电能转变为机械能。典型例子就是超声波传感器，利用逆压电效应可以制成超声波发生器，利用正压电效应可以制成超声波接收器。

2. 压电材料

压电材料是指具有压电效应的电介质材料。目前最常用的压电材料是石英晶体和压电陶瓷，其他新型压电材料还包括压电半导体和有机高分子材料等。

（1）石英晶体

自然界中大多数晶体都具有压电效应，但一般较微弱，而石英晶体则具有比较明显的压电效应。石英晶体的压电效应是由居里兄弟（Pierre Curie 和 Jacques Curie）于 1880 年发现的。

石英晶体有天然和人工之分，化学成分为二氧化硅（SiO_2）。天然和人工石英晶体都是单晶结构，理想的几何形状为正六面体晶柱，实际上、下两端为晶锥形状，如图 3-18 所示。石英晶体是各向异性材料，不同晶向具有各异的物理特性，在晶体学上可以用三个相互垂直的轴来描述，如图 3-18 所示。

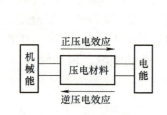

图 3-17　压电效应的可逆性

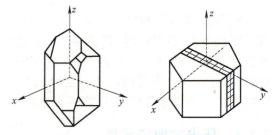

图 3-18　石英晶体及其轴的定义

1）z 轴：通过上、下晶锥顶点的轴，也称为光轴。

2）x 轴：经过六面体晶柱棱线并与 z 轴垂直的轴，也称为电轴。

3）y 轴：与 x、z 轴同时垂直的轴，也称为机械轴。

如果从晶体上沿 y 轴方向切下一块晶体切片，如图 3-19 所示，其压电效应如下：

1）沿 x 轴（电轴）方向施加作用力（压力或拉力）F_x 时，将在与 x 轴垂直的平面（yz 平面）上产生电荷 Q_x，其大小为

$$Q_x = d_{11}F_x \tag{3-80}$$

式中，d_{11} 为 x 轴方向受力的压电系数。

可见，沿 x 轴（电轴）方向的力作用于石英晶体切片时，所产生的电荷量 Q_x 的大小与切片的几何尺寸无关。电荷极性由受力性质（压力或拉力）决定。

2）沿 y 轴（机械轴）方向施加作用力（压力或拉力）F_y 时，仍在 yz 平面上产生电荷，但极性相反，其大小为

$$Q_y = d_{12}\frac{a}{b}F_y = -d_{11}\frac{a}{b}F_y \tag{3-81}$$

式中，d_{12} 为 y 轴方向受力的压电系数；a、b 分别为晶体切片的长度和厚度。对于石英晶体，$d_{11} = d_{12}$。

可见，沿 y 轴（机械轴）方向的力作用于石英晶体切片时，所产生的电荷量 Q_y 大小与切片的几何尺寸有关。在相同的作用力下，切片的长度越长、厚度越薄，产生的电荷量越多。式（3-81）中的"–"号说明沿 y 轴的压力（或拉力）所引起的电荷极性与沿 x 轴的压力（或拉力）所引起的电荷极性是相反的。

3）沿 z 轴（光轴）方向施加作用力（压力或拉力）F_z 时，没有压电效应，无电荷产生。

通常把沿 x 轴（电轴）方向作用力产生的压电效应称为纵向压电效应，沿 y 轴（机械轴）方向作用力产生的压电效应称为横向压电效应。图 3-20 为石英晶体切片受力后产生的电荷极性与受力方向的关系。

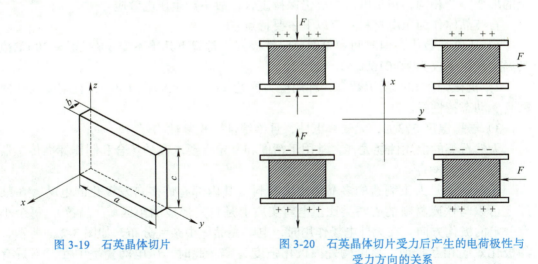

图 3-19　石英晶体切片

图 3-20　石英晶体切片受力后产生的电荷极性与
受力方向的关系

石英晶体的压电效应特性与其内部分子结构有关。对于每一个晶元，硅离子（Si^{4+}）和氧离子（O^{2-}）在 xy 平面呈正六边形排列，形成三个互呈 $120°$、大小相等的电偶极矩 p_1、p_2、p_3，如图 3-21a 所示。此时，正负电荷的中心重合、相互平衡，电偶极矩的矢量

和为零（$p_1+p_2+p_3=0$），故石英晶体表面不产生电荷，整体呈电中性。

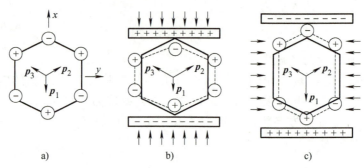

图 3-21　石英晶体压电效应原理示意图

当石英晶体受到 x 轴方向的压力时，将沿此方向产生压缩形变，正负离子的相对位置随之改变，电荷中心不再重合，如图 3-21b 所示。由于 p_1 减小，而 p_2、p_3 增大，电偶极矩在 x 轴方向的分量大于零，即 $p_1+p_2+p_3>0$，因而将在 x 轴的正方向表面出现正电荷、负方向表面出现负电荷。如果受到的是拉力作用，则电荷极性刚好相反。由于电偶极矩在 y 轴和 z 轴方向的分量仍等于零，因此在这两个方向的表面上不产生电荷。

当石英晶体受到 y 轴方向的压力时，如图 3-21c 所示，其压缩形变将导致 p_1 增大，而 p_2、p_3 减小，电偶极矩在 x 轴方向的分量小于零，即 $p_1+p_2+p_3<0$，而在 y 轴和 z 轴方向的分量则依然等于零，故电荷仍只出现在与 x 轴垂直的表面上，但电荷极性与 x 轴方向受压的情况相反，即在 x 轴的正方向表面出现负电荷、负方向表面出现正电荷。同理，当沿 y 轴受到拉力作用时，电荷的极性与受压时相反。

当石英晶体受到 z 轴方向的作用力时，无论是压力还是拉力，晶体在 x 轴和 y 轴方向上的形变完全相同，正负电荷中心仍保持重合，故不产生压电效应。

石英晶体作为压电材料具有以下主要特点：

1）压电系数小，但时间和温度稳定性极好，常温下几乎不变，在 20～200℃ 范围内其温度变化率仅为 –0.016%/℃。

2）机械强度和品质因数高，许用应力高达（6.8～9.8）$\times 10^7$Pa，且刚度大、固有频率高、动态特性好。

3）居里温度 573℃，无热释电性，且绝缘性、重复性均好。

天然石英的上述性能尤佳，常用于精度和稳定性要求高的场合和制作标准传感器。

（2）压电陶瓷

压电陶瓷是人工制造的多晶体压电材料。其内部有许多自发极化的电畴，在某种程度上可以与铁磁材料的磁畴类比。电畴实质上是自发形成的小区域（晶粒），每个小区域有一定的极化方向。在无外电场作用时，电畴在晶体中杂乱分布，如图 3-22a 所示，它们的极化效应相互抵消，压电陶瓷内极化强度为零。此时，压电陶瓷呈中性，不具有压电性质。

为使陶瓷材料具有压电效应，必须在一定条件下对其进行极化处理。当在陶瓷上施加外电场时，电畴的极化方向发生转动，趋向于按外电场方向排列，从而使材料得到极化。外电场越强，转向外电场方向的电畴就越多。当达到饱和程度时，几乎所有的电畴极化方向均与外电场方向一致，如图 3-22b 所示。去除外电场后，电畴的极化方向基本不变，使得陶瓷材料整体存在很强的剩余极化强度，如图 3-22c 所示。此时，在与极化方向垂直的两个端面上将会出现束缚电荷，一面为正，一面为负。在束缚电荷的附近很快会吸附一层来自外界的自由电荷，且束缚电荷与自由电荷数目相等、极性相反，如图 3-22d 所示，因此压电陶瓷对外不呈现极性。

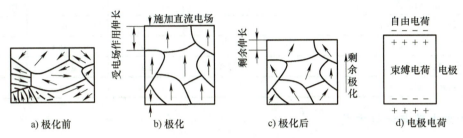

图 3-22　压电陶瓷的极化

极化处理后的陶瓷材料在受到外力作用时电畴将发生偏移，导致材料整体的极化强度变化（沿极化方向受压，极化强度降低；沿极化方向受拉，极化强度升高），从而释放或者吸附更多自由电荷，在极化面上产生电荷的变化，这就是压电陶瓷产生压电效应的原因。

压电陶瓷的种类很多，其中最常用的是钛酸钡和锆钛酸铅系列。

钛酸钡（$BaTiO_3$）压电陶瓷由碳酸钡和二氧化钛按 1：1 摩尔比烧结而成，它具有很高的压电系数和介电常数，但居里温度较低（115℃），使用温度不超过 70℃，温度稳定性和机械强度较石英晶体差。

锆钛酸铅（$PbZrO_3$-$PbTiO_3$，PZT）是由钛酸铅（$PbTiO_3$）和锆酸铅（$PbZrO_3$）组成的固溶体，其压电系数更大，居里温度在 300℃以上，各项机电参数受温度影响较小、稳定性好。在锆钛酸铅中添加一或两种其他元素（铌、锑、锡、锰等），还可以获得不同性能的 PZT 材料。

总的来看，压电陶瓷的压电系数比石英晶体大得多，因此用它制成的敏感元件将具有更高的灵敏度，另外压电陶瓷的加工工艺成熟，成本低廉，因而应用非常广泛。但其稳定性不如石英晶体，这是由于压电陶瓷的极化强度会随着时间及温度升高而减小，因此在应用时要注意校准修正。表 3-2 列出了几种常见压电材料的性能参数。

表 3-2　几种常见压电材料的性能参数

性能参数	压电材料				
	石英	钛酸钡	锆钛酸铅 PZT-4	锆钛酸铅 PZT-5	锆钛酸铅 PZT-8
压电系数 / (pC/N)	$d_{11}=2.31$ $d_{14}=0.73$	$d_{15}=260$ $d_{31}=-78$ $d_{33}=190$	$d_{15}\approx410$ $d_{31}=-100$ $d_{33}=230$	$d_{15}\approx670$ $d_{31}=-185$ $d_{33}=600$	$d_{15}\approx330$ $d_{31}=-90$ $d_{33}=200$
相对介电常数 ε_r	4.5	1200	1050	2100	1000
居里温度 /℃	573	115	310	260	300
密度 / (10^3kg/m^3)	2.65	5.5	7.45	7.5	7.45

（续）

性能参数	压电材料				
	石英	钛酸钡	锆钛酸铅 PZT-4	锆钛酸铅 PZT-5	锆钛酸铅 PZT-8
弹性模量 / （10^3N/m^2）	80	110	83.3	117	123
机械品质因数	$10^5 \sim 10^6$		≥500	80	≥800
最大安全应力 / （10^5N/m^2）	95 ~ 100	81	76	76	83
体积电阻率 / （Ω·m）	>10^{12}	10^{10}（25℃）	>10^{10}	10^{11}（25℃）	
最高允许温度 /℃	550	80	250	250	
最高允许湿度（%）	100	100	100	100	

3. 等效电路与连接方式

（1）等效电路

当压电元件受到外力作用时，会在它的两个极化面上产生极性相反、电量相等的电荷，因此它相当于一个电荷源。同时它也是一个电容器，聚集正负电荷的两表面相当于电容的两个极板，极板间物质相当于电介质，其电容量 C_a 可以表示为

$$C_a = \frac{\varepsilon A}{d} = \frac{\varepsilon_r \varepsilon_0 A}{d} \tag{3-82}$$

式中，A 为压电片的面积；d 为压电片的厚度；ε 为压电材料的介电常数；ε_r 为压电材料的相对介电常数；ε_0 为真空介电常数（$\varepsilon_0 = 8.85 \times 10^{-12}$F/m）。

由于压电元件既是电荷源，又是电容器，因此可以把它等效为一个电荷源和一个电容并联，也可以等效为一个电压源和一个电容串联，其等效电路如图 3-23 所示。电容器上的电压 U、电荷 Q 与电容 C_a 三者之间的关系为

$$U = \frac{Q}{C_a} \tag{3-83}$$

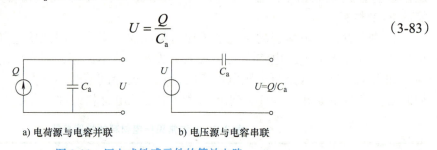

a) 电荷源与电容并联   b) 电压源与电容串联

图 3-23   压电式敏感元件的等效电路

由图 3-23 等效电路可知，只有在外接电路负载无穷大且内部无泄漏时，受力产生的电荷才能够保存，否则电路将按照指数规律放电。但实际上，压电元件内部不可能没有泄漏，负载也不可能无穷大，因此压电式敏感元件不适宜用于静态力测量。只有在一定频率的交变力作用下，电荷才能得以补充，从而供给测量电路以一定的电流，故压电式敏感元件只适合用于动态测量。

在实际应用中，压电元件总要与一定的测量电路相连接，因此还需要考虑连接电缆的等效电容 C_c、放大器的输入电阻 R_i、放大器的输入电容 C_i 及压电元件的泄漏电阻 R_a。压电式敏感元件的实际等效电路如图 3-24 所示。

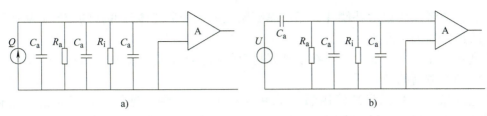

图 3-24　压电式敏感元件的实际等效电路

由于压电元件的内阻很高、输出信号很弱，因此需要低噪声传输电缆，并且要求前置放大器具有相当高的输入阻抗，其作用一方面是放大微弱的信号，另一方面是把压电元件的高阻抗输出变为低阻抗输出。

（2）连接方式

单片压电片所产生的电荷量很小，因此在实际的压电式敏感元件中，通常是将两片（或两片以上）相同规格的压电片黏结在一起，以提高检测灵敏度。由于压电片产生的电荷具有极性区分，因而其连接方式有两种，即并联连接和串联连接。从作用力的角度看，压电片都是串联连接的，每片压电片所受到的作用力相同，产生的电荷量也相等。

1）并联连接。并联连接是将两个压电片的负端（产生负电荷的表面）黏结在一起作为负极，正端（产生正电荷的表面）连接起来作为正极，如图 3-25a 所示。这种情况相当于两只电容并联，其输出电容为单片电容的两倍，即 $C'=2C$，极板上的电荷量等于单片电荷量的两倍，即 $Q'=2Q$，但输出电压仍等于单片电压，即 $U'=U$。并联连接输出的电荷量大、本身电容大、时间常数大，适宜测量慢变信号且以电荷作为输出量的场合。

2）串联连接。串联连接是将两个压电片的不同极性表面黏结在一起，如图 3-25b 所示，受力时产生的电荷在中间粘结处相互抵消，故输出的总电荷等于单片电荷，即 $Q'=Q$，总电容为单片电容的一半，即 $C'=C/2$，输出电压为单片电压的两倍，即 $U'=2U$。串联连接输出的电压大、本身电容小，适宜以电荷作为输出量且输入阻抗很高的场合。

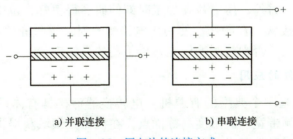

a) 并联连接　　　　　　　b) 串联连接

图 3-25　压电片的连接方式

4. 压电式敏感元件的影响因素

（1）温度的影响

环境温度的变化会引起压电材料的压电系数、介电常数、体电阻和弹性模量等参数发生变化。温度对检测元件的电容量和体电阻影响较大，当温度升高时，电容量增大，体电阻减小，从而导致电荷灵敏度和电压灵敏度发生变化。因此，通常选用灵敏度随温度变化较小的检测元件。此外，瞬态环境温度变化对检测元件也会产生较大影响，因此宜采用受瞬变温度影响较小的检测元件，如剪断式检测元件。另外，也可以采用隔热片，以减小温度的影响；或者采用温度补偿片，通过热膨胀变形来抵消壳体等部件的变形，从而消除温度引起的传感器输出漂移。

温度对于压电元件的影响还在于某些材料的热释电效应，故在测量动态参数时，需要采用下限频率较高的放大器。

压电式敏感元件的最高使用温度是由压电材料、电缆、绝缘材料等的耐热性能决定的。通常，压电材料的温度上限为 1/2 居里温度。超过有效温度会引起较大测量误差。

（2）噪声的影响

压电元件是高阻抗、小功率元件，极易受到机、电振动引起的噪声（如声场等）影响，为此多数压电式传感器都设计成隔离基座或独立外壳结构。此外，电缆受到振动或弯曲变形时，电缆线与绝缘层之间，以及绝缘层与金属屏蔽线之间的相对移动、摩擦会产生静电感应电荷，此电荷将与压电元件的输入信号一起输入电荷放大器中，从而混有较大噪声。为减小电缆噪声，一定要选用绝缘层表面经过处理的低噪声电缆，同时将传感器的引出电缆固定紧，以免相对运动引起摩擦。

（3）灵敏度变化

压电式传感器的灵敏度会随着使用时间的延续而发生变化，特别是压电陶瓷，由于其极化强度会随着时间延长而减小，从而使得压电元件的压电系数降低。为了保证传感器的测量精度，最好每隔半年进行一次灵敏度校正。石英晶体的长期稳定性好，灵敏度基本不变化，故无须经常校正。

压电式敏感元件的横向灵敏度是指压电元件受到与主轴方向垂直的作用力时的灵敏度，通常以相当于轴向灵敏度的百分数来表示。一个好的压电元件其最大横向灵敏度应不大于 5%。减小横向灵敏度的方法是尽量采用剪切型力 – 电转换方式。

（4）安装差异

压电元件一般通过一定的方式安装在被测试件上。安装方式的不同以及安装质量的差异也会对传感器产生较大影响。在实际应用中，通常要求安装面具有较高的平行度、平直度和较低的粗糙度。另外，压电片在加工时即使研磨得很好，也难保证接触面的绝对平坦，为保证全面均匀接触，在制作、使用压电传感器时，要事先给压电片一定的预应力。但这个预应力不能太大，否则将影响压电式传感器的灵敏度。

5. 压电式敏感元件的应用

压电式敏感元件是一个典型的有源机 – 电转换器件，具有体积小、质量小、结构简单、工作可靠、使用频带宽、灵敏度高等优点，在机器人领域获得了广泛应用。根据压电效应原理，压电式敏感元件可以直接用于各种力的测量，或者可以转换为力的各种物理量的测量，其典型应用包括力传感器、加速度传感器、振动传感器和压力传感器等。

3.2　磁学式传感原理和敏感元件

基于电磁感应原理的磁学式敏感元件主要有电感式敏感元件和磁电式敏感元件等，在机器人领域可以进行位移、振动、转速、压力、加速度等参数的测量。本节将重点介绍这两类传感器的检测原理、敏感元件种类与结构、应用范围等。

3.2.1　电感式敏感元件

电感式传感器是利用电磁感应原理将待测物理量转变为线圈自感系数 L 或互感系数 M 的变化，再通过测量电路转换成电压或者电流变化，从而实现对非电物理量的测量，如位移、振动、压力、应变等。电感式传感器具有结构简单、可靠性好、灵敏度高、分辨率高、重复性好等特点，缺点是响应时间较长，不易于高频动态测量等。

电感式传感器种类很多，根据工作原理可以分为自感式和互感式两大类；根据结构形式不同，又可以分为变磁阻式、变压器式和涡流式三种。

1. 变磁阻电感式传感器（自感式）

变磁阻电感式传感器是利用被测量改变磁路的磁阻，从而使线圈的电感量发生变化。如图 3-26 所示，变磁阻电感式传感器主要由线圈、铁心和衔铁三部分组成。铁心和衔铁均由导磁材料制成，二者之间有气隙，厚度为 δ。当衔铁上下移动时，气隙厚度 δ 改变，使磁路的磁阻 R_{m} 发生变化，从而改变线圈的电感量。通过将电感的变化转换成电压、电流或者频率的变化，就能测定衔铁的位移量大小和方向。

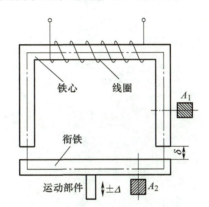

图 3-26　变磁阻电感式传感器原理结构图

根据电感的定义，线圈中的电感量为

$$L = \frac{\psi}{I} = \frac{N\phi}{I} \qquad (3\text{-}84)$$

式中，ψ 为线圈总磁链；I 为通过线圈的电流；N 线圈的匝数；ϕ 为穿过线圈的磁通。

由磁路欧姆定律有

$$\phi = \frac{IN}{R_{\mathrm{m}}} \qquad (3\text{-}85)$$

式中，R_{m} 为磁路的总磁阻，是铁心、衔铁和气隙磁阻之和，即

$$R_{\mathrm{m}} = \frac{l_1}{\mu_1 A_1} + \frac{l_2}{\mu_2 A_2} + \frac{2\delta}{\mu_0 A_0} \qquad (3\text{-}86)$$

式中，l_1、l_2 分别为铁心和衔铁的长度；μ_1、μ_2、μ_0 分别为铁心、衔铁和空气的磁导率；A_1、A_2、A_0 分别为铁心、衔铁和气隙的截面积。

由于导磁材料的磁导率远大于空气的磁导率（上千倍），式（3-86）可以近似为

$$R_{\mathrm{m}} \approx \frac{2\delta}{\mu_0 A_0} \tag{3-87}$$

综合式（3-84）、式（3-85）和式（3-87）可得

$$L = \frac{N^2}{R_{\mathrm{m}}} = \frac{N^2 \mu_0 A_0}{2\delta} \tag{3-88}$$

可见，当线圈匝数 N 一定时，电感 L 只是磁阻 R_{m} 的函数。通过改变气隙的厚度 δ 或者截面积 A_0 均可引起电感 L 的变化。相应地，变磁阻电感式传感器可以分为变气隙厚度和变气隙截面积两种类型，分别用于直线位移和角位移的测量。

下面以变间隙厚度为例，讨论变磁阻电感式传感器的输出特性。设初始气隙厚度为 δ_0，则初始电感 L_0 为

$$L_0 = \frac{N^2 \mu_0 A_0}{2\delta_0} \tag{3-89}$$

当衔铁上移 $\Delta\delta$ 时，有

$$L = L_0 + \Delta L = \frac{N^2 \mu_0 A_0}{2(\delta_0 - \Delta\delta)} = \frac{L_0}{1 - \dfrac{\Delta\delta}{\delta_0}} \tag{3-90}$$

电感的相对变化为

$$\frac{\Delta L}{L_0} = \frac{\dfrac{\Delta\delta}{\delta_0}}{1 - \dfrac{\Delta\delta}{\delta_0}} \tag{3-91}$$

当 $\Delta\delta/\delta_0 \ll 1$ 时，可将式（3-91）按幂级数展开为

$$\frac{\Delta L}{L_0} = \frac{\Delta\delta}{\delta_0}\left[1 + \frac{\Delta\delta}{\delta_0} + \left(\frac{\Delta\delta}{\delta_0}\right)^2 + \left(\frac{\Delta\delta}{\delta_0}\right)^3 + \cdots\right] \tag{3-92}$$

按照同样的方法可得，当衔铁下移时有

$$\frac{\Delta L}{L_0} = \frac{\Delta\delta}{\delta_0}\left[1 - \frac{\Delta\delta}{\delta_0} + \left(\frac{\Delta\delta}{\delta_0}\right)^2 - \left(\frac{\Delta\delta}{\delta_0}\right)^3 + \cdots\right] \tag{3-93}$$

对式（3-92）和式（3-93）进行线性处理，即忽略高次项，可得

$$\frac{\Delta L}{L_0} \approx \frac{\Delta\delta}{\delta_0} \tag{3-94}$$

于是可得传感器的灵敏度为

$$K = \frac{\Delta L / L_0}{\Delta\delta_0} = \frac{1}{\delta_0} \tag{3-95}$$

但这只是一个近似的结果，实际上衔铁上移或者下移时的灵敏度是不同的。从图 3-27 可以看出，衔铁上移时灵敏度增大，而下移时灵敏度则减小。与此同时，$\Delta\delta$ 越大，电感相对变化的线性度越差，即非线性误差的绝对值增大。

为了减小非线性误差，通常采用差动式结构，如图 3-28 所示。无论衔铁上移或下移，总会引起上、下两个传感器的气隙厚度发生大小相等、方向相反的变化。结合式（3-92）和式（3-93），可以得到总的电感变化量为

$$\Delta L = \Delta L_1 + \Delta L_2 = 2L_0 \frac{\Delta\delta}{\delta_0}\left[1+\left(\frac{\Delta\delta}{\delta_0}\right)^2+\left(\frac{\Delta\delta}{\delta_0}\right)^4+\cdots\right] \tag{3-96}$$

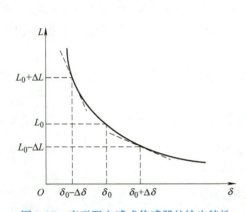

图 3-27 变磁阻电感式传感器的输出特性

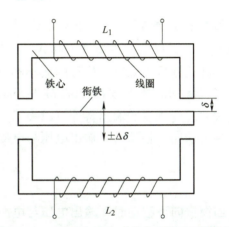

图 3-28 差动变气隙电感式传感器原理结构图

忽略高次项之后可得

$$\frac{\Delta L}{L_0} \approx 2\frac{\Delta\delta}{\delta_0} \tag{3-97}$$

可见，差动变气隙电感式传感器的灵敏度提高了一倍，且非线性误差明显减小。

2. 差动变压器电感式传感器（互感式）

差动变压器电感式传感器是将被测的非电量变化转变为线圈间互感量变化的传感器，它依据变压器的基本原理制成，且二次绕组采用差动形式连接，因此称为差动变压器电感式传感器。根据结构形式不同，差动变压器电感式传感器可以分为变气隙式、变面积式和螺管式三种类型。下面以变气隙式和螺管式差动变压器为例，简要介绍该类型传感器的工作原理和基本特性。

（1）变气隙式差动变压器

变气隙式差动变压器结构如图 3-29a 所示。在两个铁心上分别绕有两个一次绕组和两个二次绕组，匝数分别为 N_1 和 N_2。其中，两个一次绕组顺向串接，两个二次绕组反向串接。等效电路如图 3-29b 所示。初始时，衔铁位于中间平衡位置。此时两个二次绕组的互感电动势相等，即 $E_{21} = E_{22}$，输出电压 $\dot{U}_O = 0$。

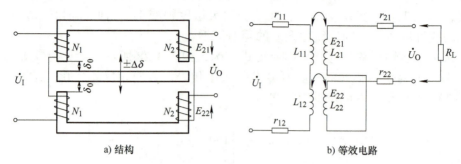

a) 结构   b) 等效电路

图 3-29 变气隙式差动变压器

若衔铁上移 $\Delta\delta$，上、下两个磁回路的磁通相比 $\phi_1 > \phi_2$，感应电动势 $E_{21} > E_{22}$，输出电压 $\dot{U}_{\mathrm{O}} > 0$；反之，当衔铁下移 $\Delta\delta$，$E_{21} < E_{22}$，输出电压 $\dot{U}_{\mathrm{O}} < 0$。因此，根据输出电压的大小和极性可以确衔铁位移的大小和方向。

当线圈的品质因数 $Q = \omega L_0 / r_{\mathrm{i}}$ 足够高时，电源电压 $\dot{U}_{\mathrm{I}}$ 的正交分量可以忽略，此时变气隙式差动变压器的输出特性可以表示为

当衔铁向上移动时，输出电压与电源电压同相，即

$$\dot{U}_{\mathrm{O}} = -\dot{U}_{\mathrm{I}} \frac{N_2}{N_1} \frac{\Delta\delta}{\delta_0} \tag{3-98}$$

当衔铁向下移动时，输出电压与电源电压反相，即

$$\dot{U}_{\mathrm{O}} = \dot{U}_{\mathrm{I}} \frac{N_2}{N_1} \frac{\Delta\delta}{\delta_0} \tag{3-99}$$

传感器的灵敏度可以表示为

$$K = \left| \frac{\dot{U}_{\mathrm{O}}}{\Delta\delta} \right| = \frac{N_2}{N_1} \frac{\dot{U}_{\mathrm{I}}}{\delta_0} \tag{3-100}$$

由式（3-100）可以看出，适当增大电源电压 $\dot{U}_{\mathrm{I}}$ 可以提高传感器的灵敏度，但 $\dot{U}_{\mathrm{I}}$ 过大会引起发热而影响稳定性，还可能出现磁饱和，因此应以变压器铁心不饱和以及允许温升为限制条件。增大二次绕组和一次绕组的匝数比 N_2 / N_1 或者减小初始气隙厚度 δ_0，也可以提高传感器的灵敏度，但 N_2 过大会使传感器体积变大，同时增大零点残余电压 $\Delta\dot{U}_{\mathrm{O}}$，如图 3-30 所示。

（2）螺管式差动变压器

螺管式差动变压器结构如图 3-31a 所示，由位于中间的一次绕组、两个位于两端的二次绕组及插入线圈中的衔铁组成。在理想情况下，螺管式差动变压器的等效电路如图 3-31b 所示。当衔铁位于中间平衡位置时，两个二次绕组的互感系数相等，即 $M_{21} = M_{22}$，因此产生的感应电动势也相等，即 $E_{21} = E_{22}$。由于这两个二次绕组反向串接，故 $\dot{U}_{\mathrm{O}} = E_{21} - E_{22} = 0$。

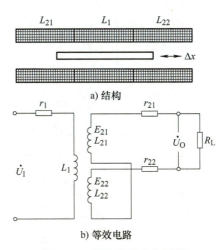

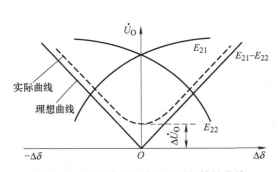

图 3-30　变气隙式差动变压器的特性曲线　　　　图 3-31　螺管式差动变压器

当衔铁向左偏移时，$M_{21} > M_{22}$，$E_{21} > E_{22}$，输出电压与电源电压同相，有效值为

$$U_O = \frac{2\omega\Delta M U_I}{\sqrt{r_1^2 + (\omega L_1)^2}} \tag{3-101}$$

当衔铁向右偏移时，$M_{21} < M_{22}$，$E_{21} < E_{22}$，输出电压与电源电压反相，有效值为

$$U_O = -\frac{2\omega\Delta M U_I}{\sqrt{r_1^2 + (\omega L_1)^2}} \tag{3-102}$$

式中，r_1、L_1 分别为一次绕组的电阻与电感。可见，螺管式差动变压器的输出特性与一次绕组对两个二次绕组的互感系数之差 ΔM 有关。

3. 电涡流电感式传感器（互感式）

根据法拉第电磁感应定律，一个块状金属导体置于变化的磁场中或在磁场中做切割磁力线运动时，导体中将产生旋涡状的闭合感应电流，称为电涡流。利用电涡流效应制成的传感器称为电涡流电感式传感器，能够对位移、厚度、振动、转速等物理量进行非接触式测量。

电涡流电感式传感器结构如图 3-32a 所示。若线圈中通以交流电 $\dot{I}_1$，线圈周围将产生一个交变磁场 $\dot{H}_1$。当金属导体置于该磁场中时，导体内部就会产生电涡流 $\dot{I}_2$，而 $\dot{I}_2$ 又会产生一个新的磁场 $\dot{H}_2$，方向与 $\dot{H}_1$ 相反，从而导致线圈的等效电感和等效阻抗发生变化，于是流过线圈的电流大小和相位都会发生改变。等效阻抗的变化与金属导体的电阻率 ρ、磁导率 μ、厚度 d、线圈的激励电流频率 ω 以及线圈与导体的距离 x 有关。如果只改变其中一个参数，其他参数均保持不变，通过测量线圈阻抗的变化，就可以确定该参数。

为了便于分析，可以将电涡流所在范围近似看成一个短路环，这样就可以得到电涡流电感式传感器的等效电路，如图 3-32b 所示。设线圈电阻为 R_1，电感为 L_1，短路环电阻为 R_2，电感为 L_2，线圈与短路环之间的互感系数为 M，则线圈的等效阻抗为

$$Z = \frac{\dot{U}_1}{\dot{I}_1} = R_1 + R_2 \frac{\omega^2 M^2}{R_2^2 + \omega^2 L_2^2} + \mathrm{j}\omega\left(L_1 - L_2 \frac{\omega^2 M^2}{R_2^2 + \omega^2 L_2^2}\right) \tag{3-103}$$

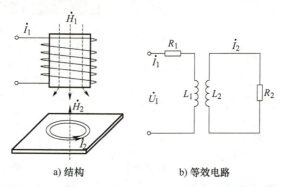

a) 结构   b) 等效电路

图 3-32　电涡流电感式传感器

等效电阻和等效电感分别为

$$R = R_1 + R_2 \frac{\omega^2 M^2}{R_2^2 + \omega^2 L_2^2} \tag{3-104}$$

$$L = L_1 - L_2 \frac{\omega^2 M^2}{R_2^2 + \omega^2 L_2^2} \tag{3-105}$$

78

　　电涡流电感式传感器结构虽然简单，但定量分析比较困难，一般要根据实际情况建立一个模型 $Z = f(\rho, \mu, d, \omega, x)$，通过控制某些参数不变来求解其中的一个参数。

4. 电感式敏感元件的应用

　　电感式敏感元件最直接的应用是感知位移的变化，如在机器人领域作为定位传感器，也可以用于测量与位移有关或者能够引起位移变化的任何物理量，如振动、加速度、应变等。

3.2.2　磁电式敏感元件

　　磁电式敏感元件是利用电磁感应原理，将被测量（如速度、转速、位移等）转换成感应电动势输出的敏感元件。磁电式敏感元件主要有磁电感应式敏感元件和霍尔敏感元件两类。

1. 磁电感应式敏感元件

　　磁电感应式敏感元件是利用导体和磁场发生相对运动而在导体两端输出感应电动势进行工作的，因此也称为感应式传感器或者电动式传感器。磁电感应式敏感元件是典型的有源传感器，工作时无须外加电源，具有电路简单、输出功率大、性能稳定、适用于运动测量等特点，常用于振动、转速、扭矩等参数的测量。

　　（1）工作原理与结构形式

　　根据法拉第电磁感应定律，导体在磁场中运动切割磁力线，或者通过闭合线圈的磁通发生变化时，在导体两端或者线圈内将产生感应电动势，电动势的大小与穿过线圈的磁通变化率有关。对于一个匝数为 N 的线圈，当穿过该线圈的磁通 Φ 发生变化时，其感应电动势 E 可表示为

$$E = -N\frac{\mathrm{d}\Phi}{\mathrm{d}t} \tag{3-106}$$

由式（3-106）可知，线圈中感应电动势 E 取决于线圈的匝数 N 和穿过线圈的磁通变化率 $\mathrm{d}\Phi/\mathrm{d}t$，而磁通变化率又是由磁场强度、磁路磁阻及线圈的运动速度决定的。因此，改变其中任何一个因素，就会改变线圈的感应电动势。这就是磁电感应式敏感元件的基本工作原理。根据这一原理设计的敏感元件主要有两种类型，即恒磁通式和变磁通式。

1）恒磁通（磁阻）式敏感元件。恒磁通式敏感元件是利用线圈与恒定磁通 Φ 发生相对位置变化来工作的。磁路系统产生恒定的直流磁场，磁路中的工作气隙固定不变，因此气隙中的磁通（或者磁路中的磁阻）也是恒定不变的。线圈中产生的感应电动势主要是因为线圈与永久磁铁之间的相对运动，即通过切割磁力线导致磁通量发生变化。由此亦可知，恒磁通式敏感元件的运动部件既可以是线圈，也可以是永久磁铁，因而又可以分为动圈式和动铁式两种类型。

动圈式敏感元件如图 3-33a 所示，测量线圈绕在筒形骨架上，并通过膜片弹簧悬挂于气隙磁场中，而永久磁铁则与壳体固定。当敏感元件随被测对象一起运动时，线圈和筒形骨架由于惯性来不及跟其他部件一起运动，从而与磁铁发生相对运动而切割磁力线，在线圈中产生感应电动势。

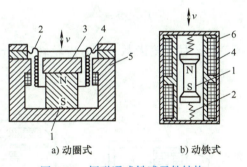

图 3-33　恒磁通式敏感元件结构

1—永久磁铁　2—弹簧　3—极掌　4—感应线圈　5—磁轭　6—壳体

动铁式敏感元件如图 3-33b 所示，其工作原理与动圈式敏感元件类似，只是结构上稍有不同，即线圈与壳体固定，而永久磁铁用弹簧支撑，此时线圈可以随被测对象一起运动。永久磁铁由于惯性与线圈发生相对运动，其结果也是在线圈中产生感应电动势。

对于恒磁通式敏感元件，线圈中产生的感应电动势大小与线圈的匝数、磁感应强度、线圈的长度及线圈与磁铁间的相对运动速度有关，即

$$E = NBlv \tag{3-107}$$

式中，N 为线圈匝数；B 为磁场的磁感应强度；l 为每匝数圈的长度；v 为线圈与磁铁的相对运动速度。

如果线圈的运动方向与磁场方向的夹角为 θ，则式（3-107）可表示为

$$E = NBlv\sin\theta \tag{3-108}$$

由式（3-107）和式（3-108）可知，当恒磁通式敏感元件的结构参数确定以后，即 N、B、l、θ 均为确定值时，线圈中的感应电动势 E 与线圈–磁铁间相对速度 v 成正比。此外，由于速度与位移具有积分关系，与加速度之间具有微分关系，因此如果在信号转换电路中接一个积分电路或微分电路，也可以测量位移或加速度。

2）变磁通（磁阻）式敏感元件。变磁通式敏感元件的线圈与磁铁之间没有相对运动，线圈中的感应电动势是由于磁路中的磁通 Φ 改变而产生的，即通过改变磁路中的气隙大小来改变磁路的磁阻，从而导致磁通发生变化，因此变磁通式敏感元件也称为变磁阻式敏感元件或变气隙式敏感元件。

变磁通式敏感元件一般为转动形式，产生的感应电动势频率作为输出，其典型应用是转速计，用于测量旋转物体的角速度。

根据磁路系统的结构不同，变磁通式敏感元件又可以分为开磁路式和闭磁路式两种类型。

开磁路式敏感元件如图 3-34a 所示，主要由永久磁铁、衔铁和感应线圈组成。工作时，线圈和磁铁静止不动；测量齿轮（由导磁材料制成）安装在被测转轴上，与转轴一起转动。当齿轮旋转时，轮齿的凸凹将引起气隙大小变化，改变磁路的磁阻，从而使穿过线圈的磁通量发生变化。由此不难想象，齿轮每转动一个齿，磁路的磁通就会变化一次，从而在线圈中产生周期性的感应电动势，其频率 f 等于齿轮齿数 z 和转轴转速 n 的乘积，即

$$f = zn = \frac{N}{t} \tag{3-109}$$

式中，f 为感应电动势的频率；z 为齿轮齿数；n 为齿轮转速（r/s）；N 为 t 时间内的采样脉冲数。

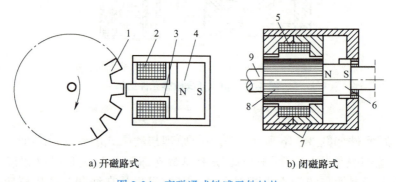

a) 开磁路式　　　　　　　　　　　　　b) 闭磁路式

图 3-34　变磁通式敏感元件结构

1—齿轮　2、5—感应线圈　3—衔铁　4、6—永久磁铁　7—外齿轮　8—内齿轮　9—转轴

由此可以计算出主轴的转速为

$$n = \frac{f}{z} = \frac{N}{tz} \tag{3-110}$$

闭磁路式敏感元件如图 3-34b 所示，主要由转轴、内齿轮、外齿轮、永久磁铁、线圈构成，且内、外齿轮齿数相同。工作时，敏感元件转轴与被测轴相连。当转轴旋转时，内

齿轮转动（转子），而外齿轮不动（定子），二者的相对运动使得磁路中的气隙不断发生变化，从而改变磁路中的磁阻以及穿过线圈的磁通，在线圈中产生周期性的感应电动势。与开磁路式敏感元件类似，闭磁路式敏感元件也可以通过测量感应电动势的频率得到被测轴的转速。在振动信号或转速高的场合，其测量精度高于开磁路式。

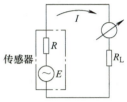

变磁通式敏感元件的输出电动势取决于线圈中磁通的变化速度，当转速过低时，输出电动势太小，因此该类敏感检测元件通常有一个下限工作频率，一般为 50Hz。

（2）基本特性与误差补偿

图 3-35　磁电感应式敏感元件的等效电路

磁电感应式敏感元件相当于一个电源，其等效电路如图 3-35 所示。图中 R 为线圈等效电阻，R_L 为负载电阻，由此可得磁电感应式敏感元件的输出电流 I_O 以及在负载电阻 R_L 上的电压 U_O 为

$$I_O = \frac{E}{R + R_L} = \frac{NBlv}{R + R_L} \tag{3-111}$$

$$U_O = I_O R_L = \frac{ER_L}{R + R_L} = \frac{NBlvR_L}{R + R_L} \tag{3-112}$$

进一步可得敏感元件的电流灵敏度 S_I 和电压灵敏度 S_U 为

$$S_I = \frac{I_O}{v} == \frac{NBl}{R + R_L} \tag{3-113}$$

$$S_U = \frac{U_O}{v} = \frac{NBlR_L}{R + R_L} \tag{3-114}$$

由式（3-113）、式（3-114）灵敏度公式可知，磁感应强度 B 越大，灵敏度越高；线圈的匝数和长度增加也有助于提高灵敏度，但需要同时考虑线圈电阻与负载电阻的匹配及线圈的发热等问题。为使指示器从磁电感应式敏感元件获得最大功率，必须使线圈电阻 R 等于负载电阻 R_L。

当磁电感应式敏感元件工作温度发生变化，或受到外界磁场干扰、机械振动或冲击时，其灵敏度都将发生变化而产生测量误差，其相对误差可以表示为

$$\delta = \frac{dS}{S} = \frac{dB}{B} + \frac{dl}{l} - \frac{dR}{R} \tag{3-115}$$

1）温度误差。在磁电感应式敏感元件的各种干扰中，通常温度干扰比较严重，这是因为 B、l、R 都随温度而变化。其中，磁感应强度 B 一般具有负温度系数，即 B 随着温度升高而减小，如图 3-36 所示。对于钨钢和铬钢制成的永久磁铁，其磁感应强度的变化大约是每 10℃减小 0.3%；镍 - 铝合金磁铁的磁感应强度在 200℃以下可认为是不变的。线圈通常由铜线绕制而成，其阻值和长度的温度系数都是正的，温度每升高 1℃，$dl/l \approx 0.167 \times 10^{-4}$，$dR/R \approx 0.43 \times 10^{-2}$。

当温度增加 ΔT 时，根据式（3-111），输出电流可以改写为

$$I_O' \approx \frac{E(1 - \beta \Delta T)}{R(1 + \alpha_1 \Delta T) + R_L(1 + \alpha_2 \Delta T)} \tag{3-116}$$

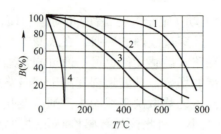

图 3-36　磁电感应式敏感元件的磁感应强度随温度的变化曲线

1—镍－铝合金　2—钴钢　3—钨钢　4—热磁合金

式中，β 为永久磁铁磁感应强度的温度系数；α_1、α_2 分别为线圈与负载的温度系数。

由温度变化带来的误差为

$$\delta = \frac{I_O' - I_O}{I_O} \times 100\% \tag{3-117}$$

可见，温度升高使得感应电动势 E 减小，而线圈电阻 R 和负载电阻 R_L 增大，因而 $I_O' < I_O$，故温度误差为负值。

为了减小温度的影响，通常采用的补偿方法是引入热磁分流器，它是将热磁合金材料装载在磁路系统的两个极靴上制成的，可以将空气隙磁通分流一部分。所使用的热磁合金材料具有负温度系数，当温度升高时，热磁分流器的磁导率显著下降，经它分流掉的磁通也随之下降，从而使空气隙中的工作磁通不随温度变化，维持敏感元件的灵敏度为一常数。

设温度变化 ΔT 时，永久磁铁的总磁通 Φ 的变化量为 $\Delta \Phi$，热磁分流器中磁通 Φ_h 的变化量为 $\Delta \Phi_h$。为维持气隙中的工作磁通不变，应有 $\Delta \Phi \approx \Delta \Phi_h$。则有

$$\alpha_h \Phi_h \Delta T = \alpha_T \Phi \Delta T \tag{3-118}$$

式中，α_T、α_h 分别为永久磁铁和热磁分流器的温度系数。

磁通分流比为

$$\frac{\Phi_h}{\Phi} = \frac{A_h}{A_h + A_0} \tag{3-119}$$

$$\alpha_h = \frac{\Phi}{\Phi_h} \alpha_T = \left(1 + \frac{A_0}{A_h}\right)\alpha_T \tag{3-120}$$

式中，A_h 为正常工作温度下热磁分流器的磁导；A_0 为包括漏磁导在内的气隙磁导。

式（3-120）表明，热磁分流器必须选用具有较永久磁铁大得多的温度系数的材料制成。当材料选定之后，式（3-120）可以作为计算热磁分流器结构尺寸的基础。

2）非线性误差。如图 3-37 所示，当感应线圈中有电流 I 通过时，将产生一定的交变磁通 Φ_1，此交变磁通与永久磁铁的磁通叠加，从而导致气隙工作磁通变化。很显然，当线圈相对运动产生的磁场与原磁场方向相反时，气隙工作磁通减小；而当线圈相对运动产生的磁场与原磁场方向相同时，气隙工作磁通增大。这两种情况都会导致测量结果出现非线性，并且线圈的相对速度 v 越大，产生的电动势 E 越大，电流 I 也越大，对测量结果的影响也就越明显。

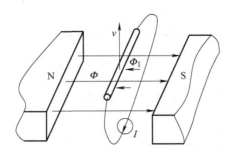

图 3-37 磁电感应式敏感元件电流的磁场效应

磁电感应式敏感元件的非线性误差一般采用补偿线圈来补偿。补偿线圈中的电流 I_k 经由放大器反馈，I_k 产生的磁通 Φ_2 与线圈中电流 I 产生的磁通 Φ_1 方向相反，大小相近，从而起到补偿作用。

3）永久磁铁不稳定误差。永久磁铁的磁性一般会随时间发生变化，主要原因是材料在铸造后其内部组织不均匀，存在应力，随着时间的推移，内部组织趋于均匀，应力逐渐消失。由于永久磁铁的磁感应强度会直接影响工作气隙中的磁感应强度，从而引起灵敏度的变化，成为测量误差的一个重要因素。为了提高磁铁的时间稳定性，需要将永磁材料在充磁前进行退火处理，以消除内应力，充磁后再进行老化处理。

（3）磁电感应式敏感元件的应用

磁电感应式敏感元件从根本上来讲是速度（线速度和角速度）传感器件，其突出特点是不需要静止的基准参考信号，工作时也无须施加电压，典型的应用包括振动传感器和转速传感器等。其中，磁电感应式振动传感器的应用十分广泛，如在兵器工业中研究炮弹发射后的振动与恢复问题，民用工业中机床、建筑、桥梁的振动监测等。

2. 霍尔敏感元件

霍尔敏感元件的理论基础是霍尔效应。1879 年，美国物理学家霍尔（Edwin H. Hall）在研究金属导电机制时发现发现了这一效应，但由于金属材料的霍尔效应太弱而没有得到应用。随着半导体技术的发展，研究人员发现半导体材料的霍尔效应非常显著，所制成的霍尔元件还具有体积小、功耗低、易集成等优点，因而开始广泛用于电磁、压力、加速度和振动等的测量。

（1）霍尔效应

当电流垂直于外磁场通过半导体时，在半导体垂直于磁场和电流方向的两个侧面会出现电势差，这一现象便是霍尔效应。

如图 3-38 所示，将一块长度为 l、宽度为 w、厚度为 d 的半导体薄片垂直置于磁感应强度为 B 的磁场中，当有电流 I 流过时，电子会受到洛伦兹力 F_L 作用。

$$F_L = evB \tag{3-121}$$

式中，e 为单个电子电荷量，$e=1.6 \times 10^{-19}$C；v 为电子的平均运动速度；B 为磁感应强度。

在洛伦兹力的作用下，电子将发生偏移，从而使半导体薄片的一侧因电子积累而带负电，而另一侧则因为电子缺少而带正电，两侧面之间形成电场 E_H。可见，电子除了受到洛伦兹力 F_L 的作用外，还会受到电场力 F_E 的作用，且

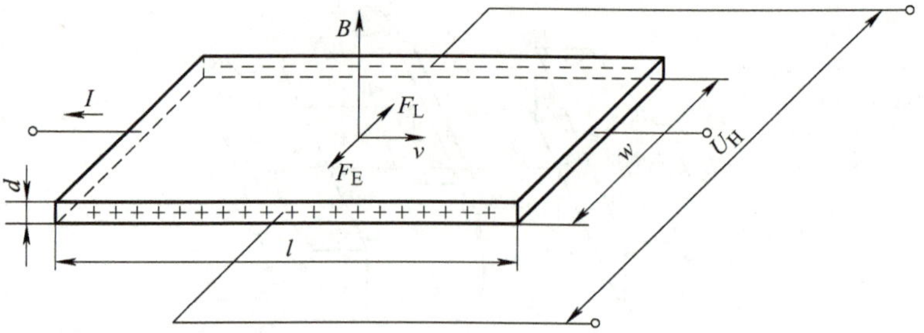

图 3-38　霍尔效应原理示意图

$$F_E = eE_H = e\frac{U}{w} \tag{3-122}$$

　　该电场力的作用是阻止电子继续偏移，当电场力 F_E 与洛伦兹力 F_L 相等时，达到动态平衡。此时，在半导体两侧面建立的电场称为霍尔电场 E_H，相应的电动势称为霍尔电动势 U_H。

　　由于平衡时电场力 F_E 与洛伦兹力 F_L 大小相等，故可得

$$evB = eE_H = e\frac{U_H}{w} \tag{3-123}$$

由此可得

$$E_H = vB \tag{3-124}$$

$$U_H = vBw \tag{3-125}$$

　　设半导体中的电子密度（即单位体积中的电子数）为 n，则电流 I 可以表示为

$$I = -nevwd \tag{3-126}$$

式中，负号表示电子运动方向与电流方向相反，于是电子的平均速度为

$$v = -\frac{I}{newd} \tag{3-127}$$

　　将式（3-127）代入式（3-125）可得

$$U_H = \frac{IB}{ned} = R_H\frac{IB}{d} = K_H IB \tag{3-128}$$

式中，R_H 为霍尔系数，由半导体材料的物理性质决定，$R_H = \dfrac{1}{ne}$；金属材料由于电子密度高，故霍尔系数小、霍尔效应很弱。K_H 为霍尔元件的灵敏度，$K_H = \dfrac{1}{ned}$，它表征了一个霍尔元件在单位控制电流和单位磁感应强度时所产生的霍尔电动势的大小。

　　霍尔元件的灵敏度 K_H 与厚度 d 成反比，因而霍尔元件常制成薄片状，通常 $d=0.1 \sim 0.2\text{mm}$，长宽尺寸一般满足 $l/w=2:1$。此外还可以证明，材料中的载流子迁移率对于霍尔元件的灵敏度也有很大影响。一般来讲，电子的迁移率远大于空穴，故霍尔元件一般采用 N 型半导体材料，如锗（Ge）、硅（Si）、锑化铟（InSb）和砷化铟（InAs）等。

84

（2）霍尔元件及其特性

1）霍尔元件的基本结构。霍尔元件的结构比较简单，主要由霍尔片、引线和壳体组成，如图 3-39 所示。霍尔片为一矩形薄片，在长度方向的两个端面上焊有两条引线 a、b，用以施加激励电流，称为控制电流引线；在宽度方向两端面的中间以点的形式对称地焊有另外两条引线 c、d，用以输出霍尔电压信号，称为霍尔电压引线。引线的焊接要求接触电阻很小，并呈纯电阻形式，即欧姆接触，否则会影响输出。霍尔元件的壳体用非导磁金属、陶瓷或者环氧树脂封装。

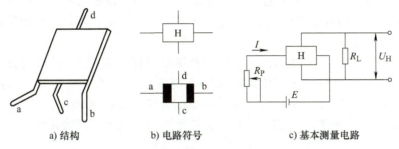

| a) 结构 | b) 电路符号 | c) 基本测量电路 |

图 3-39　霍尔元件的结构、电路符号及基本测量电路

霍尔元件的基本测量电路如图 3-39c 所示，电源 E 提供激励电流，电位器 R_P 可以调节激励电流的大小；负载电阻 R_L 一般为放大器输入阻抗；磁场 B 与元件平面垂直。

2）霍尔元件的输出特性。霍尔元件的输出特性可以分为开关特性和线性特性两种类型，分别输出数字量和模拟量。开关特性一般是指霍尔元件的输出电压 U_H 随磁感应强度 B 的增加而迅速增大，利用这一特性霍尔元件可以实现转数、转速等参数的测量，也可以用于构建接近开关、报警器、自动控制电路等。

线性特性是指霍尔元件的输出电压 U_H 与基本参数 B、I 呈线性关系。如图 3-40a 所示，在电流 I 恒定的情况下，霍尔电压 U_H 与磁感应强度 B 在一定范围内（一般 $B<0.5T$）保持线性。当磁场为交变磁场时，霍尔电压 U_H 也是交变的，但是频率限制在几千赫以下。同样地，当磁场与环境温度一定时，霍尔电压 U_H 与控制电流 I 具有良好的线性关系，如图 3-40b 所示。

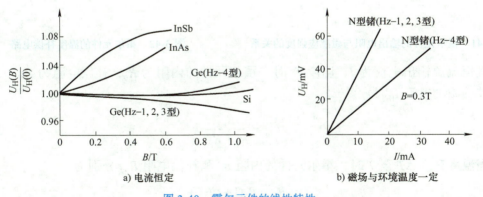

| a) 电流恒定 | b) 磁场与环境温度一定 |

图 3-40　霍尔元件的线性特性

激励电极之间的电阻值称为输入电阻。霍尔电极输出的电动势对于外部电路来说

相当于一个电压源，其内阻即为输出电阻。该电阻随着磁感应强度的增加而增大，如图 3-41 所示。

3）霍尔元件的误差补偿。在要求较高的情况下，需要考虑霍尔元件的测量误差。霍尔元件的测量误差主要来自两个方面，一是温度的影响，二是不等位电动势的影响。为确保测量精度，需要进行温度补偿和不等位电动势补偿。

① 温度补偿。霍尔元件是由半导体材料制成的，而半导体材料一般都具有较大的温度系数，所以霍尔元件对于温度的变化十分敏感。当温度变化时，半导体材料的载流子浓度、迁移率和电阻率都会发生变化，从而造成霍尔元件的霍尔系数、灵敏度、输入电阻及输出电阻变化。为了减小温度误差，除使用温度系数小的半导体材料（如砷化铟）外，还可以采取适当的补偿措施。

由式（3-128）$U_H = K_H I B$ 可知，采用恒流源供电是保证 U_H 稳定的有效方法之一，可以减小由于输入电阻随温度变化而引起的激励电流变化带来的影响。但霍尔元件的灵敏度 K_H 也是温度的函数，因此只采用恒流源供电不能补偿全部温度误差。

当温度从 T_0 变化至 T 时，$\Delta T = T - T_0$，霍尔元件的灵敏度可以表示为

$$K_{HT} = K_{H0}(1 + \gamma \Delta T) \tag{3-129}$$

式中，K_{H0}、K_{HT} 分别为温度 T_0、T 时的灵敏度；γ 为霍尔元件灵敏度的温度系数。

大多数霍尔元件灵敏度的温度系数 α 为正值，因而霍尔电压将随温度升高而增大。这时如果减小激励电流 I，使得 $K_H I$ 乘积保持不变，就可以抵消由于灵敏度增加带来的影响。为实现这一目的，可以在霍尔元件的输入回路中并联一个电阻器 R_P，起到分流的作用，如图 3-42 所示。当温度升高时，补偿电阻 R_P 增大，加强了分流作用，从而减小了霍尔元件的激励电流。

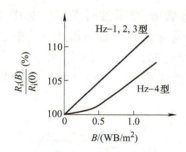

图 3-41　霍尔元件的输出电阻与磁感应强度的关系

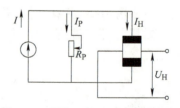

图 3-42　霍尔元件的温度补偿电路

设恒流源输出电流为 I，温度 T_0 时，霍尔元件的内阻为 R_0，补偿电阻为 R_{P0}，此时霍尔元件的激励电流 I_{H0} 为

$$I_{H0} = \frac{R_{P0}}{R_0 + R_{P0}} I \tag{3-130}$$

当温度升高 ΔT 至 T 时，霍尔元件的内阻 R_T 和补偿电阻 R_{PT} 分别为

$$R_T = R_0(1 + \alpha \Delta T) \tag{3-131}$$

$$R_{PT} = R_{P0}(1 + \beta \Delta T) \tag{3-132}$$

式中，α、β 分别为霍尔元件输入电阻和补偿电阻的温度系数。

此时，霍尔元件的激励电流 I_{HT} 为

$$I_{HT} = \frac{R_{P0}(1+\beta\Delta T)}{R_0(1+\alpha\Delta T)+R_{P0}(1+\beta\Delta T)}I \tag{3-133}$$

若使补偿后的霍尔电压不变，则有

$$K_{H0}I_{H0} = K_{HT}I_{HT} \tag{3-134}$$

结合式（3-129）、式（3-130）、式（3-133）和式（3-134），整理并略去 ΔT^2 项，可得

$$R_{P0} = \frac{\alpha-\beta-\gamma}{\gamma}R_0 \tag{3-135}$$

由于霍尔元件灵敏度系数 γ 和补偿电阻的温度系数 β 比霍尔元件输入电阻（内阻）的温度系数 α 小得多，所以式（3-135）可以简化为

$$R_{P0} \approx \frac{\alpha}{\gamma}R_0 \tag{3-136}$$

当霍尔元件选定后，其输入电阻 R_0、温度系数 α、灵敏度温度系数 γ 都是确定值，可以通过查阅元件参数得到，因此可以依据式（3-136）计算分流电阻的阻值。

实验表明，补偿后的霍尔电压受温度的影响很小，只是输出电压稍有下降，这是因为补偿电阻的分流作用使得激励电流减小的结果，因而可以通过适当增加恒流源的输出来改善。

② 不等位电动势补偿。由式（3-128）$U_H=K_HIB$ 可知，当激励电流为 I、磁感应强度 $B=0$ 时，理论上霍尔电动势应该为零，但实际却不为零，这时所测得空载电动势 U_0 称为不等位电动势。产生不等位电动势的主要原因是霍尔电极安装不对称或不在同一等电位上。此外，半导体材料不均匀造成电阻率不均匀、元件几何尺寸不对称、激励电极接触不良导致激励电流不均匀分配等因素也对不等位电动势具有一定的影响。

由图 3-43 可以看出，不等位电动势 U_0 就是激励电流 I 流经不等位电阻 r_0 所产生的电压，即

$$r_0 = \frac{U_0}{I} \tag{3-137}$$

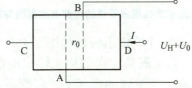

图 3-43　霍尔元件的不等位电动势示意图

不等位电动势误差是霍尔元件零位误差中最主要的一种，它与霍尔电动势具有相同的数量级，有时甚至会超过霍尔电动势。但实际应用中很难消除不等位电动势，一般是对其进行补偿。分析不等位电动势时，可以把霍尔元件等效为一个四臂电桥，如图 3-44

所示。理想情况下不等位电动势为零，电桥平衡，即 $R_1=R_2=R_3=R_4$。当存在不等位电动势时，说明电桥不平衡，即四个电阻值不相等，因此可以在阻值较大的桥臂上并联一个电阻 R_W，如图 3-44a 所示，通过调节 R_W 值，使不等位电动势为零或最小。也可以在两个桥臂上同时并联电阻，如图 3-44b 所示，这种补偿方法调整比较方便，补偿后的温度稳定性也较好。

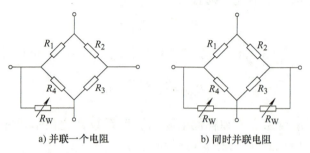

a) 并联一个电阻　　　　　　　b) 同时并联电阻

图 3-44　不等位电动势补偿电路

（3）霍尔集成器件

霍尔集成器件是将霍尔元件、放大器及调理电路集成在一个芯片上，具有结构紧凑、便于应用、功耗低、响应快、稳定性好等特点，而且带有补偿电路，有助于减小误差。目前市场上主要有两种类型的霍尔集成器件，即线性集成器件和开关集成器件。

1）霍尔线性集成器件。霍尔线性集成器件的特点是输出电压 U_{OUT} 在一定范围内与磁感应强度 B 呈线性关系，可广泛用于磁场检测、无触点电位器、无刷直流电机、位移和振动测量等场合。霍尔线性集成器件有单端输出与双端差动输出两种形式。双端差动输出霍尔线性集成器件的内部电路框图如图 3-45a 所示，主要由霍尔元件 HG、放大器 A、差分输出电路 D 以及稳压电源 R 等部分组成，V_{CC} 为电源电压，OUT_1、OUT_2 为输出电压信号，GND 为接地端。

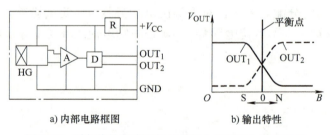

a) 内部电路框图　　　　　　　b) 输出特性

图 3-45　霍尔线性集成器件的内部电路框图与输出特性

双端差动输出霍尔线性集成器件的输出特性如图 3-45b 所示。当没有磁场时，器件输出的偏移电压典型值为 $V_{CC}/2$；无论磁场方向如何，输出电压均为正值；霍尔线性集成器件的线性工作区在几百高斯以内，在更强的磁场下，尽管霍尔器件本身不会被损坏，输出信号也不会饱和，但放大器饱和，故输出信号不再是线性的。

2）霍尔开关集成器件。霍尔开关集成器件有单稳态输出和双稳态输出两种形式，对应也有单端输出和双端输出。单稳态输出霍尔开关集成器件的内部电路框图如图 3-46a 所示，主要由霍尔元件 HG、差分放大器 A、施密特触发器 AT、功率放大输出、稳压源 R

等部分组成，其输出特性如图 3-46b 所示。在 S_1（下工作点），输出高电平，在 N_1（上工作点），输出低电平。对于标准的施密特触发器（Schmitt Trigger），当输入电压高于正向阈值电压时，输出高电平；当输入电压低于负向阈值电压时，输出低电平；当输入电压在正、负向阈值电压之间时，输出不改变。也就是说，输出由高电平翻转为低电平，或者由低电平翻转为高电平，所对应的阈值电压是不同的。相应地，对于霍尔开关集成器件，其高低电平转变所对应的磁感应强度不相等，即开关特性具有切换差（回差），因此有较好的抗干扰能力，可有效防止干扰引起的误动作。内部所设的稳压源具有较宽的电压范围，一般为 3 ~ 16V。

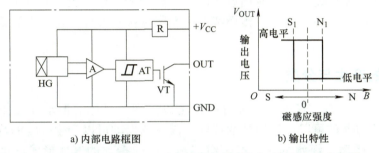

a) 内部电路框图　　　　　　　b) 输出特性

图 3-46　单稳态输出霍尔开关集成器件的内部电路框图与输出特性

（4）霍尔元件的应用

霍尔元件具有结构简单、工艺成熟、体积小、寿命长、灵敏度高、线性度好、动态范围大、频带宽、无接触等许多优点，因此广泛应用于机器人传感、工业测量、自动控制等领域。如霍尔式传感器可以在工业机器人中用于测量电动机的转速，在扫地机器人中作为控制开关等。根据霍尔元件的磁电特性，其应用主要可以分为以下三类。

1）当激励电流一定时，霍尔电动势与磁感应强度成正比。利用这一特性，可以制成霍尔式罗盘（或称磁力计）来测量磁场的大小。如果将霍尔元件置于非均匀磁场中，霍尔电动势的大小还可以反映位置、角度等变化量，从而间接地实现位移、角度、转速、压力等物理量的测量。图 3-47 为利用霍尔元件测量位移的几种情况。此外，利用霍尔元件的开关特性还可以实现转速测量、磁电编码器、无触点开关、导磁产品计数等应用。霍尔键盘也是基于这一特性工作的。

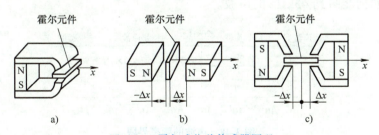

图 3-47　霍尔式位移传感器原理

2）当磁场强度一定时，霍尔电动势与激励电流成正比。利用这一特性，可以用霍尔元件直接测量电流的大小以及与电流有关的物理量。

89

3）当磁感应强度与激励电流都为变量时，霍尔电动势与两者的乘积成正比。利用这一特性，可以用霍尔元件测量具有乘法运算关系的物理量，典型应用包括乘法器、功率计等。

3.3 声学式传感原理和敏感元件

声波式传感器是以声波作为检测手段的一类传感器。声波是一种机械波，根据其频率范围，可以分为次声波（<20Hz）、可听声波（20Hz ～ 20kHz）和超声波（>20kHz）。在机器人传感领域，尤以超声波的应用最为广泛，典型例子包括机器人测距、避障等。本节首先主要介绍声波的产生与分类、传播特性、发射和接收元件，再重点讨论超声波传感器及其应用。

3.3.1 声波的产生与分类

振动产生声波。通过仔细考察和分析就可以发现，物体的振动往往伴随着声音的产生。例如，琴弦的振动可以产生悦耳的音乐，鼓皮的振动可以产生咚咚的响声，机器的振动会带来恼人的噪声，海水的振荡产生海浪声，高速振动的气体形成汽笛声等。因此从本质上来讲，声波的产生就是源于物体的振动，而声波的传播则是介质（固体、液体和气体）中质点的振动传递过程。可见，声波必须通过中间介质才能传播，如在空气中人们可以听到声音，而在真空中却听不到。

声波按照频率不同、波阵面形状不同及质点振动方向与声波传播方向的关系可以分为多种类型。

按照频率不同，声波可以分为次声波、可听声波和超声波。人耳可以听到的声波范围为 20Hz ～ 20kHz，称为可听声波、声波、声音。频率低于 20Hz 的声波称为次声波，如大象的声带能发出 10Hz 左右的声波，其传播距离非常远，是象群之间交流的主要手段。人听不到次声波，但当其强度达到一定程度时可以感觉出来，产生心理刺激作用（如恐慌、害怕等）。频率高于 20kHz 的声波称为超声波，如多数蝙蝠的声波频率在20 ～ 60kHz，海豚的声波频率甚至可以达到 300kHz。图 3-48 为声波的频率界限。显然，声音这一概念是与人类听觉范围相关的，如果按照动物的标准进行分类，可听声波的范围会有所变化，如狗能听到 45kHz 的声波。

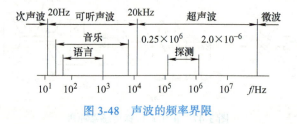

图 3-48　声波的频率界限

按照波阵面形状不同，声波可以分为平面波、球面波和柱面波。如图 3-49 所示，波阵面与传播方向垂直且为互相平行的平面声波称为平面波；波阵面为同心球面的声波称为球面波；波阵面为同轴圆柱面的声波则称为柱面波。

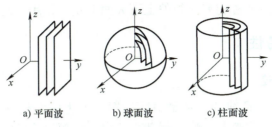

a) 平面波　　　　b) 球面波　　　　c) 柱面波

图 3-49　声波按照波阵面形状不同的分类

按照质点的振动方向与波传播方向的关系，声波还可以分为纵波、横波、表面波和板波等类型。

（1）纵波

纵波简称 L 波，是指质点振动方向与波传播方向一致或平行的一类波，如图 3-50a 所示。纵波在介质中传播时会产生质点的稠密和稀疏部分，因此也称为疏密波。纵波可在固体、液体和气体中传播。纵波容易产生和接收，因而应用十分广泛。

（2）横波

横波简称 S 波，是指质点的振动方向与波的传播方向相互垂直的一类波，如图 3-50b 所示。质点上下振动、水平振动都可以产生横波，前者称为垂直偏振横波（SV 波），后者称为水平偏振横波（SH 波）。横波不能在液体或气体介质中传播。

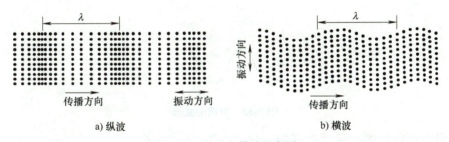

a) 纵波　　　　　　　　　　b) 横波

图 3-50　纵波与横波示意图

（3）表面波

表面波也称瑞利波（Rayleigh 波），是在半无限大固体介质与气体介质的交界面产生的波，如图 3-51 所示。表面波可视为纵波与横波的合成，其在固体介质表面的运动轨迹为椭圆形，质点位移的长轴垂直于传播方向，短轴平行于传播方向。表面波只能在厚度远大于波长的固体表层传播，不能在液体或者气体介质中传播。

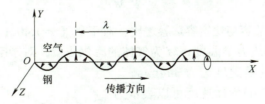

图 3-51　表面波示意图

（4）板波

板波是在板厚与波长相当的薄板中传播的波。兰姆波（Lamb 波）是板波中最重要的一种波，其可以看成是两个瑞利波在板的上下表面上相互作用的结果。

3.3.2 声波的传播特性

1. 波长、频率和声速

最简单的周期性声波是纯音，它是由简谐振动产生的，频率固定，并且按照正弦或者余弦规律变化，因此又称简谐声波。复杂声波由多个频率不同的简谐声波组成，因而可以通过傅里叶变化将其分解成一系列谐波。对于简谐声波，其物理量随时间的变化可以表示为

$$p(t) = P_a \sin(\omega t + \theta) \tag{3-138}$$

式中，P_a 为幅值；θ 为初始相位；ω 为角频率，且

$$\omega = 2\pi f \tag{3-139}$$

式中，f 为频率，表示 1s 内重复出现完整振动的个数（Hz）。

$$f = \frac{1}{T} \tag{3-140}$$

在周期性声波传播方向上，相邻两个振动相位相同的点之间的距离称为波长 λ，如图 3-52 所示。

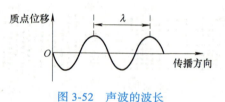

图 3-52 声波的波长

由此可以表征声波的传播速度为

$$c = f\lambda \tag{3-141}$$

声波在气体、液体及固体中有不同的传播速度，主要取决于介质的弹性系数、介质密度以及声阻抗。

对于气体介质，声波的传播速度可以表示为

$$c = \sqrt{\frac{\gamma R T}{M}} \tag{3-142}$$

式中，γ 为气体的比定压热容与比定容热容之比，对于空气 $\gamma=1.402$；R 为理想气体常数，$R=8.314\text{J}/(\text{K}\cdot\text{mol})$；$T$ 为热力学温度；M 为气体的摩尔质量，对于空气 $M=2.9\times10^{-2}\text{kg/mol}$。在常温空气中，声波的传播速度约为 344m/s。

对于固体介质，声波的传播速度可以表示为

$$c_s = M\sqrt{\frac{E}{\rho}} \tag{3-143}$$

式中，E 为介质的弹性模量；ρ 为介质密度；M 为与波形有关的常数。可以看出，介质的弹性性能越强（E 越大），密度越小，则声速越快。

对于液体介质，声波的传播速度可以表示为

$$c_l = \sqrt{\frac{1}{\rho k_j}} \qquad (3\text{-}144)$$

式中，ρ 为液体的密度；k_j 为绝热压缩系数。

2. 基本声场参量

声波在本质上是介质中质点振动的传播，这会引起介质内部压强的变化，形成声场。描述声场特性的参量主要有声压、声强、声阻抗等。

（1）声压

在声波传播的介质中，某一点（或体积单元）的瞬时压强与没有声波时该点的静压强之差称为该点的声压，即

$$p = P_1 - P_0 \qquad (3\text{-}145)$$

此外还可以证明，对于无衰减的平面余弦行波来说，有

$$p = \rho c v \qquad (3\text{-}146)$$

式中，ρ 为介质密度；c 为介质中的声速；v 为质点振动速度。

在声波传播过程中，同一时刻不同体积单元及同一体积单元不同时刻的声压是不同的，因此声压是个交变量，即它是空间和时间的函数 $p = (x, y, z, t)$。如果声压随时间的变化符合简谐规律，则峰值声压就是声压的振幅 p_a。在一定时间间隔内，瞬时声压对时间取均方根的值称为有效声压 p_e。对于简谐声波，有

$$p_e = \frac{p_a}{\sqrt{2}} \qquad (3\text{-}147)$$

声压的大小反映了声音的强弱，单位为 Pa。人耳对于 1kHz 声音的可听阈（刚刚能觉察到的声压）约为 2×10^{-5}Pa，微风吹动树叶的声音约为 2×10^{-4}Pa，在房间内高声谈话的声音（相距 1m 处）为 $0.05 \sim 0.1$Pa，飞机发动机发出的声音（相距 5m 处）约为 200Pa。

（2）声阻抗与声阻抗率

声阻抗 Z_a 是指在波阵面的一定面积上，声压与通过该面积的体积速度的比值，即

$$Z_a = \frac{p}{U} \qquad (3\text{-}148)$$

由于体积速度 U 的含义不明确，因此通常使用质点振动速度 v 来代替，得到声阻抗率 Z_s 为介质中某一点的声压与该点的质点振动速度的比值，即

$$Z_s = \frac{p}{v} = \rho c \qquad (3\text{-}149)$$

需要注意的是，介质密度与声速的乘积 ρc 是介质固有的一个常数，在声学中具有特殊的地位。结合式（3-146）可以看出，在同一声压下，ρc 越大，质点振动速度 v 越小；

反之，ρc 越小，质点振动速度 v 越大。考虑到 ρc 具有声阻抗率的量纲，因此将其称为介质的特性阻抗。

（3）声能量与声能量密度

声波在介质中传播，一方面使得介质中的质点在平衡位置来回振动，从而获得动能；另一方面，在介质中产生压缩和膨胀，从而获得位能。两部分之和就是由于声波扰动而使介质获得的声能量。可见，声波的传播过程就是声能量的传递过程。

声能量密度是声场中单位体积的声能量。对于平面声波，声场中某点的平均声能量密度为

$$\bar{\varepsilon} = \frac{p_e^2}{\rho c^2} \tag{3-150}$$

（4）声功率与声强

声功率是指单位时间内通过垂直于声波传播方向面积 S 的声能量，即

$$\bar{W} = \bar{\varepsilon} c S = \frac{p_e^2}{\rho c} S = \frac{p_a^2}{2\rho c} S \tag{3-151}$$

声强是单位时间内通过垂直于声波传播方向的单位面积的声能量，即

$$I = \bar{\varepsilon} c = \frac{p_e^2}{\rho c} = \frac{p_a^2}{2\rho c} \tag{3-152}$$

（5）声场参量的级与分贝

在声学领域中，对上述参量的描述更常使用的是分贝，而非它们各自的具体数值和单位。这主要是因为：①声振动的能量范围非常宽，如人讲话的声功率只有约 10^{-5}W，而火箭发射的噪声功率却可以高达 10^9W，两者相差十几个数量级，在这种情况下，使用对数标度显然会比绝对标度更方便一些；②从声音接收的角度，人耳感受到的响度感觉并不正比于声音强度的绝对值，而是更接近与强度的对数成正比；③在声学以及电子、通信等领域，人们更感兴趣的是信号的相对比值，而非其绝对值。基于以上这些原因，在声学领域普遍使用对数标度来表示这些声场参量，并称之为级，如声压级、声强级等，单位为分贝（dB）。

声压级以符号 SPL 表示，其定义为

$$SPL = 20\lg \frac{p_e}{p_{ref}} \tag{3-153}$$

式中，p_{ref} 为基准声压，或称参考声压。在空气中，$p_{ref} = 2 \times 10^{-5}$Pa，是正常人耳对于 1kHz 声音刚刚能觉察到的声压。低于该声压，一般人就不能觉察到声音的存在，因此称之为可听阈，其声压级为 0dB。对于人耳，从可听阈声压 2×10^{-5}Pa 到痛阈声压 20Pa，两者相差 100 万倍，而使用声压级表示的范围则是 0 ～ 120dB，因此更加简单明了。

声强级以符号 SIL 表示，其定义为

$$SIL = 10\lg \frac{I}{I_{ref}} \tag{3-154}$$

式中，I_{ref} 为基准声强。在空气中，$I_{ref} = 10^{-12} \text{W/m}^2$，它是与基准声压对应的声强值，因此也称为 1kHz 声音的可听阈声强。

对于前面所列举的例子，如果用分贝来表示，人耳对于 1kHz 声音的可听阈为 0dB，微风吹动树叶的声音约为 14dB，在房间内高声谈话的声音（相距 1m 处）为 68 ~ 74dB，飞机发动机发出的声音（相距 5m 处）约 140dB。

3. 声波的反射、折射与透射

如图 3-53 所示，当声波从介质 I 传播到介质 II 时，在两种介质的分界面上，一部分能量反射回介质 I，形成反射波；另一部分能量透过分界面进入介质 II 内继续传播，形成折射波。声波在产生反射、折射时，遵循类似几何光学的反射定律和折射定律，即反射角与入射角相等，折射角与入射角之间满足

$$\frac{\sin\theta_i}{\sin\theta_t} = \frac{c_1}{c_2} \tag{3-155}$$

式中，θ_i 表示入射角；θ_t 表示折射角；c_1、c_2 分别为两种介质中的声速。这就是著名的斯奈尔（Snell）声波反射与折射定律。

为描述入射波能量在透射波和反射波中的分配比例，可分别定义声压反射系数 r 和声压透射系数 t。其中，声压反射系数 r 表示反射波声压与入射波声压之比，声压透射系数 t 则表示透射波声压与入射波声压之比。其计算公式分别为

$$r = \frac{p_r}{p_i} = \frac{\dfrac{Z_2}{\cos\theta_t} - \dfrac{Z_1}{\cos\theta_i}}{\dfrac{Z_2}{\cos\theta_t} + \dfrac{Z_1}{\cos\theta_i}} \tag{3-156}$$

$$t = \frac{p_t}{p_i} = \frac{2\dfrac{Z_2}{\cos\theta_t}}{\dfrac{Z_2}{\cos\theta_t} + \dfrac{Z_1}{\cos\theta_i}} \tag{3-157}$$

式中，Z_1、Z_2 分别为两种介质的特性阻抗，$Z_1 = \rho_1 c_1$，$Z_2 = \rho_2 c_2$。

（1）垂直入射时的反射和透射

如图 3-54 所示，当声波垂直入射时，入射波能量的一部分进入介质 II，产生透射波，传播方向和波型均与入射波相同；另一部分能量被界面反射回来，仍在介质 I 中传播，但传播方向相反，称为反射波。

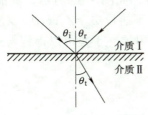

图 3-53　声波的反射与折射

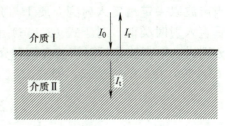

图 3-54　声波在界面垂直入射时的反射与透射

此时，$\theta_i=\theta_t=\theta_r=0$，$\cos\theta_i=\cos\theta_t=\cos\theta_r=1$，式（3-156）、式（3-157）可以简化为

$$r = \frac{p_r}{p_i} = \frac{Z_2 - Z_1}{Z_2 + Z_1} \tag{3-158}$$

$$t = \frac{p_t}{p_i} = \frac{2Z_2}{Z_2 + Z_1} \tag{3-159}$$

分析式（3-158）、式（3-159）可以得到如下结论：

1）当 $Z_2=Z_1$ 时，$r=0$，这表明声波没有反射，即全透射，也就是说即使存在两种不同的介质分界面，只要它们的特性阻抗相同，反射就不会发生，就好像分界面不存在一样。

2）当 $Z_2>Z_1$ 时，$r>0$，反射波声压与入射波声压相位相同，在界面上的合成声压增大。当 $Z_2 \gg Z_1$ 时，$r\approx1$，即发生全反射，此时反射波声压与入射波声压相位相同、大小相等，在界面上的合成声压是入射声压的 2 倍；在介质 II 中实际上并没有声波传播，其中存在的压强只是界面处压强的静态传递，而非疏密交替的声压。

声波从空气入射到空气 – 水界面近似于这种情况，由于水的特性阻抗比空气约大 4000 倍，因而声波几乎百分之百被反射。

3）当 $Z_2<Z_1$ 时，$r<0$，反射波声压与入射波声压相位相反，在界面上的合成声压减小。类似地，当 $Z_2 \ll Z_1$ 时，$r\approx-1$，即也会发生全反射，声波从水入射到水 – 空气水界面就近似于这种情况。

由于声强与声压之间的关系为

$$I = \frac{p^2}{2Z} \tag{3-160}$$

相应地，可以分别定义声强反射系数 R 和声强透射系数 T 为

$$R = \frac{I_r}{I_i} = \left(\frac{Z_2 - Z_1}{Z_2 + Z_1}\right)^2 \tag{3-161}$$

$$T = \frac{I_t}{I_i} = 1 - R = \frac{4Z_1 Z_2}{(Z_2 + Z_1)^2} \tag{3-162}$$

分析式（3-161）、式（3-162）可知，声波无论是从介质 I 入射到介质 II，还是从介质 II 入射到介质 I，声强反射系数 R 都是相等的；对于 $Z_2 \gg Z_1$ 或者 $Z_2 \ll Z_1$ 两种情况，也总能得到 $R\approx1$，$T\approx0$，从而证明了前面讨论的全反射情况。

（2）斜入射时的反射和折射

当声波以一定角度入射到介质 I 与介质 II 的界面时，如图 3-53 所示，其能量分配情况与垂直入射时类似。对于式（3-156）和式（3-157），不妨设 $Z_{1n}=Z_1/\cos\theta_i$，$Z_{2n}=Z_2/\cos\theta_t$，它们分别为入射声波和折射声波在两种介质中的法向声阻抗，于是可以得到与式（3-158）和式（3-159）相似的表达式，即

$$r = \frac{p_r}{p_i} = \frac{Z_{2n} - Z_{1n}}{Z_{2n} + Z_{1n}} \tag{3-163}$$

$$t = \frac{p_t}{p_i} = \frac{2Z_{2n}}{Z_{2n} + Z_{1n}} \tag{3-164}$$

为了便于进一步讨论，还可以继续令

$$m = \frac{\rho_2}{\rho_1} \tag{3-165}$$

$$n = \frac{c_1}{c_2} \tag{3-166}$$

式中，n 实际上就是介质 II 对介质 I 的折射率；m 为二者的密度比。

由式（3-155）和式（3-166）可得

$$\left(\frac{\sin\theta_i}{\sin\theta_t}\right)^2 = \left(\frac{c_1}{c_2}\right)^2 = n^2 \tag{3-167}$$

再结合 $\sin^2\theta + \cos^2\theta = 1$，$Z = \rho c$，可将式（3-156）和式（3-157）改写为

$$r = \frac{Z_2\cos\theta_i - Z_1\cos\theta_t}{Z_2\cos\theta_i + Z_1\cos\theta_t} = \frac{m\cos\theta_i - \sqrt{n^2 - \sin^2\theta_i}}{m\cos\theta_i + \sqrt{n^2 - \sin^2\theta_i}} \tag{3-168}$$

$$t = \frac{2Z_2\cos\theta_i}{Z_2\cos\theta_i + Z_1\cos\theta_t} = \frac{2m\cos\theta_i}{m\cos\theta_i + \sqrt{n^2 - \sin^2\theta_i}} \tag{3-169}$$

分析式（3-168）、式（3-169）可以得到如下结论：

1）全透射。当声波入射角 θ_{i0} 满足

$$m\cos\theta_{i0} - \sqrt{n^2 - \sin^2\theta_{ic}} = 0 \tag{3-170}$$

即

$$\sin\theta_{i0} = \sqrt{\frac{m^2 - n^2}{m^2 - 1}} \tag{3-171}$$

此时，$r = 0$，$t = 0$，即声波以该入射角入射时不会出现反射，声波全部透射进入介质 II，因此 θ_{i0} 称为全透射角。但这并不意味着任意两种介质都可以出现全透射现象，只有当式（3-170）可以获得实数值时，才会发生全透射，即

$$0 \leqslant \sqrt{\frac{m^2 - n^2}{m^2 - 1}} \leqslant 1 \tag{3-172}$$

2）全反射。由式（3-155）可知，当 $c_2 > c_1$ 时，恒有 $\theta_t > \theta_i$。那么可以想象，当声波入射角从 0° 开始增大时，折射角也随之增大；当入射角增大到某一定角度 θ_{ic} 时，将有 $\theta_t = 90°$，此时折射波沿着界面传播；如果入射角继续增大，在介质 II 中不再有通常意义上的折射波，即声波全部被反射，这一现象称为全内反射，θ_{ic} 称为全内反射临界角。

3.3.3　声波的接收

要以声波作为检测手段，必须能够产生和接收声波，完成这种功能的器件就是声波传

感器。目前的声波传感器通常是将声波发射器和接收器集成在一起，它们都是基于声波的振动特性工作的。如果仅用于接收外部声源发射的声波，则只需要一个声波接收器，目前广泛使用的各类传声器，就是典型的声波接收器。

声波接收器又称传声器，是一种将声能转化为电能的电声器件，它通常具有一个力学振动系统，再利用一定的力–电转换方式将振动信号转换成电信号。声波接收器的种类非常多，为了便于理解和掌握，本节将重点介绍声波接收的基本原理和几种典型的声波接收器。

1. 声波的接收原理

常见的传声器主要是接收声场中的声压，按照接收原理不同可以分为压强原理、压差原理、压强压差复合原理及多声道干涉原理四种类型。

（1）压强原理

压强式传声器通常由一个受声振膜固定在一封闭腔上构成，如图 3-55 所示。腔壁上有一个小孔，使腔室内的平均压强与大气压 p_0 平衡。当有声波入射时，振膜的一面受到声压 p 的作用，从而在面积为 S 的振膜表面产生一个合力 F，并使其发生振动，再利用一种力–电转换方式将该振动转换为电信号输出。这就是压强式传声器的基本原理。其中

$$F = [(p_0 + p) - p_0]S = pS \tag{3-173}$$

对于更普遍的情况，当入射声波与振膜的法线具有一定的角度且振膜的线度不是很小时，声波在振膜各部分的声压振幅和相位并不相同，此时振膜所受到的合力就不是简单的 $F=pS$，而应该采用积分的形式表示为

$$F = \int_S p\,\mathrm{d}S \tag{3-174}$$

（2）压差原理

压差式传声器通常有两个入声口，振膜的两面都置于声场中，如图 3-56 所示。由于声波传播到振膜两面的距离不同，从而产生压强差。设振膜两面的声压分别为 p_1 和 p_2，在面积为 S 的振膜表面产生的合力为 $F \approx (p_1 - p_2)S$。振膜在此作用力下产生的振动位移大小与振膜两侧的压差有关，故称为压差式传声器。

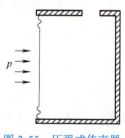

图 3-55　压强式传声器

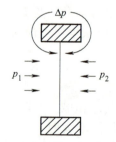

图 3-56　压差式传声器

（3）压强压差复合原理

压强压差复合式传感器是基于压强与压差复合原理的传声器，如图 3-57 所示。腔体的前面装有振膜，腔的后壁有一个孔与外部相通，作为第二入声口。设振膜前的声压

为 p_1，第二入声口的声压为 p_2，那么在振膜上就会产生一个静压差 Δp，从而使振膜发生振动。

（4）多声道干涉原理

声波作为一种机械波，也具有干涉、衍射等性质。多声道干涉式传声器就是基于声波的干涉现象工作的。该类声波接收器有许多入声口，如图 3-58 所示。由于从这些入声口传播到振膜的距离不同，声波之间将产生干涉，于是振膜上的总声压将与入声口的分布有关。利用这种原理制成的接收器具有强指向特性，因此常称为指向性传声器。

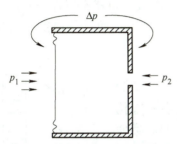

图 3-57 压强压差复合式传声器

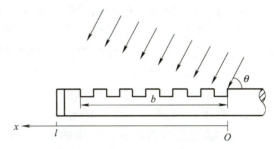

图 3-58 多声道干涉式传声器

2. 常见的传声器

对于传声器，除了接收原理不同外，力－电转换方式也具有多样性，其主要作用是将振膜的振动转换为可变电信号输出，转换方法与压力式传感器类似。目前传声器主要有电容式、压电式、动圈式、电阻式、驻极体式和光电式等类型。本节主要介绍最为常用的三种传声器。

（1）电容式传声器

电容式传声器结构如图 3-59 所示。它有一个振膜作为力学振动器件，并与背极板组成一静态电容 C_0，这个电容串接到含有直流电源 E_0 和负载电阻 R_e 的电路中。当振膜受到声波的作用时就会产生位移，使得振膜与背极板之间的电容发生变化，导致负载电阻中的电流发生相应的改变，从而输出与声波频率相应的交变电压信号。通过简单的计算可以得到输出电压 E 与振膜的位移 δ 的关系为

$$E = \frac{E_0}{d}\delta \tag{3-175}$$

式中，d 为振膜与背极板之间的静态距离。式（3-175）表明电容式传声器的输出电压与振膜位移成正比。

电容式传声器的特点包括结构简单、工作频带宽、接收灵敏度频率特性均匀、可以产生高品质的音频信号等，其应用范围非常广泛，如电话传声器、廉价的卡拉 OK 传声器，以及高保真的录音传声器等。

（2）压电式传声器

前面已经讲过，压电晶体是一种可以将机械压力转换成电荷的直接转换器件，因而非常适于制作传声器。这种传声器最常用的材料是压电陶瓷。如图 3-60 所示，它由一个两侧带有电极的压电陶瓷片构成，用于拾取声音和感应电荷。

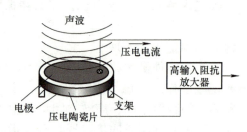

图 3-59　电容式传声器结构　　　　　图 3-60　压电式传声器结构

由于压电陶瓷可以在很高的频率下工作，这使得压电式传声器不但在可听声范围内应用广泛（如声控装置、测量柯氏音的血压计、乐器拾音器等），而且是最重要的超声波换能器，关于这一点将在后面的内容中继续讨论。

（3）动圈式传声器

动圈式传声器是基于电磁感应原理工作的。其基本结构如图 3-61 所示，主要由一个小的感应线圈和膜片粘接在一起构成，分别称为音圈和音膜。音膜的边缘压成折环状，起着类似弹簧的作用，音圈安装在永磁体的缝隙中。当有声波作用在音膜上时，将带动音圈在磁场中振动，从而产生感应电压 $E=Blv$。动圈式传声器具有鲁棒性高、价格低廉、耐潮湿等优点，加之潜在的高增益，使其在很多场景下都有很好的性能，尤其是舞台上的理想选择。

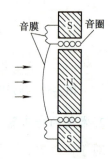

图 3-61　动圈式传声器结构

3.3.4　超声波传感器

从前面的内容已知，超声波是指频率大于 20kHz 的声波。由于具有波长短、不易产生绕射、方向性好、衰减小、穿透性强等优点，超声波在传感领域的应用极为广泛。

1. 超声波探头

在超声波检测中，首先要把超声波发射出去，然后再把透射或者发射的超声波接收回来变成电信号，完成这一工作的装置就是超声波传感器，也称超声波换能器或者超声波探头。

目前市场上销售的超声波传感器主要有兼用型和专用型两种形式。兼用型传感器是将发射器和接收器集成在一起，可以同时完成超声波的发射与接收，而专用型传感器则是指发射器和接收器相互独立。超声波传感器上一般标有中心频率（如 23kHz、40kHz、75kHz、200kHz 等），表示传感器的工作频率。

超声波发射器主要有电气式和机械式两种形式。电气式包括压电型、磁致伸缩型和电动型，机械式包括加尔统笛、液哨和气流旋笛等。超声波接收器按其工作原理不同，也可以分为压电型、磁致伸缩型和电磁型。不同形式的超声波传感器的原理及其内部结构不同，因此产生的超声波无论在频率、功率等声波特性方面都有很大的不同，应用领域也不同。目前最为常见的是压电式超声波传感器。

压电式超声波传感器利用压电材料的压电效应原理工作，常用的压电材料有压电晶体和压电陶瓷等。依据正、逆压变效应可分别制成超声波接收器和发射器。超声波发射器是

100

利用逆压电效应将高频电振动转换为机械振动，从而产生超声波。当外加交变电压的频率等于压电材料的固有频率时，会产生共振，此时的超声波最强。压电式超声波发射器可以产生几十千赫兹到几十兆赫兹的高频超声波。超声波接收器是利用正压电效应将机械振动转换为电信号。当超声波作用到压电晶片上引起晶片伸缩，会在它的两个表面上产生极性相反的电荷，再经测量电路转换成电压信号输出。压电式超声波发射器和接收器的结构基本相同，常常被集成在一起制成兼用型探头。

超声波探头按其结构不同可以分为直探头（检测纵波）、斜探头（检测横波）、表面波探头（检测表面波）、兰姆波探头（检测兰姆波）、可变角探头（检测纵波、横波、表面波、兰姆波）、双晶探头（一个探头内含两个晶片，一个用于发射，另一个用于接收）、聚焦探头（将声波聚集为一细束）等，其中以纵波直探头在检测领域中应用最为广泛。

压电式纵波直探头的内部结构如图 3-62 所示，主要由压电晶片、声吸收（阻尼）块、声匹配层、保护层、外壳和电极引线等部分组成。压电晶片多为圆形板，一般采用石英、压电陶瓷等具有压电效应的材料制作而成。晶片两面镀有银层作为极板，下极板接地、上极板接引线。压电晶片是在激励信号作用下产生超声波的关键元件，同时也是将接收到的声波信号转换为电信号的转换元件。通常，超声波的频率与晶片的厚度成反比。声吸收块的作用是吸收晶片内部的多次反射波，减小超声波噪声。如果没有声吸收块，当激励信号停止时，晶片会继续振荡，加长超声波的脉冲宽度，使分辨率变差。声匹配层的作用是提高探头与工件（或介质）之间的阻抗匹配能力，有效拓宽换能器的工作频带，进一步提高超声检测设备的分辨率和工作适应能力。对于一个给定中心频率的超声波探头，声匹配层的厚度应为其中心频率所对应波长的四分之一。保护层是一层保护膜，其作用是保护压电晶片不被磨损或损坏。探头外壳主要有金属外壳和塑料外壳，起到支撑固定、保护以及电磁屏蔽等作用。

2. 超声波探头的特性

图 3-63a 为压电式超声探头的压电晶体图形符号。压电式超声波探头可以等效为一个 RLC 串并联振荡电路，如图 3-63b 所示。其中，R_a 为介电损耗并联漏电阻，C_a 为极间电容，R_g、C_g 和 L_g 分别为机械共振回路等效电阻、电容和电感。

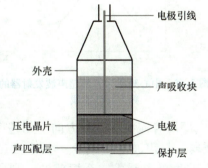

图 3-62　压电式纵波直探头内部结构图

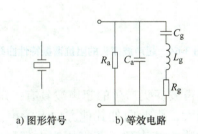

图 3-63　压电式超声波探头的图形符号和等效电路

超声波探头的等效阻抗为

$$Z = \frac{1 - L_g C_g \omega^2 + j\omega R_g C_g}{j\omega C_a \left[\left(1 + \dfrac{C_g}{C_a}\right) - L_g C_g \omega^2 + j\omega R_g C_g \right]} \tag{3-176}$$

定义 $R_g L_g C_g$ 串联谐振频率为 ω_a，$L_g C_g C_a$ 并联谐振频率为 ω_b，则

$$\omega_a = \frac{1}{L_g C_g} \tag{3-177}$$

$$\omega_b^2 = \omega_a^2 \left(1 + \frac{C_g}{C_a}\right) \tag{3-178}$$

则超声波探头的等效阻抗可以变换为

$$Z = \frac{1 - \dfrac{\omega^2}{\omega_a} + j\omega R_g C_g}{j\omega C_a \left(\dfrac{\omega_b^2 - \omega^2}{\omega_a^2} + j\omega R_g C_g \right)} \tag{3-179}$$

由式（3-179）绘制的阻抗谐振特性曲线如图 3-64 所示。可见，器件随频率变化的输出特性在 ω_a 和 ω_b 之间，即 $\omega_a < \omega < \omega_b$，呈感性谐振特性；大于 ω_b 或小于 ω_a 时则表现为容性谐振特性，这是超声波传感器所特有的。当器件工作在低频共振点 ω_a 时，阻抗低，发射灵敏度高；而在高频共振点 ω_b 时，阻抗高，接收灵敏度高。利用这种特性，可分别制成超声波发射器和超声波接收器。

图 3-65 为中心频率为 f_0 的超声波发射器频率特性曲线。可见，探头所产生的超声波信号在中心频率处最强，即超声声压能级最高。在偏离中心频率后，声压能级迅速衰减。因此，超声波探头要采用工作在中心频率的稳定交流电压来激励。

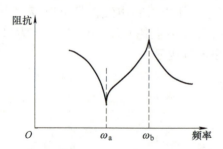

图 3-64　超声波探头的阻抗谐振特性曲线

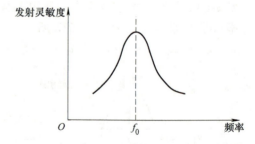

图 3-65　中心频率为 f_0 的超声波发射器的频率特性曲线

超声波探头产生的超声波具有一定的指向特性，即沿着探头中轴线方向上的超声辐射能量最大，由此向外其他方向上的声波能量逐渐减弱，至声波能量减少一半（−3dB）处的角度称为波束角。若将探头内部压电晶片表面上的每个点看成一个振荡源，则所有的振荡源都向外辐射出一个半球面波（子波），而空间某处的声压就是这些子波叠加产生的，其指向特性可以通过指向图来表示，如图 3-66 所示。指向图由一个主瓣和几个副瓣构成，其物理意义是当角度为 0 时声压最大，当角度增加时，声压减小。

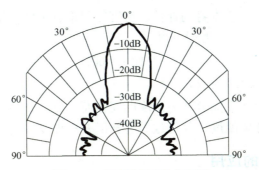

图 3-66　超声波探头的指向图

3. 超声波传感器的工作原理

超声波在不同介质中的传播速度不同，如超声波纵波在常温常压下空气中的传播速度为 344m/s，在自来水中的传播速度约为 1430m/s，在海水中的传播速度约为 1500m/s，在钢铁中的传播速度约为 5800m/s。但在确定的工作条件下，超声波的传播速度是确定的。根据这一特性，可采用超声波测量目标物的距离、工件的厚度、液体的液位、管道中流体的流速等。

利用超声波检测时有两种探头布置方式，即对射式和反射式，如图 3-67 所示。对射式超声波传感器是将发射探头和接收探头分别布置在物体的两侧，如图 3-67a 所示，可用于检测物体的运动速度、工件厚度、流体速度等参数。反射式结构是将发射的超声波经物体反射后由探头接收，可用于测量目标物的距离。采用反射式布置方式时，超声波发射探头和接收探头布置在物体的同一侧，如图 3-67b 所示。

103

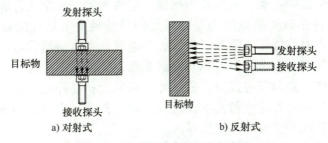

a) 对射式　　　　　　　　　　b) 反射式

图 3-67　超声波传感器的布置方式

通过测量超声波从发射到接收的时间，可以获得超声波传感器到目标物的距离，计算公式为

$$L = \frac{vt}{2} \tag{3-180}$$

反射式超声波传感器是比较常用的类型，其探头既可以是兼用型的，也可以是专用型的。采用的超声波信号可以是连续波，也可以是脉冲信号。前者可以用作计数器、接近开关、停车计时器及防盗报警系统等；后者可以应用于自动门、交通信号转换、倒车雷达等。

利用超声波的回波时间进行精确测量时，需要考虑其传播速度的影响因素。超声波在介质中的传播速度除了与介质本身的弹性、密度等因素有关外，还会受到温度的影响。对于空气介质，根据式（3-142），近似可得

$$c = 331.5 + 0.607t \tag{3-181}$$

式中，t 为介质中的实际温度，单位为℃。

可见，超声波的传播速度随着环境温度的变化而变化。要精确测量物体的距离，需要考虑被测量物体周围的环境温度，并通过温度补偿方法加以校正。

3.3.5 声学式传感器的应用

声学式传感器一般具有结构简单、小巧、价格低廉等特点，因而在日常生活、工业生产中的应用非常广泛。典型例子如日常生活中的声控灯、自动门，工业中的物位传感器、流量传感器、零件测厚、探伤等。在机器人领域，声学式传感器的应用也十分广泛，尤其是超声波传感器，在机器人测距、避障等方面具有十分重要的作用。超声波测距仪还被广泛用于汽车雷达，可以解决驾驶人在倒车时的视觉盲区问题，同时也是无人驾驶汽车中的重要传感器之一。此外，可听波段的声学式传感器也具有重要价值，它们一方面是交互机器人不可或缺的拾音器，另一方面还可以用于机器人的室内定位与导航。

3.4 光电式敏感元件

光电式传感器是以光电器件作为转换元件的一类传感器。使用光电式传感器测量时，被测量的变化被转换成光信号的变化，从而引起电信号的相应变化，具有非接触、精度高、响应快、性能可靠等特点。光电式传感器一般由光源、光学元件和光电器件三部分组成。其中，光电器件是以光电效应为基础将光信号转换为电信号的器件，主要包括光电池、光电二极管、光电晶体管、雪崩二极管、光电管、光电倍增管等。光源既可以是自然光，也可以是各种类型的人造光源，如热辐射光源、气体放电光源、发光二极管及激光光源等。从光谱的角度，光源又可以分为紫外光、可见光和红外光。本节首先介绍光电效应的相关知识，进而阐述各类光电器件的原理及构成，并进一步讨论在机器人领域应用非常广泛的激光传感器和红外（激光）传感器。

3.4.1 光电效应

1. 外光电效应

在光的照射下，使电子逸出物质表面的现象称为外光电效应，亦称光电发射效应。向外发射的电子称为光电子。基于外光电效应可以制成光电管、光电倍增管等光电器件。

根据爱因斯坦的假设：一个光子的能量只能传给一个电子。因此，要使电子从物质表面逸出，必须使入射光子的能量 E 大于该物质的表面逸出功 A_0。根据能量守恒定律，可得

$$E = h\nu = \frac{1}{2}mv_0^2 + A_0 \tag{3-182}$$

式中，h 为普朗克常量，$h=6.6261 \times 10^{-34} \text{J} \cdot \text{s}$；$\nu$ 为入射光的频率；m 为电子的质量；v_0 为电子逸出速度。

不同的物质具有不同的表面逸出功 A_0。因此，每一种物质都有一个对应的光频阈值，称为红限频率，对应的波长称为红限波长 λ_0，且

$$\lambda_0 = \frac{hc}{A_0} \tag{3-183}$$

结合式（3-182）可知，光电子的最大动能为

$$E_{\max} = \frac{1}{2}mv_{\max}^2 = h\nu - A_0 = \frac{hc}{\lambda} - \frac{hc}{\lambda_0} \tag{3-184}$$

当入射光的频率低于该红限频率（或波长大于 λ_0）时，光强再大也不会产生光电子发射。反之，当入射光的频率高于该红限频率（或波长小于 λ_0）时，即使光线很弱也会有光电子射出，且光电流与光强成正比，即入射的光子数目越多，逸出的电子数目也越多。

2. 内光电效应

在光的照射下，物质原子产生的光电子只在物质内部运动，不会逸出物质表面，从而引起物质的电阻率发生变化或者产生电动势，这种现象称为内光电效应。内光电效应多发生于半导体内，包括光电导效应和光生伏特效应两类。光电导效应是指某些物体（一般是半导体）受到光照时，其内部原子释放的电子留在物体内部而使得物体的导电性增加、电阻值下降，这一现象称为光电导效应。利用该效应可以制成光敏电阻。某些物体（一般是半导体）受到光照时，会产生一定方向的电动势，这种现象称为光生伏特效应。基于该效应的光电器件有光电池、光电二极管和光电晶体管等。

3.4.2　光电式敏感元件及特性

光电式敏感元件的种类很多，包括基于外光电效应的光电管和光电倍增管，以及基于内光电效应的光敏电阻、光电池、光电二极管、光电晶体管等。

1. 光电管

光电管有真空光电管和充气光电管两类。真空光电管是一个装有光电阴极和阳极的真空玻璃管，如图 3-68 所示。光电阴极一般装于玻璃管内壁上，或者装入一个柱面金属板；其表面涂有光电材料，并与电源负极相连。阳极通常是弯成矩形或圆形的金属丝，置于玻璃管的中央；阳极通过负载电阻同电源正极相连。当光照射到阴极表面的敏感材料时，如果光子的能量大于电子的逸出功，就会有光电子发射出来，并在外电场的作用下形成电流。该电流的大小与光强成正比，并在负载电阻上产生正比于光电流的电压降。因此，负载电阻上的输出电压也与光强成正比。需要说明的是，由于光电子具有初始动能，即使光电管没有阳极电压，也会有光电流产生，因此需要给器件施加一定的反向截止电压。

充气光电管与真空光电管的结构相同，只是管内充有少量惰性气体（如氩气或氖气）。当光电子飞向阳极时，会与气体分子发生碰撞，产生新的电子和阳离子，从而提高光电管的灵敏度。

105

光电管的性能主要由伏安特性、光照特性及光谱特性等描述。

（1）伏安特性

在一定光照下，光电流与外加电压之间的关系称为光电管的伏安特性。真空光电管的伏安特性曲线如图 3-69 所示。在相同电压下，光电流随着光照强度的增加而增大；而在相同光照下，光电流首先随着施加电压的增加而增大，但当电压增加到一定程度时，光电流趋于饱和。

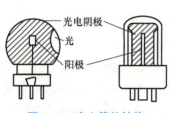

图 3-68　光电管的结构

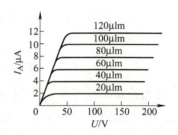

图 3-69　真空光电管的伏安特性曲线

（2）光照特性

当外加电压一定时，光电流与光通量之间的关系称为光电管的光照特性。不同的光电阴极具有不同的光照特性。如图 3-70 所示，采用银氧铯阴极的光电管，其光电流与光通量呈线性关系（曲线 1），而采用锑铯阴极的光电管，其光电流与光通量则呈非线性关系（曲线 2）。

（3）光谱特性

光电阴极材料对不同波长的光具有不同的灵敏度，这就是光电管的光谱特性。如图 3-71 所示，银氧铯阴极和锑铯阴极的响应范围分别在近红外（曲线 1）和可见光（曲线 2）区域，因此需要根据待测光的波段选用不同的光电阴极材料，以使其最大灵敏度在待测光谱范围内。

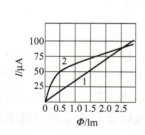

图 3-70　光电管的光照特性曲线

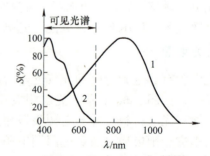

图 3-71　光电管的光谱特性曲线

2. 光电倍增管

普通光电管产生的光电流一般很小（μA 级），尤其是当入射光很弱时，光电流只有零点几微安，不易检测，误差也大。这时常用光电倍增管对光电流进行放大，以提高灵敏度。光电倍增管的结构如图 3-72a 所示，除了光电阴极和阳极外，还包含若干个倍增极（Dynode，也称打拿极），其上涂有锑化钨或氧化银镁合金等材料，可以在电子轰击下释放更多的二次电子。当入射光照射光电阴极时，发射的光电子将在电场的作用下加速轰击第 1 倍增极，产生二次电子发射，再经过电压依次增大的第 2 ～ n 个倍增极放大，最终被阳极收集。如果每个电子在任一倍增极上产生的二次电子数为 σ，则阳极电流为

$$I = I_0\sigma^n \tag{3-185}$$

式中，I_0 为光电阴极发出的电流；n 为倍增级数（一般为 12 ～ 14 级，多的可达 30 级）。因此，光电倍增管的电流放大倍数为 $\beta = I/I_0 = \sigma^n$，σ 值一般为 3 ～ 6。由此可以估算出光电倍增管的放大倍数可达几万到几百万倍，所以光电倍增管的灵敏度比普通光电管高得多。

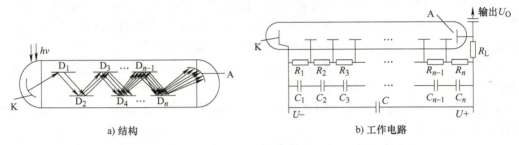

a) 结构 b) 工作电路

图 3-72 光电倍增管的结构与工作电路

光电倍增管的工作电路如图 3-72b 所示，通常工作在几百伏至上千伏高压下，一般为 1000 ～ 2500V，相邻倍增极之间有 100 ～ 200V 的电位差，通过分压电阻向各电极供电。采用并联电容，可以避免阳极脉动电流引起极间电压发生大的变化。

光电倍增管的主要参数除了放大倍数 β 外，还有灵敏度和暗电流。

光电倍增管的灵敏度可以分为光电阴极灵敏度和总灵敏度。前者是指一个光子在光电阴极上激发的平均电子数，后者是指光电倍增管阳极收集到的总电子数。尽管光电倍增管的灵敏度与施加的电压有关，但极间电压也不能太高，因为容易造成阳极电流不稳定。另外，光电倍增管要避免强光照射，以免损坏。

光电倍增管的暗电流正常情况下很小，一般为 10^{-16} ～ 10^{-10}A，主要是由热电子发射引起的，并随着环境温度的增加而增大。暗电流通常可以用补偿电路消除。

3. 光敏电阻

光敏电阻又称光导管，是基于光电导效应的一类半导体器件。光敏电阻的典型结构如图 3-73a 所示，主要包括光电导层 1、玻璃窗口 2、金属壳 3、电极 4、陶瓷基座 5、黑色绝缘玻璃 6 及引线 7。在无光照时，光敏电阻呈高阻态（MΩ 级），回路中仅有微弱的电流。在有光照射时，半导体吸收光能，内部电子从价带越过禁带跃迁到导带，并在价带留下空穴，从而使得载流子（电子 – 空穴对）浓度增加，导电性能增强，电阻值下降（kΩ 级）。光照停止后，电阻恢复至原值。这就是光敏电阻的工作原理，通过将其串入检测电路，利用检流计可以检测到电流随光照强度的变化或者测量负载电阻的电压降，如图 3-73b 所示，即光照越强，光敏电阻的阻值越小，回路中的电流越大。

光敏电阻具有灵敏度高，工作电流大（可达 mA 级），光谱响应范围宽，体积小，重量轻，寿命长，耐冲击和振动等优点，但响应时间长，频率特性差，受温度影响明显，多用于红外探测与开关控制等领域。

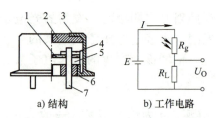

a) 结构　　　　　　　b) 工作电路

图 3-73　光敏电阻的结构与工作电路

1—光电导层　2—玻璃窗口　3—金属壳　4—电极　5—陶瓷基座　6—黑色绝缘玻璃　7—引线

光敏电阻的种类很多，常用的有硫化镉、硫化铅、硫化铊、硒化镉、硒化铅等。由于材料、工艺不同，其光电性能也相差很大。光敏电阻的主要参数和基本特性包括暗电流、亮电流、光电流、伏安特性、光照特性、光谱特性、温度特性等。

1）暗电阻、暗电流：光敏电阻在无光照时所测得的电阻值称为暗电阻，此时在给定工作电压下流过的电流称为暗电流。

2）亮电阻、亮电流：光敏电阻在有光照时的电阻值称为亮电阻，此时在给定工作电压下流过的电流称为亮电流。

3）光电流：亮电流与暗电流之差称为光电流。光敏电阻的暗电阻越大，亮电阻越小，即暗电流小而亮电流大，其灵敏度越高。实际用的光敏电阻，其暗电阻一般为 $1 \sim 100 \mathrm{M\Omega}$，而亮电阻则在几千欧以下，可见光敏电阻的灵敏度是相当高的。

4）伏安特性：在一定光照下，光敏电阻的光电流与两端所加电压的关系称为光敏电阻的伏安特性。如图 3-74 所示，光敏电阻的光电流随外加电压线性增加，且没有饱和现象，但实际上电压不可能无限增大，一般不允许超过额定功耗线。

5）光照特性：在一定电压下，光敏电阻的光电流与光照强度的关系称为光敏电阻的光照特性。不同光敏电阻的光照特性是不同的，且在大多数情况下是非线性的，如图 3-75 所示，故光敏电阻一般用作控制系统的开关式信号转换器，不宜作为线性测量元件。

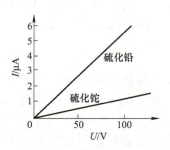

图 3-74　光敏电阻的伏安特性曲线

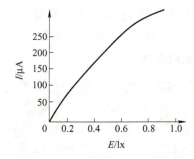

图 3-75　光敏电阻的光照特性曲线

6）光谱特性：光敏电阻的光谱特性是指光敏电阻对不同波长的光具有不同的灵敏度。图 3-76 是几种常用光敏电阻的光谱特性曲线。可以看出，不同材料的光敏电阻，其光谱响应范围是不同的，这也决定了它们的使用范围不一样。例如，硫化隔光敏电阻在可见波段范围内的灵敏度最高，广泛用于灯光的自动控制，而硫化铊和硫化铅则在近红外区具有最灵敏的响应，可以用于红外检测及火灾探测等领域。

7）频率特性：光敏电阻的光电流不能随着光照强度改变而立即变化，这是此类器件的缺点之一。如图 3-77 所示，硫化铅的频率响应范围最宽，而其他光敏电阻的响应范围则都比较窄。

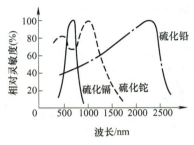

图 3-76　光敏电阻的光谱特性曲线

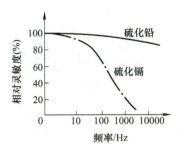

图 3-77　光敏电阻的频率特性曲线

8）温度特性：光敏电阻受温度影响很大，且具有复杂的温度特性。一般地，随着温度升高，光敏电阻的暗电流增加，灵敏度降低，如图 3-78 所示，因此光敏电阻宜用于低温环境。除了灵敏度外，温度还会影响光敏电阻的光谱特性，如硫化铅光敏电阻的峰值波长会随着温度升高而左移，如图 3-79 所示。

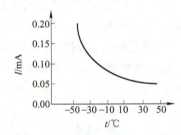

图 3-78　光敏电阻的温度特性曲线

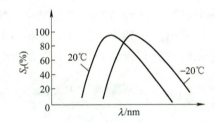

图 3-79　硫化铅光敏电阻的光谱 – 温度特性曲线

4. 光电池

光电池是利用光生伏特效应将光能直接转换为电能的光敏元件。光电池的种类很多，有硅光电池、硒光电池、锗光电池、砷化镓光电池、氧化亚铜光电池等。其中，因为硅光电池具有稳定性好、光谱范围宽、频率特性好、转换效率高、耐高温辐射、价格低廉、寿命长等优点，应用最为广泛。硒光电池由于其光谱峰值位于人眼视觉范围，所以在很多测量仪表中也常常用到。

硅光电池是在一块 N 型硅片上，用扩散的方法掺入一些 P 型杂质而形成的一个大面积 PN 结，如图 3-80 所示。在没有外加电场时，PN 节区仍然存在一个内电场，其方向由 N 区指向 P 区。当光线照射到 PN 结时，会产生电子 – 空穴对。在 PN 结内电场作用下，空穴移向 P 区，电子移向 N 区，结果使 P 区带正电，而 N 区带负电，这样 PN 结就产生了电位差。若将 PN 结通过外导线短接，电路中会有电流流过，称为光电池的短路电流。当电路中串有负载电阻 R_L 时，可以测得 R_L 上的电压值。若将外电路断开，则可以测得 PN 结的光生电动势，也称为光电池的开路电压。

光电池的基本特性也包括光照特性、光谱特性、频率特性、温度特性等。

1）光照特性：光电池在不同照度下，其光电流和光生电动势不同，它们之间的关系称为光照特性。硅光电池的光照特性如图 3-81 所示。其中，短路电流与光照度在一定范围内呈线性关系，而开路电压与光照度的关系则是非线性的，且在 2000lx（勒克斯）照度时趋于饱和，饱和值一般为 0.4 ~ 0.6V，与光电池的面积大小无关。

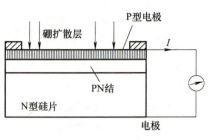

图 3-80　硅光电池结构

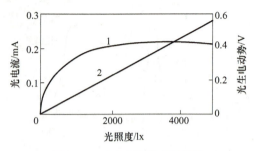

图 3-81　硅光电池的光照特性

2）光谱特性：光电池的材料不同，对不同波长的光的响应不同。硅光电池和硒光电池的光谱特性如图 3-82 所示。硅光电池的响应范围 0.4 ~ 1.2μm，峰值波长在 0.85μm 附近，可用于近红外光测量。硒光电池的响应范围 0.38 ~ 0.75μm，峰值波长在 0.5μm 附近，适宜测量可见光。

3）频率特性：光电池的频率特性是指相对输出电流与光的调制频率之间的关系。所谓相对输出电流是高频时的输出电流与低频最大输出电流之比。一般地，光电池的 PN 结面积越大，极间电容也越大，因此频率特性较差。硅光电池和硒光电池的频率特性如图 3-83 所示，硅光电池具有较高的频率响应及较好的频率特性，而硒光电池的频率特性则较差。

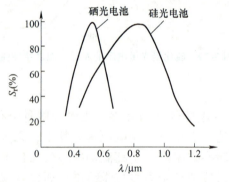

图 3-82　光电池的光谱特性

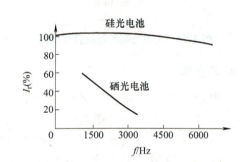

图 3-83　光电池的频率特性

4）温度特性：光电池的温度特性是指开路电压和短路电流随温度变化的关系，如图 3-84 所示。由于半导体材料易受温度的影响，从而导致测量仪器的温漂，影响测量和控制精度，因此需要保证温度恒定，或采取温度补偿措施。

5. 光电管

光电管包括光电二极管和光电晶体管，都是基于光生伏特效应制成的器件。

光电二极管与光电池的结构类似，也具有一个可以接受光照的 PN 结。不同的是，光电二极管需要外部电场使其处于反向偏置状态，如图 3-85 所示。在无光照时，反向饱和电流极小；而当受到光照时，在 PN 结处将产生电子 – 空穴对，使载流子的浓度大幅增加，从而大大增大反向饱和电流，可以达到无光照时的 1000 倍。该电流可随光照强度变化，即光照越强，光电流越大，并且具有极好的线性。此外，光电二极管具有比光电池更好的频率特性。

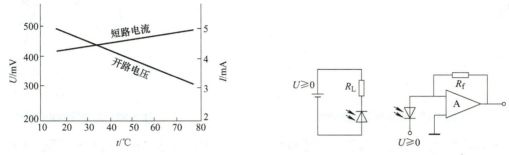

图 3-84 光电池的温度特性　　　　　　　　图 3-85 光电二极管的工作原理

若适当增加反向偏压，使光生载流子获得足够高的动能，它们将与晶格碰撞产生新的电子 – 空穴对，这些载流子又不断引起新的碰撞电离，从而造成载流子的雪崩效应。利用这种效应制成的器件称为雪崩光电二极管（APD），它具有更大的内增益、更高的灵敏度、更快的响应速度。

光电晶体管是把光电二极管产生的光电流进一步放大，从而具有更高的灵敏度和响应速度。它与普通晶体管相似，具有两个 PN 结，因而也具有 NPN 和 PNP 两种基本结构。不同的是，光电晶体管是以集电极（c）和基极（b）之间的 PN 结作为光电二极管，并且在集电极（c）和发射极（e）之间施加电压，使集电极和基极 PN 结处于反向偏置，而发射极和基极 PN 结处于正向偏置，如图 3-86 所示。当光照射到集电极和基极 PN 结时，产生的光电子在反向偏压下流向集电极，空穴流向基极，形成由集电极到发射极的电流（相当于普通晶体管的基极电流 I_b），同时使发射极和基极之间的正向偏压升高，于是便有大量电子经基极流向集电极，形成集电极电流 I_c。结果表现为基极电流被放大了 β 倍，因而光电晶体管比光电二极管具有更高的灵敏度。

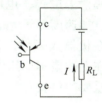

图 3-86 光电晶体管的工作原理

光电管的性能主要与以下基本特性有关。

1）光照特性：光电管的光照特性是指输出电流与光照强度之间的关系。通常，光电二极管的输出电流与光照强度之间具有较好的线性关系，而光电晶体管在光照强度较小时，光电流缓慢增加，在光照强度较大时存在饱和现象，如图 3-87 所示。

2）光谱特性：光电二极管和光电晶体管几乎全部用硅和锗制成。硅光电管的适用范围为 0.4 ~ 1.2μm，锗光电管的适用范围 0.6 ~ 1.8μm，如图 3-88 所示。由于硅管在工艺和性能方面都优于锗管，所以目前应用更为广泛，尤其是在可见光检测时，但对于红外光，则是锗管比较适合。

3）伏安特性：光电管的伏安特性是指光电流与光电管两端施加的电压之间的关系。对于光电二极管，当反向偏压较小时，光电流随电压变化比较敏感，随着电压增大，光电流将趋于饱和。而对于光电晶体管，由于电流增益 β 不同，输出信号与输入信号之间没有严格的线性关系。

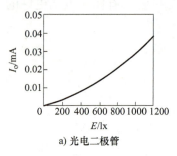

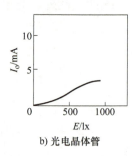

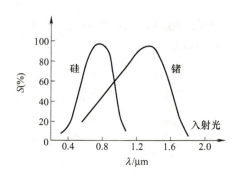

图 3-87　光电管的光照特性　　　　　　图 3-88　光电管的光谱特性

4）频率特性：光电二极管的频率特性好，响应时间可达 $10^{-8} \sim 10^{-7}$s，适合测量快速变化的光信号。与之相比，光电晶体管的频率响应则较差，且与光电二极管一样，负载电阻越大，高频响应越差，因此在高频应用时应尽量降低负载电阻的阻值。

6. CCD 和 CMOS 图像传感器

电荷耦合器件（Charge Coupled Device，CCD）和互补金属氧化物半导体（Complementary Metal Oxide Semiconductor，CMOS）也是基于内光电效应的敏感器件。它们是应用非常广泛的固体图像传感器，这部分内容将在第 7 章详细介绍，本节不再赘述。

除了以上常用的光电器件外，还有很多其他不同类型的光电敏感元件及结构形式，如阵列式光电元件、位置敏感元件等。在测量方式上也有透射式、反射式、辐射式及开关式等多种形式。光电式敏感元件既可以用于检测直接引起光量变化的非电量，如光强、光照度、辐射温度等，也可用于检测能转换成光量变化的其他非电量，如应变、位移、振动、速度、加速度等。光电式传感器具有结构简单、精度高、响应快、非接触、性能可靠等优点，在机器人领域广泛用于定位与测距、力觉和触觉感知，以及速度、加速度和方向测量。在上述诸多应用中，除了可见光以及普通光源外，红外传感器和激光传感器都占据着非常重要的位置。

3.4.3　激光传感器

激光是 20 世纪最重要的发明之一。自 1960 年第一台激光器——红宝石激光器问世以来，激光技术获得了十分迅速的发展，不但引起了现代光学技术的巨大变革，而且在工业、农业、医学、通信、国防、科学研究等许多领域得到广泛应用。

激光（LASER）是辐射的受激辐射光放大（Light Amplification by Stimulated Emission of Radiation）的缩写。激光与普通光源相比具有四个主要特性，即方向性好、单色性好、相干性好和亮度高，这是激光被广泛应用的最主要原因。若要很好地理解和利用这些特性，还需要了解激光的产生原理。本节将首先介绍激光的特性，再从激光的产生原理出发，介绍各种不同类型的激光器，以及激光传感器和主要应用。

1. 激光的特性

激光以受激辐射光放大为主，而普通光源则主要是以自发辐射为主，这使得激光相对于普通光源具有许多优良的性能，其中最主要的是方向性好、相干性好和亮度高。

（1）激光的方向性

激光的方向性常用光束发散角 θ 或者光束立体角 Ω 来衡量，如图 3-89 所示，其单位分别为弧度（rad，1rad=57.3°）和球面度（sr）。光束立体角表示的是球冠曲面 S 对球心 O 所张的空间角，可表示为

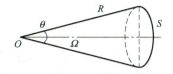

图 3-89　光束发散角与立体角

$$\Omega = S / R^2 \tag{3-186}$$

激光的发散角 θ 很小，一般为 mrad 量级，这是其他任何光源所无法比拟的。激光所能达到的最小发散角要受到衍射效应的限制，即不能小于激光通过输出孔径时的衍射角，称为衍射极限 θ_m。若输出孔径的直径为 D，则衍射极限 θ_m 为

$$\theta_m = \frac{1.22\lambda}{D} \tag{3-187}$$

不同类型激光器的光束方向性差别很大。通常，气体激光器的方向性最好，如 He–Ne 激光器的发散角甚至可达 3×10^{-4}rad，已经十分接近衍射极限。半导体激光器的方向性最差，发散角一般在 10^{-2}rad 量级。常用激光束的发散角见表 3-3。

表 3-3　常用激光束的发散角

激光束	发散角 /mrad
He–Ne	0.5
Ar⁺	0.8
CO_2	2
红宝石	5
Nd^{3+}：YAG	5

（2）激光的相干性

激光是一种相干光，这是它与普通光源最重要的区别。激光的相干性可以分为时间相干性和空间相干性。

1）激光的时间相干性。时间相干性是指光源中同一点不同时刻发出的光波在空间中某一点的相干性。观察时间相干性的典型实验装置是迈克尔逊干涉仪，如图 3-90 所示。干涉现象的产生主要由两臂的光程差导致。对于绝对单色光，无论该光程差多大，干涉现象始终存在。但绝对单色光是不存在的，即便是激光也有一定的谱线宽度，因此干涉现象只能在一定光程差范围内发生。

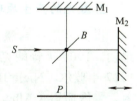

图 3-90　迈克尔逊干涉仪

能够产生干涉效应的极限光程差称为光源的相干长度 L_c，它取决于光源的单色性，计算公式为

$$L_c = \frac{\lambda^2}{\Delta\lambda} = \frac{c}{\Delta\upsilon} \tag{3-188}$$

对应地，光的传播距离等于相干长度时所用的时间，称为相干时间 t_c，其计算公式为

113

$$t_c = \frac{L_c}{c} = \frac{1}{\Delta \upsilon} \qquad (3\text{-}189)$$

在普通光源中，Kr^{86} 灯的单色性最好，在 605.7nm 处的普线宽度为 $\Delta\lambda = 4.7 \times 10^{-7}\mu m$，由此可以计算其相干长度约为 780mm。波长为 632.8nm 的 He–Ne 激光器谱线宽度 $\Delta\lambda \leqslant 10^{-12} \sim 10^{-11}\mu m$，相干长度可达几千米，说明激光具有极好的时间相干性。

2）激光的空间相干性。空间相干性是指光源上不同发光点在同一时刻所发射光波的相干性。光束的空间相干性和它的方向性紧密相关，通常用相干面积 S 来衡量，相干面积越大，光源的空间相干性越好。激光的空间相干性由其横模结构决定，单横模的激光是完全相干的，多横模激光的相干性变差。相干面积的计算公式为

$$S = \left(\frac{\Delta\lambda}{\theta} \right)^2 \qquad (3\text{-}190)$$

式中，θ 为光束发散角。

（3）激光的亮度

光源的亮度 B 定义为单位面积光源表面向其法线方向单位立体角内发射的光功率，可以表示为

$$B = \frac{P}{S\Omega} \qquad (3\text{-}191)$$

式中，S 为发光面积；Ω 为立体角；P 为光功率。

考虑到光功率是单位时间内发射的光能量，式（3-191）还可以表示为

$$B = \frac{E}{S\Omega t} \qquad (3\text{-}192)$$

由于激光的方向性极好，其立体角比普通光源小上百万倍，即便二者在单位面积上的光功率相当，激光也比普通光源的亮度高上百万倍。此外，从式（3-192）还可以看出，缩短光辐照时间也可以提高光源的亮度，如飞秒激光器。

2. 激光的产生原理

世界上第一台激光器出现于 1960 年，而导致其被发明的理论基础可以追溯到 20 世纪初。1900 年普朗克（Max Plank）采用辐射量子化假设成功解释了黑体辐射分布定律；1917 年玻尔（Niele Bohr）提出了原子中电子运动状态的量子化假设；在上述研究的基础上，爱因斯坦（Albert Einstein）于 1917 年从光量子概念出发重新推导了黑体辐射的普朗克公式，并且提出了自发辐射和受激辐射这两个极为重要的概念；1958 年汤斯（Charles H. Townes）和肖洛（Arthur L. Schawlow）论证了激光运转的物理条件；1960 年，美国休斯公司的梅曼（Theodore H. Maiman）制成了第一台红宝石激光器（694.3nm）。

可见，受激辐射是激光最重要的物理基础。研究激光的原理就是要研究受激辐射是如何在激光器内产生并占据主导地位的。对于这一点，原子的结构、受激辐射、粒子数反转及光学谐振腔等概念极其重要，下面分别详细阐述。

（1）原子结构与能级

原子是由带正电的原子核与绕核运动的电子组成。电子一方面绕核做轨道运动，另

一方面其本身做自旋运动。根据原子物理学，原子中电子的状态可以由以下四个量子数来确定。

主量子数 n，n =1，2，3，…，也可以用大写字母 K、L、M、N、O 等表示，表示电子所在的壳层。

角量子数 l，l=0，1，2，…，$n-1$，相应的表示符号为 s、p、d、f 等，用来描述同一电子层中的不同电子亚层，其含义是电子轨道的角动量，即电子云的形状，如 l=0 表示球形的 s 电子轨道，l=1 表示哑铃形的 p 电子轨道，l=2 表示花瓣形的 d 电子轨道。

磁量子数 m_l，m_l=0，±1，±2，…，±l，表示电子轨道或电子云在空间的伸展方向。

自旋量子数 m_s，m_s= ±1/2，表示两种方向相反的自旋状态。

量子数不同，表示核外电子的运动状态不同。当核外电子的运动状态发生变化时，原子的能量状态也将发生变化。根据量子理论，原子的能量变化是不连续的，而是量子化的。这些量子化的能量级别称为原子能级或电子能级。其中，能量最低的能级称为基能级或基态，能量高于基态的能级称为激发能级或激发态，如图 3-91 所示。

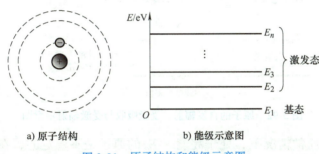

a) 原子结构   b) 能级示意图

图 3-91 原子结构和能级示意图

根据泡利不相容原理、能量最低原理及洪德规则可知，每个轨道最多只能容纳两个电子，且自旋相反配对，也即不能有两个或两个以上的电子具有完全相同的量子数。此外，电子总是尽可能占据能量最低的轨道。由此可以确定的核外电子排布规律如下：

1）若电子的层数是 n，那么这层的电子数目最多是 $2n^2$ 个。

2）每个亚层最多能排布的电子数为：s 亚层 2 个，p 亚层 6 个，d 亚层 10 个，f 亚层 14 个。

3）无论是第几层，如果作为最外电子层时，电子数不能超过 8 个，如果作为倒数第二层（次外层），电子数便不能超过 18 个。

根据上述规律，就可以用这些量子数来描述原子的状态。例如，钠原子具有 13 个核外电子，其基态就可以用符号 $1s^2 2s^2 2p^6 3s$ 来表示。可见，钠原子具有三层核外电子，其中第一层和第二层电子比较稳定，而最外层电子则比较活跃，称为价电子。当原子吸收能量时，一般是价电子被激发到激发态，对于钠原子，其能级可以是 3d、3p、4s，对应符号表示分别为 $1s^2 2s^2 2p^6 3d$、$1s^2 2s^2 2p^6 3p$ 和 $1s^2 2s^2 2p^6 4s$。

对于电子能级还有一个重要的概念称为简并能级，也就是电子运动状态不同但能级相同的轨道。同一能级所对应的不同电子运动状态的数目称为简并度，用符号 f 表示。一般来说，处于一定电子状态的原子一定对应某个确定的能级，而某一个能级不一定只对应一个电子状态。以氢原子为例，其基态为 1s，即 n=1，l=0，m_l=0，此时会有两个不同的自旋状态，即 $m_s = \pm 1/2$，因此其简并度 $f=2$；而当其处于激发态时，如 2p，此时 $n=2$，$l=1$，$m_l=0$，± 1，$m_s = \pm 1/2$，简并度 $f=6$。

（2）光与物质的共振作用

光与物质的相互作用（吸收与辐射）是与原子能级之间的跃迁联系在一起的。所谓物质吸收或者发光实质上是辐射场与构成物质的粒子相互作用的结果，其本质就是粒子在不同能级之间的跃迁。按照爱因斯坦理论，光与物质的相互作用有三种不同的基本过程，即自发辐射、受激吸收和受激辐射，如图 3-92 所示。

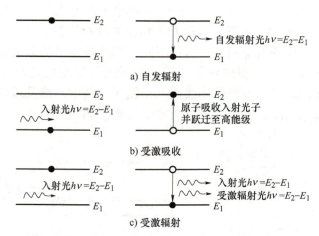

图 3-92　原子的自发辐射、受激吸收与受激辐射示意图

1）自发辐射。通常情况下，处于高能级 E_2 的原子是不稳定的，在没有外界影响时也会自发地向低能级 E_1 跃迁，同时发射出能量为 $h\nu$ 的光子，如图 3-92a 所示。这一过程称为自发跃迁，所发射出的光波称为自发辐射，光子能量计算公式为

$$h\nu = E_2 - E_1 \tag{3-193}$$

式中，h 为普朗克常量，$h=6.6261 \times 10^{-34} \mathrm{J \cdot s}$；$\nu$ 为辐射光的频率。

自发辐射过程可以用自发跃迁概率 A_{21} 来描述，即

$$A_{21} = -\frac{1}{n_2} \frac{\mathrm{d}n_2}{\mathrm{d}t} \tag{3-194}$$

式中，n_2 为处于 E_2 能级的总粒子数密度。A_{21} 又称自发辐射爱因斯坦系数，它的物理含义是单位时间内 E_2 能级上发生自发辐射的粒子数密度与 E_2 能级上总粒子数密度的比值。

由式（3-194）容易证明，A_{21} 就是原子在 E_2 能级的平均寿命 τ，它表示原子数密度由起始值降到 $1/e$ 所需的时间，即

$$\tau = 1/A_{21} \tag{3-195}$$

通常，原子在高能级的寿命非常短，一般为 $10^{-9} \sim 10^{-8}$s，但也有一些能级的寿命比较长。如红宝石激光器中铬离子的 E_3 能级寿命很短，约为 10^{-9}s，而能级 E_2 的寿命却很长，约为 10^{-2}s。这些寿命较长的能级称为亚稳态能级，它们的存在为激光的产生提供了重要条件。关于这一点，将在下文继续阐述。

自发辐射的过程只与原子本身的性质有关，而与外界辐射作用无关。各个原子的辐射都是自发、独立地进行，另外处于高能级的电子可以跃迁至满足选定规则的不同能级。因此，自发辐射产生的光子的相位、传播方向以及偏振方向都是随机的，即不相干。普通光源发光都属于自发辐射，所以是非相干光，且包含多种波长成分。

2）受激吸收。处于低能级 E_1 的原子在频率为 ν 的光子激励下，完全吸收光子能量（$\varepsilon = h\nu = E_2 - E_1$）而跃迁到高能级 E_2 的过程，称为受激吸收，如图 3-92b 所示。受激吸收概率可以表示为

$$W_{12} = B_{12}\rho_\nu = \frac{1}{n_1}\frac{\mathrm{d}n_1}{\mathrm{d}t} \tag{3-196}$$

式中，B_{12} 为受激吸收爱因斯坦系数，它只与原子本身的性质有关，用以表征原子在外来光场作用下发生从 E_1 到 E_2 受激吸收跃迁的本领；ρ_ν 为单色能量密度；n_1 为处于 E_1 能级的总粒子数密度。受激吸收概率 W_{12} 的物理含义是在单色能量密度 ρ_ν 的光照下，单位时间内从 E_1 能级跃迁到 E_2 能级的粒子数密度与 E_1 能级上总粒子数密度的比值。

3）受激辐射。受激辐射是与受激吸收相反的过程，即处于高能级 E_2 的原子在频率为 ν 的光子作用下，跃迁到低能级 E_1，并发射一个能量为 $h\nu$ 的光子，如图 3-92c 所示。受激辐射概率可以表示为

$$W_{21} = B_{21}\rho_\nu = \frac{1}{n_2}\frac{\mathrm{d}n_2}{\mathrm{d}t} \tag{3-197}$$

式中，B_{21} 为受激辐射爱因斯坦系数，它只与原子本身的性质有关，用以表征原子在外来光场作用下发生从 E_2 到 E_1 受激辐射跃迁的本领；ρ_ν 为单色能量密度；n_2 为处于 E_2 能级的总粒子数密度。受激辐射概率 W_{21} 的物理含义是在单色能量密度 ρ_ν 的光照下，单位时间内从 E_2 能级跃迁到 E_1 能级的粒子数密度与 E_2 能级上总粒子数密度的比值。

受激辐射与自发辐射的区别在于它是在外来辐射场的激励下产生的，因此其跃迁概率不仅与原子本身的性质有关，而且还与外来光场的单色能量密度 ρ_ν 有关。由此可以确定，受激辐射的相位不再是无规则分布，而应具有与外加辐射场相同的相位。在量子电动力学的基础上可以证明，受激辐射光子与入射光子属于同一光子态，或者说，受激辐射场与入射辐射场具有相同的频率、相位、波矢（传播方向）和偏振，因而是相干的。

受激辐射的结果使外来的光强得到放大，在理想的情况下，一个光子激发一个粒子产生受激辐射，可以使粒子产生一个与该光子状态完全相同的光子，这两个光子再去激发其他另外两个粒子，就可以得到四个完全相同的光子，如此下去，就会产生类似雪崩效应的光放大。因此，受激辐射是激光产生的最重要的概念。但实际上，这种理想的情况并不能自然存在，要想产生激光就必须满足一定的条件。

（3）激光产生的条件

1）爱因斯坦系数之间的关系。光与大量原子相互作用的三个基本过程，即自发辐射、受激吸收和受激辐射，总是同时存在的。在单色能量密度为 ρ_ν 的光照下，当光和物质相互作用达到动平衡时，在 $\mathrm{d}t$ 时间内有

$$A_{21}n_2\mathrm{d}t + B_{21}n_2\rho_\nu\mathrm{d}t = B_{12}n_1\rho_\nu\mathrm{d}t \tag{3-198}$$

根据玻尔兹曼分布定律

$$\frac{n_2}{n_1} = \frac{f_2}{f_1} \exp\left(-\frac{h\nu}{k_b T}\right) \tag{3-199}$$

式中，k_b 为玻尔兹曼常数，$k_b = 1.38 \times 10^{-23} \text{J/K}$。

可得

$$(A_{21} + B_{21}\rho_\nu)\frac{f_2}{f_1}\exp\left(-\frac{h\nu}{k_b T}\right) = B_{12}\rho_\nu \tag{3-200}$$

$$\rho_\nu = \frac{A_{21}\dfrac{f_2}{f_1}\exp\left(-\dfrac{h\nu}{k_b T}\right)}{B_{12} - B_{21}\dfrac{f_2}{f_1}\exp\left(-\dfrac{h\nu}{k_b T}\right)} = \frac{A_{21}}{B_{21}}\frac{1}{\dfrac{B_{12}}{B_{21}}\dfrac{f_1}{f_2}\exp\left(\dfrac{h\nu}{k_b T}\right) - 1} \tag{3-201}$$

再与普朗克黑体辐射定律

$$\rho_\nu = \frac{8\pi h\nu^3}{c^3}\frac{1}{\exp\left(\dfrac{h\nu}{k_b T}\right) - 1} \tag{3-202}$$

比较可得

$$B_{12}f_1 = B_{21}f_2 \tag{3-203}$$

$$A_{21}/B_{21} = 8\pi h\nu^3/c^3 \tag{3-204}$$

式（3-203）和式（3-204）就是爱因斯坦系数之间的基本关系。当上下能级的简并度 $f_1 = f_2$ 时，有

$$B_{12} = B_{21} \tag{3-205}$$

由此可以得到如下结论：

① 在热平衡状态下，受激辐射的比例很小。由前面的讨论可知，单位时间内单位体积中自发辐射的光子数为 $n_2 A_{21}$，因此其自发辐射的光功率密度可以表示为

$$q_{自} = h\nu n_2 A_{21} \tag{3-206}$$

同理，受激辐射的光功率密度可以表示为

$$q_{激} = h\nu n_2 B_{12} \tag{3-207}$$

二者的比值为

$$\frac{q_{激}}{q_{自}} = \frac{B_{12}\rho_\nu}{A_{21}} = \frac{c^3}{8\pi h\nu^3}\rho_\nu = \frac{1}{\exp\left(\dfrac{h\nu}{k_b T}\right) - 1} \tag{3-208}$$

以 $T = 3000\text{K}$ 的热辐射光源、发射波长为 500nm 为例，有

$$\frac{hv}{k_b T}=\frac{6.6261\times10^{-34}\times[3\times10^{8}\div(500\times10^{-9})]}{1.38\times10^{-23}\times3000}\approx10 \tag{3-209}$$

$$\frac{q_{激}}{q_{自}}=\frac{1}{\exp(10)-1}\approx\frac{1}{20000} \tag{3-210}$$

可见，普通光源主要是自发辐射，属于非相干光源。

② 在热平衡状态下，受激吸收过程通常大于受激辐射过程。式（3-199）的玻尔兹曼分布定律还可以表示为

$$\frac{n_2}{n_1}=\frac{f_2}{f_1}\exp\left(-\frac{E_2-E_1}{k_b T}\right) \tag{3-211}$$

由 $E_2-E_1>0$ 可知，$n_2 f_1 < n_1 f_2$，结合式（3-203）可得

$$B_{12}n_1 > B_{21}n_2 \tag{3-212}$$

即受激吸收的光子数恒大于受激发射的光子数。

可见，在光与原子的相互作用中存在着两种基本矛盾，即受激辐射与受激吸收的矛盾，以及受激辐射与自发辐射的矛盾。正常情况下，受激辐射并不占优势。因此，要通过受激辐射光放大产生激光，就要具备克服这两个矛盾的条件，即粒子数反转和光的自激振荡。

2）粒子数反转与光放大。粒子数反转是实现受激辐射光放大的必要条件，其主要目的就是实现 $n_2 B_{21}>n_1 B_{12}$，即受激辐射过程恒大于受激吸收过程。如果不符合这一条件，因受激吸收而损失的光子数就会多于受激辐射产生的光子数，从而使光强逐渐变弱，如图 3-93a 所示。相反，当 $n_2 B_{21}>n_1 B_{12}$，由受激辐射产生的光子数就会多于受激吸收损失，光强被逐渐放大，如图 3-93b 所示。在这种情况下，即便没有从外界入射的光子，只要工作介质中通过自发辐射产生一个频率合适的光子，也会像连锁反应一样，迅速产生大量光子态完全相同的光子，实现光放大，这就是激光器的基本原理。

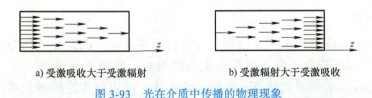

a) 受激吸收大于受激辐射　　　　b) 受激辐射大于受激吸收

图 3-93　光在介质中传播的物理现象

一般来讲，当物质处于热平衡状态时不可能实现粒子数反转。必须从外界向物质提供能量（称为激励或泵浦过程），使大量低能级的原子跃迁到高能级。常用的激励方式有光激励、电激励、热激励和化学激励等。然而，即便有了这样的泵浦源，也未必能够实现粒子数反转。如果工作介质的高能级寿命非常短，那么跃迁到该能级的粒子就会立即通过自发辐射跃迁回低能级。因此，实现粒子数反转与光放大的另一个必要条件就是要存在亚稳态能级，以使高能态粒子能够保持较长时间，从而实现粒子数反转。

3）光的自激振荡。粒子数反转解决的是受激辐射与受激吸收之间的矛盾，但要想形成激光，还必须要克服受激辐射与自发辐射之间的矛盾。这是因为处于高能态的粒子既可

以通过受激辐射跃迁到低能态，也可以通过自发辐射来实现这一过程。如果后者占主导地位，那么该光源仍然是一个非相干的普通光源。因此，激光形成的过程就是要使介质中的受激辐射占绝对优势。

从前面的讨论可知，自发辐射概率 A_{21} 只取决于原子本身的性质，而受激辐射概率 W_{21} 还与能量密度 ρ_ν 有关，[式（3-197）]。因此从理论上来讲，只要光穿过介质的路程足够长，那么在粒子数反转的前提下，光能密度就会按指数规律增长。但从技术和经济的角度，无限增加激光介质的长度显然是不可取的。

为了更有效地解决这一问题，目前普遍采用光学谐振腔。一种最简单的光学谐振腔是在激光介质的两端各加一块平面反射镜，其中一块为全反射镜，而另一块则是部分反射镜，它将一部分光反射回介质继续放大，其余的光则作为激光输出。光学谐振腔的主要工作过程如图 3-94 所示。在起始时，由工作介质自发辐射诱发，产生方向各不相同的受激辐射光，但那些与谐振腔主轴不平行的光很快逸出，不能形成稳定的光场，而与之平行的光则会在反射镜之间来回反射，最终形成稳定的激光束。

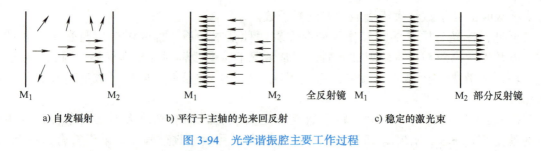

a) 自发辐射　　　　b) 平行于主轴的光来回反射　　　　c) 稳定的激光束

图 3-94　光学谐振腔主要工作过程

综上所述，激光的产生需满足以下三个条件：

1）提供放大作用的增益介质，其激活粒子具有适于产生受激辐射的能级结构。

2）外界激励源，实现高、低能级的粒子数反转。

3）光学谐振腔，增加工作介质长度，控制光束的传播方向，选择性放大特定光频率的受激辐射。

3. 典型激光器

根据激光产生的原理和条件，激光器通常包括三部分，即激光工作介质、泵浦源和光学谐振腔，如图 3-95 所示。激光器的分类方法很多：按照工作波段，可以分为红外激光器、可见光激光器、紫外激光器等；按照工作方式，可以分为连续激光器、脉冲激光器和超短脉冲激光器；按照工作介质，可以分为固体激光器、气体激光器、染料激光器、半导体激光器等。本节主要按照工作介质不同，介绍几种典型的激光器。

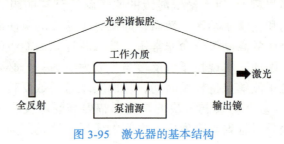

图 3-95　激光器的基本结构

（1）固体激光器

固体激光器是研究最早、也是最早实现激光输出的激光器。它是指以掺杂离子的绝缘晶体或玻璃作为工作介质的激光器。世界上第一台激光器——红宝石激光器就属于固体激光器。目前，固体激光器的工作介质已有百余种，可产生的激光谱线达数千条。固体激光器的典型代表是红宝石激光器、掺钕钇铝石榴石激光器、钕玻璃激光器和掺钛蓝宝石激光器。

固体激光器的特点是输出能量大、峰值功率高、结构紧凑、牢固耐用。传统的固体激光器是以气体放电灯作为泵浦源，其主要缺点是效率低、噪声大、稳定性差。全固态激光器以半导体激光二极管作为泵浦源，具有效率高、体积小、稳定性好等许多优点，因而近年来发展极其迅速。

1）红宝石（Cr^{3+}：Al_2O_3）激光器。红宝石是在三氧化二铝（Al_2O_3）中掺有少量氧化铬（Cr_2O_3）形成的晶体。Al_2O_3 为蓝宝石（刚玉），其中少量的 Al^{3+} 被 Cr^{3+} 置换，从而使晶体变为淡红色。红宝石晶体有两条较强的荧光谱线 R_1 和 R_2，中心波长分别为 0.6943μm 和 0.6929μm。由于 R_1 的谱线强度比 R_2 大，在振荡的过程中总占优势，因此红宝石激光器通常只产生 694.3nm 的激光。

2）掺钕钇铝石榴石（Nd^{3+}：YAG）激光器。钇铝石榴石属于立方晶系，硬度高、无色透明，由三氧化二钇（Y_2O_3）和 Al_2O_3 按照一定比例混合而成。钇铝石榴石中掺入少量的钕粒子（Nd^{3+}），取代晶体中的部分钇离子（Y^{3+}），从而呈现淡紫色。Nd^{3+}：YAG 激光器的两条谱线分别为 1.06μm 和 1.35μm，但前者的强度是后者的 4 倍，只有在设法抑制 1.06μm 激光的情况下，才能产生 1.35μm 的激光。因此，Nd^{3+}：YAG 激光器通常只产生 1.06μm 的激光。

3）钕玻璃激光器。钕玻璃是在某种成分的光学玻璃（硅酸盐、磷酸盐、氟磷酸盐、硼酸盐）中掺入适量的 Nd_2O_3 制成的，其中用得最多的是硅酸盐钕玻璃和磷酸盐钕玻璃。一般情况下，钕玻璃激光器可产生 1.06μm 的激光，采取特殊选模措施时也可以产生 1.37μm 的激光。

4）掺钛蓝宝石（Ti^{3+}：Al_2O_3）激光器。掺钛蓝宝石是以 Al_2O_3 晶体为基质材料，通过掺入适量的 Ti^{3+} 离子而制成的。掺钛蓝宝石可以在光泵作用下产生 680～1180nm 的宽荧光谱带（中心波长 790nm），这使其具有宽的调谐范围，因而是最具应用价值的激光器之一。

（2）气体激光器

气体激光器是以气体或者金属蒸气作为工作介质的激光器。目前已观测到的激光谱线超万余条，遍及从紫外到远红外光谱区域。气体激光器是目前品种最多、应用最广泛的一类激光器。典型的气体激光器包括氦氖激光器、二氧化碳激光器和氩离子激光器。

与其他种类的激光器相比，气体激光器的主要特点是谱线范围宽（从亚毫米波到真空紫外线，甚至 X 射线、γ 射线），输出功率大（如 CO_2 激光器的输出功率可达数十万瓦），光束质量好（单色性、相干性、方向性和稳定性均优于固体激光器和半导体激光器），转换效率高（CO_2 激光器的转换效率已达 20%～25%）。

1）氦氖（He-Ne）激光器。He-Ne 激光器是最早（1960 年）研制成功的气体激光器，由于具有结构简单、使用方便、光束质量好、工作可靠等优点，至今仍是应用最广泛的一种气体激光器。He-Ne 激光器的工作介质是氦氖混合气体，其中发射激光的是 Ne 原子，He 气的主要作用是改善混合气体的放电特性，提高激光器输出功率和能量转换效率。He-Ne 激光器的三条最强谱线分别是 0.6328μm、1.15μm 和 3.39μm。现在商用的 He-Ne 激光器谱线主要是 0.6328μm 的红光。

2）二氧化碳（CO_2）激光器。CO_2 激光器是以气体分子作为工作介质的激光器，其激光波长为 10.6μm 和 9.6μm，但由于谱线之间的强烈竞争效应，目前最常见的是 10.6μm 的激光器。CO_2 激光器的突出特点是能量转换效率高（20% ~ 25%），是目前能量利用率最高的激光器之一；输出功率大，连续输出功率可超过几十万瓦；脉冲宽度可压缩到 ns 量级，峰值功率可达 TW 量级。

3）氩离子（Ar^+）激光器。离子激光器是以气态离子作为工作介质的激光器，其中以氩离子（Ar^+）激光器最为常见。Ar^+ 激光器的谱线很丰富，已观察到的有 400 多条，主要分布在蓝绿光区，尤以 488nm 和 514.5nm 两条谱线最强，是目前可见光区连续输出功率最高的激光器。

（3）半导体激光器

半导体激光器是以半导体材料作为工作介质的激光器，具有效率高（70% 以上，理论效率可接近 100%）、波段范围覆盖最广、可以高速调制（GHz 级）、结构简单、体积小、价格低廉、寿命长（几十万乃至百万小时）等一系列优点，是目前光通信系统最重要的光源，此外还在激光传感与测量、光存储、激光打印、激光准直及医疗等方面获得了非常广泛的应用。

半导体激光产生的条件与其他类型的激光器相同，也必须满足光放大、谐振等要求，但它的激发机理与前面介绍的几种激光器明显不同。对于原子、分子或者离子，激光的产生都是因为两个确定能级之间的跃迁，而在半导体材料中则是导带中的电子态与价带中的空穴态之间的跃迁。半导体材料中也有受激吸收、自发辐射和受激辐射。如图 3-96 所示，在外部激励（电流或光）下，半导体价带中的电子可以获得能量越过禁带，跃迁到导带，并在价带留下一个空穴，这相当于受激吸收过程。此外，价带中的空穴也可以被从导带跃迁下来的电子填补复合，同时释放出相当于带隙能量 E_g 的光子（$\nu = E_g/h$），这一过程相当于自发辐射或者受激辐射。因此，通过在半导体中实现粒子数反转，使受激辐射大于自发辐射，再加上谐振腔增益，就可以产生激光输出。

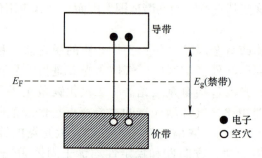

图 3-96 半导体的能带结构

常用的半导体激光器材料主要有三类：① III_A-V_A 族化合物半导体，如砷化镓（GaAs）、磷化铟（InP）等；② III_B-IV_A 族化合物半导体，如硫化镉（CdS）等；③ IV_A-VI_A 族化合物半导体，如碲锡铅（PbSnTe）等。半导体激光器波长范围一般在近红外波段，如 GaAs 系半导体激光器的发射波长一般为 $0.85\mu m$，InP 系半导体激光器的常见波长为 $1.3\mu m$、$1.48\mu m$ 和 $1.55\mu m$。近年来还出现了很多可见光半导体激光器，如 ZnSe 可以产生绿色激光输出，GaN 可以制成蓝光和紫外光半导体激光器等。

近年来，激光二极管（Laser Diode，LD）发展非常迅速，因其具有更小的体积，更加低廉的成本，在机器人传感等许多领域都获得了十分广泛的应用。其中，红外激光二极管可以避免造成光污染，因而在机器人导航和避障中被大量使用。目前，最常用的波长包括 808nm、850nm 和 940nm，是人眼不可见波长。

4. 激光传感器应用

由于激光具有许多优异的特性，因而在军事、工业、科研、医学等领域获得了非常广泛的应用，如激光通信、激光存储、激光全息照相、激光医疗、激光切割、钻孔、焊接等。另外，激光的相干性、方向性和高亮度还使其在传感与测量领域具有十分明显的优势。与普通光源相比，激光除了可以实现强度型传感器外，还可以构建频率型传感器，因而具有更高的测量精度，典型例子包括双频激光位移传感器、激光力传感器等。在机器人领域，激光主要用于测距、测速、避障、二维/三维地图构建等方面，如利用脉冲激光被物体反射的时间可以精确测得机器人与物体之间的距离，基于 Sagnac 效应的激光陀螺仪是一种重要的角速度传感器等。

3.4.4　红外传感器

红外传感器是指利用红外线进行测量的一类传感器。经过多年的发展，红外传感技术已在军事、医学、空间技术、环境工程、工农业生产等方面获得了非常广泛的应用。如军事上的热成像系统，工业中的温度探测，以及医学中的红外诊断与辅助治疗等。在机器人传感领域，红外传感器主要用于测距与搜索跟踪等。

1. 红外辐射

红外线又称红外光、红外辐射，是一种不可见光。它的波长范围为 $0.76 \sim 1000\mu m$，工程上通常又把红外辐射分为四个区域，即近红外区、中红外区、远红外区及极远红外区，如图 3-97 所示。

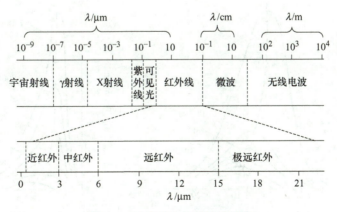

图 3-97　电磁波与红外波段划分

123

红外辐射的物理本质是热辐射。任何物体，只要其温度高于绝对零度（–273℃），就会向外部空间以红外线的形式辐射能量，如电机、炉火，甚至冰块都能产生红外辐射，而且物体的温度越高，辐射出的红外线越多，红外辐射的能量就越强（辐射能量与温度的 4 次方成正比）。研究发现，太阳光谱中各种单色光的热效应从紫色到红色逐渐增强，最强热效应出现在红外区域，因此红外辐射又称为热辐射。另外，红外辐射被物体吸收后可以转化为热能，引起物体温度的升高。

与红外辐射有关的基本定律包括：

（1）基尔霍夫定律

任何物体在向周围发射红外辐射的同时，也吸收周围物体发射的红外辐射。在一定温度下，单位面积上的辐射通量 W_R 和吸收率 α 之比对于任何物体都是一个常数，并等于该温度下同面积黑体辐射通量 W_O，即各物体的热发射本领正比于它的吸收本领，这就是基尔霍夫定律，可表示为

$$W_R = \alpha W_O \tag{3-213}$$

（2）斯蒂芬 – 玻尔兹曼定律

物体温度越高，发射的红外辐射能越多，在单位时间内其单位面积辐射的总能量与温度的 4 次方成正比，即

$$W = \sigma \varepsilon T^4 \tag{3-214}$$

式中，W 为热辐射能量；σ 为玻尔兹曼常数；T 为热力学温度；ε 为物体表面红外发射率，也称为黑度系数，即物体表面辐射本领与黑体辐射本领之比值。通常物体的 ε 为 0 ～ 1，$\varepsilon=1$ 的物体称为黑体。

（3）维恩位移定律

物体辐射的电磁波中，其峰值辐射波长 λ_m 与物体自身的绝对温度 T 成反比，即

$$\lambda_m = 2897 / T \ (\mu m) \tag{3-215}$$

图 3-98 为同温度下的光谱辐射随波长的分布曲线，可以看出，随着温度的升高，其峰值波长逐渐左移；在温度不是很高的情况下，峰值辐射波长在红外区域。

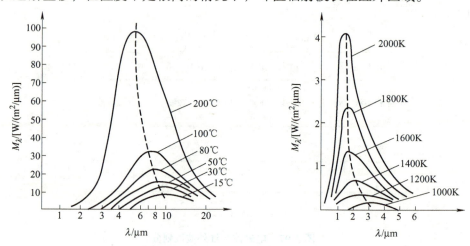

图 3-98　同温度下光谱辐射随波长的分布曲线

红外辐射作为电磁波的一种形式，与可见光和其他电磁波一样是在空间直线传播的，具有电磁波的一般特性，如反射、折射、散射、干涉和吸收等，在真空中的传播速度为 $3 \times 10^8 m/s$。

红外辐射在介质中传播时会发生衰减，其主要原因是介质的吸收和散射。金属对于红外辐射基本是不透明的，但多数半导体和一些塑料能透过红外辐射。液体一般对红外辐射的吸收很大，气体也对红外辐射有不同程度的吸收。

红外辐射在大气中传播时，主要被其中的水蒸气、CO_2、O_3、NO、CH_4 和 CO 等极性分子选择性地吸收一定波长的红外辐射，而非极性的双原子分子，如 N_2、H_2、O_2 则不吸收红外辐射。由于上述气体分子只对一定波长的红外辐射产生吸收，所以就造成大气对有些波段的红外辐射是比较透明的，如 $1 \sim 2.5\mu m$、$3 \sim 5\mu m$ 和 $8 \sim 14\mu m$ 称为大气窗口，红外探测器一般都工作在这三个大气窗口内。但实际应用中，还要考虑固体微粒、尘埃等物质对红外辐射的散射作用，如 NASA 的 OCO-2 二氧化碳观测器就采用了多个光谱仪来校正水蒸气、气溶胶等物质对于测量结果的影响。

2. 红外传感器的分类

红外传感器按照测量方式可以分为被动式和主动式两种。

（1）被动式

被动式红外传感器的被测物体本身就是红外辐射源，利用红外敏感元件测量物体的辐射强度/温度，或者进行热成像。被动式红外传感器主要由传输红外辐射的光学系统和红外敏感元件组成。

（2）主动式

主动式红外传感器利用红外辐射源对物体进行照射，使红外辐射被吸收、反射或者透射，从而导致物体自身或者红外光性质发生变化，再利用红外敏感元件进行检测。主动式红外传感器一般由红外辐射源、光学系统和红外敏感元件组成。

光学系统是红外传感器的重要组成部分，根据其结构不同，红外传感器又可以分为透射式红外传感器和反射式红外传感器，如图 3-99 所示。透射式红外传感器是利用一组透镜将红外辐射聚焦在红外敏感元件上，为了降低红外吸收，其光学元件需要采用特定的光学材料制成。在近红外区，可采用一般的光学玻璃和石英材料；在中红外区，可用氟化镁、氧化镁等材料；在远红外区，可用锗、硅等材料。反射式红外传感器是采用凹面反射镜，将红外辐射聚焦到敏感元件上，为了提高反射效率，光学元件表面需要镀金、铝或镍铬等对红外波段反射率较高的材料。

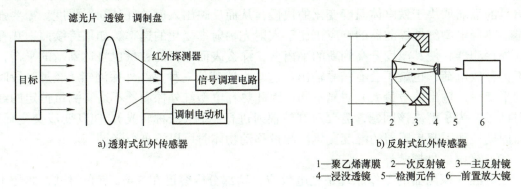

a）透射式红外传感器　　　　　　　　b）反射式红外传感器

1—聚乙烯薄膜　2—次反射镜　3—主反射镜
4—浸没透镜　5—检测元件　6—前置放大镜

图 3-99　红外传感器结构

3. 红外探测器

无论是被动式红外传感器，还是主动式红外传感器，红外敏感元件，即红外探测器，都是不可或缺的。按工作原理的不同，红外敏感元件可以分为热红外探测器和光电红外探测器两大类。

（1）热红外探测器

热红外探测器是利用红外辐射的热效应工作的。红外线被物体吸收后将转变为热能，导致物体温度升高，进而引起有关物理参数的改变。通过测量这些物理参数的变化就可以确定探测器所吸收的红外辐射。热红外探测器的主要优点是响应范围宽，可扩展到整个红外区域；可以在常温下工作，使用方便。目前常用的热红外探测器主要有热敏电阻型、热电偶型、高莱气动型及热释电型四种。

热敏电阻是利用半导体材料的电阻率随温度变化较显著的特点制成的一种热敏元件，一般由 Mn、Cu、Ni 等金属氧化物烧结而成，为了减小热惯性通常制成薄片状。当红外辐射照射到热敏电阻上时，其温度上升，电阻值减小，因此测量电阻值的变化即可获知红外辐射的强弱。

热电偶的工作原理是，两种不同的导体组成闭合回路时，由于两连接端的温度不同将产生温差电动势，因此通过测量这一温差电动势就可以反映由红外辐射吸收所引起的温度变化。

高莱气动型热红外探测器是基于气体吸收红外辐射后温度升高，在一定体积的条件下，气体的压强变化而制成的。

由于热敏材料的热效应需要一定的平衡时间，因此，上述三种类型的热红外探测器的响应速度慢、响应时间较长。相比较而言，热释电型红外探测器的响应频率较宽，探测效率也最高，因而应用非常广泛。热释电型红外探测器是基于热释电效应原理工作的。在外加电场的作用下，电介质中的带电粒子将发生偏移，使电介质的一个表面带有正电荷，而另一个表面带有负电荷，这种现象称为电极化。对于大多数电介质而言，当去除外加电场后，极化状态随即消失，但有些材料却可以在电场去除后仍然保持极化状态，这类材料称为铁电体，如磷酸三甘肽。事实上，很多压电晶体也是铁电体。一般而言，铁电体的极化强度（单位面积上的电荷）与温度有关。当受热发生温度变化时，铁电体内的正负电荷中心将发生相对位移，从而使其极化强度降低，相当于释放一部分电荷，因而称为热释电效应。如果将铁电体与负载电阻相连，则可以测得该负载电阻上的输出电压信号。输出电压信号的强弱取决于铁电体温度变化的快慢，从而反映出入射的红外辐射强度。需要强调的是，热释电型红外探测器的响应正比于入射光辐射率变化的速率。如果持续照射热释电型红外探测器，使其温度升高到新的平衡值，那么表面电荷的数量也将达到新的平衡，因此不再释放电荷，也就不会有信号输出。这与上述其他三种热红外探测器（经过一段时间达到平衡时，输出信号最大）明显不同，因此热释电型红外探测器不适宜测量恒定的红外辐射信号。为了解决该问题，需要对红外辐射进行调制（或称斩光），使其变成交变辐射，从而周期性地引起传感器的温度变化。测量移动物体时可以不进行光调制。

（2）光电红外探测器

光电红外探测器的工作原理是光电效应，这部分内容已在 3.4.1 节介绍过，此处不再重复。用于红外探测的光电器件，既可以是基于外光电效应的光电管和光电倍增管，也可以是基于内光电效应的光电池、光电二极管和光电晶体管，但实际应用时必须考虑各种光电器件的光谱特性，它们一般都只适用于某一特定波段，如外光电式红外传感器，由于入射光子要具有较高的能量才能产生外光电效应，因此只适宜工作在近红外辐射区域。光电红外探测器的主要特点是灵敏度高、响应速度快，具有较宽的响应频率。此外，光电红外探测器的灵敏度依赖于传感器自身的温度，要得到较高的灵敏度，一般需在低温下工作。

热红外探测器的灵敏度通常比光电红外探测器低，但在室温下也能较好地工作，同时波长响应范围较宽，可以扩展到整个红外区域。

4. 红外传感器的应用

红外传感器在军事、空间技术、环境工程及工农业生产等领域具有极其重要的作用，如红外测温、红外成像、红外遥感、红外测距等。在工业上，除了温度测量外，还可以实现气体成分分析、厚度测量及无损探伤，或者利用红外的热辐射特性建立报警系统、自动开关等。在居家自动化方面，可以根据人体红外感应实现自动电灯开关、自动水龙头开关、自动门开关等。在机器人领域，红外传感器主要用于搜索跟踪、避障、红外测距、红外成像等，如自动寻迹小车可以根据不同颜色对于红外反射作用的差异（深色吸收强、反射弱），实现寻迹、避障等功能。红外测距主要是依据红外线从发射到碰到障碍物被反射回来的时间不同，并按照其传播速度来计算距离。根据类似原理还可以构建机器人接近觉传感器。红外成像是利用红外相机接收物体发出的红外辐射信号，然后将其转换成热像信号，再通过计算机处理成图像。热像信号的大小和物体表面温度有关，通常物体表面温度越高，其发出的红外辐射信号就越强，热像信号就越高。根据这一原理，可以通过红外成像技术得到物体表面的温度分布图，从而实现对物体的检测和识别。

127

🔧 思考题与习题

3-1　敏感元件在传感器中有什么作用？

3-2　什么是电阻应变效应？如何利用这种效应制成应变片？

3-3　简述电阻应变片的组成和种类。金属应变片与半导体应变片在工作原理上有什么不同？

3-4　半导体应变片的灵敏系数范围是多少？金属丝应变片的灵敏系数范围是多少？为什么有这种差别？说明其优缺点。

3-5　有一金属电阻应变片，其灵敏系数为 2.5，不工作时电阻值 $R=120\Omega$，设工作时其应变为 1200×10^{-6}，ΔR 和 $\Delta R/R$ 是多少？若将此应变片与 2V 直流电源组成回路，试求无应变时和有应变时回路的电流。

3-6　简述应变片温度误差产生的原因和补偿方法。

3-7　电容式敏感元件有哪几种类型？有什么特点？可用来测量哪些参数？

3-8　如何改善单极式变极距型电容式传感器的非线性？

3-9　电容式敏感元件如何消除寄生电容的影响？

3-10　差动式变极距型电容式传感器，若初始容量 $C_1=C_2=80\text{pF}$，初始距离 $\delta=4\text{mm}$，动极板相对于定极板位移 $\Delta d=0.75\text{mm}$ 时，试计算其非线性误差。若改为平板电容，初始值不变，其非线性误差有多大？

3-11 什么是电感式传感器？电感式传感器分为哪几类？各有什么特点？

3-12 为什么螺线管式电传感器比变间隙式电传感器有更大的测位移范围？

3-13 什么是电涡流效应？电涡流式传感器的基本特性有哪些？电涡流式传感器可以进行哪些物理量的检测？能否测量非金属物体？

3-14 试述磁电感应式传感器的工作原理和结构形式。

3-15 磁电式检测元件直接测量量是什么？经过哪种改造可用于测量位移或加速度？

3-16 动圈式和动铁式检测元件有什么异同？

3-17 简述磁电感应式传感器产生误差的原因及补偿方法。

3-18 什么是霍尔效应？霍尔元件常用材料有哪些？为什么不用金属作为霍尔元件材料？

3-19 什么是压电效应？什么是正压电效应和逆压电效应？压电材料有哪些种类？压电式检测元件有什么应用特点？

3-20 石英晶体和压电陶瓷的压电效应有哪些不同之处？为什么说 PZT 压电陶瓷是优能的压电元件？比较几种常用压电材料的优缺点，并说出它们各自的适用场合。

3-21 压电传感器能否用于静态测量？为什么？

3-22 压电元件在多片串联或并联结构下，输出电压、电荷、电容之间的关系是什么？

3-23 什么是超声波？其频率范围是多少？

3-24 超声波传感器的发射与接收分别利用什么效应？常用的超声波传感器（探头）有哪几种形式？简述超声波测距原理。

3-25 哪些因素会对超声波测距引入误差？应如何克服？

3-26 什么是内光电效应和外光电效应？说明其工作原理，并列举相应的典型光电器件。

3-27 简述光电倍增管和光电管在结构和工作原理方面的异同点。

3-28 简述光敏电阻、光电二极管、光电晶体管和光电池的工作原理。

3-29 光敏电阻和光电晶体管伏安特性的特点是什么？

3-30 光电二极管由哪几部分组成？它与普通二极管在使用时有什么不同？

3-31 反射式红外传感器与透射式红外传感器各有什么特点？

第 4 章　测距与定位传感器

测距和定位是机器人的必备功能。测距（Ranging Sensing）是确定机器人与环境物体的距离。定位（Positioning/Localization）则相对复杂一点，是确定机器人与环境物体的相对（或绝对）坐标。

按测距 / 定位过程中是否利用了视觉信息，机器人测距 / 定位可分为视觉测距 / 定位和非视觉测距 / 定位。由于视觉测距 / 定位将结合图像传感器在第 7 章专门介绍，本章主要介绍非视觉测距 / 定位传感器。

非视觉测距 / 定位传感器或系统主要以声音或电磁波为信号源。声音信号主要包括日常的可听声波、超声波和水下声纳波等。电磁波信号依据不同的频率波段可分为好多种，机器人领域常用的主要有可见光、红外、激光、毫米波、导航卫星信号、射频及各种无线网络信号（如 Wi-Fi 和蓝牙）等。依据声波或电磁波在空间中传播时间信息利用方式的不同，相应的传感器或系统可分为渡越时间（Time of Flight，ToF，为声波或电磁波传播的时间或时延，也常称为飞行时间）、信号到达时间（Time of Arrival，ToA，为信号到达相应探测传感器的时间）及信号到达时间差（Time Difference of Arrival，TDoA，为信号到达不同探测传感器的时间差）三类。另外，由于声波或电磁波在传播过程中信号的强度会衰减，基于接收到的信号强度（Received Signal Strength，RSS）也是一种获取距离和位置信息的有效途径，常用于障碍物探测或避障、信号发射源测向或找寻等测距和定位精度要求相对低的应用场合。

本章主要介绍目前机器人领域测距和定位广泛采用的基于激光、声学敏感原理和毫米波雷达的测距 / 定位技术及全球导航卫星系统（GNSS）等。

4.1　三角测量法和多边测量法

4.1.1　三角测量法的基本原理

利用三角测量法（Triangulation）进行定位和测距的基本原理如图 4-1 所示。

假定已知 A 点和 B 点的位置，$\angle A = \alpha$，$\angle B = \beta$，线段 $AB = l$，需确定 C 点的位置以及线段 AC 和线段 BC 的

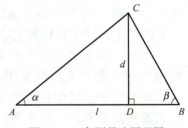

图 4-1　三角测量法原理图

长度。

过 C 点作线段 AB 的垂线，交线段 AB 于 D 点。令线段 $CD=d$，根据三角函数关系可得

$$l = d\cot\alpha + d\cot\beta = d\left(\frac{\cos\alpha}{\sin\alpha} + \frac{\cos\beta}{\sin\beta}\right) = d\frac{\sin\beta\cos\alpha + \sin\alpha\cos\beta}{\sin\alpha\sin\beta} \tag{4-1}$$

利用三角函数公式 $\sin(\alpha+\beta) = \sin\alpha\cos\beta + \cos\alpha\sin\beta$，式（4-1）可改写为

$$l = d\frac{\sin(\alpha+\beta)}{\sin\alpha\sin\beta} \tag{4-2}$$

则可得

$$d = l\frac{\sin\alpha\sin\beta}{\sin(\alpha+\beta)} \tag{4-3}$$

线段 AC 和线段 BC 的长度为

$$AC = \frac{d}{\sin\alpha} = l\frac{\sin\beta}{\sin(\alpha+\beta)} \tag{4-4}$$

$$BC = \frac{d}{\sin\beta} = l\frac{\sin\alpha}{\sin(\alpha+\beta)} \tag{4-5}$$

130

A 点和 B 点的位置坐标已知，根据式（4-4）、式（4-5）可方便地确定 C 点的位置坐标。

基于三角测量法进行定位和测距，相应的传感器主要由信号源和探测器两部分构成。以激光测距仪为例，在 B 点位置按一角度发射激光束，在 A 点由探测器（多为 CCD 或 CMOS 光电阵列）获知经被测目标物反射激光的角度信息，由于激光器和探测器的坐标和彼此间的距离已知，则根据三角测量法可实现被测物体的定位和测距。

4.1.2　多边测量法的基本原理

多边测量法（Multilateration）是一种基于距离信息进行坐标解算从而实现被测物定位的方法。

图 4-2 为平面多边测量法（也常称三边定位法）的基本原理。已知有三个测距传感器 1、2、3，并假定这三个传感器与被测目标物（用点 P 示出）间的距离为 l_1、l_2、l_3。传感器 1 与被测目标物（点 P）的距离为 l_1，意味着点 P 在以传感器 1 为中心、半径为 l_1 的圆上；同理，点 P 在以传感器 2 为中心、半径为 l_2 的圆上，也在以传感器 3 为中心、半径为 l_3 的圆上。被测目标物点 P 是三个圆的交点。

虽然平面上点 P 的坐标 $P(x, y)$ 只需要确定两未知变量，似乎用两个传感器就能确定，但由于两个圆相交可能交于一点（如传感器 1 和传感器 2 所确定的两个圆相交于一点），也可能交于两点（如传感器 2 和传感器 3 所确定的两个圆就有两个交点），因此，第三个传感器仍是必需的，即平面定位问题需要三个传感器才能实现有效可靠的定位。

设传感器 1、2、3 的坐标分别为 (x_1, y_1)、(x_2, y_2)、(x_3, y_3)，则上述平面定位问题可归结为求解方程组

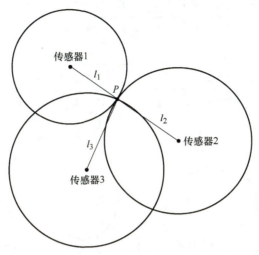

图 4-2 平面多边测量法（三边定位法）原理示意图

$$\begin{cases} \sqrt{(x-x_1)^2+(y-y_1)^2}=l_1 \\ \sqrt{(x-x_2)^2+(y-y_2)^2}=l_2 \\ \sqrt{(x-x_3)^2+(y-y_3)^2}=l_3 \end{cases} \quad (4\text{-}6)$$

需要指出的是，上述讨论是基于距离测量绝对准确的理想情况。实际上距离测量不可避免有误差，考虑误差的影响，需求解的方程组可改写为

$$\begin{cases} \sqrt{(x-x_1)^2+(y-y_1)^2}=l_1+e_1 \\ \sqrt{(x-x_2)^2+(y-y_2)^2}=l_2+e_2 \\ \sqrt{(x-x_3)^2+(y-y_3)^2}=l_3+e_3 \end{cases} \quad (4\text{-}7)$$

式中，e_i 为距离测量误差，$i=1,2,3$。

考虑误差，三个圆相交的情况就比较复杂了。三个圆一般不会再理想地交于一点，被测目标物可能位于三个圆所交阴影区域中的某一点，有两种情况，如图 4-3a、b 所示。

为提高定位精度，一般采取的措施是增加测距传感器的个数以不断缩小三个圆所交的阴影区域。从数学角度而言，就是增加方程组中独立方程的数量（或约束条件）以尽可能地减小解的有效范围。因此，采用多边测量法进行定位，若无额外的先验知识，一般所需传感器个数会多于理论值。

推广到三维空间，假定有 n 个测距传感器，第 i 测距传感器的坐标为 (x_i,y_i,z_i)，它与被测目标物（点 P）间的距离为 l_i，距离测量误差为 e_i，则点 P 应位于这 n 个以 (x_i,y_i,z_i) 为中心、l_i 为半径的球面所交的一个区域内，多边测量法的基本原理可统一归结为求解非线性方程组

131

$$\begin{cases} \sqrt{(x-x_1)^2+(y-y_1)^2+(z-z_1)^2} = l_1+e_1 \\ \sqrt{(x-x_2)^2+(y-y_2)^2+(z-z_2)^2} = l_2+e_2 \\ \quad\quad\quad\quad\quad\vdots \\ \sqrt{(x-x_{n-1})^2+(y-y_{n-1})^2+(z-z_{n-1})^2} = l_{n-1}+e_{n-1} \\ \sqrt{(x-x_n)^2+(y-y_n)^2+(z-z_n)^2} = l_n+e_n \end{cases} \tag{4-8}$$

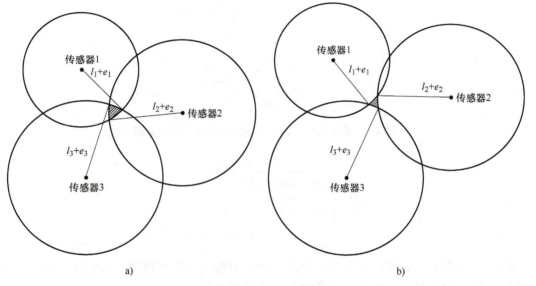

图 4-3　误差对平面多边测量法（三边定位法）的影响

式中，n 为定位传感器的个数。理论上至少需要 4 个测距传感器才能唯一确定被测物（点 P）的三维坐标 (x,y,z)，$n \geqslant 4$。

由于被测物是客观存在，因此式（4-8）所表征非线性方程的解必然是存在的。式（4-8）求解过程中一般不需要考虑解的存在性问题，需要重点关注的是解的唯一性和稳定性等问题。多年实践表明，优化这 n 个测距传感器的布局、构建合适的方程求解算法（数值解或解析解算法）和提高测距传感器距离信息获取的准确度等是保证式（4-8）所表征非线性方程具有唯一而稳定的解的有效途径。合理综合运用这些途径，多边测量法在实际定位应用过程中可获得理想的定位效果。

4.2　激光测距与定位传感器

4.2.1　基于 ToF 的激光测距与定位传感器

基于渡越时间（ToF）的激光测距仪（Laser Rangefinder）的工作原理为：传感器的激光器向被测物发射激光信号（单个的激光脉冲或连续的经过调制的激光光波），激光信号经被测物发射后被传感器的探测器接收，通过测量激光信号在传感器与被测物间往返的

渡越时间实现距离的检测。相应的测距公式为

$$l = \frac{1}{2}c\Delta t \qquad\qquad (4\text{-}9)$$

式中，l 为激光测距传感器与被测物间的距离；c 为光速；Δt 为激光信号在传感器与被测物间往返传播的渡越时间。

依据获取渡越时间方法的不同，基于 ToF 的激光测距传感器可分为脉冲激光测距传感器和相位激光测距传感器。

1. 脉冲激光测距传感器

脉冲激光测距传感器工作流程框图如图 4-4 所示。脉冲控制单元同步向脉冲激光器和时间间隔测量单元发出指令。脉冲激光器发出一持续时间很短的激光脉冲，同时时间间隔测量单元开始计时。发射出去的激光脉冲被被测物反射并返回。返回的激光脉冲由激光探测器接收，经光电转换和信号调理转化成电信号并输入时间间隔测量单元使其停止计时。这样就得到该激光脉冲在传感器与被测物间往返传播的渡越时间 Δt。将 Δt 代入式（4-9）即可获得激光测距传感器与被测物间的距离 l。

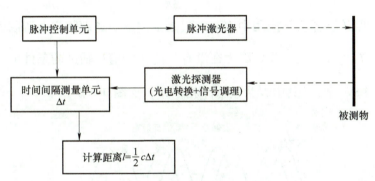

图 4-4　脉冲激光测距传感器工作流程框图

由于光传播速度很快（真空中，光速 $c = 2.99792458 \times 10^8\,\mathrm{m/s}$），激光脉冲往返的渡越时间很短，脉冲激光测距传感器的准确度主要受限于渡越时间 Δt 的测量性能，因此对传感器电子电路（尤其是时间间隔测量单元）的设计要求很高，需采用高速电子电路。激光测距传感器要达到毫米级的精度，相应时间间隔测量单元的时间测量分辨率一般要达到亚皮秒（$<10^{-12}\,\mathrm{s}$）级。

脉冲激光测距传感器一般主要用于短距离低精度或长距离测距。

2. 相位激光测距传感器

相位激光测距传感器工作流程框图如图 4-5 所示。激光器向被测物发出连续的经过调制的激光光波（调制光波），同时也送至检相器。发射出的激光光波被被测物反射并返回。返回的激光光波由激光探测器接收经光电转换和信号调理后进入检相器。检相器比较发射的调制光波和返回的调制光波，检测出两者间的相位差 $\Delta\varphi$。获得相位差 $\Delta\varphi$ 后，通过计算即可获得激光测距传感器与被测物间的距离 l。

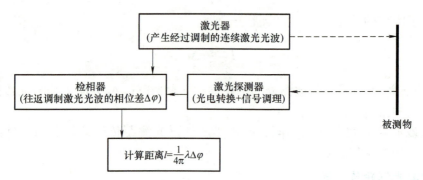

图 4-5 相位激光测距传感器工作流程框图

设调制光波的调制频率为 f，波长为 λ，光波传播一个波长 λ 距离相对应的相位变化为 2π，易得光波往返产生相位差 $\Delta\varphi$ 所对应的距离为 $\lambda\dfrac{\Delta\varphi}{2\pi}$。该距离为传感器与被测物间距离的两倍，则传感器与被测物间的距离为

$$l = \lambda\frac{\Delta\varphi}{4\pi} \tag{4-10}$$

相位激光测距传感器实际应用中主要的限制是被测距离被限定在调制光波一个波长的二分之一内，即 $l < \dfrac{1}{2}\lambda$。这主要是因为在没有其他先验信息辅助的条件下，检相器不能准确地区分 $\Delta\varphi$ 和 $2\pi N + \Delta\varphi$（其中 N 为整数）相位差，如图 4-6 所示。

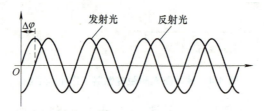

图 4-6 相位激光测距传感器相位差检测示意图

以频率 $f = 5\text{MHz}$ 的调制光波为例，光波光速 c、频率 f 和波长 λ 间的关系式为

$$c = f\lambda \tag{4-11}$$

可知其波长 $\lambda \approx 60\text{m}$，则相应的激光测距传感器的有效测量距离应在 30m 以内。如果相位激光测距传感器待测距离较长，则依据式（4-11），调制光波的调制频率 f 要降低。若调制频率降为 $f = 1.0\text{MHz}$，相应的测量有效距离可延长至 150m。

相位激光测距本质上是将渡越时间 Δt 的测量转化为相位差测量，根据测量获得的相位差 $\Delta\varphi$，可方便地计算出渡越时间 Δt 为

$$\Delta t = \frac{\Delta\varphi}{2\pi f} \tag{4-12}$$

相位激光测距传感器的测距精度较高，对传感器电子电路的设计要求也较脉冲激光测距传感器低，特别适合近距离高精度测量。

4.2.2　基于三角测量法的激光测距与定位传感器

基于三角测量法的激光测距与定位传感器基本原理见 4.1.1 节。实际传感器大多通过合理地设计激光器和探测器的布局以简化相应的计算。图 4-7 为一个典型的基于三角测量法的激光测距与定位传感器。

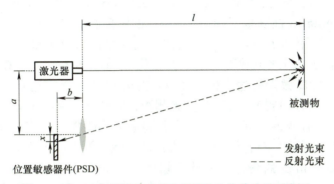

图 4-7　基于三角测量法的激光测距与定位传感器示意图

激光器向被测目标物发出一校准的光束（准直的光束）。激光探测器主要由透镜和位置敏感器件（Position-Sensitive Device，PSD，如 CCD 或 CMOS 线阵列）等部分构成。反射光通过透镜投影到位置敏感器件上。设激光器与透镜中心距离为 a，透镜中心与位置敏感器件起始位置的距离为 b，位置敏感器件读出的值为 x，则利用相似直角三角形的几何特性可得激光器与被测物的距离 l 为

$$l = a\frac{b}{x} \tag{4-13}$$

若以透镜的中心为坐标原点，可方便地确定被测物相对于透镜中心的坐标为（l，a）。对比图 4-1 和图 4-7，可知该传感器利用的是标准三角测量法的一种简化变形。同时，由式（4-13）可知被测距离 l 与 x 成反比关系。这意味着该传感器距离测量的准确度依赖于位置敏感器件的分辨率，在位置敏感器件分辨率一定的情况下，传感器距离测量分辨率性能会随着待测距离的增大而逐渐变差。因此，这种类型的激光测距与定位传感器适用于近距离测距与定位。

基于三角测量法的激光测距与定位传感器的有效距离一般较短（数米以内），但这种传感器可用于近距离的高精度测量（如制造业精密加工用机器臂的精确测距），其距离分辨率可达 μm 级。

4.2.3　激光雷达、ToF 摄像机和结构光摄像机

4.2.1 节和 4.2.2 节所介绍的激光测距与定位传感器仅局限于对单向点目标进行探测，常称为激光测距仪。若要实现环境重建、地图构建和机器人导航等，仅获取机器人与点目标被测物间的距离或位置信息是远远不够的，必须获得二维/三维的距离和位置信息。

本节主要介绍目前应用较为广泛的激光雷达（Laser Radar）、ToF 摄像机（ToF Camera）和结构光摄像机（Structured Light Camera）三种能获取二维/三维的距离和位

135

置信息的激光传感器。这些二维/三维传感器的基本测距与定位原理见 4.2.1 节和 4.2.2 节。4.2.1 节和 4.2.2 节所介绍的各激光测距与定位传感器可视为本节所介绍的相应二维/三维传感器的一维简化版或基础。

1. 激光雷达

激光雷达也常称为 LADAR（Laser Detection and Ranging） 或 LiDAR（Light Detection and Ranging），能获取二维/三维目标的距离和位置信息。其基本原理多是 4.2.1 节所述的基于 ToF 测距和定位。由于激光雷达是在单向点目标激光测距仪的基础上增加旋转扫描机构构建的，因此也常称为激光扫描仪（Laser Scanner）。按获取信息的不同可分为二维激光雷达（2D 激光雷达）和三维激光雷达（3D 激光雷达）。

二维激光雷达是将旋转扫描机构和激光测距仪整合在一起以实现二维平面（切面）距离信息的获取。主要有两种实现方式：一种是将激光测距仪直接安装在旋转扫描机构（如电机）上，如图 4-8 所示，随着旋转机构的转动，激光测距仪对不同角度环境进行探测，旋转一周该二维激光雷达就获得了一环境切面全周 360° 的距离信息；另一种激光测距仪本身不需要旋转，旋转机构仅需带动一个用于发射激光和收集反射光的镜面即可，如图 4-9 所示。反射镜旋转一周，就实现了对一环境切面的 360° 扫描，并获得了相应的距离信息。两种实现方式相比较，前一种方式易于实现，而后一种方式则显得更为紧凑和有技巧。

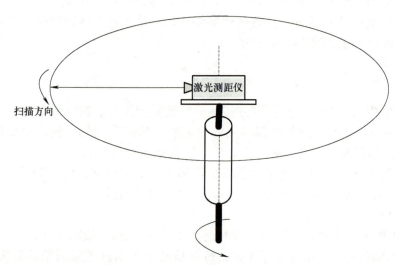

图 4-8　旋转机构带动整个激光测距仪的二维激光雷达

三维激光雷达是二维激光雷达的自然衍生，可在二维激光雷达的基础上用两种方式实现。一种实现方式可看成一个二维激光雷达的改进版，以步进或连续的方式上、下摆动一个二维激光雷达以获得环境三维距离信息；另一种实现方式可看成多组二维激光雷达的组合，随着旋转机构的转动，三维激光雷达同时获得多个环境切面上的距离信息。目前已有可同时获得 64 个甚至 128 个切面的商业化三维激光雷达，并以点云图的形式输出三维扫描结果。图 4-10a 为大疆创新旗下览沃科技出产的一款激光雷达产品实物图。型号为览道 Mid-70，激光波长为 905nm，量程为 0.05～260m，视场及视场角（Field of View，

FoV）为：圆形，70.4°。等效 32 线时采样时间为 0.2s，等效 64 线时采样时间为 0.9s。图 4-10b 为其实景图，图 4-10c 为该激光雷达扫描获得的点云图（等效 64 线时获得的点云图，每个数据点均包含有距离和坐标信息）。

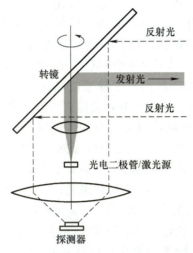

图 4-9　旋转机构仅带动一镜面的二维激光雷达

a) 实物图　　　　　　　　　b) 实景图　　　　　　　　　c) 点云图

图 4-10　三维激光雷达示例

　　另外，得益于光电技术的飞速发展，近年来已研发出固态激光雷达。固态激光雷达无旋转扫描部件或模块，依据具体实现途径大体上可分为光学相控阵（Optical Phase Array，OPA）激光雷达和面阵成像激光雷达（无扫描三维成像激光雷达）两类。光学相控阵激光雷达是基于相控阵技术的激光雷达，它通过调整其激光发射器阵列各发射信号的相对相位来改变激光束的发射方向，进而实现激光扫描探测。而面阵成像激光雷达本质上可视为 ToF 摄像机（ToF 摄像机的基本原理详见后续的相关介绍）的加强版或改进版，探测视场较大，具有成像速度快和分辨率较高等特点，可快速同时获得特定方向或视角范围内的包含距离信息的三维图像。

2. ToF 摄像机和结构光摄像机

　　典型的激光雷达是单向点目标激光测距传感器的增强型版本，大多是借助机械机构逐点扫描，不是实时同步获得二维/三维环境距离信息。ToF 摄像机和结构光摄像机则不一样，它们无须机械旋转机构的助力，不采用任何扫描机制，可从一个视角同时测量获得多个（成百上千个甚至更多）三维距离的测量信息。由于它们和普通的摄像机一样，都采用二维阵列式图像传感器，其输出也是图像（即所谓有深度信息的图像），因此也常称为摄像机。

顾名思义，可知 ToF 摄像机的基本测量原理是 ToF 测距。ToF 摄像机结构示意图如图 4-11 所示。光源多用阵列式 LED 激光器或 VCSEL（Vertical–Cavity Surface-Emitting Laser，垂直腔面发射激光器，也是一种半导体激光器）。它发射的不是短促的光脉冲或一束调制光，而是某一视角下有一定覆盖面的二维阵列式光簇或光束。聚光透镜收集反射光后为一二维阵列式图像传感器所接收，经信号处理最终输出包含三维距离信息的图像。该阵列式图像传感器多采用 CCD 或 CMOS 工艺和技术，这一点与普通摄像机并无不同。不同之处在于该阵列式图像传感器为每个像素配备了专门的高速信号处理电路，以实现 ToF/ 相位差的测量和距离信息的获取。ToF 摄像机所获图像每个像素都蕴含被测物相应区域距离信息（从图像检测的角度而言就是含有深度信息），每个像素依据深度设置有不同的深度级别，并通过灰度或伪彩色处理等图像处理措施实现可视化。从测量原理角度而言，一台 ToF 摄像机相当于集成了很多台同时工作的基于 ToF 测距的单向点目标激光测距仪。

目前商业化的 ToF 摄像机可以高于人类视觉识别能力（一般为 50～60 帧 /s）的高帧速率获得环境场景三维距离信息。基于相位激光测距的 ToF 摄像机最大可测距离大多在 10～30m 以内，而基于脉冲激光测距的 ToF 摄像机最大可测距离已超过 1000m。依据距离测量范围和帧速的不同，距离分辨率已可达 cm 级至 mm 级。与此同时，受益于新型低成本光源和图像传感器的不断涌现，以及微电子和微加工快速迭代，ToF 摄像机近年来成本越来越低，体积越来越小，性能不断提高，已逐渐成为大众普及性产品。ToF 摄像机目前已可有效地应用于实时地图构建、人脸或场景识别，乃至电子游戏玩家运动监测和活动识别等，如基于 ToF 摄像机原理的面阵成像激光雷达（无扫描三维成像激光雷达）目前已成为固态激光雷达研究发展的主要方向 / 途径之一。另一个典型例子就是目前很多款智能手机已集成有 ToF 摄像机功能，以提高图像获取和目标物识别性能等。

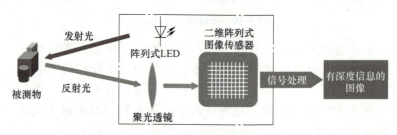

图 4-11　典型三维 ToF 摄像机结构示意图

结构光摄像机的基本原理是基于三角测量法的激光测距和定位。它的光源相当于一个投影仪，探测器本质上与普通的摄像机别无二致。光源投射出经过设计的已知模式的结构光（离散的光斑、光纹条，光带或编码的有纹理光等），投射到被测物上，探测器上的二维 CCD 或 CMOS 阵列式图像传感器接收发射光并获取反映结构光照射区域距离信息的图像。结构光摄像机实现距离（或深度信息）的获取的关键是通过对比识别出该结构光照射区域各个位置与阵列式图像传感器各像素点间的对应关系。图 4-12 为一个典型的三维结构光摄像机，光源发射出一个光带投射到被测物上。若投射区域被测物不是三维结构而是一个平面，则探测器阵列式图像传感器将显示出一规则的光带。若存在三维结构，如图 4-12 所示的台状结构，则阵列式图像传感器上将呈现出一"变形"的光带。由于发射光带的结构是已知的，因此通过对比可知该阵列式图像每个像素点所对应的位置，并基于三角测量法通过相应的处理可同步获得照射区域的三维距离（深度）信息。

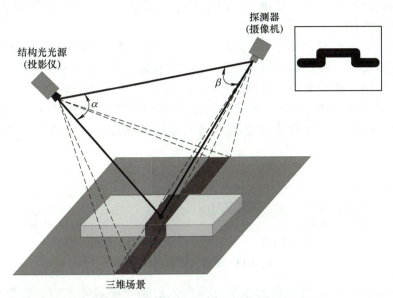

图 4-12　典型的三维结构光摄像机示意图

结构光摄像机思想或概念的提出已有几十年的历史，在机械工程等领域也已有多年的实际应用，如应用于机械加工构件的二维 / 三维轮廓监测等，但当时相关产品存在成本高、结构复杂和体积较大等问题，在机器人领域长期未得到重视。得益于光电技术的飞速发展，近些年结构光摄像机在机器人领域逐渐绽放出异彩，日益受到关注。目前商业化的结构光摄像机已能以较低成本和较高的帧速率获取近距离（有效测量距离一般在 5m 以内）环境目标物轮廓和形状。

4.2.4　激光测距与定位传感器应用中需注意的问题

激光是一种很好的检测信号源，具备优良的特性，主要有：

1）激光以光速进行传播，相对于其他检测信号源（如超声波），激光传感器具有上佳的实时性能。

2）激光是一种单一频率的光，采用相匹配的滤镜，可以方便地滤除其他频率的光，因此，可以克服背景光对测量结果的影响，信噪比高。

3）激光的集中性、指向性和汇聚性好，可形成准直的很窄的光束。同时，激光器也能方便稳定地发出短促光脉冲或连续的调制光波。

正是由于上述激光的优良特性，激光测距与定位传感器是目前机器人领域的主导产品，具有其他类型测距与定位传感器（如声学测距与定位传感器、视觉测距与定位传感器）难以企及的测量性能，尤其是在实时性能、测距精度和角分辨率等方面。

激光测距与定位传感器在实际应用中需注意以下问题：

（1）安全问题

机器人领域，激光测距与定位传感器的主要工作波段为可见光（波长 0.4 ～ 0.8μm）

和红外波段。各类激光光源发出激光的强度可能导致潜在的眼睛安全威胁，尤其是肉眼不可见的红外激光（虽然相对于可见光波段，红外波段的激光对人眼相对安全，且近年来红外波段传感器占比不断扩大，但由于肉眼不可见，其潜在的威胁反而更需重视）。

（2）镜面反射问题

激光测距与定位传感器所选用的激光的波长一般为数百纳米。对于绝大多数被测物，其表面能产生漫反射，传感器可有效地实现距离测量。但对于光滑金属、抛光物件或平静的水面等被测目标，其表面存在镜面，可能无法获得很好的测量效果。

镜面是指非常平滑的表面。平滑表面是指表面的空间纹理尺寸小于入射光波长的表面，如图 4-13a 所示。粗糙表面是指表面的空间纹理尺寸大于入射光波长的表面，如图 4-13b 所示。

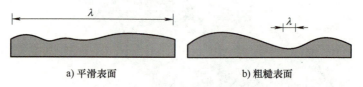

a) 平滑表面　　　　　　　　b) 粗糙表面

图 4-13　平滑表面和粗糙表面

由物理学知识可知，当一束光以某一角度入射到粗糙表面上时，会发生漫反射，如图 4-14a 所示。此时，在各个空间方向上，被测物表面一般都有均匀的散射，可由朗博（Lambert）定理描述。当一束光以某一角度入射到非常平滑的表面（镜面）上时，会发生规则反射，如图 4-14b 所示。也有一些物体的表面，粗糙度不均匀，漫反射和规则反射并存，在某一方向上散射强度较大，其他方向上较弱，如图 4-14c 所示。

a) 漫反射　　　　　　　b) 规则反射　　　　　　c) 漫反射和规则反射并存

图 4-14　不同表面的反射特性

对于激光传感器，漫反射是理想状况，其探测器一般都可以获得足够强度的反射光信号。漫反射和规则反射并存的情况尚可，因为总有一些反射光信号为探测器所接收，只要探测器的灵敏度足够，还是能够实现距离测量的。

然而，对于表面为镜面的被测物体，由于"完美"的规则反射，所有的反射光都射向了某一特定的方向，激光传感器的探测器一般很有可能接收不到信号，无法实现距离测量。另外，镜面的存在也有可能导致不正确的距离测量值。以图 4-15 所示的场景为例，一束光先以某一角度入射到一镜面，然后反射到一粗糙表面。镜面是"完美"的规则反射，粗糙表面是漫反射，探测器能够接收到足够强度的反射光，但给出的距离测量值是错误的。

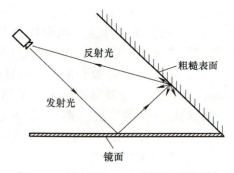

图 4-15　镜面导致不正确激光测距示例

（3）透明物体和水体

激光测距依赖于被测物的漫反射。由于光可以几乎无衰减地通过透明物体，反射效应很微弱，因此激光测距与定位传感器不适合用于光透明物体的测距和定位。同时，由于光在水中衰减很快，传播距离有限，激光测距与定位传感器一般也不适用于水下目标的测距和定位。

4.3　声学测距与定位

声波是一种机械波，按频率可分为声波、次声波和超声波。

1）频率为 16Hz ～ 20kHz，人耳能识别的称为声波。

2）频率小于 16Hz，人耳不能识别的称为次声波。

3）频率大于 20kHz，人耳不能识别的称为超声波。

由于声学传感器具有成本低、功耗低、体积小、质量小和适用范围广等优点，可用于探测透明物体，并能适用于低能见度或水下环境，因此声学传感器是机器人领域研究和应用相当普及的主流传感器之一，尤其是超声波传感器和用于被动式探测的传声器（Microphone，俗称麦克风）。图 4-16a 为一典型超声波传感器实物图（工作频率：40kHz，波束角：30°，作用距离：30 ～ 400cm，T/R 模式），图 4-16b 为一典型传声器实物图（频率范围：20Hz ～ 20kHz）。

a) 超声波传感器　　b) 传声器

图 4-16　超声波传感器与传声器实物图

根据机器人测距和定位技术研究发展的现状，声学传感器的主要用途可分为以下三类：

1）陆地或低空环境目标测距和定位，如采用超声波传感器进行避障、测距、定位和导航。

2）声源定位（Sound Source Localization），如环境发声物（车辆、动物或人等）的测距、定位和识别。

3）水下环境目标测距和定位，如水下机器人用声纳进行避障和导航等。

由于水下环境目标的测距、定位和识别目前已成为一个相对独立的专门领域，限于篇幅，本章主要介绍适用于陆地环境自主移动机器人和低空无人机或目标物等的相关声学测距和定位技术。对于水下环境目标测距和定位技术，可参阅声纳学或水声学领域相关的参考文献。

4.3.1　基于超声波传感器的测距和定位

相对于其他频率段的声波，超声波频率高、波长短，具有较好的聚束、定向性能，且可避免与环境声音间的相互干扰。

在机器人领域，超声波传感器典型的工作频率为 40 ～ 180kHz。超声波传感器可基于多种原理制造，以基于压电效应敏感原理的超声波传感器最为普及。

超声波传感器可工作在三种模式下：

1）发射器（Transmitter，T）模式，传感器仅用于发射超声波。

2）接收器（Receiver，R）模式，传感器仅用于接收超声波。

3）发射 / 接收器（Transmitter/Receiver，T/R）模式，即同一传感器既发射超声波也接收超声波。

由于相关制造工艺技术日臻成熟且结构紧凑，目前多采用 T/R 模式的超声波传感器。以压电式超声波传感器为例，利用逆压电效应可产生超声波，而利用正压电效应可接收超声波。

超声波传感器实现距离测量主要采用 ToF 测距原理。传感器（T/R 模式的超声波传感器）向被测物（即目标物）发射声脉冲（单脉冲或一系列脉冲组成的波包），部分发射信号会经被测物反射后返回，回波信号由同一传感器接收。与激光 ToF 测距式（4-9）一样，超声波传感器与被测物间的距离 l 为

$$l = \frac{1}{2} c \Delta t \tag{4-14}$$

式中，l 为超声波传感器与被测物间的距离；c 为声速；Δt 为超声波信号在传感器与被测物间往返传播的渡越时间。

与激光不同，激光传感器能以一束很窄的定向准直光束实现测距并确定被测物与传感器的相对坐标，而超声波是机械波，超声波传感器发出的声束一般以一定的孔径角（一般为 $10° \sim 40°$）按扇形 / 锥形方式向某一方向传播。因此，仅利用单个超声波传感器（T/R 模式）只能实现测距不能实现定位。以二维平面为例，依据式（4-14）仅能知道在距离 l 的扇面上有一个物体，而不能知道它相对于传感器的具体坐标位置。另外，在实际应用过程中，要注意角状目标和有光滑斜面的目标等。对于图 4-17 所示角状目标，由于超声波入射到角内部时，超声波可能经过多次反射，传感器接收到回波可能较为复杂且较为微弱。对于图 4-18a 所示的光滑斜面，超声波可能经过一次发射后向另一方向传播，传感器可能接收不到反射回波，测量失败。若超声波被一光滑反射面反射后，又遇到障碍物，并产生了较强的发射回波，如图 4-18b 所示。此时，传感器接收到发射回波信号，依据式（4-14）计算获得的是具有迷惑性的距离信息。

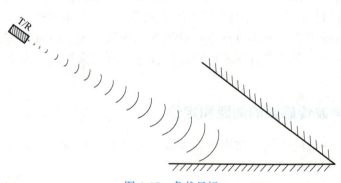

图 4-17 角状目标

若要用超声波传感器实现定位需要利用多个传感器，即需采用超声波传感器阵列。

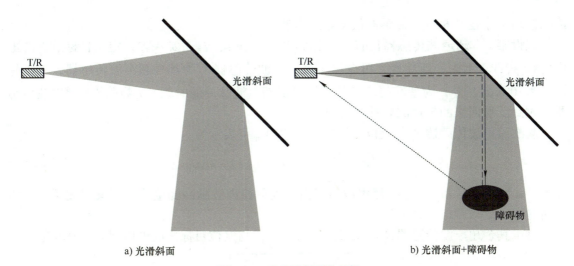

a) 光滑斜面　　　　　　　　　　　b) 光滑斜面+障碍物

图 4-18　有光滑斜面的目标

　　对于二维平面目标定位，最简单的就是用两个超声波传感器（T/R）构成的阵列，如图 4-19 所示。两个传感器分别发出超声波脉冲并各自接收自身的反射回波信号。基于ToF 测距可获得被测物与两传感器的距离 l_1 和 l_2，则采用多边定位法可知被测物位于以传感器 1 为中心、l_1 为半径的圆与以传感器 2 为中心、l_2 为半径的圆的两个交点之一。由于两超声波传感器发射超声波的方向是已知的，因此可以很容易地排除与发射方向相反的那个交点，并进而确定反射方向上的那个交点为被测物的位置。

143

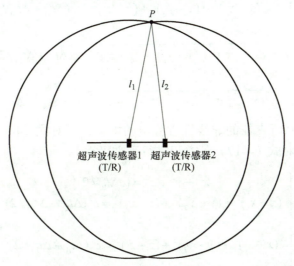

图 4-19　利用两个超声波传感器实现二维平面定位示例

　　对于三维目标定位，则问题会稍微复杂一些。出于对测量实时性的考虑，在超声波传感器阵列中，一般多采用一发多收的工作模式，即一个超声波传感器工作在 T/R 模式（该传感器既发射超声波也接收超声波，同时一般设定其为基准超声波传感器），其余超声波传感器均工作在 R 模式（传感器仅接收超声波）。

假设第 i 个超声波传感器位置的坐标为 $S_i(x_i, y_i, z_i)$ ，$i = 1, 2, \cdots, N$ ，定位目标点 P 的坐标为 (x, y, z) 。不失一般性地，可令第 1 个超声波传感器 S_1 为基准超声波传感器，其坐标设定为 $(0, 0, 0)$ 。令 t_0 为基准超声波传感器发射超声波脉冲的时刻，t_i 为第 i 个超声波传感器接收到反射回来的超声波脉冲的时刻。

基准超声波传感器 S_1 与定位目标之间的距离 l_1 可表示为

$$l_1 = \sqrt{x^2 + y^2 + z^2} = c(t_1 - t_0)/2 = c\Delta t_{10}/2 \tag{4-15}$$

式中，c 为声速；Δt_{10} 为基准超声波传感器从发射超声波脉冲到接收超声波回波所经历的时间差，$\Delta t_{10} = t_1 - t_0$ 。

对于其余超声波传感器 S_i $(i = 2, 3, \cdots, N)$ ，它们与定位目标之间的距离 l_i 可表示为

$$
\begin{aligned}
l_i &= \sqrt{(x - x_i)^2 + (y - y_i)^2 + (z - z_i)^2} \\
&= c(t_i - t_0) - \sqrt{x^2 + y^2 + z^2} = c(t_i - t_0) - c(t_1 - t_0)/2 \\
&= c(t_i - t_1) + c(t_1 - t_0)/2 = c(\Delta t_{i1} + \Delta t_{10}/2)
\end{aligned} \tag{4-16}
$$

式中，Δt_{i1} 为第 i 个超声波传感器收到超声波回波相对于基准超声波传感器收到超声波回波的时间差，$\Delta t_{i1} = t_i - t_1$ ，$i = 2, 3, \cdots, N$ 。

根据式（4-15）、式（4-16），该目标定位问题相当于求解方程组

$$
\begin{cases}
l_1 = \sqrt{x^2 + y^2 + z^2} = c\Delta t_{10}/2 \\
l_2 = \sqrt{(x - x_2)^2 + (y - y_2)^2 + (z - z_2)^2} = c(\Delta t_{21} + \Delta t_{10}/2) \\
\qquad\qquad\qquad \vdots \\
l_i = \sqrt{(x - x_i)^2 + (y - y_i)^2 + (z - z_i)^2} = c(\Delta t_{i1} + \Delta t_{10}/2) \\
\qquad\qquad\qquad \vdots \\
l_N = \sqrt{(x - x_N)^2 + (y - y_N)^2 + (z - z_N)^2} = c(\Delta t_{N1} + \Delta t_{10}/2)
\end{cases} \tag{4-17}
$$

为简化式（4-17）所表征的非线性方程组的求解，可对式（4-17）进行"平方化 + 方程相减"处理操作。对式（4-17）各方程进行平方可得

$$
\begin{cases}
x^2 + y^2 + z^2 = (c\Delta t_{10}/2)^2 \\
(x - x_2)^2 + (y - y_2)^2 + (z - z_2)^2 = c^2(\Delta t_{21} + \Delta t_{10}/2)^2 \\
\qquad\qquad\qquad \vdots \\
(x - x_i)^2 + (y - y_i)^2 + (z - z_i)^2 = c^2(\Delta t_{i1} + \Delta t_{10}/2)^2 \\
\qquad\qquad\qquad \vdots \\
(x - x_N)^2 + (y - y_N)^2 + (z - z_N)^2 = c^2(\Delta t_{N1} + \Delta t_{10}/2)^2
\end{cases} \tag{4-18}
$$

将式（4-18）中的 2 ～ N 个方程依次减去第一个方程（即基准超声波传感器确定的方程），通过整理可得

$$\begin{cases} x_2x + y_2y + z_2z = \dfrac{1}{2}[(x_2^2 + y_2^2 + z_2^2) - c^2\Delta t_{21}(\Delta t_{21} + \Delta t_{10})] \\[2mm] x_3x + y_3y + z_3z = \dfrac{1}{2}[(x_3^2 + y_3^2 + z_3^2) - c^2\Delta t_{31}(\Delta t_{31} + \Delta t_{10})] \\[1mm] \qquad\qquad\qquad\vdots \\[1mm] x_ix + y_iy + z_iz = \dfrac{1}{2}[(x_i^2 + y_i^2 + z_i^2) - c^2\Delta t_{i1}(\Delta t_{i1} + \Delta t_{10})] \\[1mm] \qquad\qquad\qquad\vdots \\[1mm] x_Nx + y_Ny + z_Nz = \dfrac{1}{2}[(x_N^2 + y_N^2 + z_N^2) - c^2\Delta t_{N1}(\Delta t_{N1} + \Delta t_{10})] \end{cases} \tag{4-19}$$

式（4-19）可进一步改写为矩阵方程为

$$Gu = h \tag{4-20}$$

其中

$$G = \begin{bmatrix} x_2 & y_2 & z_2 \\ x_3 & y_3 & z_3 \\ \vdots & \vdots & \vdots \\ x_i & y_i & z_i \\ \vdots & \vdots & \vdots \\ x_N & y_N & z_N \end{bmatrix} \tag{4-21}$$

$$h = \begin{bmatrix} [x_2^2 + y_2^2 + z_2^2 - c^2\Delta t_{21}(\Delta t_{21} + \Delta t_{10})]/2 \\ [x_3^2 + y_3^2 + z_3^2 - c^2\Delta t_{31}(\Delta t_{31} + \Delta t_{10})]/2 \\ \vdots \\ [x_i^2 + y_i^2 + z_i^2 - c^2\Delta t_{i1}(\Delta t_{i1} + \Delta t_{10})]/2 \\ \vdots \\ [x_N^2 + y_N^2 + z_N^2 - c^2\Delta t_{N1}(\Delta t_{N1} + \Delta t_{10})]/2 \end{bmatrix} \tag{4-22}$$

$u = [x, y, z]^{\mathrm{T}}$ 为待求未知向量。式（4-20）中，由于传感器坐标（x_i, y_i, z_i）与声速 c 已知，Δt_{10} 与 Δt_{i1} 可由传感器获得的 t_0 与 t_i 计算得出，因此，矩阵 G 和向量 h 可预先确定。只要矩阵 G 列满秩，采用合适的数值计算方法（如采用最小二乘法）即可实现式（4-20）的求解，获得定位目标点 P 坐标 (x, y, z) 的测量值。

式（4-20）表明，"平方 + 方程相减"处理操作可将非线性方程组的求解问题转化为所表征的线性矩阵方程（或线性方程组）的求解问题。进一步，多年的实践表明，可通过对超声波传感器阵列构型的优化设计，达到减少定位问题求解的计算量和提高解的稳定性的目的。下面简举一超声波传感器阵列构型优化设计的示例。具体描述如下：

根据线性代数知识可知，当矩阵 G 为一个非奇异的 3×3 方阵时式（4-20）存在唯一解，此时超声波传感器阵列仅需最少的 4 个超声波传感器，即 $N = 4$，相应地式（4-20）简化为方程：

$$Gu = h = \begin{bmatrix} x_2 & y_2 & z_2 \\ x_3 & y_3 & z_3 \\ x_4 & y_4 & z_4 \end{bmatrix} \begin{bmatrix} x \\ y \\ z \end{bmatrix} = \begin{bmatrix} \left[x_2^2 + y_2^2 + z_2^2 - c^2 \Delta t_{21} \left(\Delta t_{21} + \Delta t_{10} \right) \right]/2 \\ \left[x_3^2 + y_3^2 + z_3^2 - c^2 \Delta t_{31} \left(\Delta t_{31} + \Delta t_{10} \right) \right]/2 \\ \left[x_4^2 + y_4^2 + z_4^2 - c^2 \Delta t_{41} \left(\Delta t_{41} + \Delta t_{10} \right) \right]/2 \end{bmatrix} \tag{4-23}$$

从式（4-23）不难发现，矩阵 G 由阵列中超声波传感器的位置坐标决定。理论分析可知，当且仅当 4 个超声波传感器（S_1、S_2、S_3 和 S_4）不在同一平面内时，矩阵 G 非奇异，G 的逆矩阵存在，定位目标点 P 的坐标 (x, y, z) 可唯一确定，即

$$u = G^{-1}h \tag{4-24}$$

式中，G^{-1} 为 G 的逆矩阵。

为减小问题求解的计算量，通过优化设计将超声波传感器 S_2、S_3 和 S_4 分别设定在三个坐标轴（x 轴、y 轴与 z 轴）上，以使矩阵 G 为对角矩阵。当矩阵 G 是对角矩阵时，求解矩阵 G^{-1} 的计算量将会达到最小，且 G^{-1} 将会有最简单的表达式。由此可令超声波传感器 S_2，S_3 和 S_4 的坐标分别为（$x_2, 0, 0$）、（$0, y_3, 0$）和（$0, 0, z_4$）。此时，矩阵 G 可简化为

$$G = \begin{bmatrix} x_2 & 0 & 0 \\ 0 & y_3 & 0 \\ 0 & 0 & z_4 \end{bmatrix} \tag{4-25}$$

进一步地，为提高解的稳定性，由线性代数与数值计算方法的知识可知，对角矩阵 G 的条件数 $\text{cond}(G)$ 应当尽可能小，因为较小的条件数意味着测量误差对解的影响较小，解将更为稳定。矩阵 G 的条件数计算公式为

$$\text{cond}(G) = \|G\|_\infty \|G^{-1}\|_\infty \tag{4-26}$$

式中，$\| \cdot \|_\infty$ 表示矩阵的无穷范数，其为矩阵每行元素绝对值之和的最大值。

根据式（4-25），$\|G\|_\infty$ 可以表示为

$$\|G\|_\infty = \max \left\{ |x_2|, |y_3|, |z_4| \right\} \tag{4-27}$$

以及 $\|G^{-1}\|_\infty$ 可以表示为

$$\|G^{-1}\|_\infty = \max \left\{ |1/x_2|, |1/y_3|, |1/z_4| \right\} \tag{4-28}$$

式中，$\max\{ \cdot \}$ 表示大括号中元素的最大值。

由式（4-26）～式（4-28），当对角矩阵 G 的对角线元素全部相等时，即 $x_2 = y_3 = z_4$，条件数 $\text{cond}(G)$ 将达到最小值 1，即 $\text{cond}(G) = 1$，理论上解的稳定性最好。

根据上述讨论，可得优化设计后的超声波传感器阵列构型如图 4-20 所示。该构型采用数量最少的 4 个超声波传感器组成阵列，其中基准超声波传感器 S_1 位于坐标原点 $(0, 0, 0)$，其余 3 个超声波传感器 S_2、S_3

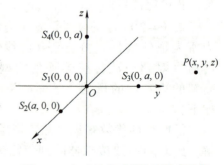

图 4-20　超声波传感器阵列构型示例

和 S_4 分别位于三个坐标轴上，且这 3 个超声波传感器到基准超声波传感器的距离都相等（$x_2 = y_3 = z_4 = a$）。在此构型下，一发多收式超声波传感器阵列可用最小的超声波传感器数量（4 个）以理论上最简单的解析表达式实现目标定位，计算量大幅度减小，且相应解的稳定性达到最佳，矩阵 $\boldsymbol{G}$ 最终简化为

$$\boldsymbol{G} = \begin{bmatrix} a & 0 & 0 \\ 0 & a & 0 \\ 0 & 0 & a \end{bmatrix} \tag{4-29}$$

向量 $\boldsymbol{h}$ 为

$$\boldsymbol{h} = \begin{bmatrix} [a^2 - c^2 \Delta t_{21}(\Delta t_{21} + \Delta t_{10})]/2 \\ [a^2 - c^2 \Delta t_{31}(\Delta t_{31} + \Delta t_{10})]/2 \\ [a^2 - c^2 \Delta t_{41}(\Delta t_{41} + \Delta t_{10})]/2 \end{bmatrix} \tag{4-30}$$

定位目标点 P 的坐标为

$$\begin{bmatrix} x \\ y \\ z \end{bmatrix} = \begin{bmatrix} [a^2 - c^2 \Delta t_{21}(\Delta t_{21} + \Delta t_{10})]/2a \\ [a^2 - c^2 \Delta t_{31}(\Delta t_{31} + \Delta t_{10})]/2a \\ [a^2 - c^2 \Delta t_{41}(\Delta t_{41} + \Delta t_{10})]/2a \end{bmatrix} \tag{4-31}$$

上述示例表明，只要超声波传感器阵列构型合理，可以用较少的超声波传感器数量实现目标定位，获得确定目标位置坐标的简单解析表达式以大幅度减小计算量，同时相应地也具有很好的稳定性。

超声波测距和定位需注意的问题如下：

声波的传播速度不快，渡越时间的测量较易实现。但较慢的传播速度，使得超声波传感器测距的实时性和有效距离受到限制。如 15℃时，空气中声速约为 340m/s，对于 5m 的距离，大约每 30ms 才能实现一次距离测量，传感器每秒仅能获取 30 多个距离测量值。因此，超声波传感器多应用于短距离测距和定位，大多数超声波传感器的最大有效测量距离被限定在数米以内。

同样由于较慢的传播速度，当超声波传感器用于运动物体测距和定位时，被测物的运动速度就会对测量效果产生较大的影响。如图 4-21 所示，假定传感器（T/R）在发射超声波时，被测物位于 A 点（正对着传感器）。目标物的运动方向与超声波发射方向垂直并向右运动，速度为 v。当超声波传播到被测物时，被测物已运动到 B 点，待超声波发射回波被传感器接收时，目标物已运动到 C 点。由图 4-21 经相应的推算可得

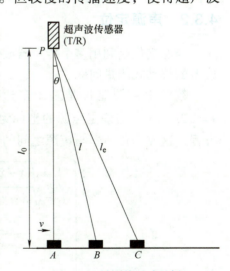

图 4-21　被测物运动示例

$$AB = BC = d \tag{4-32}$$

147

$$\sin\theta = \frac{v}{c} \tag{4-33}$$

$$PA = l_0 = \frac{d}{\tan\theta} \tag{4-34}$$

$$PB = l = \sqrt{l_0^2 + d^2} \tag{4-35}$$

$$PC = l_e = \sqrt{l_0^2 + 4d^2} \tag{4-36}$$

显然，在图 4-21 示例中，超声波传感器希望获得的距离为 $PA = l_0$，实际上获得的距离为 $PB = l$。当传感器获得回波信号时，被测物已不在 B 点，而已运动到 C 点。若被测物运动速度很快，传感器则有可能接收不到反射回波，测量失败。因此，超声波传感器从原理上而言一般适用于静止或相对于声速缓慢移动被测物的测距和定位。

超声波传感器实际应用中另一个需要重视的问题是环境温度。由物理学知识可知，空气中声速的估计公式可表示为

$$c = \sqrt{\gamma R(t + 273.16)} \tag{4-37}$$

式中，$\gamma = 1.402$；$R = 287.06\text{J/(kg·K)}$；$t$ 为摄氏温度（℃）。

式（4-37）表明，声速是温度的函数，不同温度下声速有所不同，因此利用超声波传感器进行测距和定位需要获知当地环境温度的信息，以克服温度对测量结果的影响。

目前虽有不少利用超声波阵列进行二维/三维测距、形状或轮廓提取，乃至地图构建和被测物识别等研究报道，但由于传播速度限制、机械波传播的扩散性和能量衰减等，超声波传感器阵列的性能与激光雷达相比还有相当的差距。超声波传感器主要还是用于避障、短距离低精度测距和定位等，其测距/定位精度一般为 cm 级。

4.3.2 声源定位

声源定位是利用多个传声器或传声器阵列对环境发声物进行测距、定位和识别，属于典型的被动式测量问题。

数学上声源定位是基于多边测量法。设第 i 个传声器位置的坐标为 $M_i(x_i, y_i, z_i)$，$i = 1, 2, \cdots, N$，需确定声源的坐标为 (x, y, z)，则每个传声器和声源位置之间都可建立一个方程，这 N 个传声器与声源之间的关系可表示为

$$\begin{cases} l_1 = \sqrt{(x - x_1)^2 + (y - y_1)^2 + (z - z_1)^2} = c(t_1 - t_0) \\ l_2 = \sqrt{(x - x_2)^2 + (y - y_2)^2 + (z - z_2)^2} = c(t_2 - t_0) \\ \qquad\qquad\vdots \\ l_i = \sqrt{(x - x_i)^2 + (y - y_i)^2 + (z - z_i)^2} = c(t_i - t_0) \\ \qquad\qquad\vdots \\ l_N = \sqrt{(x - x_N)^2 + (y - y_N)^2 + (z - z_N)^2} = c(t_N - t_0) \end{cases} \tag{4-38}$$

式中，t_0 为声源发声的时间；t_i 为第 i 个传声器接收到声音信号的时间；l_i 为第 i 个传声器与声源之间的距离。

声源定位问题的特殊性在于声源发声的时间 t_0 是不能预知的，各个传声器仅能知道某个时间 t_i 接收到了声音信号。具体实现定位主要有信号到达时间（Time of Arrival，ToA）法和信号到达时间差（Time Difference of Arrival，TDoA）法，其中以 TDoA 法为主流方法。

ToA 法多用于脉冲式声音信号，它是直接利用各个传声器获得的信号到达时间 t_i 实现声源定位，采用 ToA 法实际上是求解式（4-38）所表征的非线性方程，获得声源位置和声源发声时间，即待求变量为 $[x,y,z,t_0]$。

TDoA 法具有普适性，可适用于各种类型的声音信号，与 ToA 法不同的是 TDoA 法利用的是各个传声器接收声音信号的时间差。不失一般性可假设第一个传声器为基准传声器，则 TDoA 法相当于求解方程

$$
\begin{cases}
\sqrt{(x-x_2)^2+(y-y_2)^2+(z-z_2)^2} - \sqrt{(x-x_1)^2+(y-y_1)^2+(z-z_1)^2} = c\Delta t_{21} \\
\vdots \\
\sqrt{(x-x_i)^2+(y-y_i)^2+(z-z_i)^2} - \sqrt{(x-x_1)^2+(y-y_1)^2+(z-z_1)^2} = c\Delta t_{i1} \\
\vdots \\
\sqrt{(x-x_N)^2+(y-y_N)^2+(z-z_N)^2} - \sqrt{(x-x_1)^2+(y-y_1)^2+(z-z_1)^2} = c\Delta t_{N1}
\end{cases}
\tag{4-39}
$$

式中，Δt_{i1} 为第 i 个传声器接收到的声音信号相对于基准传声器（第 1 个传声器）接收到信号的时间差（也称时间迟滞），$\Delta t_{i1}=t_i-t_1$。

式（4-39）所表征的方程是一个较为复杂的非线性方程，直接求解计算代价较大。实际应用过程中，TDoA 法具体实施的计算方程可在式（4-38）的基础上通过类似 4.3.1 节所介绍的"平方化+方程相减"处理操作获得。

具体地，由 $\Delta t_{i1}=t_i-t_1$，式（4-38）可改写为

$$
\begin{cases}
\sqrt{(x-x_1)^2+(y-y_1)^2+(z-z_1)^2} = c(t_1-t_0) = c\Delta t_{10} \\
\sqrt{(x-x_2)^2+(y-y_2)^2+(z-z_2)^2} = c(t_2-t_0) = c(t_2-t_1+t_1-t_0) = c(\Delta t_{21}+\Delta t_{10}) \\
\vdots \\
\sqrt{(x-x_i)^2+(y-y_i)^2+(z-z_i)^2} = c(t_i-t_0) = c(t_i-t_1+t_1-t_0) = c(\Delta t_{i1}+\Delta t_{10}) \\
\vdots \\
\sqrt{(x-x_N)^2+(y-y_N)^2+(z-z_N)^2} = c(t_N-t_0) = c(t_N-t_1+t_1-t_0) = c(\Delta t_{N1}+\Delta t_{10})
\end{cases}
\tag{4-40}
$$

式中，Δt_{10} 为声音从声源传播到基准传声器（第 1 个传声器）的渡越时间，$\Delta t_{10}=t_1-t_0$。

对式（4-40）进行平方处理，可得

$$
\begin{cases}
(x-x_1)^2+(y-y_1)^2+(z-z_1)^2 = (c\Delta t_{10})^2 \\
(x-x_2)^2+(y-y_2)^2+(z-z_2)^2 = c^2(\Delta t_{21}+\Delta t_{10})^2 \\
\vdots \\
(x-x_i)^2+(y-y_i)^2+(z-z_i)^2 = c^2(\Delta t_{i1}+\Delta t_{10})^2 \\
\vdots \\
(x-x_N)^2+(y-y_N)^2+(z-z_N)^2 = c^2(\Delta t_{N1}+\Delta t_{10})^2
\end{cases}
\tag{4-41}
$$

式（4-41）中第 2～N 个方程依次减去第一个方程（即基准传声器确定的方程），通过整理可得

$$
\begin{cases}
(x_2 - x_1)x + (y_2 - y_1)y + (z_2 - z_1)z + c^2 \Delta t_{21} \Delta t_{10} = \dfrac{1}{2}[(x_2^2 + y_2^2 + z_2^2) - (x_1^2 + y_1^2 + z_1^2) - (c\Delta t_{21})^2] \\[2mm]
(x_3 - x_1)x + (y_3 - y_1)y + (z_3 - z_1)z + c^2 \Delta t_{31} \Delta t_{10} = \dfrac{1}{2}[(x_3^2 + y_3^2 + z_3^2) - (x_1^2 + y_1^2 + z_1^2) - (c\Delta t_{31})^2] \\[1mm]
\qquad\qquad\qquad\qquad\qquad\qquad \vdots \\[1mm]
(x_i - x_1)x + (y_i - y_1)y + (z_i - z_1)z + c^2 \Delta t_{i1} \Delta t_{10} = \dfrac{1}{2}[(x_i^2 + y_i^2 + z_i^2) - (x_1^2 + y_1^2 + z_1^2) - (c\Delta t_{i1})^2] \\[1mm]
\qquad\qquad\qquad\qquad\qquad\qquad \vdots \\[1mm]
(x_N - x_1)x + (y_N - y_1)y + (z_N - z_1)z + c^2 \Delta t_{N1} \Delta t_{10} = \dfrac{1}{2}[(x_N^2 + y_N^2 + z_N^2) - (x_1^2 + y_1^2 + z_1^2) - (c\Delta t_{N1})^2]
\end{cases}
$$

$$\tag{4-42}$$

式（4-42）可进一步改写为矩阵方程

$$QP = g \tag{4-43}$$

其中

$$
Q = \begin{bmatrix}
x_2 - x_1 & y_2 - y_1 & z_2 - z_1 & c^2 \Delta t_{21} \\
x_3 - x_1 & y_3 - y_1 & z_3 - z_1 & c^2 \Delta t_{31} \\
\vdots & \vdots & \vdots & \vdots \\
x_i - x_1 & y_i - y_1 & z_i - z_1 & c^2 \Delta t_{i1} \\
\vdots & \vdots & \vdots & \vdots \\
x_N - x_1 & y_N - y_1 & z_N - z_1 & c^2 \Delta t_{N1}
\end{bmatrix} \tag{4-44}
$$

$$
g = \frac{1}{2} \begin{bmatrix}
(x_2^2 + y_2^2 + z_2^2) - (x_1^2 + y_1^2 + z_1^2) - (c\Delta t_{21})^2 \\
(x_3^2 + y_3^2 + z_3^2) - (x_1^2 + y_1^2 + z_1^2) - (c\Delta t_{31})^2 \\
\vdots \\
(x_i^2 + y_i^2 + z_i^2) - (x_1^2 + y_1^2 + z_1^2) - (c\Delta t_{i1})^2 \\
\vdots \\
(x_N^2 + y_N^2 + z_N^2) - (x_1^2 + y_1^2 + z_1^2) - (c\Delta t_{N1})^2
\end{bmatrix} \tag{4-45}
$$

P 为待求未知向量，$P = [x, y, z, \Delta t_{10}]^{\mathrm{T}}$，矩阵 Q 和向量 g 可预先确定。利用 TDoA 法进行声源定位就转化为一线性矩阵方程（或线性方程组）的求解问题。

对比式（4-43）和式（4-39）可知，无论分析还是计算，式（4-43）均具有明显的优势。实际应用过程中，各传声器的坐标是已知的，只要获知第 i 个传声器相对于基准传声器（第 1 个传声器）接收到信号的时间差 Δt_{i1}，矩阵 Q 和向量 g 就可依据式（4-44）和式（4-45）确定。矩阵 Q 和向量 g 确定后，采用合适的计算方法即可获得待求未知向量 $P = [x, y, z, \Delta t_{10}]^{\mathrm{T}}$ 的估计值，实现声源定位。

以最常用的最小二乘法为例，待求未知向量 P 的估计值 $\hat{P}$ 为

$$\hat{P} = (Q^{\mathrm{T}}Q)^{-1}Q^{\mathrm{T}}g \tag{4-46}$$

由线性代数知识可知，式（4-43）有解的条件是矩阵 Q 列满秩（列秩 =4）。仔细观察矩阵 Q，可以发现它不仅与获得各时间差 Δt_{i1} 有关，而且和各传声器的位置坐标 $M_i(x_i, y_i, z_i)$ 有关。这意味着对于声源定位问题需要考虑传声器阵列中各传声器的布局。若传声器阵列各传感器布局不合理，为满足列满秩条件，就可能需要较多的传声器传感器。反之，若布局合理，则可以用较少的传声器传感器，甚至最少的传声器数量（对于三维定位，传声器数量最少为 5 个，$N_{\min} = 5$）获得向量 P 的估计值 $\hat{P}$，实现声源定位。

图 4-22 为一个传声器阵列布局示例，它采用数量最少的 5 个传声器构成的阵列，其中基准传声器 M_1 坐标为原点（0，0，0），传声器 M_2 坐标为（a，0，0），传声器 M_3 坐标为（0，a，0），传声器 M_4 坐标为（b，b，0），传声器 M_5 坐标为（0，0，a），其中 $a > 2b > 0$。

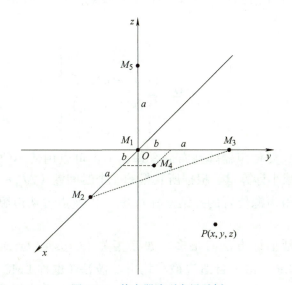

图 4-22　传声器阵列布局示例

在此布局下，矩阵 Q 和向量 g 分别为

$$Q = \begin{bmatrix} a & 0 & 0 & c^2\Delta t_{21} \\ 0 & a & 0 & c^2\Delta t_{31} \\ b & b & 0 & c^2\Delta t_{41} \\ 0 & 0 & a & c^2\Delta t_{51} \end{bmatrix} \tag{4-47}$$

$$g = \frac{1}{2}\begin{bmatrix} a^2 - (c\Delta t_{21})^2 \\ a^2 - (c\Delta t_{31})^2 \\ 2b^2 - (c\Delta t_{41})^2 \\ a^2 - (c\Delta t_{51})^2 \end{bmatrix} \tag{4-48}$$

相应地，式（4-43）为

151

$$QP = g = \begin{bmatrix} a & 0 & 0 & c^2\Delta t_{21} \\ 0 & a & 0 & c^2\Delta t_{31} \\ b & b & 0 & c^2\Delta t_{41} \\ 0 & 0 & a & c^2\Delta t_{51} \end{bmatrix}\begin{bmatrix} x \\ y \\ z \\ \Delta t_{10} \end{bmatrix} = \frac{1}{2}\begin{bmatrix} a^2 - (c\Delta t_{21})^2 \\ a^2 - (c\Delta t_{31})^2 \\ 2b^2 - (c\Delta t_{41})^2 \\ a^2 - (c\Delta t_{51})^2 \end{bmatrix} \tag{4-49}$$

可以证明，矩阵 Q 在此传声器布局下为一正定方阵，矩阵 Q 可逆，其逆阵 Q^{-1} 为

$$Q^{-1} = \frac{-1}{\det(Q)}\begin{bmatrix} a^2c^2\Delta t_{41} - abc^2\Delta t_{31} & abc^2\Delta t_{21} & -a^2c^2\Delta t_{21} & 0 \\ abc^2\Delta t_{31} & a^2c^2\Delta t_{41} - abc^2\Delta t_{21} & -a^2c^2\Delta t_{31} & 0 \\ abc^2\Delta t_{51} & abc^2\Delta t_{51} & -a^2c^2\Delta t_{51} & a^2c^2\Delta t_{41} - abc^2\Delta t_{31} - abc^2\Delta t_{21} \\ -a^2b & -a^2b & a^3 & 0 \end{bmatrix} \tag{4-50}$$

式中，$\det(Q)$ 为矩阵 Q 的行列式，$\det(Q) = a^2c^2(a\Delta t_{41} - b\Delta t_{31} - b\Delta t_{21})$。向量 P 的估计值 $\hat{P}$ 为

$$\begin{bmatrix} x \\ y \\ z \\ \Delta t_{10} \end{bmatrix} = Q^{-1}\frac{1}{2}\begin{bmatrix} a^2 - (c\Delta t_{21})^2 \\ a^2 - (c\Delta t_{31})^2 \\ 2b^2 - (c\Delta t_{41})^2 \\ a^2 - (c\Delta t_{51})^2 \end{bmatrix} \tag{4-51}$$

上述示例表明，只要传声器阵列布局合理，不仅可以用最小的传声器数量实现声源定位，而且可以大大减小计算量。根据所获得的 4 个时间差（$\Delta t_{21} \sim \Delta t_{51}$），通过式（4-51）可以解析解的方式获得声源位置的三维坐标 (x, y, z) 以及声音从声源传播到基准传声器所需渡越时间 Δt_{10}。

时间差 Δt_{i1} 的时延估计方法有很多，如互相关（Cross-Correlation）法、线性回归（Linear Regression，LR）法、自适应最小均方滤波法（也称 LMS 自适应滤波法）以及互功率谱相位（Cross-power Spectral Phase，CSP）法等。其中以互相关法最为经典，应用也最为广泛。下面简要介绍互相关法时延估计的基本原理。

互相关法时延估计是基于随机过程中的互相关信号分析。图 4-23 为互相关法时间差 Δt_{i1} 测量原理示意图。设 $x_1(t)$ 为基准传声器（第 1 个传声器）接收到的声音信号，$x_i(t)$ 为第 i 个传声器接收到的声音信号，τ 为两信号间的时间差，两信号间的互相关函数为

$$R_{i1}(\tau) = \lim_{T \to \infty}\int_0^T x_1(t)x_i(t+\tau)\mathrm{d}t \tag{4-52}$$

式（4-52）的离散表达式为

$$R_{i1}(j) = \frac{1}{N}\sum_{k=1}^N x_1(k)x_i(k+j) \tag{4-53}$$

式中，$x_1(k)$ 为基准传声器接收到的声音信号 $x_1(t)$ 以时间间隔 Δt 采样获得的第 k 个采样值；$x_i(k+j)$ 为第 i 个传声器接收到的声音信号 $x_i(t)$ 以时间间隔 Δt 采样获得的第 $k+j$ 个采样值；j 为第 j 步时间滞后，与式（4-52）中的 τ 对应，$\tau = j\Delta t$；N 为一个采样周期 T 内离

散采样点的个数，$T = N\Delta t$。

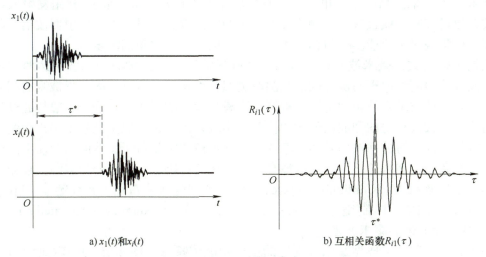

a) $x_1(t)$和$x_i(t)$　　　　　　　b) 互相关函数$R_{i1}(\tau)$

图 4-23　互相关法时间差测量原理示意图

互相关函数 $R_{i1}(\tau)$ 的图形如图 4-23b 所示，其峰值（最大值）位置所对应的时间 τ_{i1} 就是两信号间的时间差 $\Delta t_{i1} = \tau^{*}$。

为进一步提高时间差 Δt_{i1} 估计的准确性，目前已发展出广义互相关（Generalized Cross–Correlation）法，可有效地滤除噪声并提高互相关函数峰值估计的准确性。广义互相关法是先对两声音信号进行快速傅里叶变换（FFT），然后求取两信号的互功率谱并在频率域内对其进行加权处理，再进行傅里叶逆变换（IFFT）获得时域互相关函数，最后根据互相关函数峰值位置确定时间差 Δt_{i1}。广义互相关法的核心是针对测量信号的特点选择适合的广义互相关加权函数，以达到抑制噪声并使互相关函数尖锐化的目的。

4.4　毫米波雷达

顾名思义，毫米波雷达是工作在电磁波毫米波（Millimeter Wave）波段的雷达，其波长一般为 1 ～ 10mm，相应的工作频率为 30 ～ 300GHz。图 4-24 为毫米波在电磁波频段中的位置。

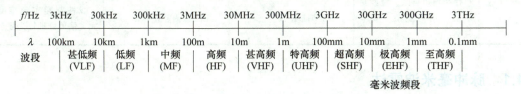

图 4-24　电磁波和毫米波频段划分示意图

基于毫米波雷达可较为准确地实现被测物的距离、速度和角度（方向角）等参数的测量。同时，与红外和可见光相比较，毫米波的信号传输受恶劣天气和烟尘环境影响较小，对雨、雪、雾、霾、烟和尘等具有良好的穿透性，毫米波雷达可在全天候和全气象条件下工作，抗环境变化能力强。因此，毫米波雷达是目前机器人工程领域备受关注的核心技术之一。

毫米波雷达采用高频电子电路产生特定频率的电磁波（毫米波），利用发射天线发送电磁波并通过接收天线接收从被测物反射回来的电磁波，通过对相应反射回波信号的分析和处理，可实现对单个或多个目标距离、运动速度乃至方位角的测量。

依据工作模式，毫米波雷达可分为脉冲毫米波雷达和连续波毫米波雷达两大类。脉冲毫米波雷达的测量原理与脉冲式激光测距类似，都是基于渡越时间获得被测物相对于雷达的距离。连续波毫米波雷达可实现被测物距离和速度的测量，其测距一般是通过计算渡越时间或接收天线获得的回波信号的相位差来实现；其测速一般多是基于多普勒效应，通过计算接收天线获得的回波信号的频率变化以确定被测物相对于雷达的运动速度。依据具体工作体制和任务需求的不同，连续波毫米波雷达还可以进一步细分为多种，较为典型和常用的有恒频连续波（Continuous Wave，CW）体制毫米波雷达、频移键控（Frequency Shift Keying，FSK）体制毫米波雷达和调频连续波（Frequency Modulated Continuous Wave，FMCW）体制毫米波雷达等。

表 4-1 简要列出了典型毫米波雷达的主要功能和特点。图 4-25 为一款典型的毫米波雷达。生产厂家为大陆集团（Continental），型号为 ARS408-21SC1，工作体制为 FMCW 体制，工作频率为 76 ～ 77GHz，测量周期约 72ms。该毫米波雷达采用双波束组合，有长距离波束和短距离波束，以兼顾前方远距离（Far Range，FR）目标和近处短距离（Short Range，SR）目标的不同探测需求。长距离波束用于探测远距离目标，角度分辨率佳；短距离波束探测角度大，距离测量精度和分辨率性能好。其他相关性能指标如下：

方向角（水平视场角）：-9° ～ 9°（远距，0.20 ～ 250m）；-60° ～ 60°（近距，0.20 ～ 70m）。

俯仰角（垂直视场角）：14°（远距，0.20 ～ 250m）；20°（近距，0.20 ～ 70m）。

速度分辨率：0.37km/h（远距）；0.43km/h（近距）。

距离分辨率：1.79m（远距）；0.39m（近距）。

表 4-1　典型毫米波雷达的主要功能和特点

工作模式（体制）	脉冲毫米波雷达	连续波毫米波雷达		
		恒频 CW 体制	FSK 体制	FMCW 体制
主要特点	技术较为成熟，测距精度较高	可探测目标速度，精度较高	可探测运动目标的距离和速度	可探测静止或运动目标的距离和速度
	存在测距盲区，硬件要求高，结构复杂，成本较高	不能测量距离	无法探测静止目标	线性调频实现难度较大，信号处理较为复杂

4.4.1　脉冲毫米波雷达

脉冲毫米波雷达以一定的脉冲重复周期 T 重复地向被测物发射一个或一系列脉冲波，然后接收被测物的反射回波，通过测量脉冲波往返的回波延时（即渡越时间）实现距离的检测，如图 4-26 所示。被测物与雷达间的距离为 $l = \dfrac{1}{2}c\Delta t$。

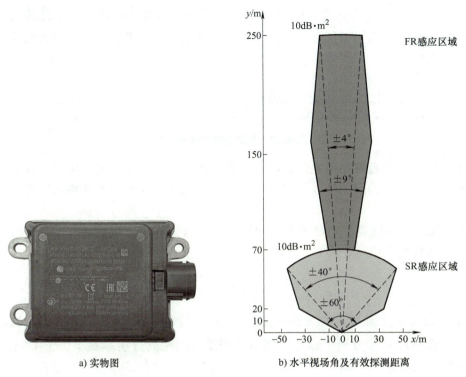

a) 实物图　　　　　　　　b) 水平视场角及有效探测距离

图 4-25　毫米波雷达

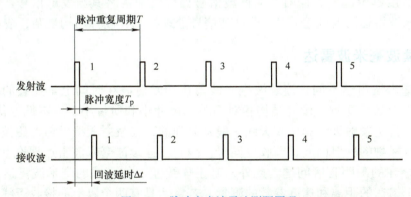

图 4-26　脉冲毫米波雷达测距原理

由于脉冲波是以一定的周期 T 重复发送的，当目标物距离较远时，回波时延 Δt 可能会超出脉冲重复周期 T，此时发射脉冲波 1 的发射回波信号可能出现在发射脉冲波 2 的观测时间段内，而系统又无法识别，从而导致所谓的距离模糊现象，测距失效。因此，脉冲重复周期 T 本质上决定了脉冲毫米波雷达的最大不模糊探测距离 l_{max} 为

$$l_{max} = \frac{1}{2}cT \tag{4-54}$$

式（4-54）表明增大脉冲重复周期 T 可扩大雷达的不模糊探测距离。此外，采用参差变周期脉冲信号也是一条克服距离模糊现象的有效途径。图 4-27 为一参差变周期脉冲序

列。图中 $T_1 = k_1T, T_2 = k_2T, \cdots, T_N = k_NT$。 $k_1, k_2, \cdots, k_N$ 称为参差码。由于各个脉冲周期有所不同，雷达系统可分辨出回波信号相对应的发射脉冲信号，因此，可在相当大的范围内有效地避免距离模糊问题。

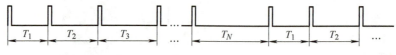

图 4-27 参差变周期脉冲序列

脉冲毫米波雷达通常共用发射天线和接收天线。在发射脉冲时，雷达不能接收回波信号，只能在脉冲发射的间歇接收回波并进行处理。因此，脉冲毫米波雷达存在一定的测距盲区。

脉冲宽度（简称脉宽）占脉冲重复周期的比值通常称为占空比。脉冲毫米波雷达的距离分辨率由脉冲宽度决定，即

$$\Delta l_{\min} = \frac{1}{2}cT_{\mathrm{p}} \tag{4-55}$$

式中， $\Delta l_{\min}$ 为距离分辨率； T_{p} 为脉冲宽度。因此，若要较小的距离分辨率，就必须减小脉冲宽度，即脉冲越窄分辨率越好。例如，若雷达的距离分辨率要求优于 1.0m，则相应的脉冲宽度就应小于 6.67ns。

脉冲毫米波雷达为保证距离分辨率和灵敏度，需要在短时间内发射大功率脉冲信号，且发射脉冲宽度越窄越好，同时在对回波信号处理之前需将其与发射信号严格隔离，因此，脉冲毫米波雷达需要高速芯片 / 器件和信号处理技术，硬件结构复杂，成本也较高。

4.4.2　连续波毫米波雷达

与脉冲毫米波雷达不同，连续波毫米波雷达的发射波在时间上是连续的，功率要求低，具有工程上易于实现、硬件结构相对简单、尺寸小和质量小、成本低等优点。同时，连续波毫米波雷达发射天线和接收天线一般是分列的，在发射天线发射电磁波的同时，接收天线接收目标物的反射回波，即收发同时，因此，连续波毫米波雷达理论上不存在脉冲毫米波雷达存在的测距盲区问题。此外，基于连续波工作模式的毫米波雷达可同时实现被测物相对于雷达的距离和速度参数的测量，若雷达具有两个以上的接收天线还可以实现被测物相对于雷达位置乃至方向角的测量。因此，在机器人工程领域，连续波毫米波雷达相较于脉冲毫米波雷达具有明显的优势，是目前研发和应用的主流毫米波雷达，尤其是 FMCW 体制毫米波雷达。下面主要对具有代表性的恒频 CW 体制毫米波雷达、FSK 体制毫米波雷达和 FMCW 体制毫米波雷达等的测量原理进行简要介绍。

1. 恒频 CW 体制毫米波雷达

恒频 CW 体制毫米波雷达是基于多普勒效应，利用被测物发射回波的多普勒频移实现被测物速度测量。

毫米波雷达向运动被测物发射电磁波，并接收由被测物反射回来的回波信号。由物理学知识可知，多普勒频移与雷达和被测物的相对速度成正比。当运动被测物接近雷达时，

回波信号的频率会增大，多普勒频移为正。反之，当运动被测物远离雷达时，回波信号的频率会减小，多普勒频移为负。

回波信号频率、发射信号频率和运动被测物相对速度之间的关系可表示为

$$\tilde{f}_0 = f_0 + \frac{2v_r}{c} f_0 \tag{4-56}$$

式中，$\tilde{f}_0$ 为回波信号频率；f_0 为发射波信号频率；v_r 为运动被测物相对于雷达的径向运动速度。

多普勒频移 f_d 为

$$f_d = \tilde{f}_0 - f_0 = \frac{2v_r}{c} f_0 \tag{4-57}$$

则可得运动被测物相对于雷达的径向运动速度 v_r 为

$$v_r = \frac{c}{2f_0} f_d \tag{4-58}$$

由式（4-58）可知，恒频 CW 体制毫米波雷达可通过测得回波信号和发射信号的频率差（即多普勒频移 f_d）推算出运动被测物的速度，但由于未获得回波信号和发射信号之间的延时信息，该体制雷达无法实现被测物与雷达间的距离的测量。

简而言之，恒频 CW 体制毫米波雷达的特点在于测速精度较高但距离信息缺失。

2. FSK 体制毫米波雷达

FSK 体制毫米波雷达发射的是双频的连续波，发射信号两个频率 f_1 和 f_2 交替出现，如图 4-28 所示。

发射信号和回波信号经过混频器处理得到中频信号。中频信号（也常称为差频信号）有两组，分别对应频率 f_1 和 f_2。通过对这两组中频信号的分析和处理，FSK 体制毫米波雷达可同时实现运动被测物速度和距离的测量。

从中频信号中可提取多普勒频移 f_d，被测物相对于雷达的径向运动速度 v_r 为

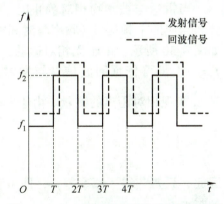

图 4-28　FSK 体制毫米波雷达信号示意图

$$v_r = \frac{c}{2f_c} f_d \tag{4-59}$$

式中，f_c 为雷达的基准频率。

从中频信号中可解调出两个频率几乎相等但相位不同的信号，被测物相对于雷达的距离 l 可通过这两个信号的相位差计算获得，相应的公式为

$$l = \frac{c}{4\pi\Delta f} \Delta\varphi \tag{4-60}$$

式中，$\Delta\varphi$ 为相位差，$\Delta\varphi \in (-\pi, \pi)$；$\Delta f$ 为频率差，常称为扫频带宽，$\Delta f = |f_1 - f_2|$。

157

对于单个运动被测物，FSK 体制毫米波雷达可获得很好的探测效果，其速度和距离测量精度较高。同时还可以通过被测物多普勒频移的不同来识别多个被测物，因此，该种体制的雷达可用于不同速度多个被测物距离和速度的探测。然而，也正是由于该体制雷达是基于多普勒频移来识别被测物，因此 FSK 体制毫米波雷达不适用于探测静止被测物，只能探测运动被测物，也难以很好地识别相对速度相同或接近的多个被测物。

3. FMCW 体制毫米波雷达

FMCW 体制毫米波雷达的发射信号是经频率调制的连续波信号。在该体制下，发射波是等幅波但频率随时间的推移发生周期性变化。当频率采用三角波或锯齿波调制时，每个周期内发射波的频率与时间呈线性关系，故而称为线性调频连续波（Linear Frequency Modulated Continuous Wave，LFMCW）。

FMCW 体制毫米波雷达向被测物发射调频连续波，并接收相应的反射回波，发射波和回波通过混频器进行混频处理生成反映被测物的距离和速度信息的中频信号（差频信号，表征发射波信号和回波信号之间的频率差），依据中频信号通过相应的计算公式可计算得到雷达与被测物的相对距离和相对速度。下面以最为典型的三角波为例来介绍 FMCW 体制毫米波雷达的测距和测速基本原理。

FMCW 体制毫米波雷达所采用的三角波由两个对称的 LFMCW 构成，分为上、下扫频，如图 4-29 所示。图中 $\Delta f = f_{max} - f_{min}$ 为扫频带宽。

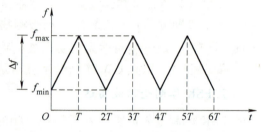

图 4-29　FMCW 体制毫米波雷达三角波
（频率与时间之间的关系）

当雷达与被测物相对静止时，发射波、回波和相应的中频信号（频率与时间之间的关系）如图 4-30 所示。由于无相对运动，多普勒频移 $f_d = 0$。但可依据回波信号与发射信号间的延时 Δt 实现相对距离的测量。由于 $l = \dfrac{1}{2} c \Delta t$，并利用对称比例关系 $\dfrac{\Delta f}{T} = \dfrac{f_b}{\Delta t}$，可得

$$l = \frac{cT}{2\Delta f} f_b \tag{4-61}$$

因此，只要获得了频率差 f_b，即可利用式（4-61）计算得到相对静止时雷达与被测物之间的距离 l。

当雷达与被测物存在相对运动时，发射波、回波和相应的中频信号（频率与时间之间的关系）如图 4-31 所示。由于有相对运动，因此有多普勒频移 f_d。

由图 4-31 可得

$$f_{b+} = f_b - f_d \tag{4-62}$$

$$f_{b-} = f_b + f_d \tag{4-63}$$

由式（4-61）可得

$$f_b = \frac{2\Delta f}{cT} l \tag{4-64}$$

158

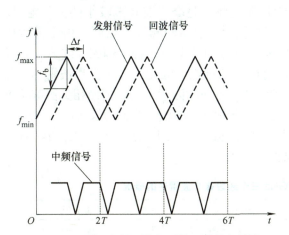

图 4-30　雷达与被测物相对静止时的发射波、回波和相应的中频信号（频率与时间之间的关系）

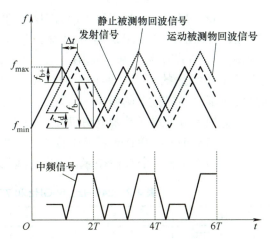

图 4-31　雷达与被测物存在相对运动时的发射波、回波和相应的中频信号（频率与时间之间的关系）

由式（4-62）～式（4-64）可得雷达与被测物的相对距离 l 为

$$l = \frac{(f_{b+} + f_{b-})cT}{4\Delta f} \tag{4-65}$$

进一步，由式（4-62）、式（4-63）和多普勒频移表达式 $f_d = \dfrac{2f_0}{c}v_r$，可得雷达与被测物的相对速度 v_r 为

$$v_r = \frac{(f_{b-} - f_{b+})c}{4f_0} \tag{4-66}$$

式（4-65）和式（4-66）表明，对于 FMCW 体制毫米波雷达，只要获得频率差 f_{b+} 和 f_{b-}，即可实现雷达与被测物的相对距离和相对速度的测量。同时已知雷达和被测物无相对运动速度时，$f_{b+} = f_{b-} = f_b$，$v_r = 0$，距离计算公式式（4-65）就退化为式（4-61）。

FMCW 体制毫米波雷达不仅可同时获得相对距离和速度的信息，而且对于相对静止和存在相对运动的被测物都适用；对于单个被测物探测，FMCW 体制毫米波雷达具有优良的距离和速度测量性能；对于多个不同距离的静止被测物，由于不同的距离对应有不同的频率差 f_b，因此雷达可有效地识别不同的被测物；对于多个相同距离的静止被测物，由于具有相同的频率差 f_b，雷达不能有效区分距离相同的多个静止被测物；对于多个不同距离的运动被测物，雷达会获得与被测物数量相同的两组频率差（一组频率差 f_{b+}，一组频率差 f_{b-}），理论上可通过对两组频率差和相应被测物的配对实现多个被测物距离和速度的探测，但在实际探测时难免会出现配对出错，无法区分不同被测物，甚至得到不存在的虚假被测物的情况；当多个被测物距离和速度均相同或差别很小时，雷达无法实现多个被测物的有效探测。

4.4.3　毫米波雷达应用中需注意的问题

1. 毫米波雷达可用频段

目前毫米波雷达的应用研究主要集中在数个大气窗口频率和衰减峰（强衰减）频率

上。35GHz、45GHz、94GHz、140GHz、220GHz 附近频段是毫米波衰减较小的大气窗口。60GHz、120GHz、180GHz 附近频段是毫米波衰减较大的衰减峰频段。然而，由于雷达技术的敏感性和特殊性，基于军用、通信和国家安全等方面的考虑，各个国家（或地区）对民用毫米波雷达的频率及其相应的扫频带宽均有严格的规定。因此，对于毫米波雷达（尤其是民用毫米波雷达）的研发和应用，不仅要考虑技术方面的因素，还要遵循相关国家（或地区）的规定和标准（涉及允许使用频段的相关规定和标准具有法定强制意义）。

目前 24GHz、60GHz 和 77GHz 三个频段是国内外允许使用的主要频段。24GHz、60GHz 和 77GHz 三个频段毫米波雷达的概况见表 4-2。

表 4-2 24GHz、60GHz 和 77GHz 三个频段毫米波雷达的概况

参数	24GHz 频段	60GHz 频段	77GHz 频段
频率范围 /GHz	24 ~ 24.25	60 ~ 64	76 ~ 81
允许扫频带宽	250MHz	4GHz	5GHz
天线配置个数	1TX+1RX，1TX+2RX	最多 4TX+4RX	最多 4TX+4RX
主要功能	测距，测速	测距、测速、测角	测距、测速、测角
测量性能	较低	较好	较好
成本	低	较高	较高
应用领域	应用广泛，多适用于对参数测量精度要求不高的场合	工业、物联网、安防和医疗等	交通和汽车等

注：TX 表示发射天线，RX 表示接收天线。

24GHz 频段对应波长 1.25cm，频率范围为 24 ~ 24.25GHz，可用扫频带宽较窄，为 250MHz。这一频段是全球范围最早开放的通用频段之一，也是早期民用毫米波雷达应用的首选频段（虽然 24GHz 毫米波的波长为 1.25cm，称为厘米波或亚毫米波更为合适，但行业内依然称之为毫米波）。经多年发展，24GHz 频段毫米波雷达的技术和相关产业链已较为成熟，应用范围广泛且相应产品的成本低。

60GHz 频段对应波长 5.0mm，频率范围为 60 ~ 64GHz 频段，可用扫频带宽为 4GHz。60GHz 也是全球范围通用的频段。工业和物联网等是该频段毫米波雷达研究、发展和应用的重点领域。

77GHz 频段对应波长 3.9mm，频率范围为 76 ~ 81GHz，可用扫频带宽为 5GHz。根据 2021 年工信部发布的《汽车雷达无线电管理暂行规定》，76 ~ 79GHz 频段已被规划用于汽车雷达，并限制了其他地面雷达对该频段的使用。同时，由于毫米波频率越高波长越短，其测距和测速分辨率越好，相应的测量精度就越高，与 24GHz 频段毫米波雷达相比，77GHz 频段毫米波雷达在测量性能上具有明显优势。因此，77GHz 频段毫米波雷达是国内外车用（或车载）毫米波雷达研发的重点和热点。

2. 方向角测量、目标物定位和多目标识别

基于毫米波雷达亦可进行雷达关于目标物的方向角的测量，并进而实现目标物定位和多目标识别，前提是该雷达系统有两个以上的接收天线。

相位差法是毫米波雷达进行方向角测量的基本方法，它是基于目标物相对于不同接收天线的距离差导致回波信号的相位差实现方向角测量，其测量原理如图 4-32 所示（以有两

个接收天线的雷达系统为例)。图中 TX 表示发射天线，RX 表示接收天线，d 表示两个接收天线的间距。由于目标物与雷达间的距离相对于接收天线足够远，即 $d_1 \gg d$，$d_2 \gg d$，两接收天线收到的回波信号可视为平行，距离差 Δd 与方向角 θ 之间的关系可表示为

$$\Delta d = d_2 - d_1 = d\sin\theta \tag{4-67}$$

两接收天线接收到回波信号的相位差 $\Delta\varphi$ 可表示为

$$\Delta\varphi = \frac{\Delta d}{\lambda}2\pi = \frac{2\pi d}{\lambda}\sin\theta \tag{4-68}$$

由式（4-68），$\sin\theta$ 可表示为

$$\sin\theta = \frac{\lambda}{2\pi d}\Delta\varphi \tag{4-69}$$

方向角 θ 为

$$\theta = \arcsin\left(\frac{\lambda}{2\pi d}\Delta\varphi\right) \tag{4-70}$$

式（4-70）表明，只要测得相位差即可实现目标物相对于雷达的方向角的测量。

结合方向角和距离信息，毫米波雷达就能实现对目标物的定位。与此同时，多目标识别问题就相对容易得多了。如对于如图 4-33 所示具有相同距离和相同径向速度的两个

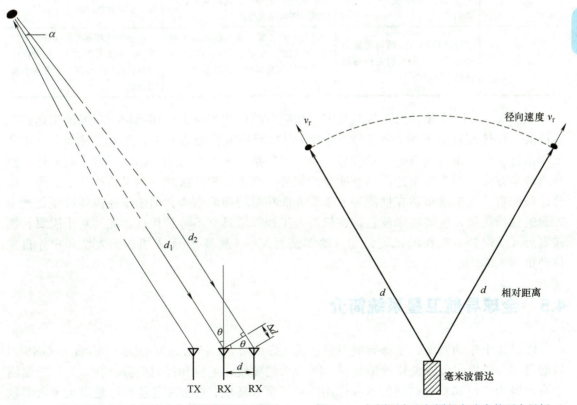

图 4-32　毫米波雷达相位差法方向角测量原理示意图　　图 4-33　相同距离和相同径向速度的两个目标

目标，若系统只有一个接收天线，则无论采用何种毫米波雷达都不能将两个目标物区分开来；若系统有两个以上的接收天线，能实现目标物相对于雷达的方向角测量，则毫米波雷达可方便地识别出前方的两个目标，且知道这两个目标相对于雷达的位置。因此，毫米波雷达实际应用过程中，方向角的测量具有重要的意义和作用。

3. 毫米波雷达、激光雷达和超声波雷达间的比较

毫米波雷达、激光雷达和超声波雷达间的比较见表 4-3。

表 4-3　毫米波雷达、激光雷达和超声波雷达间的比较

项目	毫米波雷达	激光雷达	超声波雷达
探测距离	较远	远	近
分辨率	较高	高	一般
测距和测速性能	较好	好	一般
成本	中	高	低
系统复杂度	中	高	低
信息处理要求	较高	较高	简单
优势	可在全天候和全气象条件下工作，不易受环境变化影响	测量性能佳；测距和测速精度高，目标识别能力强；探测距离远；成像或地图构建能力强	技术成熟，结构简单；成本低廉，信息处理简单
缺点	目标识别和地图构建能力一般，一般多与视觉传感器进行信息融合	在雨、雪、雾、霾、烟和尘等恶劣天气或烟尘环境下不能正常工作；易受环境变化影响；系统复杂，成本高	易受天气和环境温度等变化的影响；探测距离较近，测量性能一般；多用于探测性能要求不高的场景

从表 4-3 可以明显看出，与激光雷达和超声波雷达相应系统相比较，毫米波雷达的独特优势主要体现在全天候 / 全气象工作能力（抗环境变化能力）上。在测量性能上，正常工作条件下激光雷达具有全面的优势，毫米波雷达不如激光雷达，但优于超声波雷达。在系统成本方面，超声波雷达则具有明显的优势，毫米波雷达次之，激光雷达处于劣势。综合比较而言，毫米波雷达在性能和成本等方面相对均衡而中庸，但由于在抗环境变化能力方面的独特优势，使得毫米波雷达在机器人工程领域具有不可替代性，尤其对于需要长期在野外（或户外）工作的系统，如自动驾驶无人车（载具）、无人机、无人船和户外自主移动机器人等。

4.5　全球导航卫星系统简介

经过几十年的发展，全球导航卫星系统（Global Navigation Satellite System，GNSS）目前已发展成熟，可方便快捷地提供 24h 全天候导航、定位和授时服务。在人类生产生活中有着极为广泛和不可或缺的重要作用。对于室外环境，GNSS 已能很好地满足绝大多数军用或民用导航和定位需求。

目前现有能提供全球定位服务的 GNSS 有四种，即美国的全球定位系统（Global Positioning System，GPS）、俄罗斯的格洛纳斯卫星导航系统（Global Navigation Satellite System，GLONASS）、欧盟的伽利略卫星导航系统（Galileo Navigation Satellite System，Galileo）和我国的北斗卫星导航系统（Beidou Navigation Satellite System，BDS）。另外，日本和印度等国也建设了区域性的卫星导航系统。

表 4-4 列出了能提供全球定位服务的四种 GNSS 的主要技术特点。各 GNSS 一般都有通过合理设计运行于不同轨道面的 24 颗以上的卫星，以保证在地球表面任意位置，应用终端（或接收器）都能够接收到 4 颗以上卫星的信号。各卫星发送信号中包含信号发送时间和该时刻卫星的坐标等信息，应用终端根据各卫星发送的信息和接收到卫星信号的时间，通过相应的计算获得当前终端的实时坐标，从而实现导航和定位。

表 4-4　GPS、GLONASS、Galileo 和 BDS 的主要技术特点

技术特点	GPS	GLONASS	Galileo	BDS
研制国家 / 地区	美国	俄罗斯	欧盟	中国
卫星数量	24+	24+	30+	35+
轨道面数	6	3	3	3
轨道倾角	55°	64.8°	56°	55°
运行周期	11h58min	11h15min	14h22min	12h50min
轨道高度	20200km	19000km	23616km	21500km
时间基准	GPS 时间	GLONASS 时间	Galileo 时间	北斗时间
定位范围	全球	全球	全球	全球
定位精度（民用）	m 级	m 级	m 级	m 级
提供服务	导航、定位、授时	导航、定位、授时、通信	导航、定位、授时、通信	导航、定位、授时、通信

实现 GNSS 应用终端实时坐标计算的方法常称为多球相交法，其基本原理是一种典型的以距离为基础的多边测量法。设当前应用终端的坐标为 $P(x, y, z)$，有三个未知变量。若终端接收到三颗卫星的信号，可列出方程为

$$\begin{cases} R_1 = \sqrt{(x-x_1)^2 + (y-y_1)^2 + (z-z_1)^2} = c(t_1^r - t_1^s) \\ R_2 = \sqrt{(x-x_2)^2 + (y-y_2)^2 + (z-z_2)^2} = c(t_2^r - t_2^s) \\ R_3 = \sqrt{(x-x_3)^2 + (y-y_3)^2 + (z-z_3)^2} = c(t_3^r - t_3^s) \end{cases} \tag{4-71}$$

式中，c 为光速；R_i 为第 i 颗卫星与终端之间的距离；t_i^s 为第 i 颗卫星发射信号的时间；t_i^r 为终端接收到第 i 颗卫星信号的时间，$i = 1, 2, 3$。易知以 R_1、R_2、R_3 为半径的三个球面相交于两点，其中一个为终端所处位置，另一个位于三颗卫星的上方（很容易排除）。因此，似乎通过解方程式（4-71）可以获得终端的坐标 $P(x, y, z)$。

那为什么 GNSS 一般至少需要四颗卫星呢？原因是各卫星的时钟和应用终端的时钟不是同步，存在偏差。

GNSS 各卫星以高精度的原子钟作为时钟源，且每隔一定时间间隔（一般为几小时）通过地面系统进行一次时钟修正和同步，因此，GNSS 各卫星的时钟可视为同步。而应用终端多种多样，受成本、体积、制造工艺、应用需求和使用条件等因素的影响，大多采用精度较低的各种晶体时钟，其性能无法与卫星时钟匹配，也难以做到与卫星时钟同步。故而，卫星和终端的时钟存在偏差。

卫星信号以光速传播，微小的时间偏差将导致很大的测距误差并严重影响定位的精度。从测量误差的角度而言，卫星和终端间的时钟偏差相当于一个系统误差源，要消除该系统误差，需要实时估算出该时钟偏差。从数学求解的角度而言，为实现有效的定位，实际需求解的未知变量在原来的三个坐标变量 (x, y, z) 的基础上增加了一个，变为 (x, y, z, t_c)，其中 t_c 为卫星和终端间的时钟偏差。显然，仅利用三颗卫星的信号是无法做到的，终端要接收到至少四颗卫星发射的信号才能实现 t_c 的实时估计，并进而消除时钟偏差对定位的系统性影响。因此，GNSS 一般至少需要四颗卫星。

引入第四颗卫星信号，式（4-71）就增广为

$$\begin{cases} R_1 = \sqrt{(x-x_1)^2 + (y-y_1)^2 + (z-z_1)^2} = c(t_1^r - t_1^s) = c(\Delta t_1 - t_c) \\ R_2 = \sqrt{(x-x_2)^2 + (y-y_2)^2 + (z-z_2)^2} = c(t_2^r - t_2^s) = c(\Delta t_2 - t_c) \\ R_3 = \sqrt{(x-x_3)^2 + (y-y_3)^2 + (z-z_3)^2} = c(t_3^r - t_3^s) = c(\Delta t_3 - t_c) \\ R_4 = \sqrt{(x-x_4)^2 + (y-y_4)^2 + (z-z_4)^2} = c(t_4^r - t_4^s) = c(\Delta t_4 - t_c) \end{cases} \tag{4-72}$$

式中，$\Delta t_i = t_i^r - t_i^s$，$i = 1, 2, 3, 4$。

对式（4-72）的各方程进行平方，可得

$$\begin{cases} (x-x_1)^2 + (y-y_1)^2 + (z-z_1)^2 = c^2(\Delta t_1 - t_c)^2 \\ (x-x_2)^2 + (y-y_2)^2 + (z-z_2)^2 = c^2(\Delta t_2 - t_c)^2 \\ (x-x_3)^2 + (y-y_3)^2 + (z-z_3)^2 = c^2(\Delta t_3 - t_c)^2 \\ (x-x_4)^2 + (y-y_4)^2 + (z-z_4)^2 = c^2(\Delta t_4 - t_c)^2 \end{cases} \tag{4-73}$$

从式（4-73）中第一个方程中依次减去后面三个方程可得三个线性方程。利用这三个线性方程，可进一步逐次消去变量 x、y、z，得到关于变量时钟偏差 Δt_0 的一个二次方程。二次方程至多有两个实数解，利用先验知识可剔除其中一个解，从而实现时钟偏差 Δt_0 的实时估计，并进而完成终端的有效定位。

由于通过求解式（4-72），在得到终端坐标 (x, y, z) 的同时，还可以获得卫星和终端间的时钟偏差 t_c，对终端的时钟进行校准，因此，GNSS 不仅仅是定位导航系统，还是授时系统。

上述原理性讨论过程中仅考虑了时钟偏差的影响，实际 GNSS 中还存在由于大气特性波动和终端信号的接收性能等因素引入的误差 e_i，则实际 GNSS 求解的方程为

$$\begin{cases} \rho_1 = \sqrt{(x-x_1)^2 + (y-y_1)^2 + (z-z_1)^2} + ct_c + e_1 \\ \qquad\qquad\vdots \\ \rho_i = \sqrt{(x-x_i)^2 + (y-y_i)^2 + (z-z_i)^2} + ct_c + e_i \\ \qquad\qquad\vdots \\ \rho_N = \sqrt{(x-x_N)^2 + (y-y_N)^2 + (z-z_N)^2} + ct_c + e_N \end{cases} \tag{4-74}$$

式中，e_i 为由于大气特性波动和终端信号的接收性能等因素引入的误差，$i=1,2,3,\cdots,N$，$N \geqslant 4$；ρ_i 为第 i 颗卫星与终端之间的伪距（Pseudorange）。ρ_i 包含了时钟偏差 t_c 和误差 e_i 的影响，即

$$\rho_i = f(x,y,z,t_c) + e_i = \sqrt{(x-x_2)^2 + (y-y_2)^2 + (z-z_2)^2} + ct_c + e_i \tag{4-75}$$

如 4.1.2 节关于多边测量法的相关讨论，由于误差 e_i 的影响，GNSS 多球相交一般不会交于一个点而是交出一个可信区域。为提高定位的精度和数值计算的稳定性，GNSS 一般都有选星算法以避免卫星位置过于集中（接近）导致的病态问题，并利用尽可能多的卫星信号进行应用终端位置的解算和时钟偏差的估计。

式（4-74）是一个复杂的非线性方程组，求解的计算量较大。一般多采用基于线性化的迭代技术进行求解。其基本计算步骤为：①先预估一个终端的近似位置和时钟偏差；②在近似位置，对各伪距 ρ_i 进行泰勒展开，保留一阶偏导数项，略去高阶偏导数项，通过整理获得 N 个线性方程组；③利用最小二乘法等方法获得真实位置与预估位置之间的差值和实际时钟偏差与预估时钟偏差之间的差值，实现定位和时钟偏差估计。

设终端预估位置和时钟偏差的预估值为 $\boldsymbol{p}_0 = [x_0, y_0, z_0, t_{c0}]^T$，实际值为 $\boldsymbol{p} = [x,y,z,t_c]^T$，则有

$$\begin{cases} x = x_0 + \Delta x \\ y = y_0 + \Delta y \\ z = z_0 + \Delta z \\ t_c = t_{c0} + \Delta t_c \end{cases} \tag{4-76}$$

对式（4-75）表征的伪距 ρ_i 进行泰勒展开，保留一阶偏导数项，略去高阶偏导数项，可得

$$\begin{aligned} \rho_i &\approx f(x_0 + \Delta x, y_0 + \Delta y, z_0 + \Delta z, t_{c0} + \Delta t_c) \\ &\approx f(x_0, y_0, z_0, t_{c0}) + \frac{\partial f}{\partial x_0}\Delta x + \frac{\partial f}{\partial y_0}\Delta y + \frac{\partial f}{\partial z_0}\Delta z + \frac{\partial f}{\partial t_{c0}}\Delta t_c \\ &= \rho_{i0} + h_x^i \Delta x + h_y^i \Delta y + h_z^i \Delta z + c\Delta t_c \end{aligned} \tag{4-77}$$

式中，$h_x^i = \dfrac{x_0 - x_i}{r_i}$，$h_y^i = \dfrac{y_0 - y_i}{r_i}$，$h_z^i = \dfrac{z_0 - z_i}{r_i}$，$r_i = \sqrt{(x_0 - x_i)^2 + (y_0 - y_i)^2 + (z_0 - z_i)^2}$。

式（4-77）可改写为

$$\Delta \rho_i = \rho_i - \rho_{i0} = h_x^i \Delta x + h_y^i \Delta y + h_z^i \Delta z + c\Delta t_c \tag{4-78}$$

假定利用了 N 颗卫星的信号，则可得 N 个线性方程为

$$\begin{cases} \Delta\rho_1 = \rho_1 - \rho_{10} = h_x^1\Delta x + h_y^1\Delta y + h_z^1\Delta z + c\Delta t_c \\ \qquad\qquad\vdots \\ \Delta\rho_i = \rho_i - \rho_{i0} = h_x^i\Delta x + h_y^i\Delta y + h_z^i\Delta z + c\Delta t_c \\ \qquad\qquad\vdots \\ \Delta\rho_N = \rho_N - \rho_{N0} = h_x^N\Delta x + h_y^N\Delta y + h_z^N\Delta z + c\Delta t_c \end{cases} \tag{4-79}$$

其矩阵表达式为

$$\Delta\boldsymbol{\rho} = \boldsymbol{H}\Delta_p \tag{4-80}$$

式中，$\Delta\boldsymbol{\rho} = \begin{bmatrix} \Delta\rho_1 \\ \vdots \\ \Delta\rho_i \\ \vdots \\ \Delta\rho_N \end{bmatrix}$，$\boldsymbol{H} = \begin{bmatrix} h_x^1, h_y^1, h_z^1, 1 \\ \vdots \\ h_x^i, h_y^i, h_z^i, 1 \\ \vdots \\ h_x^N, h_y^N, h_z^N, 1 \end{bmatrix}$，$\Delta_p = \begin{bmatrix} \Delta x \\ \Delta y \\ \Delta z \\ c\Delta t_c \end{bmatrix}$。

当 $N = 4$ 时，式（4-80）的解为

$$\Delta_p = \boldsymbol{H}^{-1}\Delta\boldsymbol{\rho} \tag{4-81}$$

当 $N > 4$ 时，多采用最小二乘法，式（4-80）的解为

$$\Delta_p = (\boldsymbol{H}^{\mathrm{T}}\boldsymbol{H})^{-1}\boldsymbol{H}^{\mathrm{T}}\Delta\boldsymbol{\rho} \tag{4-82}$$

得到 $\Delta\boldsymbol{\rho}$ 后，对预估值为 $\boldsymbol{p}_0 = [x_0, y_0, z_0, t_{c0}]^{\mathrm{T}}$ 进行修正，即 $\boldsymbol{p}_0 + \Delta_p \to \boldsymbol{p}_0$，获得新的预估值 $\boldsymbol{p}_0$，进行下一轮迭代，直至迭代收敛，Δ_p 趋近于零或小于某个设定的阈值即可获得终端的坐标位置 (x, y, z) 和时钟偏差 t_c 的实时值。

📖 思考题与习题

4-1 三角测量法和多边测量法实际应用中需注意哪些问题？

4-2 采用相位激光测距传感器进行距离测量，假定激光源的波长为 733nm，调制光波的频率为 3.0MHz，则调制光波的波长为多少？该传感器的最大可测距离为多少（光速按 $c = 3.0\times10^8\mathrm{m/s}$ 计）？

4-3 激光测距仪在实际应用中需注意哪些问题？

4-4 超声波定位和声源定位有什么区别和联系？

4-5 毫米波雷达相对于激光雷达和超声波雷达的独特优势是什么？

4-6 ToF、TDoA 和 ToA 是什么？各简举一例说明这三种方法在测距和定位中各自的特点和要求。

4-7 目前世界上有哪些 GNSS？我国北斗系统的独特优势是什么？

4-8 为什么 GNSS 一般至少需要四颗卫星的信号才能实现有效的定位？

166

第5章 力/触觉传感器（含接近度和力矩传感器）

5.1 力/触觉传感器概述

力觉传感器能获取机器人作业时与外界环境之间的相互作用力，是智能机器人最重要的感知器件之一。它能同时感知直角坐标三维空间的两个或者两个以上方向的力或力矩信息，进而实现机器人的力觉、触觉和滑觉等信息的感知。智能机器人多维力/力矩传感器受到各领域专家学者的重视，并广泛应用于各种场合，为机器人的控制提供力/力矩感知环境，如零力示教、轮廓跟踪、自动柔性装配、机器人多手协作、机器人遥操作、机器人外科手术、康复训练等。

机器人触觉传感器研究也已有多年的历史，现阶段，随着硅材料微加工技术和计算机技术的发展，触觉传感器已逐步实现了集成化、微型化和智能化，并且涉及的种类繁多，但从工作原理上来说，仍主要集中于压电式、压阻式、电容式、光波导式和磁敏式等。此外，聚偏二氟乙烯（Poly Vinylidene Fluoride，PVDF）和压敏导电橡胶等作为敏感材料已经被较为广泛地应用于触觉传感器的研制中。

5.1.1 力/触觉传感器的重要性

本章重点阐述力/触觉传感器，首先介绍力、力矩、触觉、压觉、滑觉、接近度等传感器的基本概念，然后分节介绍电阻式、电容式、压电式、光纤光栅式等力/触觉传感器的工作原理、特点与应用场合，最后介绍接近度传感器的主要类型及其特点。

人体的五官感知是人与自然、环境交互的基础，其中力觉和触觉感知是接收外界特征信息的主要感知能力。力/触觉是机器人获取环境信息的一种仅次于视觉的重要知觉形式，是机器人实现与环境直接作用的必需媒介。与视觉不同，力/触觉本身有很强的敏感能力，可直接测量对象和环境的多种性质特征，如接收外界的力、运动、刺激等信息，感知硬度、质量、惯性、纹理、性状等特征性状。因此力/触觉不仅仅是视觉的一种补充，更承担了获取对象与环境信息，以及为完成某种作业而对机器人与对象、环境相互作用时的一系列物理特征量进行检测或感知的任务。

具体而言，机器人力觉一般是指对机器人的指、肢和关节等运动中所受力的感知，主要包括腕力觉、关节力觉和支座力觉等，根据被测对象的负载，可以把力传感器分为测力传感器（单轴力传感器）、力矩传感器（单轴力矩传感器）、手指传感器（检测机器人手指作用力的超小型单轴力矩传感器）、六轴力觉传感器等。多维力觉传感器为机器人的控制提供力/力矩感知手段，应用场合很多，如零力示教、自动柔性装配、机器人多手协作、机器人外壳手术等。

机器人触觉一般指机器人接触、冲击、压迫等机械刺激感觉的综合，触觉可以用来进行机器人抓取，利用触觉可进一步感知物体的形状、软硬等物理性质。

触觉传感器已成为机器人的一个重要组件，与视觉用于机器人的时间大致相当。当前，视觉在硬件和软件方面都已取得巨大的进展，在工业和移动机器人中得到了广泛应用。与此相对照，触觉传感技术仍方兴未艾。关于机器人触觉传感，普遍关注的问题有：

1）机器人触觉传感器有什么重要性？

2）机器人触觉的主要用途是什么？

3）为什么机器人触觉检测技术仍有待大力发展？

在自然界中，触觉是生命体的一种基本生存工具，触觉的重要性是不言而喻的。即使是最简单的生物都具有大量的机械性感受器来探索和响应外界的各种刺激。就人体来说，触觉感测对于操作、探测、响应三种不同行为是必不可少的，触觉传感与检测对于操作的重要性，在精细动作作业中体现得尤为明显。如当人冻僵时，像扣衬衫纽扣这样的任务也会变得难以实现。问题的所在主要是缺乏感知检测，人体的肌肉温暖地贴附在衣袖里，受影响尚较为轻微，但是皮肤的机械性感受器却被麻痹了，使人的动作变得笨拙。在进行触摸、探测时，人体连续地接收关于材料和表面特征的触觉信息（如硬度热传导性、摩擦力、粗糙程度等），以识别物体。如果不去触摸，仅靠观察人可能很难区分天然皮革和合成皮革。再如，从周围神经病变（一种糖尿病的并发症）病人身上也可以看出触觉响应的重要性，该类病人由于不能区分是轻柔接触还是撞击，经常会意外地伤害到自己。

相同的触觉功能分类也可应用于机器人系统，如图 5-1 所示。当然，相比于每平方厘米的皮肤上就拥有成千上万的机械性感受器的动物，即使最复杂最精细的机器人也显得十分逊色。跟视觉比起来，触觉检测技术发展相对滞后的一大原因是没有类似于电荷耦合器件（CCD）或金属氧化物半导体（CMOS）光学阵列那样的触觉装置。难点主要在于，触觉传感器获取信息是通过物理相互作用。它们必须被嵌入具有一定柔性的表皮当中，与皮肤表面局部吻合，并具有适当的摩擦以安全地握住目标。传感器和皮肤也必须足够坚韧，从而能够承受反复的碰撞和磨损。与成像平面就在照相

操作：抓取力控制；接触位置与运动学；稳定性评价

探测：表面纹理；摩擦和硬度；热特性；局部特性

响应：检测与回应外部作用所产生的接触

图 5-1　触觉传感与检测在机器人中的应用

机里面不同，触觉传感器必须分布于机器人附件的外面，并且在一些地方具有特别高的分布密度，如指尖。这么一来，触觉传感器的引线又成为困难重重的挑战。

尽管如此，近年来，触觉传感器的设计和配置方面仍取得了长足的进步。本章将详细介绍触觉传感器的主要功能类型，并讨论它们各自的优势和局限性。展望未来，新的制造技术将为新型人工皮肤材料提供可能性，这种材料具有集成传感器、传感器信号变换的本

地化处理和能减少引线的总线通信，对于机器人触觉传感而言，十分重要。

这里可以认为，接触、压觉、滑动等刺激的总称构成了机器人的触觉感知要素。

压觉传感器主要是指检测接触外界物体时所受压力和压力分布的传感器。它有助于机器人对接触对象的几何形状和硬度的识别。压觉传感器的敏感元件可由各类压敏材料制成，常用的有压敏导电橡胶、由碳纤维烧结而成的丝状碳素纤维片和绳状导电橡胶的排列面等。

图 5-2 是以压敏导电橡胶为基本材料的压觉传感器结构示意图。在导电橡胶上面附有柔性保护层，下部装有玻璃纤维保护环和金属电极。在外压力作用下，导电橡胶电阻发生变化，使基底电极电流相应变化，从而检测出与压力具有一定关系的电信号及压力分布情况。通过改变导电橡胶的渗入成分可控制电阻的大小。如渗入石墨可加大电阻，渗碳、渗镍可减小电阻。通过合理选材和加工可制成高密度分布式压觉传感器。这种传感器可以检测细微的压力分布及其变化，故常称为人工皮肤。

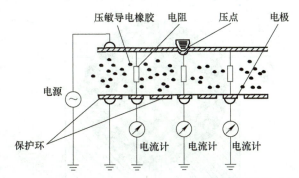

图 5-2　以压敏导电橡胶为基本材料的压觉传感器结构示意图

滑觉传感器主要用于判断和检测机器人抓握或搬运物体时物体所产生的滑移。滑觉传感器可看作是一种位移传感器。图 5-3 是一种滑觉传感器结构示意图。两电极交替盘绕成螺旋结构，放置在环氧树脂玻璃或柔软纸板基底上，压敏导电橡胶安装在电极的正上方。在滑觉传感器工作过程中，通过检测正、负电极间的电压信号并通过 ADC 将其转换成数字信号，采用 DSP 芯片进行数字信号处理并输出结果，判定物体是否产生滑动。

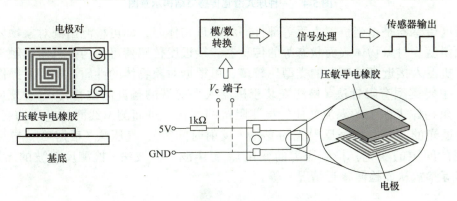

图 5-3　一种滑觉传感器结构示意图

滑觉传感器按有无滑动方向检测功能可分为无方向性、单方向性和全方向性等类型。

169

其中，无方向性滑觉传感器的一种形式是探针耳机式，它由蓝宝石探针、金属缓冲器、压电罗谢尔盐晶体和橡胶缓冲器等组成。滑动时探针产生振动，由罗谢尔盐转换为相应的电信号，缓冲器主要用于减小噪声。

单方向性滑觉传感器有一种类型是滚筒光电式，其主要工作原理是被抓物体的滑移使滚筒转动，导致光电二极管接收到透过码盘（装在滚筒的圆面上）的光信号，通过滚筒的转角信号而测出物体的滑动。

全方向性滑觉传感器的一种形式是采用表面包有绝缘材料并构成经纬分布的导电与不导电区金属球。当传感器接触物体并产生滑动时，球发生转动，使球面上的导电与不导电区交替接触电极，从而产生通断信号；通过对通断信号的计数和判断可测出滑移的大小和方向。其结构示意图如图 5-4 所示。

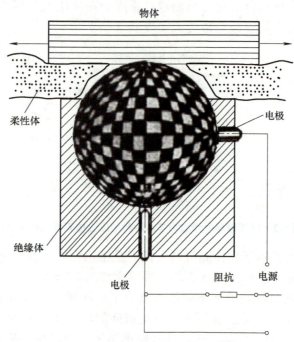

图 5-4　一种球式滑觉传感器结构示意图

接近度传感器是指当机器人手等部件即将接近物体时，即可检测出到对象物体表面的距离、倾斜度、对象物体表面状态等的传感器。接近度传感器可认为是机器人触觉感知的一部分。机器人接近度传感器的类型比较多，可根据对象物体的性质、机器人操作内容等来区分，主要类型有触针法（检测安装于机器人手前端的触针的位移）、电磁感应法（根据金属对象物体表面上的涡流效应，检测阻抗的变化，进而测出线圈的电压的变化）、光学法（通过光的照射，检测反射光的变化、反射时间等）、气压法（根据喷嘴与对象物体表面之间的间隙的变化，检测压力的变化）、超声波、微波法（检测反射波的滞后时间、相位偏移等参数从而检测接近情况）等。

5.1.2　力 / 触觉传感器的主要转换类型

机器人力 / 触觉检测相关的主要传感器类型有本体感受、运动、力、动态触觉和阵列触觉传感器等。表5-1对比了触觉传感器的主要形式和常见的转换类型。在讨论触觉传感器时，有必要先分析那些只能通过与周围环境接触才能感测的基本物理量。用接触传感器测量的最重要的物理量是形状和力。其中每种量检测的要么是机器人一些部件的平均量，要么是在接触面积上能够空间分辨的分布量。按照人体接触感觉的惯例，力／触觉检测两种模式的组合也称为接触感测。用于测量力／触觉平均或合成量的装置有时也称为内部传感器或本征传感器，这些传感器的基础是力检测，触觉传感器或触觉阵列传感器离不开力的检测。

表 5-1　触觉传感器的主要形式及常见的转换类型

传感器形态	传感器类型和属性	优点	缺点
标准压力	压阻式阵列 1）压阻式节点阵列 2）嵌入式弹性皮肤中 3）铸造或丝网印制	1）信号调理简单 2）设计简单 3）适合大批量生产	1）对温度敏感 2）脆弱性 3）信号漂移或滞回性
	电容式阵列 1）电容式节点阵列 2）行和列电极用弹性体电介质分开	1）良好的灵敏度 2）适度的滞回，取决于结构	电路复杂
	压阻式 MEMS 阵列 带掺杂硅应变计测量挠曲的硅微加工阵列	适合大批量生产	脆弱性
	光学式 结合本构模型跟踪光学标记	不存在互连导线损坏问题	需要计算机计算作用力
皮肤变形	光学式 1）填充液体的弹性膜 2）结合能量极小化算法跟踪薄膜上的光学标记	1）柔性薄膜 2）不存在互连导线损坏的问题	1）计算复杂 2）定制传感器困难
	电磁式 霍尔式传感器阵列	响应迅速	1）计算复杂 2）定制传感器复杂
	电阻断层成像 导电橡胶条阵列作为电极	结构坚固	病态逆问题
	压阻式（曲率） 采用一组应变片阵列	直接测量曲率	1）电气连接脆弱性 2）磁滞现象
动态触觉感知检测	压电式（应变变化率） 嵌入弹性皮肤的聚偏二氟乙烯（PVDF）	高带宽	电气连接脆弱性
	皮肤加速度 附着于机器人皮肤的工业加速度计	简单	1）没有空间分布信息 2）感知检测的振动信号往往受结构共振频率限制

当前，对机器人力／触觉的研究，主要集中于扩展机器人能力所必需的触觉功能，一般把检测感知与外部直接接触而产生的接触觉、压力、触觉及接近觉传感器称为机器人触觉传感器。

由此可见，机器人力／触觉与视觉一样，基本上是模拟人的感觉。广义上，机器人力／

171

触觉包括接触觉、压觉、力觉、滑觉、冷热觉等与接触有关的感觉；狭义上它是机械手与对象接触面上的力感觉。

本章在不加以特别说明的情况下，将把力/触觉传感器一起进行阐述。

5.1.3　智能机器人多维力/力矩传感器的分类

按信息检测原理，可将目前的机器人多维力/力矩信息获取系统分为电阻应变式、电感式、光电式、压电式和电容式等。按采用的敏感元件，可将机器人多维力/力矩信息获取系统分为应变式（金属箔式和半导体式）、压电式（石英、压电复合材料等）、光纤应变式、厚陶瓷式、MEMS（压电和应变）式等。

近年来，相关研究单位对多维力/力矩传感器的研究热点除了在检测原理和方法创新、新型弹性体结构设计外，更关注多维力/力矩传感器的应用问题，如现代工业机器人如何充分利用多维力/力矩传感器以及其他感知系统来完成对各种环境下的更多、更复杂的机器人作业，使工作更加精确、生产效率更高、成本更低。如将多维力/力矩传感器应用到工业机器人自动装配生产线，结合更实时、更有效的算法，使工业机器人能够更好地进行精密柔性机械装配、轮廓跟踪等作业。各种类型的力/力矩传感器的优点和局限性见表5-2。

表 5-2　各种类型的力/力矩传感器的优点和局限性

检测原理	总体描述	优点	局限性
电容式	在力/力矩作用下产生与之相应的电容变化量	1）高灵敏度和高分辨率 2）频率范围宽 3）结构简单 4）适应环境强	1）调理电路复杂 2）易受寄生电容影响
电阻应变片式	在力/力矩作用下产生与之相应的电阻变化量	1）精度高 2）测量范围广 3）频率特性好 4）技术成熟	1）非线性误差显著 2）信号输出微弱
电感式	在力/力矩作用下产生与之相应的电感变化量	1）高灵敏度和高分辨率 2）线性度好 3）重复性高	1）不宜用于动态测量 2）可靠性提高较困难
光电式	基于光电效应在力/力矩作用下产生与之相应的光学量的变化	1）可靠性高 2）测量范围广 3）动态响应好	1）价格较昂贵 2）对测试环境要求高
压电式	基于正压电效应在力/力矩作用下产生与之相应的电荷量的变化	1）动态响应好 2）精度高和分辨率高 3）结构紧凑、尺寸小 4）刚度强	1）存在电荷泄漏风险，静态力测量困难 2）分辨率不易提高

5.1.4　智能机器人多维力/力矩传感器的研究现状

智能机器人多维力/力矩传感器受到各领域研究人员的重视，并广泛应用于各种场合，为机器人的控制提供力/力矩感知环境。力觉感知的最早应用是力觉临场感遥操作系统。装备这种系统的智能机器人把复杂恶劣环境（深海、空间、毒害、战场、辐射、高温等）下感知到的交互信息及环境信息实时地、真实地反馈给操作者，使操作者有身临其境的感觉，从而有效地实现带感觉的控制来完成指定作业。理想的力觉临场感能使操作者感知的力等于从手与环境间的作用力，同时从手的位置等于主手的位置，此时的力反馈控制系统称为完全透明的。操作者与远端机器人之间的通信时延是影响遥操作系统的突出问题，时延降低了系统的稳定性；基于无源二端口网络和散射理论、自适应预测控制理论、滑模控制理论、鲁棒控制理论等的方法，有望消除或减缓时延的影响。

机器人遥操作手术系统和带有力觉临场感的遥操作机器人系统已投入商业应用。具有力觉反馈的数据手套方面，也有相关的案例。如某研究单位研发的遥操作主手（UDHM）具有 16 个自由度，四个手指机构采用霍尔效应传感器测量各关节的运动角度，UDHM 的研究包括人手到机械手的运动映射、人手运动的校正等。另一款手套则采用气动伺服机构，可以为操作者各手指的四个关节提供最大至 16N 的力反馈，其角度测量也是采用非接触式的霍尔效应传感器，这种接口的特点是采用直接驱动方案，没有缆索和滑轮等中间传动，结构简单。某实验室的力反馈手套采用张力传感器和电动执行机再现接触力觉。某公司研发的数据手套则是通过机械线控方式，由电动机输出最大为 12N 的力至操作者的五个手指关节。

近年来，并联机构被广泛地研究，其相应成果被应用到机器人技术相关领域，取得了一些新颖的成果。一种基于 Stewart 平台的六维力/力矩传感器如图 5-5 所示。该传感器对运动学、并联腿的设计及构型优化进行了理论分析。

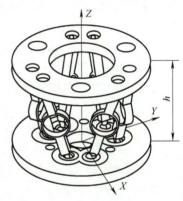

图 5-5　一种基于 Stewart 平台的六维力/力矩传感器

5.2　电阻式力/触觉传感器

5.2.1　电阻式力/力矩传感器

1. 电阻式力/力矩传感器基本原理

电阻式力/力矩传感器主要基于应变效应的原理工作。该类型传感器是以应变片的变形为基础，应变片的材质多采用金属或半导体，通常是将应变片粘贴在易于变形的弹性体上。随着基体形变的发生，应变片的阻值会改变，再利用后续检测电路放大阻值变化的影响，从而可实现基体形变量的测量。应变式力/力矩传感器在机器人等领域应用广泛，但存在阻尼小、固有频率低、动态测量精度受限等不足。为获得更好的测量效果，应变片经常被粘贴在弹性体区域应力集中以及应变最大的地方，应变式传感器设计的关键主要在于弹性体结构形式设计和应变片粘贴位置的选取。

根据粘贴位置的不同，应变片可分为轴式、梁式、管内式、柱式等。

1）轴式。应变片的粘贴位置为轴上应力或者应变最大的位置。为了减少应变片重叠后相互影响，一般采用对称均匀粘贴形式。如采用四片应变片以均匀分布方式沿着轴圆周粘贴，其中两片检测拉伸应变，电阻增加；另外两片应变片检测压缩应变，电阻减小。它们组成全桥差动结构，加以相关的检测调理电路，实现力/扭矩的测量。该方法一般具有较高的灵敏度和较小的非线性误差。

2）梁式。横梁在受到横向载荷时，测量的物理量不是其受到的正应力，而是由剪切力引起的切向应力。为此，可检测与梁中心轴线呈45°角的位置处互相垂直方向上的主应力，分别由切应力引起的拉伸应力及压缩应力合成。常通过粘贴四片应变片构成全桥结构电路，以检测主应力。

3）管内式。管内部的力/力矩测量多采用在管内粘贴膜片型应变片而进行测量。该类型传感器结构相对简单，易于制造，适用性较强。

4）柱式。将电阻应变片粘贴在柱体上，通过应变片的形变来检测柱体受到载荷的情况。该类型传感器因其结构刚性较大，固有频率高、动态响应快，但要注意非线性误差的影响。

智能机器人广泛使用的多维力/力矩传感器有不少是基于电阻式检测原理工作，其中又以应变电测和压阻电测最为常见。如图5-6所示，基于应变电测技术的力/力矩信息检测方法一般按图中步骤实现从所受力/力矩到等量力/力矩信息的转换与输出。

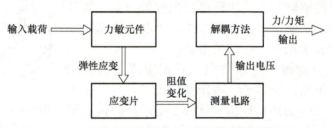

图5-6　基于应变电测技术的力/力矩信息检测原理框图

1）载荷 — 弹性应变：起载荷作用的传感器的弹性体发生与所受载荷呈一定关系的极微小应变，即

$$\varepsilon = f(F) \tag{5-1}$$

式中，ε、F分别为弹性体发生的应变和所受载荷。

2）弹性应变 — 应变片阻值变化：弹性体上的应变片组也会发生与粘贴位置相同的变形和应变。由于应变片的电阻值与其发生的应变呈线性关系，因此应变片电阻值的变化为

$$\Delta R / R = G_f \varepsilon \tag{5-2}$$

式中，G_f为应变片的灵敏系数；ΔR和R分别为应变片的电阻变化值和电阻初始值。因此，应变片发生的电阻值变化为

$$\Delta R = G_f R \varepsilon = G_f R f(F) \tag{5-3}$$

3）阻值变化 — 输出电压：通过相应的测量电路将阻值的变化变成电流或电压的变化，以便进行下一步信息处理工作。应变电测方法一般采用两种测量电路。当采用如图5-7所示惠斯通电桥测量电路时，输出电压可以表示为

$$U_O = U_{BC} - U_{AC} = \frac{R_1 R_3 - R_2 R_4}{(R_1 + R_2)(R_3 + R_4)} U_E \tag{5-4}$$

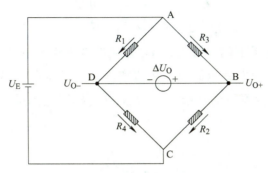

图 5-7　惠斯通电桥工作原理图

在满足电桥平衡条件下，输出电压变化为

$$\Delta U_O = \frac{R_1 R_2}{(R_1 + R_2)^2} \left(\frac{\Delta R_1}{R_1} - \frac{\Delta R_2}{R_2} + \frac{\Delta R_3}{R_3} - \frac{\Delta R_4}{R_4} \right) U_E \tag{5-5}$$

当 $R_1 = R_2$、$R_3 = R_4$，且有两个臂接入应变片时，称为半桥。其输出电压的变化量为

$$\Delta U_O = \frac{U_E}{4} \left(\frac{\Delta R_1}{R_1} - \frac{\Delta R_2}{R_2} + \frac{\Delta R_3}{R_3} - \frac{\Delta R_4}{R_4} \right) \tag{5-6}$$

当 $R_1 = R_4$、$R_3 = R_2$ 时，如令 $R_2 / R_1 = R_3 / R_4 = a$，则有

$$\Delta U_O = \frac{a U_E}{(1+a)^2} \left(\frac{\Delta R_1}{R_1} - \frac{\Delta R_2}{R_2} + \frac{\Delta R_3}{R_3} - \frac{\Delta R_4}{R_4} \right) \tag{5-7}$$

具体使用时，通常将四个桥臂都接入阻值相同的应变片，可得全桥检测时的输出电压变化量为

$$\Delta U_O = \frac{U_E G_f}{4} (\varepsilon_1 - \varepsilon_2 + \varepsilon_3 - \varepsilon_4) \tag{5-8}$$

4）输出电压—力 / 力矩输出：传感器应变片各组输出与其所受的载荷关系可以用检测矩阵表示为

$$S = TF \tag{5-9}$$

式中，S 为传感器各应变片组的输出，$S = [S_1, S_2, S_3, \cdots]^T$；$T$ 为传感器的检测矩阵；F 为传感器所受载荷，$F = [F_1, F_2, F_3, \cdots]^T$；$F_i$ 为第 i 维力 / 力矩。

传感器所受力 / 力矩经解耦矩阵可得

$$F = T^{-1} S \tag{5-10}$$

当应变片组数大于传感器的维数，且检测矩阵的维数等于传感器的维数时，应通过广义逆矩阵方法来计算，即

$$F = (T^T T)^{-1} T^T S \tag{5-11}$$

175

为了控制器使用方便，把所获得的力／力矩转换成机器人末端执行器坐标系下的表示，即

$$\begin{bmatrix} \boldsymbol{F}_c \\ \boldsymbol{M}_c \end{bmatrix} = \begin{bmatrix} \boldsymbol{R}_s^c & 0 \\ \boldsymbol{S}(\boldsymbol{r}_{cs}^c) \boldsymbol{R}_s^c & \boldsymbol{R}_s^c \end{bmatrix} \begin{bmatrix} \boldsymbol{F}_s \\ \boldsymbol{M}_s \end{bmatrix} \tag{5-12}$$

式中，$\boldsymbol{F}_c$ 为在手爪坐标系下的三维力；$\boldsymbol{M}_c$ 为在手爪坐标系下的三维力矩；$\boldsymbol{R}_s^c$ 为方向转变矩阵；$\boldsymbol{r}_{cs}^c$ 为在手爪坐标中表示的起点在传感器坐标系原点、终点在手爪坐标系原点的矢量；$\boldsymbol{F}_s$ 为在传感器坐标系下的三维力；$\boldsymbol{M}_s$ 为在传感器坐标系下的三维力矩；$\boldsymbol{S}(\boldsymbol{r})$ 为斜对称算子，其定义为

$$\boldsymbol{S}(\boldsymbol{r}) = \begin{bmatrix} 0 & -r_z & r_y \\ r_z & r_y & -r_x \\ -r_y & r_x & 0 \end{bmatrix} \tag{5-13}$$

图 5-8 和图 5-9 为设计的五维力／力矩传感器的应变片布片示意图、实物图和组桥示意图。

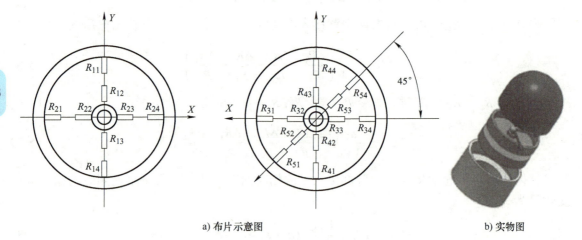

a) 布片示意图 b) 实物图

图 5-8 五维力／力矩传感器的应变片布片示意图和实物图

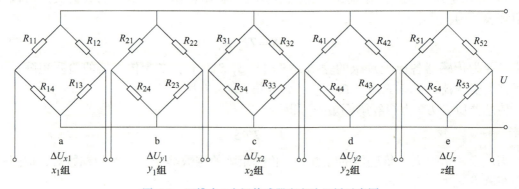

图 5-9 五维力／力矩传感器应变片组桥示意图

由上面的分析可得各桥路在相应的载荷下输出为

$$\Delta U_{x1} = \frac{U}{4}\left(\frac{\Delta R_{11}}{R_{11}} - \frac{\Delta R_{12}}{R_{12}} + \frac{\Delta R_{13}}{R_{13}} - \frac{\Delta R_{14}}{R_{14}}\right) = \frac{U}{4}\left[2\left(\frac{\Delta R_{11}}{R_{11}}\right)_{\varepsilon} - 2\left(\frac{\Delta R_{12}}{R_{12}}\right)_{\varepsilon}\right]$$

$$= \frac{UG_{f}}{2}(\varepsilon_{11} + |\varepsilon_{12}|) \tag{5-14}$$

$$\Delta U_{y1} = \frac{U}{4}\left(\frac{\Delta R_{21}}{R_{21}} - \frac{\Delta R_{22}}{R_{22}} + \frac{\Delta R_{23}}{R_{23}} - \frac{\Delta R_{24}}{R_{24}}\right) = \frac{U}{4}\left[2\left(\frac{\Delta R_{21}}{R_{21}}\right)_{\varepsilon} - 2\left(\frac{\Delta R_{22}}{R_{22}}\right)_{\varepsilon}\right]$$

$$= \frac{UG_{f}}{2}(\varepsilon_{21} + |\varepsilon_{22}|) \tag{5-15}$$

$$\Delta U_{x2} = \frac{U}{4}\left(\frac{\Delta R_{31}}{R_{31}} - \frac{\Delta R_{32}}{R_{32}} + \frac{\Delta R_{33}}{R_{33}} - \frac{\Delta R_{34}}{R_{34}}\right) = \frac{U}{4}\left[2\left(\frac{\Delta R_{31}}{R_{31}}\right)_{\varepsilon} - 2\left(\frac{\Delta R_{32}}{R_{32}}\right)_{\varepsilon}\right]$$

$$= \frac{UG_{f}}{2}(\varepsilon_{31} + |\varepsilon_{32}|) \tag{5-16}$$

$$\Delta U_{y2} = \frac{U}{4}\left(\frac{\Delta R_{41}}{R_{41}} - \frac{\Delta R_{42}}{R_{42}} + \frac{\Delta R_{43}}{R_{43}} - \frac{\Delta R_{44}}{R_{44}}\right) = \frac{U}{4}\left[2\left(\frac{\Delta R_{41}}{R_{41}}\right)_{\varepsilon} - 2\left(\frac{\Delta R_{42}}{R_{42}}\right)_{\varepsilon}\right]$$

$$= \frac{UG_{f}}{2}(\varepsilon_{41} + |\varepsilon_{42}|) \tag{5-17}$$

$$\Delta U_{z} = \frac{U}{4}\left(\frac{\Delta R_{51}}{R_{51}} - \frac{\Delta R_{52}}{R_{52}} + \frac{\Delta R_{53}}{R_{53}} - \frac{\Delta R_{54}}{R_{54}}\right) = \frac{U}{4}\left[2\left(\frac{\Delta R_{51}}{R_{51}}\right)_{\varepsilon} - 2\left(\frac{\Delta R_{52}}{R_{52}}\right)_{\varepsilon}\right]$$

$$= \frac{UG_{f}}{2}(\varepsilon_{51} + |\varepsilon_{52}|) \tag{5-18}$$

由上可知，力觉感知系统在现代机器人工业技术的发展及应用中起到举足轻重的作用，同时现代机器人工业也对力觉感知系统提出了更高、更严格的要求。

传统的力觉感知系统主要存在以下困难与问题：

1）为了检测机器人操控时笛卡儿坐标系中的三维力及三维力矩信息，感知系统的机械本体结构一般都比较复杂，导致很难用经典力学知识来建立精确理论模型，这给感知系统的建模、信息获取与处理带来一定的困难。

2）几乎所有传统力觉感知系统都存在不可消除的维间耦合，而且部分耦合还有非线性的特征，这就给传感器的解耦、精度提高带来极大的困难。虽然目前许多研究人员提出了一系列的非线性解耦方法，能较好地消除维间耦合，但往往比较复杂，而且计算量很大，所需计算时间较长，给实时检测带来限制。

3）信号采集及处理对感知系统各维的输出提出各维同性的要求，即要求各维在最大量程时的输出大小相近，以便采用相同的放大倍数及电子元器件，也有利于各维精度保持一致。传统的感知系统都基于简化的模型或者设计师经验进行设计，因此各维同性很难达到。

4）传统的力觉感知系统的刚度性能及灵敏度性能往往是一种矛盾关系，为保证系统的高可靠性，其刚度必须相应地较高，此时灵敏度将相应地下降，反之亦然。

全柔性并联机构由于具备结构紧凑、质量小、体积小、刚度大、承载能力强、动态性能好等优良特性被广泛研究及应用于多个科学研究领域。全柔性并联机构作为一种新型机构很适合被用作微细操控系统中力觉感知系统的机械本体结构。

未来，机器人多维力／力矩信息获取技术急需突破的关键点主要在于：

1）利用新材料、新工艺实现系统微型化、集成化、多功能化，利用新原理、新方法实现更多种类的信息获取，再辅以先进的信息处理技术提高传感器的各项技术指标，以适应更广泛的应用需求。

2）生物医学工程、材料科学及细微系统识别和操作等应用环境中的微细操作（如细胞操作等应用）需要微牛（μN，$10^{-6}N$）甚至纳牛（nN，$10^{-9}N$）级的多维力／力矩信息获取系统来保证微细操作的精确性和可靠性，传统的多维力／力矩传感器无法满足这种需求。引进先进的 MEMS 制造工艺及方法，将传统的六维力／力矩传感器微型化、集成化，使分辨率达到 μN 甚至 nN 级别，利用先进的信息处理技术控制系统的噪声水平在系统允许的范围，可以设计和制造出完全满足微细操作需求的 μN 级和 nN 级的多维力／力矩信息获取系统。

3）从微处理器带来的数字化革命到虚拟仪器的高速发展，从简单的工业机械臂到复杂的仿人形机器人，各种应用环境对传感器的综合性能精度、稳定可靠性和动态响应等性能的要求越来越高，传统的多维力／力矩感器已经不能适应现代机器人技术中的多种测试要求。随着微处理器技术和微机械加工技术等新技术的发明和它们在传感器上的应用，智能化的感知系统为人们所提出和关注。从功能上讲，智能感知系统不仅能够完成信号的检测、变换处理、逻辑判断、功能计算、双向通信，而且内部还可以实现自检、自校、自补偿、自诊断等功能。具体来说，智能化的多维力／力矩感知系统应该具备实时、自标定、自检测、自校准、自补偿（如温漂补偿、零漂补偿、非线性补偿等）、自动诊断、网络化、无源化、一体化（如与线加速度和角加速度等感知功能整合）等部分或者全部功能。

2. 压阻式应力／应变传感器

当力施加到可压缩的弹性元件上时，元件会变形或张紧。应力（变形）的程度可以用来衡量力对位移的影响。应变传感器（应变计）可用作测量可变形元件的一部分相对于其他部分位移的转换器。应变计应直接嵌入弹性元件（弹簧、梁、悬臂、导电弹性体等）中，或者紧密地黏附在其一个或多个外表面上，当力作用在其上时，应变计将与元件一起变形。

应变是由外力作用引起的物体形变。有压阻、压电、电容、光学等多种物理效应可以用来测量应变，其中，压阻式应变传感器用于测量力（压力）、力矩，十分常见。

一种典型的压阻式应变片是一种弹性传感器，其电阻值是外加应变（单位变形）的函数。由于所有的材料都抵抗变形，所以必须施加外力来产生形变，由此将电阻与施加的外力联系起来。这种关系通常称为压阻效应，可通过导体的应变系数 S_e 表示为

$$\frac{\mathrm{d}R}{R} = S_e e \tag{5-19}$$

对于铂，$S_e \approx 6$，而对于其他许多材料，$S_e \approx 2$。当电阻的微小变化不超过 2%（一般情况下）时，金属丝的电阻可以用线性方程近似表示为

$$R = R_0(1+x) = R_0(1+S_e e) \tag{5-20}$$

式中，R_0 为没有施加应力时的电阻值。对于半导体材料，该关系取决于掺杂浓度。在压缩时电阻减小，而在拉伸时电阻增加。表 5-3 中给出了一些电阻应变计的特性。

表 5-3　一些电阻应变计的特性

材料	应变系数 S_e	电阻 /Ω	电阻的温度系数 / ($10^{-6}℃^{-1}$)	备注
57%Cu–43%Ni	2.0	100	10.8	在 260℃ 以下使用时，S_e 在大应变范围内是常数
铂合金	4.0～6.0	50	2160	高温使用
硅	−100～150	200	90000	高灵敏度，适合大应变测量

金属丝式应变片由粘贴于弹性载体（基底）上的细金属丝构成。基底又粘贴于需要测试应力的物体上。显然，来自物体的应力必须与应变金属丝可靠耦合，同时金属丝必须与被测物体电绝缘。基底的热膨胀系数应与金属丝相匹配。许多金属都可以用来制作金属丝式应变片，其中最常用的材料是康铜合金、镍铬铁合金、艾德万斯合金及卡马合金。典型的阻值从 100Ω 到几千欧不等。为获得高的灵敏度，敏感元件应制成纵向长而横向短的片状结构，如图 5-10a 所示，这样传感器的横向灵敏度不会超过纵向灵敏度的百分之几。应变片可以用很多种安装方式以测量不同轴上的应变，如图 5-10b 所示为一双轴应变片。典型情况下，应变片与惠斯通电桥电路相连。

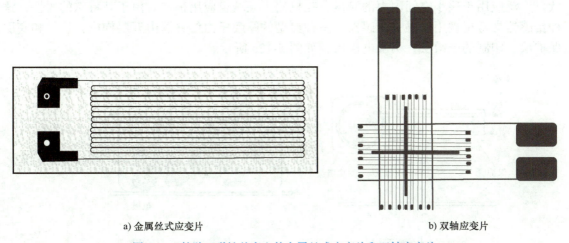

a) 金属丝式应变片　　　　　　　　　　　　b) 双轴应变片

图 5-10　粘贴于弹性基底上的金属丝式应变片和双轴应变片

需要注意的是，半导体压阻式应变计对温度变化甚为敏感，其接口电路须考虑温度补偿措施。

一些低电导率的软材料可用于制作测量外力的薄膜压阻式应变计，如石墨等。简单的例子是，用铅笔在纸上涂抹即可得到一种应力敏感电阻，如图 5-11 所示。铅笔涂抹的痕迹是由黏土和非晶体石墨组成的细小的片状混合物。任意形状的石墨电阻可在纸上涂抹得

到并剪成任意想要的形状。应该使用石墨浓度较高的软铅笔画压阻式应变计线，用银墨或导电环氧树脂将应变计线的末端连接到两个铜箔衬垫，以便焊接线并连接到电桥电路。当纸片在外力的作用下发生弯曲时，一面的石墨小片会相对另一面发生滑动，从而改变二者之间接触的面积，进而使应变计的电阻发生相应的变化。实用的应变计电阻约为 500Ω，弯曲时电阻的最大变化可达 15%。纸基底可粘贴在外部梁或悬臂上以测量其应力，但手工涂抹的应变计很难精确或均匀分布，所以在使用这样原始的应变计前应该将其与接口电路一起进行校准。

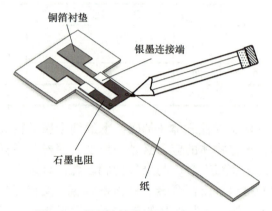

图 5-11　铅笔涂抹得到的压阻式应变计

3. 薄膜电阻式应力 / 应变传感器

薄膜和厚膜电阻式应力 / 应变传感器通常厚度较薄、灵活性大、形状可变和成本较低，广泛应用于狭小空间内力的测量，在机器人领域也应用很广。由于其特殊的属性，这种传感器常常也被用作触觉传感器。一种典型的厚膜压力传感器由五层构成：顶层和底层保护层、印制的压敏层、两层电极层，如图 5-12a 所示。

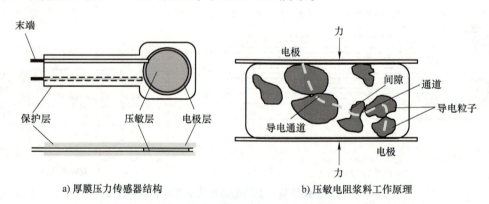

a) 厚膜压力传感器结构　　　　b) 压敏电阻浆料工作原理

图 5-12　厚膜压力传感器结构和压敏电阻浆料工作原理

厚膜力传感器的关键组件是通过预先设定的方式用丝网印制技术将压敏电阻浆料制成的压敏层。这种浆料印制成的厚膜通常厚 10～40μm。这种印制的浆料在 150℃条件下晾干，然后在 700～900℃的温度下进行烧结。浆料的成分是小的亚微米级的金属氧化物粒子，如 PbO、B_2O_2、RuO_2 或者其他，这些微粒的浓度在 5%～60% 之间。烧结使导电和绝缘粒子凝结在一起，并产生相互作用力。烧结后的浆料应变系数很大，可以达到金属材料的 10 倍以上，并且比半导体应变计具备更好的温度稳定性。

图 5-12b 为力转化为电阻的机理。有三种可能的机理来解释薄膜的传导性随着应力的增加而增强。这三种机理是传导性、电子跃迁和隧道效应。在浆料中存在两种不同类型的氧化物——导电型和绝缘型。施加的压力使更多的导电粒子相互接触并形成导电通道。当粒子相距很近（约 1nm）时就会出现与温度相关的隧道效应而发热，当粒子相距约 10nm 时就会出现电子跃迁现象。

这种传感器本质上是一种电导率随施加的外力而发生线性变化的电阻。当没有施加外力时，其电阻值在 MΩ 级（电导率非常低）。当施加的外力增加时，传感器的电阻降低，最后可达约 10kΩ 或更低（电导率增加），降低程度取决于浆料成分和几何形状。传感器的输出用电导与力的比值表示，线性误差通常小于 3%。该类传感器可根据不同的应用制成不同的形式，灵敏度较高，可以记录仅 5g 的轻触。值得注意的是，为了使压敏薄膜在线性区间工作，需要设置一定偏置力沿着至少 80% 的敏感区进行压缩。

图 5-13 为一个安装在横跨驾驶员腹部的安全带上的薄膜力传感器示例。呼吸和心力衰竭可能在没有明显征兆的情况下在驾驶过程中发生，当驾驶员遭遇这种情况时，安全带至少应该在实验室的条件下持续地提供驾驶员的心率和呼吸信号，以产生警报甚至在可能的情况下使汽车停止行驶。每次心跳和呼吸引起安全带产生微弱但可测量的张力变化，这种张力变化会使薄膜力传感器的阻值产生几欧但可测量的变化。通过状态识别软件剔除干扰信息，就可能分辨出心脏和呼吸系统疾病信号，然后实时处理分析所提取的关键信号进而发出警报。

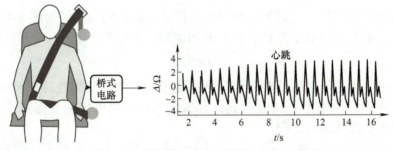

图 5-13　安装在安全带上的薄膜电阻式应力传感器产生的与驾驶员心跳所对应的曲线

5.2.2　电阻式触觉传感器

电阻式触觉传感器的工作原理是基于敏感材料的压阻效应——某些材料在受到外力作用时，由于外部形态或内部结构的变化，导致材料的电阻值发生相应变化。一般来说，材料的电阻值变化与所受外力之间具有某种确定的数学关系。1954 年 C.S. 史密斯详细研究了硅材料的压阻效应，从此研究人员开始利用硅材料来研制压力传感器。研究发现，硅材料的压阻效应灵敏度是金属应变计（电阻应变计）的 50 ～ 100 倍，更适合作为压力传感器的敏感材料。

在机器人触觉检测中，压阻型应变片是一类常用的触觉敏感元件。金属和半导体的压阻元件常用于做成触觉传感器阵列。其中，金属箔应变片应用很多，它们跟变形元件粘贴在一起可将外力变换成应变。利用半导体技术可在硅等半导体上制作应变元件，通常其信号调节电路也可制作在同一硅片上。硅基触觉传感器有线性度好、滞后和蠕变小，以及可将多路调制、线性化和温度补偿电路制作在硅片内等优点。不足是传感器容易发生过载，硅集成电路的平面导电性也限制了它在机器人灵巧手指尖形状传感器中的应用。

另一类触觉传感器使用的是压阻元件，制作这种传感器材料的电阻与应变呈函数关系。该传感器包含一个阻值随外加压力变化的力敏电阻（FSR）。FSR 是导电弹性体或者压敏浆料。导电弹性体由硅橡胶、聚氨酯及其他充满导电离子或纤维的化合物制成，如制作导电弹性体时可以用碳粉作为掺杂材料。弹性体触觉传感器的工作机理既可基于弹性体在两导体板之间受到挤压时接触面积的变化，如图 5-14a 所示，也可基于弹性体厚度的变化。当外加力变化时，弹性体与推进器界面处的接触面积发生改变，推进器和导体板间的弹性体体积变小，从而导致电阻减小。

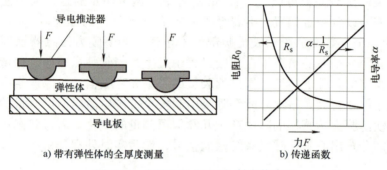

a) 带有弹性体的全厚度测量   b) 传递函数

图 5-14　力敏电阻（FSR）触觉传感器

在特定压力作用下，接触面积达到最大，传递函数达到饱和，如图 5-14b 所示。弹性体的阻值 R_s 与力的关系高度非线性，但是它的倒数，电导率 a 与力几乎呈线性关系，即

$$a \approx kF \tag{5-21}$$

式中，k 为由弹性体的导电属性和几何形状决定的力系数。其线性特征可用于如图 5-15a 所示接口电路中，力敏电阻 R_s 为连接到运算放大器的电阻电桥的一部分。放大器的输出电压与所加力 F 呈线性关系，即

$$U_{out} = \frac{U_{DD}}{2}\left(\frac{R}{R_s} - 1\right) \approx \frac{U_{DD}}{2}(Ra - 1) = \frac{U_{DD}}{2}(RkF - 1) \tag{5-22}$$

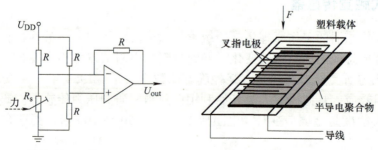

a) 弹性体触觉传感器接口电路   b) 利用半导体聚合物制作的FSR触觉传感器

图 5-15　弹性体触觉传感器接口电路与利用半导体聚合物制作的 FSR 触觉传感器

应当注意的是，当该弹性体聚合物承受持续压力和温度变化时，其电导率会发生显著的漂移。

利用电阻随压力变化的半导体聚合物可以制作出一种薄的 FSR 触觉传感器。该类传感器的设计类似于薄膜开关，如图 5-15b 所示。与应变计相比，FSR 具有更广的动态范围：力在 0～29.4N 的范围内变化时，电阻值的典型变化为 30 倍，但同时其精度更低（典型值为 ±10%）。然而，在一些不需要对力进行精密测量的应用中，低成本的传感器是一种更具吸引力的选择。FSR 聚合物传感器的典型厚度是 0.25mm，但是再薄一些也是可以实现的。

将导电橡胶如 FSR 和作为多路复用器的有机场效应晶体管（FET）结合在一起可制成电子压敏皮肤，非常适用于机器人。这种皮肤由很多带有柔性开关阵列的微型压力传感器组成。有机场效应晶体管之所以被用来制作这种皮肤，是因为有机电路即使在大面积情况下，也能保持其固有柔性和低廉的成本。制作这种人造电子皮肤最重要的一步是制作大面积的具有机械弹性的触觉传感器。有机场效应晶体管集成在含石墨的橡胶内形成如图 5-16a 所示的大面积传感器。这种皮肤即使被卷成半径 2mm 的圆柱也不会失去电特性。嵌入式场效应晶体管的间距可达 10dpi，足以产生如图 5-16b 所示的可识别图像。这种传感器的基本原理是通过与场效应晶体管漏极相连接的可变橡胶电阻的变化调节流过场效应晶体管的电流，并在场效应晶体管的栅极施加控制电压来多路复用场效应晶体管。图 5-16c 所示为场效应晶体管阵列连接图。

 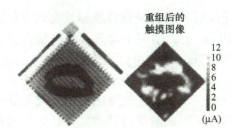 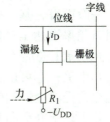

a) 植入有机场效应晶体管的电子皮肤　　b) 16×16场效应晶体管阵列通过　　c) 场效应晶体管阵列的连接
　　　　　　　　　　　　　　　　　　　唇形的橡胶片对"吻"的响应

图 5-16　场效应晶体管的应用

场效应晶体管阵列的整体布局与电荷耦合器件的一个像素或存储单元类似：每一行的栅极连接到字线，同时漏极连接到位线。当压力施加在皮肤的某一特定单元上并在 0～30kPa 变化时，导电橡胶薄片的电阻从 10MΩ 变化到 1kΩ，同时可以测得电流 i_D 和 FET 的跨导变大。

根据相关报道，有研究人员利用 MEMS 集成技术制作了一种基于硅压阻效应的三维力触觉阵列传感器，研究人员利用 MEMS 工艺在硅薄膜的边缘制作了四个压阻体，每个压阻体均可作为独立的应变计。当有外力作用在传感器上时，硅薄膜发生形变，四个压阻体的电阻值会随之变化，根据硅材料的阻值与压力间的确定关系，通过检测阻值的变化量即可获知作用在传感器上的三维力信息。该传感器具有良好的线性响应和较高的灵敏度，已被成功应用在机器人灵巧手爪上。

　　某智能机械研究所利用 MEMS 技术制作了能够检测三维力的触觉传感器阵列，该传感器除了能够检测接触压力的分布和大小之外，还可以获知滑动的趋势和发生等多种信息。传感器阵列由敏感单元、传力柱、橡胶层、保护阵列和基板等组成，其结构如图 5-17a 所示。其中，敏感单元是传感器系统中最关键的构件，设计成方形的 E 形膜结构，作用在膜上的三维力所产生的应变由三组集成在 E 形膜上的力敏电阻所构成的检测电路检出。传感器阵列共包括 32 个敏感单元，按 4×8 的阵列排布。

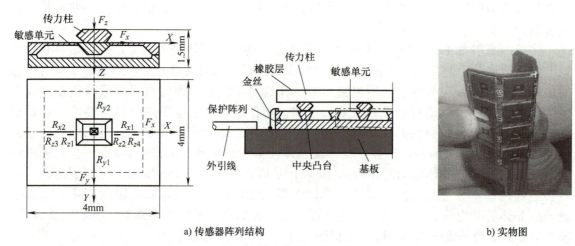

a) 传感器阵列结构　　　　　　　　　　　　　b) 实物图

图 5-17　利用 MEMS 技术制作的三维力触觉传感器阵列结构与实物图

　　一般而言，基于硅压阻效应的触觉传感器具有以下优点：①频率响应高，某些传感器的固有频率可达 1.5MHz 以上，适用于动态测量的场合；②体积小，有利于触觉传感器的微型化发展；③测量精度高，误差可低至 0.01% ～ 0.1%；④灵敏度高，是一般金属应变计的几十倍；⑤可以在振动、腐蚀、强干扰等恶劣环境下工作。但是，该类型的传感器同时也存在受温度影响较大、制作工艺较复杂及造价高等缺点。

　　除了以上介绍的几种压阻式触觉传感器之外，随着材料科学的不断发展，越来越多的研究人员注意到了导电橡胶材料的良好压阻特性，并利用该材料来研制柔性化的触觉传感器阵列。

　　近些年，有研究人员将镓铟锡合金注入 3D 打印的聚二甲基硅氧烷（PDMS）微流道中，制备出了可穿戴的柔性微流体薄膜压力传感器，如图 5-18a 所示。图 5-18b 和图 5-18c 表明，该传感器的微流道共可分为两部分，即位于中心区域的切向传感网络和围绕在四周的径向传感网络，四条微流道构成一组惠斯通电桥，并将电阻值的变化以电压的形式进行输出。

　　图 5-18d 和图 5-18e 解释了该传感器的工作原理：当外界载荷作用于切向传感网络时，中心微流道因受压造成截面积缩小、电阻增加；在泊松效应的影响下，外周微流道截面积胀大，使得两端的等效电阻减小。实验测得传感器的应变灵敏度为 0.0835/kPa，分辨率小于 50Pa，最小可测约 98Pa 的压强。研究人员还进一步将多组镓铟锡微流道集成在一只 PDMS 传感手套上，证明了该类型传感器在电子皮肤和智能纺织品等领域具有一定的应用前景。

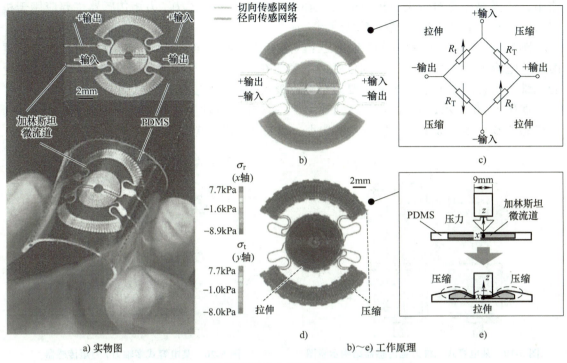

a) 实物图　　　　　　　　　　　　b)～e) 工作原理

图 5-18　基于镓铟锡合金的微流体薄膜压力传感器

5.3　电容式力 / 触觉传感器

电容式力 / 触觉传感器的工作原理是把被测力信息转换为电容量变化。该类型传感器的敏感单元为具有可变参数的电容器，最常用的形式是由两个平行电极组成，极间介质为空气。一般而言，用于测力的触觉传感器是通过测量外力所引起的电极间距变化来反映相对应的受力信息，此外，还可通过测量电容器的面积变化来获取角位移或线位移，或通过测量介质变化完成不同介质的温度、密度、湿度检测。

5.3.1　电容式力 / 力矩传感器

电容式力 / 力矩传感器在设计时通常会将两对相互垂直放置的电极板组成差动式结构的电容器，通过测量极板间电容差的变化来实现力 / 力矩检测，常见的有平板型电容器或圆筒型电容器。电容器的两个电极板分别固定在传感器的上、下底面，无载荷时电容为初始值；受到载荷后，传感器上下端之间发生相对转动或倾斜，两对极板的间距或极板的相对面积，或者极板间的介质常数发生改变，进而导致两对极板间电容量差值发生改变，利用载荷与电容改变量的对应关系，可实现力 / 力矩测量。

电容式力 / 力矩传感器可用于位移、角度、振动、速度、压力等参数的测量。其具有温度稳定性好、响应快、可非接触测量等优点，但有时测量精度偏低，不太适合用在高精度测量的场合。为提高电容式力 / 力矩传感器的测量精度，一般常对其电容极板、相关部件的刚度、结构密封性等进行优化，以减少环境的影响。此外，需要注意的是，在测量电路中，还需要注意对输出量进行非线性补偿。目前，电容式力／力矩传感器主要应用于机器人力控和工业环境中机械手抓取控制。

图 5-19 为某大学一个研究小组设计的电容式三维力觉传感器结构示意图。该传感器由四个电容构成，主要通过不同位置的电容值在外力加载下的变化来反馈 x、y、z 方向上的三维力信息。电容值的改变主要源自电容极板间距的改变。

如图 5-20 所示，某大学课题组研发了一款针对多轴力／力矩检测的电容式传感器。该传感器基于多电极差动电容式检测电路，含有差分振荡器，可连接多个电容。

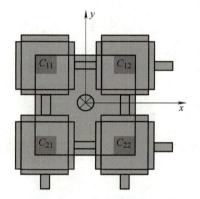

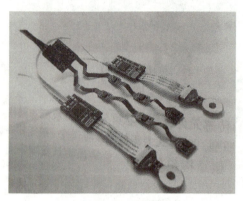

图 5-19　某电容式三维力觉传感器结构示意图　　　　图 5-20　某电容式多轴力／力矩传感器

5.3.2　电容式触觉传感器

1. 电容式触觉传感器概述

电容式接触传感器基于平板电容器和同轴电容器的基本方程。电容式触觉传感器依靠外力改变两板之间的距离或者电容器电极（板）的表面积。在这种传感器中，两个电极板由电介质隔开，电介质作为弹性体，将力的特性变为电容特性传给传感器，如图 5-21a 所示。

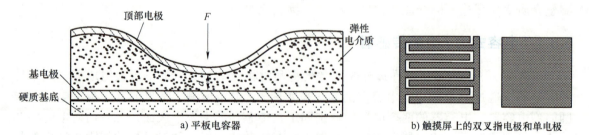

图 5-21　电容式触觉传感器结构示意图

为了在施加力时最大限度地改变电容，最好使用高介电常数的聚合物，如 PVDF。

测量电容变化的方法有很多，如果电容不太小（在 1nF 或更大的量级），较常用的技术是基于带电阻的电流源，测量由可变电容引起的时间延迟。还有一种方法是将电容传感器作为带有 LC 或 RC 电路的振荡器的一部分，测量频率响应。但如果电容式传感器与金属结构距离太近，会导致很大的扰动问题。使用好的电路布局和差分电容可以使这个影响降到最小。

目前流行将电容式传感器用在触摸屏面板上，触摸屏面板通常由表面覆有透明导体层的玻璃或者聚合物制成，如铟锡氧化物（ITO），这种导体通常具有良好的导电性和光学透明性。这种类型的传感器基本上是一个电容器，电容器的极板是网格中水平轴和垂直轴的重叠区域。每个极板可以是双叉指电极，也可以是单电极，如图 5-21b 所示。由于人体具有高介电常数，因此触摸传感器电极会影响触点附近的电场分布，并产生可测的电容变化。这些传感器工作在导电介质（手指）邻近，并且不必直接接触触发。它是一种耐用的技术，在销售点系统、工业控制、公共信息亭等很多领域都有广泛应用。但是，它只响应手指接触，而不响应戴手套的手或笔，除非触笔可以导电。

很多计算机显示器采用电容式传感器，屏幕采用玻璃材质。如图 5-22a 所示，显示屏的每个传感单元都有两个电极，电极沉积在玻璃屏幕内表面上。一个电极（G）接地，另一个接电容计（电容计 C）。在两个电极之间存在一些小型基线电容 C_0，这些电容由电容计 C 监测。

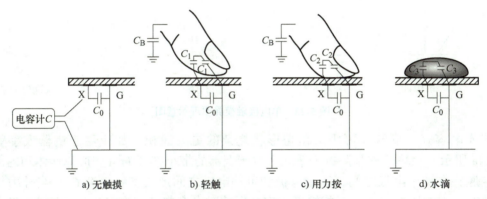

图 5-22　双电极触摸屏原理示意图

当一个手指接近电极时，如图 5-22b 所示，它产生一个利用电极与 C_1 耦合的电容。为了响应这个新产生的电容，检测器计算产生一个新的总电容为

$$C_{m1} = C_0 + 0.5C_1 \tag{5-23}$$

C_{m1} 比 C_0 大很多。由于指尖有弹性，所以如果手指用力按，那么它与触摸屏的接触面会增加，能产生一个更大的耦合电容 $C_2 > C_1$，如图 5-22c 所示。相应的总电容的值也变大，因此可以用来表示力度更大的按压。

现在假设一个水滴滴在触摸屏上，如图 5-22d 所示。介电常数为 76 ~ 80，水和电极形成一个强耦合电容 C_3，与一个手指形成的电容相当，因此触摸屏将显示一个错误的触摸。对水滴敏感是一端接地的双电极触摸屏的缺点。

为了解决对水滴敏感的问题，有文献提出了一个改进的单电极模式的电容式触摸屏。这种模式没有接地电极。在无触摸条件下，大地和电极之间只有一个小电容 C_0，如图 5-23a 所示，由电容计 C 监测。一个人可以与周围物体形成强耦合电容 C_B，这个电容比 C_0 大好几个数量级。因此，人类的身体可能被认为对地面来说具有低阻抗。当一个手指在电极附近时，如图 5-23b 所示，在指尖和电极之间会形成一个电容 C_1。这个电容和

基线电容 C_0 并联, 引起电容计 C 反应。像在双电极触摸屏那样, 用力按将产生一个更大的电容, 如图 5-23c 所示。但是, 当一个水滴滴在触摸屏上时, 它不会被探测到, 因为水滴产生的电容没有连到地面上, 如图 5-23d 所示。图 5-23e 展示了一个有趣的现象, 触摸水滴会形成一个和地面耦合的电容, 这个触摸可以被正确检测到。因此, 这个电极布置对不利的环境条件有很强的鲁棒性。将电极布置成行或列的形式, 加上适当的信号处理电路, 则可以得到一个可靠的空间接触识别。类似的方法可以用于制作各种表面形状的接近探测器。例如, 一个接近传感器可以安装在门把手上保证安全, 它不仅对触摸有反应, 甚至当距离门把手表面 5cm 时就有反应。

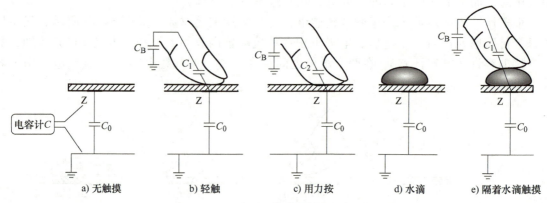

a) 无触摸　　b) 轻触　　c) 用力按　　d) 水滴　　e) 隔着水滴触摸

图 5-23　单电极触摸屏原理示意图

多元电容式"皮肤"可用来覆盖形状复杂的更大面积, 如应用于机器人手臂, 如图 5-24a 所示。该块"皮肤"每个单元由位于上部的带小推杆的可变形弹性体和内部空腔组成空腔夹在两个电极之间, 固定电极和可动电极之间形成基线电容 C_0。当外力作用在推杆上时, 空腔压缩使电极互相接近, 完全压缩时电容与基线电容比值可达 2.0 以上, 其响应曲线如图 5-24b 所示。

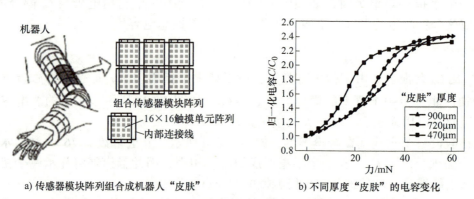

a) 传感器模块阵列组合成机器人"皮肤"　　　b) 不同厚度"皮肤"的电容变化

图 5-24　机器人电容式"皮肤"

机器人电容式"皮肤"单元剖面图及外力作用原理示意图如图 5-25 所示。

2. 电容式触觉传感器示例

有研究人员设计了一种可检测三维力的电容式触觉传感器, 其结构示意图如图 5-26a

所示。传感器敏感单元的基体为柔性绝缘橡胶材料，在橡胶的上表面中央位置粘贴一方形的导电铝片，下表面按 2×2 阵列排布四块铝片，按这样的结构设计，构造了四个电容器 C_1、C_2、C_3、C_4，如图 5-26b 所示。该传感器是通过检测四个电容器的电容值变化来获得三维力信息，电容值与三维力间的关系可表示为

$$\begin{cases} x = \dfrac{(C_1 - C_3)(d - D)}{2(C_1 - C_3)} = \dfrac{(C_2 - C_4)(d - D)}{2(C_2 - C_4)} \\[2mm] y = \dfrac{(C_1 - C_2)(d - D)}{2(C_1 + C_2)} = \dfrac{(C_3 - C_4)(d - D)}{2(C_3 + C_4)} \\[2mm] z = \dfrac{\varepsilon_{\mathrm{r}} C_1 (d - D)^2}{(C_1 + C_2)(C_1 + C_3)} + t \\[2mm] = \dfrac{\varepsilon_{\mathrm{r}} C_2 (d - D)^2}{(C_1 + C_2)(C_2 + C_4)} + t \\[2mm] = \dfrac{\varepsilon_{\mathrm{r}} C_3 (d - D)^2}{(C_1 + C_3)(C_3 + C_4)} + t \\[2mm] = \dfrac{\varepsilon_{\mathrm{r}} C_4 (d - D)^2}{(C_2 + C_4)(C_3 + C_4)} + t \end{cases} \qquad (5\text{-}24)$$

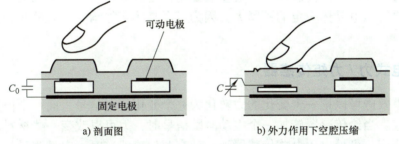

a) 剖面图　　　　　　　　　　b) 外力作用下空腔压缩

图 5-25　机器人电容式"皮肤"单元剖面图及外力作用原理示意图

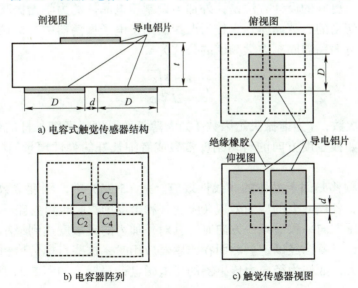

a) 电容式触觉传感器结构

b) 电容器阵列　　　　　　　　c) 触觉传感器视图

图 5-26　可检测三维力的某电容式触觉传感器结构示意图

189

近年来，也有研究人员利用聚二甲基硅氧烷（PDMS）制作电容式触觉传感器，该类传感器具有高可靠性和高分辨率，并且具有类似于人类皮肤的柔性。

总体而言，电容式触觉传感器具有结构简单、造价较低、灵敏度高及动态响应好等优点，尤其是对高温、辐射、强振等恶劣条件的适应性比较强。需要注意的是，该类型的传感器输出一般会有非线性，并且固有的寄生电容和分布电容均会对传感器的灵敏度和测量精度产生影响。随着集成电路技术的发展，这些年出现了与微型测量仪表封装在一起的电容式传感器，这种新型的传感器能够大大减小分布电容的影响，克服了其固有的缺点。

5.4 压电式力/触觉传感器

压电式力/触觉传感器主要是基于敏感材料的压电效应来完成测力功能。由于材料内部的晶格结构具有某种不对称性，材料产生的应变使得内部电子分布呈现出局部不均匀性，此时会产生电场分布，相应地，晶体表面上会出现正、负束缚电荷，并且其电荷密度与施加的外力大小成正比例关系。

常用的压电晶体是石英晶体，它受到压力后会产生一定的电信号。石英晶体输出的电信号强弱是由它所受到的压力值决定的，通过检测这些电信号的强弱，能够检测出被测物体所受到的力。压电式力传感器不但可以测量物体受到的压力，也可以测量拉力。在测量拉力时，需要给压电晶体一定的预紧力。因为压电晶体不能承受过大的应变，所以它的测量范围较小。

5.4.1 压电式力/力矩传感器

基于压电效应可以把一个变化的力转化为一个变化的电信号，而一个恒定的力则不会引起电学响应。当给传感器施加一个主动激励信号时，力可以改变一些材料的特性从而影响交流压电响应，可见，压电式传感器为一种有源传感器。对于定量测量，这仍不是一个精确的测量方法。更好的设计方法是让外加力调制压电晶体的力学谐振频率。这种方法的基本原理是一定切型的石英晶体，它作为谐振器用于电子振荡器中，机械加载会改变其谐振频率。描述压电振荡器固有力学频谱的公式为

$$f_n = \frac{n}{2l}\sqrt{\frac{c}{\rho}} \tag{5-25}$$

式中，n 为谐波次数；l 为谐振决定因数（如大薄板的厚度或者细长杆的长度）；c 为有效弹性刚度常数（如板厚度方向的剪切刚度常数或者细长杆的弹性模量）；ρ 为晶体材料的密度。

外力引起的频移归因于晶体的非线性效应。式（5-25）中，刚度常数 c 在外加应力的作用下变化较小，各尺寸上的应力效应（应变）和密度的影响也可忽略不计。对于给定切型的晶体，其受压方向一致沿某一方向时，其对外加力的灵敏度达到最小。这些方向通常在晶体振荡器设计时就已经确定。然而在传感器应用时，这些目标恰恰相反——沿目标轴的力的灵敏度最大，如作为径向力传感器的压电磁盘谐振器，如图 5-27 所示。

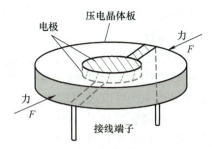

图 5-27　作为径向力传感器的压电磁盘谐振器

图 5-28 为另外一种工作范围较窄（工作在 0 ~ 1.5kg）的石英力传感器设计思路。该传感器线性度好，分辨率大于 11 位。利用石英晶体制作该传感器时，在石英晶体上切割下一个矩形片，该晶片只有一边与 x 轴平行，晶片的一个面与 z 轴夹角 θ 约为 35°。这种切割方式通常称为 AT 切割，如图 5-28a 所示。

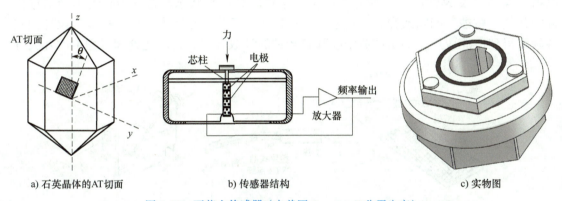

a) 石英晶体的AT切面　　　b) 传感器结构　　　c) 实物图

图 5-28　石英力传感器（由美国 Quartzcell 公司生产）

为了利用压电效应，晶片表面附加电极，电极与正反馈振荡器相连，如图 5-28b 所示。石英晶体振荡的基频为 f_0（没有负载），施加负载时的频移为

$$\Delta f = F \frac{K f_0^2 n}{l} \qquad (5\text{-}26)$$

式中，F 为外加作用力；K 为常数；n 为谐波次数；l 为晶体的尺寸。

为了补偿温度引起的频率变化，可以采用双晶体模式，其中一个用于温度补偿，另一个用于测量力。每个谐振器与各自的振荡电路相连，最终输出频率为二者频率相减，从而消除了温度的影响。图 5-28c 为一种石英力传感器实物图。

所有使用晶体振荡器的力传感器都要面临两个需要平衡的问题。一方面，振荡器必须有尽可能高的品质因数，这意味着该传感器必须脱离环境干扰甚至工作在真空环境中；另一方面，压力作用时，要求在振荡晶体上有一个相对刚性的结构和真实的负载效应，以减小品质因数。这个难题可以通过更加复杂的传感器结构来部分地解决，如在利用平版印制工艺制造的双梁和三梁结构中，引入一种"线"的概念。这种想法是将振荡元件的尺寸与声波的 1/4 波长相匹配，所有波反射仅发生在支撑点处，此时外力得到耦合，并且品质因数的负载效应也明显减小。

191

为了测量非常小的应力，压电式力传感器可以做到 nm 级尺寸。二硫化钼（MoS_2）在形成分子单层排列时有很强的压电属性，而在形成块之后会失去压电属性。当奇数层的二维 MoS_2 受到拉伸和复原时会产生压电电压和电流输出，而偶数层的 MoS_2 则没有这种特性。单层分子片拉伸 0.53% 时可以产生 15mV 的峰值电压和 20pA 的峰值电流输出。通过减小分子层的厚度或是拉伸方向翻转 90° 可以增大输出信号。

下面是一些使用 PVDF 和聚合物薄膜的力传感器的例子。

传统的接触开关的可靠性会随着触点受水和灰尘的污染变脏而下降。压电薄膜因为采用完全封闭的单片电路结构而可靠性极强，不易受组件和常规开关失效模式的影响。弹球机是各种开关中极富挑战的一个应用环境。弹球机制造商用压电薄膜开关替换瞬时反转开关。这种开关将叠片式的压电薄膜粘贴在弹性钢梁上，然后这个钢梁作为悬臂梁安装在电路板的末端，如图 5-29a 所示。这个"数字"压电薄膜开关连接到简单的 MOSFET 电路，在开关处于常开状态时不会消耗能量。受到直接接触的力作用时，悬臂梁发生弯曲，产生电荷，瞬间触发 MOSFET，使开关产生一个瞬时高电平状态。这种传感器不会出现传统接触开关的腐蚀、凹陷或弹起的现象，它可以正常工作上千万次。简单可靠的设计使它在各领域得到广泛应用，如生产装配线和旋转轴的计数开关、自动化处理过程中的开关等。

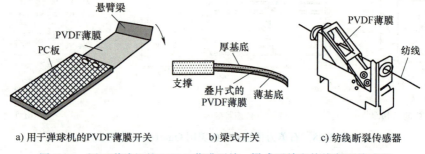

a) 用于弹球机的PVDF薄膜开关　　　b) 梁式开关　　　c) 纺线断裂传感器

图 5-29　用于弹球机的 PVDF 薄膜开关、梁式开关和纺线断裂传感器

改变粘贴有 PVDF 薄膜的悬臂梁可以调整开关的灵敏度以适应从强到弱的冲击力。如图 5-29b 所示的一种梁式开关，压电薄膜组件层压在较厚基底的一侧，而另一侧的层压基底要薄得多，这使压电薄膜组件结构的中心轴发生了偏移，从而导致向下偏转时的全拉伸应变和向上弯曲时的全压缩应变。梁式开关被用在天然气流量和齿轮齿数的轴旋转电子计数器上。由于梁式开关不需要外部电源供电，所以天然气不会有被电火花引燃的危险。梁式开关的其他应用还包括安装在棒球靶上用来检测球的撞击，篮球比赛中在篮圈上安装压电式传感器来计数投篮，安装在互动式柔软玩偶内的开关可以检测是否被吻了脸颊或被挠痒（传感器缝在玩偶的布料内），自动售货机的硬币槽内的硬币传感器，以及要求高可靠性的数字电位计。

纺织厂需要持续监测数以千计的纺线断线。一次未被检测到的断线将导致大量布料被废弃，因为用来修复这些布料的人力成本超出了制造成本。当出现断线时，开关节点闭合的活动式开关非常不可靠，棉绒会使开关触点变脏导致没有信号输出。而安装在薄钢梁上的压电薄膜振动传感器监测线穿过梁磨损产生的声信号，类似于小提琴的弦，如图 5-29c 所示。当振动信号消失时会使设备立即停止运行。

5.4.2　压电式触觉传感器

使用压电薄膜设计的触觉传感器具有较好的性能，PVDF 可以用于有源或无源模式下的触觉传感器。图 5-30 所示为一种由压电薄膜制成的有源压电式触觉传感器结构示意图。该传感器中，三层薄膜被层压在一起（传感器还有附加的保护层，图中未示出），上膜和下膜采用 PVDF，中间膜用于上、下两层的声耦合。中间膜的柔韧性决定了传感器的灵敏度和工作范围，实用的中间膜材料为硅橡胶。下膜由振荡器输出的交流电压激励，该激励信号导致压电薄膜的机械收缩，然后传递给作为接收器的上膜。由于压电现象是可逆的，上膜输出的交变电压取决于压缩薄膜的机械振动。这些振动经过放大后反馈到同步解调器。解调器对所接收信号的振幅和相位均很敏感，当压缩力 F 作用于上膜时，三层薄膜间的力耦合状态整体改变，从而影响接收信号的幅值和相位。这些变化经解调器识别以可变电压的形式在输出端显示。

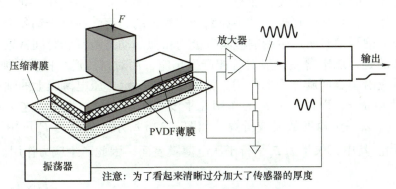

图 5-30　有源压电式触觉传感器结构示意图

在特定的范围内，其输出信号与施加的力呈线性关系。如果将 25μm 厚的 PVDF 薄膜与 40μm 厚的硅橡胶压缩薄膜层压在一起，则整个装置的厚度（包含保护层）不会超过200μm。无论是发射端还是接收端，PVDF 薄膜的电极均可采用蜂窝状的方式制作，从而可采用蜂窝的电子复用技术来识别施加激励的三维空间。这种传感器同样也可以用来测量小位移。在几毫米的范围内，其精度优于 ±2μm。其优点在于结构简单且为直流响应，即它能识别静态力。

用于探测接触和滑动的压电式触觉传感器可通过将 PVDF 薄膜条嵌入橡胶外壳中制成，如图 5-31a 所示。该传感器是一种无源传感器，换而言之，其输出信号由压电薄膜产生而不需要激励信号。因此，它产生了一个与应力的变化率成比例而不是与应力的幅值成比例的响应信号。这种设计适用于机器人的应用，在这些应用中需要感知能引起快速振动的滑动运动。这种压电式传感器直接与橡胶外壳接触，因此，薄膜条产生的电信号反映了由不均匀的摩擦力产生的弹性橡胶的运动。

该传感器安装在具有泡沫状柔性衬底（1mm 厚）的刚性结构上（机器人的"手指"），周围用硅橡胶外壳包裹。为了更好地跟踪光滑表面，也可使用流体衬底。由于敏感条位于"皮肤"表面下方一定深度处，且压电薄膜在不同方向的响应不同，因此不同方向运动产生的信号大小不同。当表面的不连续或者不平整低于 50μm 时，传感器的响应为双极信号，如图 5-31b 所示。

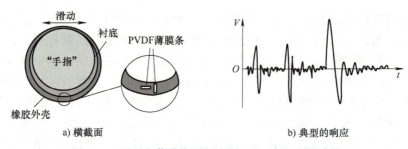

a) 横截面　　　　　　　　　　　　b) 典型的响应

图 5-31　用压电薄膜检测滑动力的压电式触觉传感器

除了应用于机器人系统，压电薄膜还可应用于乐器中，如鼓和钢琴。为了满足高动态范围及频率响应的要求，在鼓的触发器和钢琴的键盘中使用了压电薄膜冲击感知单元。多层压电薄膜与大鼓的脚踏板开关，或与手鼓、军鼓的触发装置集成在一起。压电薄膜冲击开关是力敏感元件，它准确再现了鼓手和钢琴演奏者的力度。在电子钢琴中，压电薄膜开关的响应与敲击钢琴键时所产生的响应具有极为相似的动态范围和时间常数。

需要注意的是，压电薄膜一般对拉伸产生响应，而对挤压产生的信号则要微弱得多。因此，设计时应沿膜表面施加力的作用。如图 5-32a 所示，压电薄膜上的轴向应力通过负载电阻 R_0 产生电流 i，而横向力 F_g 的作用几乎没有输出信号。为解决这一问题，压电薄膜可与施加的力以一定角度放置或折叠，如图 5-32b 所示。矢量力 F_g 可用两个矢量力的 F_s 和 F_b 来替代。其中，矢量力 F_s 平行于压电薄膜表面，因此产生应力作用。

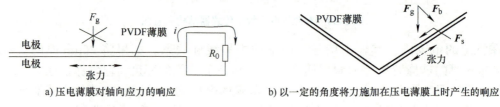

a) 压电薄膜对轴向应力的响应　　　　　b) 以一定的角度将力施加在压电薄膜上时产生的响应

图 5-32　压电薄膜对力的响应

图 5-33 为一种用来监测小孩睡眠时呼吸频率的 PVDF 薄膜触觉传感器。传感器监测呼吸引起的小孩身体的微小动作，以探测窒息（呼吸的停止）。传感器被安置于婴儿床的床垫下。由于胸部膈肌的运动，婴儿的身体通常在每个呼气和吸气的过程中都有轻微的水平移动，从而引起婴儿身体重心的位移和施加在床垫表面的重力 F_g 的水平移动，这种力的移动可以被压电薄膜传感器探测到。在薄膜片的前后表面淀积有两个电极。传感器由三层构成，其中 PVDF 薄膜层被安置于两个预先制成的衬底（如硅橡胶）之间。

图 5-33 中衬底具有波纹或隆起表面并以中间交替的隆起挤压 PVDF 薄膜，隆起部位合拢住 PVDF 薄膜，这样就以一定的角度在 PVDF 薄膜上施加了力的作用。在移动力的作用下，PVDF 膜承受由隆起部位施加的可变压力并产生可变电荷，电荷产生电流在流经电流 / 电压转换器时产生输出电压 U_{out}。在一定的范围内，可变输出电压的幅值正比于重力的变化。

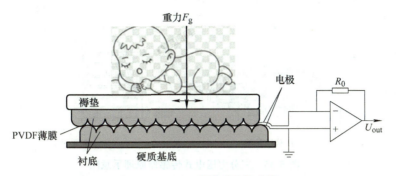

图 5-33　PVDF 薄膜呼吸传感器

由于厚度小、灵敏度高，以及不产生能量消耗，压电薄膜被设计成大量的医用传感器用于检测人体组织的微小移动。图 5-34 为粘贴在患者胳膊和手腕皮肤表面桡动脉上方用来记录动脉振动的两个压电薄膜传感器。

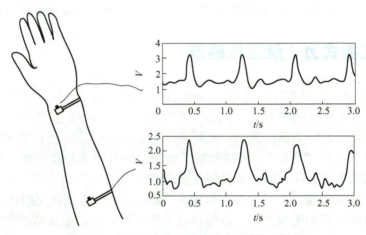

图 5-34　两个压电薄膜传感器的动脉振动记录

在机器人应用中，一般不会出现过大的力，因此，采用压电式力传感器的场合较为多见。压电式传感器安装时，与传感器表面接触的零件应具有良好的平行度和较低的表面粗糙度，其硬度也应低于传感器接触表面的硬度，保证预紧力垂直于传感器表面，使石英晶体上产生均匀的分布压力。

图 5-35 为一种三分力压电式传感器。它由三对石英晶片组成，能够同时测量三个方向的作用力。其中上、下两对晶片利用晶体的剪切效应，分别测量 x 方向和 y 方向的作用力；中间一对晶片利用晶体的纵向压电效应，测量 z 方向的作用力。

近年来，研究人员发现聚偏二氟乙烯（PVDF）具备良好的压电效应，为制备力／触觉传感器提供了新的材料。PVDF 材料具有质轻、柔韧、压电性强、灵敏度高、线性好、频带宽、时间和温度稳定性强等优点，且相比于其他多数敏感材料而言，PVDF 具有更接近于人类皮肤的柔软度，可用于制作较大面积的柔性触觉传感器阵列，不易受到目标物体形状的限制，这使得机器人力／触觉传感器的类皮肤化成为可能。PVDF 的压电效应基本原理为：当 PVDF 膜受到压力 F 时，其输出电荷与所受压力之间成比例，即 $Q = dF$，其中，d 为 PVDF 材料的压电 - 应变常数。

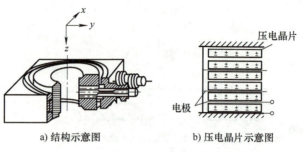

a) 结构示意图　　　　b) 压电晶片示意图

图 5-35　三分力压电式传感器原理示意图

多数压电式触觉传感器均具有频带宽、灵敏度高、信噪比高、可靠性强及质量子等优点，但是因为需要从每个传感器单元获取信号数据，因此压电式力 / 触觉传感器的信号处理电路一般较为复杂。此外，由于压电材料产生的电荷需要单独积累，需要为每个传感器单元配备一个电荷放大器，电路实现起来较为困难，同时也提高了传感器的造价。另外，某些压电敏感材料还需要做好防潮措施，使得该类型传感器的应用领域有所受限。

5.5　光纤光栅式力 / 触觉传感器

如图 5-36 所示，光纤布拉格光栅（Fiber Bragg Grating，FBG）式力传感器（简称光纤光栅式力传感器）的工作原理为：Bragg 光栅经激光刻写于细微的单模光纤纤芯中，使用宽带光入射于光纤内作为信号光源，光纤 Bragg 光栅反射特定波长的光信号，即经过光栅后的透射光信号出现"塌陷"，而被光栅反射回的光信号为峰状光谱，当刻有光栅处的光纤受到温度和轴向应变作用时，该反射光谱会产生波长方向的漂移，中心波长值发生规律性变化。若温度变化量已知（或温度恒定），FBG 受轴向应变作用时所产生的中心波长值漂移量，与轴向应变作用成比例，当传感器的弹性体结构参数保持固定时，可以推算出中心波长值漂移量与传感器受到的外部载荷作用之间的关系。

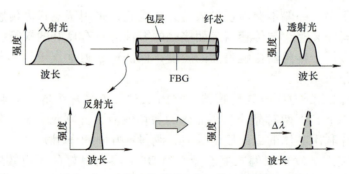

图 5-36　光纤光栅式力 / 力矩传感器原理图

图 5-37 为一种基于光纤光栅的三维力指端传感器结构示意图。弹性传感元件主要包括外部测量体、内部测量体、底盖和指尖。以 90° 间距将四根垂直梁作为一对正交力的弹性变形单元。组装好的传感器可以使用外部测量体底部的四个螺钉孔进行安装。内部测量体的顶部是一个螺纹螺栓，用于连接指尖。在内部测量体的上部，设计一个腔体接收一个

光纤光栅，而中心的一个小孔用来注入固定剂固定光纤。内部测量体的下部是一个空心薄壁圆筒，在其上切出两个间隔 90° 的平行槽，实现轴向变形的灵活性。内部测量体的底部和外部测量体的底孔之间，建立相同的连接，允许内部测量体和外部测量体之间可沿着轴向自由滑动。来自指尖的轴向力只传递到内部测量体，径向力仅从指尖传递到外部测量体。

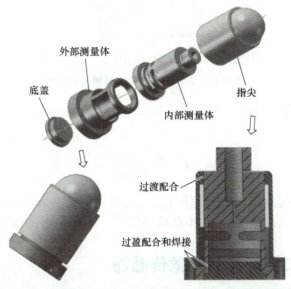

图 5-37　基于光纤光栅的三维力指端传感器结构示意图

图 5-38 为一种基于光纤光栅的三维力传感器。该传感器采用三个弹性梁结构，弹性梁表面光滑易于保证光纤光栅的贴合，可完成三维力 / 力矩的检测。其基本原理也是利用光纤光栅各自中心波长偏移量转换为力 / 力矩的值。

图 5-38　基于光纤光栅的三维力传感器示意图

图 5-39 为光纤压力式传感器单元基于全内反射破坏原理，来实现光强度调制的高灵敏度光纤传感器。发送光纤与接收光纤由一个直角棱镜连接，棱镜斜面与位移膜片之间气隙约为 0.3μm。在膜片的下表面镀有光吸收层，膜片受压力向下移动时，棱镜斜面与光吸收层间的气隙发生改变，从而引起棱镜界面内全内反射的局部破坏，使部分光离开上界面

进入吸收层并被吸收，因而接收光纤中的光强相应发生变化。光吸收层可选用玻璃材料或可塑性好的有机硅橡胶，采用镀膜方法制作。

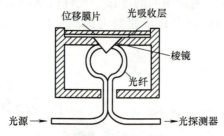

图 5-39　光纤压力式传感器单元示意图

膜片受压便产生弯曲变形，对于周边固定的膜片，在小挠度时（$W \leqslant 0.5\ t$），膜片中心挠度计算公式为

$$W = \frac{3(1-\mu^2)a^4 p}{16Et^4} \tag{5-27}$$

式中，W 为膜片中心挠度；E 为弹性模量；t 为膜片厚度；μ 为泊松比；p 为压力；a 为膜片有效半径。式（5-27）表明，在小载荷条件下，膜片中心位移与所受压力成正比。

5.6　红外发光二极管阵列触觉传感器

198

传统的光触系统是在屏幕相邻的两个边框上安装红外发光二极管（LED）阵列，在其对边安装光电探测器，以此来分析系统并判断是否有接触产生，如图 5-40 所示。LED与光电探测器在显示器上形成网格状光线。当一个物体（如手指或笔尖）触碰到屏幕时，由于空气与手指的折射率不同会导致屏幕的反射发生变化。因为塑胶或玻璃的折射率 n_2 比皮肤的折射率 n_1 大，所以触点光线的全反射角变大。这导致光线更多地从皮肤接触面穿出而不是传向光电探测器，使得光电探测器测得的光强变弱。光电探测器输出信号可以用来定位触点的坐标。

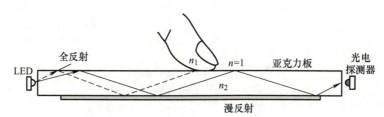

图 5-40　光触摸屏原理示意图

红外触摸屏没有广泛应用主要受限于两个因素：一是与竞争的电容技术相比其成本相对更高，且在明亮的环境光下性能会下降；二是由于背景光增加了光电探测器的本底噪声，有时甚至使屏幕的 LED 光无法被检测到，致使屏幕出现短暂失灵，这种情况在阳光直射的情况下更加明显，因为阳光在红外波段的能量很高。

但是，红外触摸屏的某些特征仍然是有需求的，并代表着理想显示屏幕的属性，如这种屏幕淘汰了大多数其他触摸技术在显示器前所必需的玻璃或塑料覆盖物。在大多数情况下，这种覆盖物是用透明导电材料（如 ITO）制成的，降低了显示器的光学质量。而红外触摸屏的这个优势使其在要求高清晰度的应用中变得非常重要。

5.7　流体式触觉传感器

流体式触觉传感器可采用导电流体和非导电流体。研究者们在触觉传感阵列中设计了直线、圆、螺旋线等形状的微流道并填充注入导电流体，微流道在外力作用下被挤压变形，其长度和横截面积发生改变，导致微流道内流体的电阻产生变化，从而实现触觉力的检测。有研究人员将导电流体填入机械指头，在外力作用下指尖内的导电流体被压缩，其电阻值发生变化，通过测量电阻值的变化即可实现对外力的检测，如图 5-41 所示。此外，还有研究人员在触觉传感阵列内设计了网状的微流道并填充导电流体，在网格的边缘引出电极，利用阻抗成像技术对网状微流道的受力进行解耦，成功检测出接触力的分布情况。

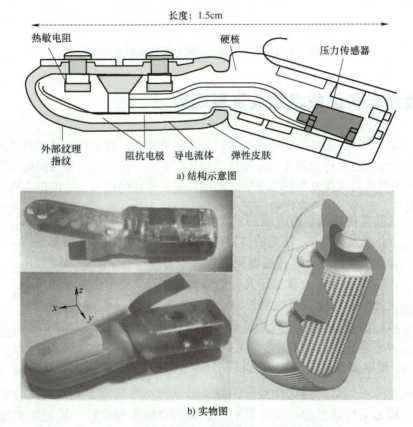

a) 结构示意图

b) 实物图

图 5-41　集成了流体式触觉传感器的机械指头

在非导电流体的应用方面，有研究人员将绝缘流体填充到触觉传感阵列每个传感单元的介电层中，如图 5-42 所示。当触觉传感阵列受力时，介电层被压缩，电容值发生变化。由于介电层为流体填充，传感阵列具有较高的柔性。采用流体作为触觉传感阵列的压力敏感元件，制造的传感阵列虽具有较高的柔性，但存在流体泄露的风险。

199

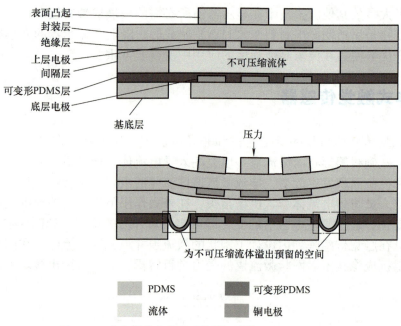

图 5-42　介电层为非导电（绝缘）流体的触觉传感单元

5.8　柔性触觉传感技术及其发展趋势

200

在智能机器人领域，柔性触觉电子皮肤已成为研究热点。触觉传感器能对机器人运动过程中产生的分布式触觉力进行检测，并反馈给运动执行系统，进而对机器人机构运动的力和速度进行调节，可增强机器人在复杂环境下完成精细、复杂作业的能力，进而提高机器人的作业水平和智能化水平。此外，还可利用检测到的触觉力信号来防止物体抓取时滑移的发生，增强机器人抓握物体时的稳定性。触觉传感器在工业机器人、深海探测机器人、服务机器人、空间机器人、远程医疗及危险环境下的精密操作微驱动机器人等领域均有着重要的应用，尤其在物体抓握时接触位置的测量、抓取力测量和抓握过程中滑移的检测等均有着积极的作用。

柔性触觉传感器及其检测技术研究受到了国内外学者的广泛关注。诸多学者在触觉传感器的敏感材料制备、传感结构设计与优化、触觉传感信号分析及检测等方面已开展了大量工作。但现阶段研制的柔性触觉传感器还难以满足智能假肢或机器人的高密度、高灵敏触觉感知的需求，并且柔性触觉传感技术在以下方面仍有待进一步深入研究。

1）柔性触觉传感阵列的结构设计。为了实现空间分布的触觉信息检测，设计的触觉传感器大多采用阵列型的传感结构设计，并且触觉传感阵列为了获到较高的触觉力检测灵敏度，采用了较为柔性敏感的材料或者对传感器的结构进行设计。该种触觉传感阵列结构在受力时容易被压缩，但容易带来触觉传感阵列的接触力测量范围较小的问题。因此，需要兼顾检测的灵敏度和量程，以提高触觉传感阵列的综合测试性能。此外，触觉传感阵列的柔性和空间分辨率仍需进一步提高，以满足智能假肢和机器人等对分布式触觉力的高灵敏度和高密度检测的要求。

2）柔性触觉传感阵列的力学建模分析。采用有限元仿真建模与理论力学建模的方法可对触觉传感阵列进行结构分析，但由于传感阵列的复杂三维结构设计，难以对柔性触觉传感阵列进行准确的应力、应变分析及性能预测。此外，当前研究中，多数研究者对传感单元的结构进行了过多简化，建立的力学模型的精度需进一步提高。需要进一步深入研究柔性触觉传感阵列的力学解析建模方法。此外，为了提高触觉传感阵列的分布式接触力检测能力及其综合性能，需要对传感阵列的结构进行优化，而当前在利用力学解析建模的方法对传感阵列进行结构优化方面，尚欠缺深入的研究。有必要通过力学解析建模，探求一种基于解析模型的触觉传感阵列的结构参数优化设计方法。

3）柔性触觉传感阵列的曲面装载力学建模。由于智能假肢和机器人手通常是具有曲面表面特征的机械部件，研制的触觉传感阵列也存在着曲面装载的问题。与平面装载相比，曲面装载条件下传感阵列由于弯曲变形，其敏感结构会发生变形进而引起内部应力应变的变化，导致触觉传感阵列的测试性能发生变化。目前关于曲面装载方式与基底载体形貌对传感阵列测试性能影响的研究报道很少。需要探求一种曲面装载条件下的柔性触觉传感阵列的力学解析建模方法，对曲面装载下的触觉传感阵列进行接触力检测性能的分析预测，以正确评估装载方式与载体形貌等的影响规律。

4）物体抓取过程中的滑移产生机理及其检测方法。物体抓取过程中滑移的检测及判定对于机器人手的灵巧稳定抓取至关重要，但物体抓取过程中的滑移产生机理尚不明确，其高灵敏度实时检测还存在着较大困难。现阶段，大多数研究者仅通过实验观察对物体抓取过程中的滑移现象进行了研究，但在滑移检测机理及其检测方法方面尚缺乏深入的研究。需要对物体抓取过程中的滑移产生机理进行理论建模，对物体接触区域的应力应变分布、滑移阶段的力学特性变化等进行研究，并通过研制高灵敏的触滑觉复合传感阵列实现物体抓取过程中的滑移与触觉力的同时检测。

5）基于触觉传感信号的物体表面识别应用。集成触觉传感器的机器人手在物体抓取时或物体表面滑动过程中会产生丰富的触觉信息，通过频谱分析或神经网络算法等已可实现初步的物体表面信息的提取与识别。但触觉特征信息的选择和提取大多依靠经验判断，致使识别算法的精度与准确率不高，无法在最优状态下用于物体的表面识别。需要对物体表面的特征量选取和触觉信息提取方法进行深入研究，以期实现基于触觉传感信号的物体表面识别等机器人与人的交互应用。

5.9　接近度传感器

接近度（接近觉）传感器介于触觉传感器与视觉传感器之间，不仅可以测量距离和方位，还可以融合视觉和触觉传感器的信息。接近度传感器可以辅助视觉系统的功能，来判断对象物体的方位、外形，同时识别其表面形状。为准确定位抓取部件，对机器人接近度传感器的精度要求比较高。接近度传感器的作用可归纳如下：

1）发现前方障碍物，限制机器人的运动范围，以避免与障碍物发生碰撞。

2）在接触对象物体前得到必要信息，如与物体的相对距离、相对倾角，以便为后续动作做准备。

3）获取对象物体表面各点间的距离，从而得到有关对象物体表面形状的信息。

机器人接近度传感器可以分为接触式接近度传感器和非接触式接近度传感器两种，用来测量周围环境物体或被操作物体的空间位置。接触式接近度传感器主要采用机械机构完成；非接触式接近度传感器的测量根据原理不同，采用的装置各异。对机器人传感器而言，根据所采用的原理不同，机器人接近度传感器可以分为机械式接近度传感器、感应式接近度传感器、电容式接近度传感器、超声波接近度传感器、光电式接近度传感器等。

5.9.1　机械式

1. 触须接近度传感器

触须接近度传感器与触觉传感器不同，它与昆虫的触须类似，在机器人上通过微动开关和相应的机械装置（探头、探针等）相结合而实现一般非接触测量距离的功能。这种触须式传感器可以安装在移动机器人的四周，用以发现外界环境中的障碍物。图 5-43 为一种猫胡须接近度传感器，其控制杆采用柔软弹性物质制成，相当于微动开关。如图 5-43a 所示，当传感器触及物体时接通输出回路，输出电压信号。图 5-43b 为应用示例，在机器人脚下安装多个猫胡须传感器，依照接通的传感器个数来检测机器脚在台阶上的具体位置。

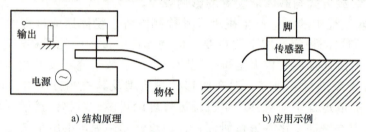

a) 结构原理　　　　　　　　b) 应用示例

图 5-43　猫胡须接近度传感器

2. 接触棒接近度传感器

图 5-44 为接触棒接近度传感器，传感器由一端伸出的接触棒和传感器内部开关组成。机器人手爪在移动过程中碰到障碍物或接触作业对象时，传感器的内部开关接通电路，输出信号。多个传感器安装在机器人的手臂或腕部，可以感知障碍物和物体。

5.9.2　气压式

图 5-45 为气压式接近度传感器。它利用反作用力方法，通过检测气流喷射遇到物体时的压力变化来检测和物体之间的距离。气源送出具有一定压力 p_1 的气流，离物体的距离越小，气流喷出的面积就越窄，气缸内的压力 p_2 就越大。如果事先求得距离 x 和气缸内气体压力 p_2 的关系，即可根据气压计读数 p_2 测定距离 x。

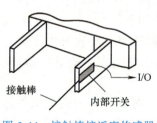

图 5-44　接触棒接近度传感器

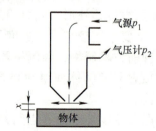

图 5-45　气压式接近度传感器

5.9.3 超声波式

人耳能听到的声波频率在 20 ～ 20000Hz 之间，超过 20000Hz，人耳不能听到的声波称为超声波。声波的频率越高、波长越短、绕射现象越小，最明显的特征是方向性好，能够成为射线而定向传播，与光波的某些特性（如反射、折射定律）相似。超声波的这些特性使之能够应用于距离的测量。

1. 工作原理

超声波式接近度传感器目前在移动式机器人导航和避障中应用广泛。它的工作原理是测量渡越时间（ToF），即测量从发射换能器发出的超声波经目标反射后沿原路返回接收换能器所需的时间，由渡越时间和介质中的声速求得目标与传感器的距离。

渡越时间的测量方法有多种，基于脉冲回波法的超声波式接近度传感器是应用最普遍的一种传感器，其原理框图如图 5-46 所示。其他方法还有调频法、相位法、频差法等，它们均有各自的特点。对于接收信号，也有各种检测方法，用以提高测距精度。常用的检测方法有固定 / 可变测量阈值、自动增益控制、高速采样、波形存储、鉴相、鉴频等。目前应用比较多的换能元件是压电晶体，压电陶瓷、高分子压电材料也有一些应用。

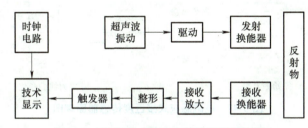

图 5-46　超声波式接近度传感器原理框图

2. 环境因素的影响

环境中温度、湿度、气压对声速均会产生影响，这对以声速来计算测量结果的超声波式接近度传感器来说是一个主要的误差来源，其中温度变化的影响最大。空气中声速的大小可近似表示为

$$v = v_0\sqrt{1 + t / 273} \approx 331.5 + 0.607t \tag{5-28}$$

式中，v 为 t ℃时的声速（m/s）；v_0 为 0℃时的声速（m/s）；t 为温度（℃）。声强随传播距离增加而按指数规律衰减，空气流的扰动、热对流的存在均会使超声波式接近度传感器在测量中、长距离目标时精度下降，甚至无法工作，工业环境中的噪声也会给可靠的测量带来困难。另外，被测物体表面的倾斜、声波在物体表面上的反射，都有可能使换能器接收不到反射回来的信号，从而检测不出前方物体的存在。

近年来，国内外用于工业自动化和机器人的超声波测距传感器的各种研究与应用开展得十分广泛。

目前超声波式接近度传感器主要应用于导航和避障，其他还有焊缝跟踪、物体识别等。某研究单位研制出一种由步进电动机带动可在 90°范围内进行扫描的超声波式接近度传感器，可以获得二维的位置信息，若配合手臂运动，可进行三维空间的探测，从而得到环境中物体的位置。传感器的探测距离为 15 ～ 200mm，分辨率为 0.1mm，这些性能指标使超声波式接近度传感器在最小探测距离和精度上都有所突破。

5.9.4 感应式

感应式接近度传感器主要有三种类型，它们分别基于电磁感应、电涡流和霍尔效应原理，仅对铁磁性材料起作用，用于近距离、小范围内的测量。

1. 电磁感应式接近度传感器

电磁感应式接近度传感器如图 5-47 所示，其核心由线圈和永久磁铁构成。当传感器远离铁磁性材料时，原始磁力线如图 5-47a 所示；当传感器靠近铁磁性材料时，引起永久磁铁磁力线的变化，从而在线圈中产生电流，如图 5-47b 所示。这种传感器在与被测物体相对静止的条件下，由于磁力线不发生变化，因而线圈中没有电流，因此电磁感应式接近觉传感器只是在外界物体与之产生相对运动时，才能产生输出。同时，随着距离的增大，输出信号明显减弱，因而这种类型的传感器只能用于很短的距离测量，一般仅为零点几毫米。

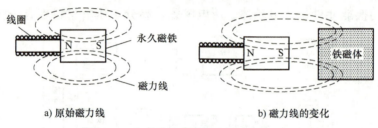

a) 原始磁力线　　　　　　　　　b) 磁力线的变化

图 5-47　电磁感应式接近度传感器原理图

2. 电涡流式接近度传感器

电涡流式接近度传感器主要用于检测由金属材料制成的物体。它是利用导体在非均匀磁场中移动或处在交变磁场内时，导体内就会出现感应电流这一基本电学原理工作的。这种感应电流称为电涡流，电涡流式接近度传感器最简单的形式只包括一个线圈。电涡流式接近度传感器工作原理示意图如图 5-48 所示。线圈中通入交变电流 I_1，在线圈的周围产生交变磁场 H_1。当传感器与外界导体接近时，导体中感应产生电流 I_2，形成一个磁场 H_2，其方向与 H_1 相反，削弱了磁场，从而导致传感器线圈的阻抗发生变化。传感器与外界导体的距离变化能够引起导体中所感应产生的电流 I_2 的变化。通过适当的检测电路，可从线圈中耗散功率的变化得出传感器与外界物体之间的距离。这类传感器的测距范围一般在零到几十毫米之间，分辨率可达满量程的 0.1%。电涡流式接近度传感器可安装在弧焊机器人上用于焊缝自动跟踪，但这种传感器的外形尺寸与测量范围的比值较大，因而在其他方面应用较少。

3. 霍尔效应式接近度传感器

保持霍尔元件的激励电流不变，使其在一个均匀梯度的磁场中移动，则其输出的霍尔电动势取决于它在磁场中的位移量。根据这一原理，可以对磁性体微位移进行测量。霍尔效应式接近度传感器工作原理如图 5-49 所示。该传感器由霍尔元件和永磁体以一定的方式联合使用构成，可对铁磁体进行检测。当附近没有铁磁体时，霍尔元件感受到一个强磁场：当铁磁体靠近接近度传感器时，磁力线被旁路，霍尔元件感受到磁场强度减弱，引起输出的霍尔电动势变化。

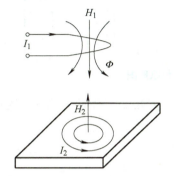
图 5-48　电涡流式接近度传感器工作原理图

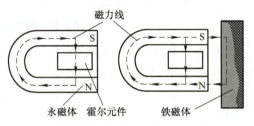
图 5-49　霍尔效应式接近度传感器工作原理图

5.9.5　激光式

激光传感器是利用激光技术进行测量的传感器。它由激光器、激光检测器和测量电路组成。其中，激光器是产生激光的一个装置。激光器的种类很多，按激光器的工作物质可分为固体激光器、气体激光器、液体激光器及半导体激光器。激光传感器是新型测量仪表，它的优点是能实现无接触远距离测量，速度快、精度高、量程大、抗光电干扰能力强等。

激光传感器能够测量很多的物理量，如长度、速度、距离等。

激光测距传感器种类很多，下面介绍几种常用激光测距方法的原理，有脉冲式激光测距、相位式激光测距、三角法激光测距。

1）脉冲式激光测距传感器的原理是：由脉冲激光器发出持续时间极短的脉冲激光，经过待测距离后射到被测目标，有一部分能量会被反射回来，被反射回来的脉冲激光称为回波。回波返回到测距仪，由光电探测器接收。根据主波信号和回波信号之间的间隔，即激光脉冲从激光器到被测目标之间的往返时间，就可以算出被测目标的距离。

2）相位式激光测距传感器的原理是：对发射的激光进行光强调制，利用激光空间传播时调制信号的相位变化量，根据调制波的波长计算出该相位延迟所代表的距离。即用相位延迟测量的间接方法代替直接测量激光往返所需的时间，实现距离的测量。这种方法精度可达到 mm 级。

3）三角法激光测距传感器的原理是：由激光器发出的光线，经过会聚透镜聚焦后入射到被测物体表面上，接收透镜接收来自入射光点处的散射光，并将其成像在光电位置探测器敏感面上。当物体移动时，通过光点在成像面上的位移来计算出物体移动的相对距离。三角法激光测距的分辨率很高，可以达到 μm 级。

图 5-50 为脉冲式激光传感器测距原理图。工作时，先由激光发射二极管对准目标发射激光脉冲，经过目标反射后激光向各方向散射。部分散射光返回传感器接收器，被光学系统接收后成像到雪崩光电二极管上。雪崩光电二极管是一种内部具有放大功能的光学传感器，因此它能检测极其微弱的光信号，并将其转化为相应的电信号。

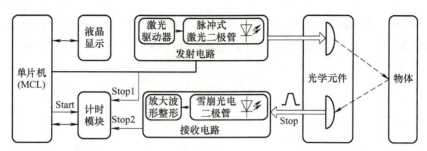

图 5-50　脉冲式激光传感器测距原理图

如果从光脉冲发出到返回被接收所经历的时间为 t，光的传播速度为 c，则可以得到激光传感器到被测物体之间距离 L 为

$$L = ct/2 \tag{5-29}$$

5.9.6　光纤光栅式

如前所述，光纤光栅式传感器属于光纤传感器的一种，基于光纤光栅的传感过程是通过外界物理参量对光纤布拉格（Bragg）波长的调制来获取传感信息，是一种波长调制型光纤传感器。光纤光栅式传感器可以实现对温度、应变等物理量的直接测量。由于光纤光栅波长对温度与应变同时敏感，即温度与应变同时引起光纤光栅耦合波长移动，使得通过测量光纤光栅耦合波长移动无法对温度与应变加以区分。因此，解决交叉敏感问题，实现温度和应力的区分测量是传感器实用化的前提。通过一定的技术来测定应力和温度变化来实现对温度和应力区分测量。这些技术的基本原理都是利用两根或者两段具有不同温度和应变响应灵敏度的光纤光栅构成双光栅温度与应变传感器，通过确定两个光纤光栅的温度与应变响应灵敏度系数，利用两个二元一次方程解出温度与应变。区分测量技术大体可分为两类，即多光纤光栅测量和单光纤光栅测量。

近年来，研究人员开展了应用光纤光栅进行位移（接近度）测量的研究，目前这些研究大都是通过测量悬臂梁表面的应变，然后通过计算求得悬臂梁垂直变形，即悬臂梁端部垂直位移。在机器人的接近度检测任务中，可利用这种位移传感器测量接近度的信息。目前，基于光纤光栅技术的接近度测量，其传感器精度可以到达 $\pm 0.1\%$F·S。其基本原理是光纤安装在传感器内部，光纤纤芯折射率的周期性变化形成了 FBG，并反射符合布拉格条件的某一波长的光信号。当 FBG 与弹性膜片或其他设备连接在一起时，距离（接近度）的变化会拉伸或压缩 FBG；反射波长会随着折射率周期性变化而发生变化，根据反射波长的偏移即可监测出相对位置的变化量。

🔧 思考题与习题

5-1　力/力矩传感器有哪几种类型？各有什么特点？

5-2　触觉传感器有哪几种类型？各有什么特点？

5-3　简述柔性触觉传感技术的研究现状和发展趋势。

5-4　接近度传感器有哪些基本类型？简述各类型的基本工作原理、优点和局限性。

5-5　举例说明力/触觉传感器在机器人系统中的应用。

206

第 6 章　速度 / 加速度与方向传感器

速度传感器是机器人内部传感器之一，是闭环控制系统中不可缺少的重要组成部分，用来测量机器人关节的运动速度。可以进行速度测量的传感器很多，如进行位置测量的传感器大多可同时获得速度的信息。但是应用最广泛、能直接得到代表转速的电压且具有良好的实时性的速度测量传感器是测速发电机。在机器人控制系统中，以速度为首要目标进行伺服控制的并不常见，更常见的是机器人的位置控制。若要考虑机器人运动过程的品质，速度传感器甚至加速度传感器都是需要的。根据输出信号形式的不同，速度传感器可分为模拟式和数字式两种。

随着机器人的高速化、高精度化，由机械运动部分刚性不足引起的振动问题开始受到关注。作为抑制振动问题的对策，有时在机器人的各杆件上安装加速度传感器，测量振动加速度，并把它反馈到杆件底部的驱动器上；有时把加速度传感器安装在机器人末端执行器上，将测得的加速度进行数值积分，加到反馈环节中，以改善机器人的性能。从测量振动的目的出发，加速度传感器日趋受到重视。

机器人的动作是三维的，而且活动范围很广，可在连杆等部位直接安装接触式振动传感器。虽然机器人的振动频率仅为数十赫兹，但因为共振特性容易改变，所以要求传感器具有低频、高灵敏的特性。

6.1　速度测量原理与传感器（含转速）

速度检测分为线速度与角速度检测。常用的速度检测方法有以下几种：

1）微积分法。根据运动物体的位移、速度和加速度的关系，对运动物体的加速度进行积分运算或对运动物体的位移信号进行微分运算就可以得到速度。

2）线速度和角速度互相转换测速法。同一运动物体的线速度和角速度存在固定的关系，在测量时可以采用互相转换的方法，如测量执行电机的转速可得到负载的线速度。

3）速度传感法。利用各种速度传感器，将被测物体的速度信号转换为电信号进行测量。这种方法也很常见，如磁电式速度传感器、测速发电机、光电编码器、多普勒测试仪、陀螺仪等。

4）相关测速法。在被测运动物体经过的两固定距离为 L 的点上安装信号检测装置，通过对两个信号检测装置输出的信号进行相关分析，求出时差 τ，就可以得知运动物体的被测速度 $v = L / \tau$。相关测速法不受环境因素的影响，测速精度较高。

5）空间滤波器法。利用可选择一定空间频率段的空间滤波器件与被测物体同步运动，在单位空间内测得相应的时间频率，求得运动物体的运动速度。该方法既可测量运动物体的线速度，也可以测量转速。

有些传感器直接测量机器人和它的环境之间的相对运动。因为这种运动传感器检测相对运动，只要物体相对于机器人的参考框架运动，运动就可以被检测到，且它的速度就可以被估计。有许多传感器，它们自然地测量运动或变化的某些方面。如热电传感器检测热的变化，当人步行经过传感器的视场时，运动触发传感器参考框架中热的变化。本节将阐述多种速度检测传感器，如多普勒效应的运动检测器的重要类型。对于快速运动的移动机器人，诸如自主的公路车辆和无人飞行器，多普勒运动检测器就是障碍检测传感器很好的选择方案。

6.1.1　多普勒效应

平时生活中，如果注意到正在到来的消防车经过和后退时所发出的报警音调的变化，则就熟悉了多普勒效应。

一个发射器以频率f_t发射电磁波或声波，它或者被如图 6-1a 所示的接收器接收，或者从如图 6-1b 所示的物体反射。对于图 6-1a 接收器的情况，测量的多普勒频率f_r是发射器和接收器之间相对速度v的函数。具体的，如果发射器正在运动，则

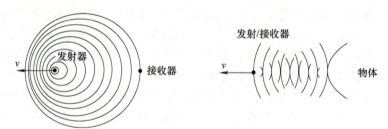

a) 两个运动物体之间的多普勒效应　　　b) 运动和静止物体之间的多普勒效应

图 6-1　多普勒效应原理图

$$f_r = f_t \frac{1}{1+\dfrac{v}{c}} \tag{6-1}$$

如果接收器正在运动，则

$$f_r = f_t \left(1+\frac{v}{c}\right) \tag{6-2}$$

对于图 6-1b 反射波的情况，引入因子 2，因为在相对间距中，间距的任何改变x影响往返的路径长度为$2x$。而且在这种情况下，通常考虑Δf的变化更为方便，Δf称为多普勒频率偏移，且

$$\Delta f = f_t - f_r = \frac{2f_t v\cos\theta}{c} \tag{6-3}$$

$$v = \frac{\Delta f c}{2 f_{\mathrm{t}} \cos \theta} \qquad (6\text{-}4)$$

式中，Δf 为多普勒频率偏移；θ 为运动方向和光束轴之间的相对角度；c 为光速。

多普勒效应使用声波或电磁波，具有广泛的应用场景。声波多普勒效应应用方面，如工业过程控制、安全、寻鱼、测量地速等；电磁波多普勒效应应用方面，如振动测量、雷达系统、对象跟踪等。

目前多普勒效应的主要应用领域有自主的和有人的公路车辆两个方面。对这类环境，已经设计了微波和激光雷达两种系统。这两种系统具有等效的量程，但当视觉信号被环境条件，如下雨、雾等恶化时，激光却可以不受影响。商用的微波雷达系统已被安装到公路货车上。这些系统称为车载雷达（VORAD），总距离近似为 150m，准确度约 97%，测距速率为 0 ～ 160km/h，分辨率为 1km/h。光束水平发散角近似为 4°、垂直发散角为 5°。雷达技术的主要限制是它的带宽。现有系统可以近似以 2Hz 提供多目标的信息。

6.1.2　基于位移的速度传感器

1. 基于位移的直线速度传感器

直线速度的测量有多种相对简单的方法。如采用普通的位移传感器，将其输出值传送到一个微分电路，对位移信号进行微分操作即可得到速度信号。另一种方法是基于平均速度公式 $v = \Delta x / \Delta t$，先测量出位移量 Δx，再测出时差 Δt 进而求出平均速度，其工作原理如图 6-2 所示。

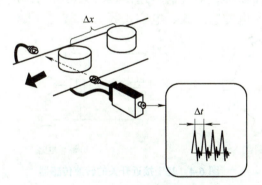

图 6-2　基于 $v = \Delta x / \Delta t$ 的平均速度测量工作原理图

利用磁电感应原理，也可以检测直线速度。如图 6-3a 所示动圈式速度传感器，感应电动势计算公式为

$$E_{\mathrm{s}} = NBlv \qquad (6\text{-}5)$$

式中，E_{s} 为感应电动势；N 为线圈匝数；B 为磁通密度；l 为线圈长度；v 为线圈与磁铁的相对速度。式（6-5）表明，在磁通密度和线圈尺寸一定时，输出电压与速度成正比。

2. 基于位移的角速度传感器

角速度传感器或转速传感器应用十分广泛，种类也较多，基于位移的角速度传感器有磁电感应式等。

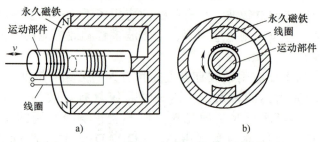

图 6-3　动圈式速度传感器原理图

一种磁电感应角速度传感器的输出电压与式（6-5）有相似的表达，只是将其中的速度换成了角速度。

6.1.3　脉冲式

在测量角速度（转速）时，脉冲式方法比较常见。这种脉冲计数信号可以借助接近开关的基本原理加以理解。如图 6-4 所示，调制盘上开 Z 个缺口，测量电路计数时间为 $t(\mathrm{s})$，被测转速为 $n(\mathrm{r} / \min)$，则此时得到的计数值 C 为

$$C = Ztn / 60 \tag{6-6}$$

为了使计数值 C 能直接读转速 n 值，一般取 $Zt = 60 \times 10k(k = 0,1,2,\cdots)$。

根据接近开关的工作原理，对应的转速传感器又可分为磁电感应式、光电效应式、霍尔效应式、磁阻效应式、电磁感应式、电容式等。

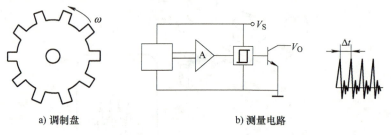

a) 调制盘　　　　　　　　　b) 测量电路

图 6-4　基于接近开关的转速传感器

几种变磁阻式传感器，即电感式、变压器式、电涡流式传感器都可以用于转速传感器，其基本工作原理都是基于脉冲计数来计算转速。

图 6-5 ～图 6-8 分别为电感式转速传感器、电涡流式转速传感器、霍尔式转速传感器、电容式转速传感器结构原理图。

6.1.4　编码器

在机器人控制系统中，增量式编码器一般用作位置传感器，但也可以将其用作速度传感器。当把一个增量式编码器用作速度检测元件时，有以下两种使用方法。

　　一部使用差动机构来驱动的车辆拥有两个装在同一车轴上的可独立控制的驱动轮。假定两个驱动轮相对于车身的安装位置固定，为保证两个轮子始终保持与地面的接触，这两个轮子必须在地面上做弧形运动以使整个车身能以驱动轴上的一点为中心旋转。此点即瞬时曲率中心（ICC），如图 6-11 所示。假设左右两个驱动轮相对于地面的速度分别为 v_l 和 v_r，并且两个轮子相距 $2d$，那么有

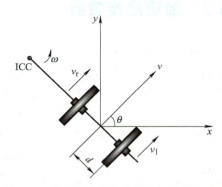

$$\omega(R+d)=v_l \tag{6-7}$$

$$\omega(R-d)=v_r \tag{6-8}$$

式中，ω 为车身围绕 ICC 旋转的角速度；R 为车身中心到 ICC 的距离。联立式（6-7）、式（6-8）求解，可得

图 6-11　差动驱动车差动机构的运动学模型

$$\omega=\frac{v_l-v_r}{2d} \tag{6-9}$$

$$R=d\frac{v_l+v_r}{v_l-v_r} \tag{6-10}$$

两个驱动轮之间中点的线速度 $v=\omega R$。

　　由于 v_l 和 v_r 是时间的函数，可以获得一系列差动驱动车的运动方程。以驱动轮中点为车身原点，设 θ 为车身相对于一个全局笛卡儿坐标系的 x 轴的方向角，可得

$$x(t)=\int v(t)\cos\theta(t)\mathrm{d}t \tag{6-11}$$

$$y(t)=\int v(t)\sin\theta(t)\mathrm{d}t \tag{6-12}$$

$$\theta(t)=\int \omega(t)\mathrm{d}t \tag{6-13}$$

　　这就是差动驱动车在平面上以里程计预测姿态的方程。如果控制输入量（v_l 和 v_r）及一些初始预测值已知，就可以使用这个运动模型求得此类机器人在任何时刻的一个理想化的状态预测。因此，从原则上来说，借用此模型和充分的控制输入量，一定能够用里程计预测任何时刻下的机器人姿态。理想情况下，这些即是用以预测机器人在未来任何时刻姿态所有必要条件。但实际情况下，使用航位推测法得到的机器人的运动状态和它的实际运动状态总是存在误差。导致这些误差的因素很多，包括建模误差（如轮子尺寸的测量误差，车辆本身尺寸的测量误差）、控制输入量的不确定性、电动机控制器的实现（如轮子的指令旋转角度和实际旋转角度），以及机器人本身的物理建模误差（包括轮子的上紧状态、地面的压实状态、轮子打滑和轮胎面实际宽度不可能为零等）等。解决这些误差就形成了车辆的姿态控制。车辆的姿态控制需要融合航位推测法和其他的传感器系统。

　　可以预测或者改变机器人姿态的其他传感器系统的知识可参考其他资料。这些传感器或依赖于外部事件，或依赖于视觉或其他条件，包括惯性测量装置和全球定位系统等。惯

213

性测量装置是一种测量受外力影响下的物体物理属性转换的传感器。

6.2 加速度传感器

加速度是表征物体在空间运动本质的一个基本物理量。可以通过测量加速度来测量物体的运动状态，判断运动机械系统所承受的加速度负荷的大小，以便正确设计其机械强度和按照设计指标正确控制其运输加速度，以免机件损坏。

随着机器人高速化、高精度化，机器人在动态情况下的精确控制需要加以考虑。例如，机械手在快速抓取物体时，由于速度快速变化，即加速度带来的惯性力反作用于手指，会产生振动而给抓取物体带来操作误差，影响灵巧手操作的快速性和平稳性。此外，为抑制振动问题，有时要在机器人关键杆件（如手腕）上安装加速度传感器测量振动加速度，并将其反馈给控制器，用于振动的检测和抑制。再有，对于飞行机器人而言，不仅需要进行系统和关节的位置和姿态控制，还需要控制系统和关节的加速度，以控制飞行状态。

加速度常用绝对法测量，即把惯性测量装置安装在运动体上进行测量。测量加速度的传感器基本上都是如图 6-12 所示的弹簧质量体结构。当基体或质量体受力时会产生加速度，惯性力与弹簧反作用力相平衡时，质量块相对于基座的位移与加速度成正比，故可以通过该位移或惯性力来测量加速度。

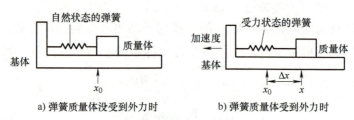

a) 弹簧质量体没受到外力时　　　　b) 弹簧质量体受到外力时

图 6-12　弹簧质量体结构示意图

由牛顿定律有

$$ma = k\Delta x \tag{6-14}$$

$$a = \frac{k}{m}\Delta x \tag{6-15}$$

惯性二阶测量系统的加速度传感器基本结构如图 6-13 所示，它由质量块 m、弹簧 k 和阻尼器 B 组成。质量块通过弹簧和阻尼器与传感器基座相连接。传感器基座与被测运动体相连，随运动体一起相对于运动体之外惯性空间的某一参考点做相对运动。由于质量块不与传感器基座相连，因而质量块在惯性作用下将与基座之间产生相对位移。质量块感受加速度并产生与加速度成比例的惯性力，从而使弹簧产生与质量块相对位移 Δx 相等的伸缩变形。弹簧变形又产生与变形量成比例的反作用力。

图 6-13 中，将弹簧质量系统作为传感器，并将其与被测系统直接相连，当从系统框架外部施加位移与加速度时，设检测系统的外壳与质量块 m 之间的相对位移为 x_0，支点位移为 x_i，则质量块 m 的绝对位移 x_m 为

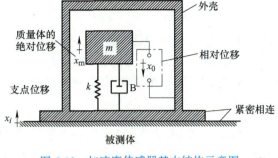

图 6-13　加速度传感器基本结构示意图

$$x_m = x_i - x_0 \tag{6-16}$$

考虑弹簧的阻尼，并运用牛顿定律和胡克定律，有

$$kx_0 + \lambda \dot{x}_0 = m\ddot{x}_m = m(\ddot{x}_i - \ddot{x}_0) \tag{6-17}$$

式中，k 为弹簧的弹性系数；λ 为弹簧的阻尼系数。

用 D 算子来表示式（6-17），有

$$(k + \lambda D + D^2 m)x_0 = D^2 m x_i \tag{6-18}$$

即

$$\frac{x_0}{D^2 x_i}(D) = \frac{m}{D^2 m + D\lambda + k} = \frac{\dfrac{m}{k}}{D^2 \dfrac{m}{k} + D \dfrac{\lambda}{k} + 1} \tag{6-19}$$

所以有

$$\frac{x_0}{D^2 x_i}(D) = \frac{m}{D^2 m + D\lambda + k} = \frac{\dfrac{1}{\omega_n^2}}{\dfrac{D^2}{\omega_n^2} + \dfrac{2\delta D}{\omega_n} + 1} \tag{6-20}$$

式中，ω_n 为自然振荡频率，$\omega_n = \sqrt{\dfrac{k}{m}}$；$\delta$ 为阻尼比，$\delta = \dfrac{\lambda}{2\sqrt{km}}$。

式（6-20）也可写为

$$a = D^2 x_i = \left(\frac{D^2}{\omega_n^2} + \frac{2\delta D}{\omega_n} + 1 \right) \omega_n^2 x_0 \tag{6-21}$$

式（6-21）表明，加速度与相对位移成正比。

根据对加速度传感器中质量所产生的惯性力（或位移）的检测方式，加速度传感器可以大致分为机械式、压电式、压阻式、应变式、电容式、振梁式、磁电感应式、热式等；按照检测质量的支撑方式，加速度传感器可以分为悬臂梁式、摆式、筒支撑梁式等。

215

6.2.1 机械式

机械式加速度传感器基本上是由一个弹簧—配重—阻尼器组成的系统，并能提供一些方法用以外部观测，如图 6-14a 所示。当一个外力（如重力）施加于加速度传感器，这个力作用于配重而使弹簧发生形变。假设一个理想的弹簧，它的形变正比于作用力，内外力平衡，方程为

$$F_{applied} = F_{interial} + F_{damping} + F_{spring} = mx + cx + kx \qquad (6-22)$$

式中，c 为阻尼系数。求解式（6-22）可知，合理选择与需要施加的外力和配重有关的阻尼系数的大小，不论有没有一个静态的力作用于系统本身，系统都可以在一段合理的、较短的时间内达到一个稳定状态。因为需要事先预测需要施加的外力的大小及系统需要达到稳定状态的作用时间（可能很长），并且这些因素与达不到理想条件的弹簧相耦合，进一步限制了机械式加速度传感器的应用。机械式加速度传感器的另一个问题是它们对振动特别敏感。

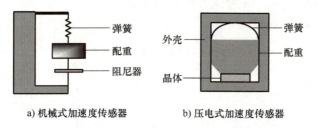

a) 机械式加速度传感器　　　b) 压电式加速度传感器

图 6-14　机械式加速度传感器和压电式加速度传感器结构示意图

6.2.2 压电式

压电式加速度传感器不像机械式加速度传感器那样去直接测量施加外力的大小，而是基于一些晶体呈现出的特性，这种特性使这些晶体可以在被压迫时产生一个电压。可以恰当的放置一小块配重使它只被晶体支撑，这样有外力施加于加速度传感器上时，配重就压迫晶体以产生一个可以测量出来的电压，如图 6-14b 所示。

压电式加速度传感器利用晶体的压电效应原理工作，它主要由压电元件、质量块、弹性元件及外壳组成。图 6-15a 为压缩式压电式加速度传感器结构示意图。压电元件常由两片压电陶瓷组成，两个压电片之间的金属片为一个电极，基座为另一个电极。在压电片上放一个质量块，用一个弹簧压紧施加预应力。通过基座底部的螺孔将传感器紧固在被测物体上，传感器的输出电荷（或电压）即与被测物体的加速度成正比。压缩式压电式加速度传感器的优点是固有频率高、频率响应好、灵敏度较高，且结构中的敏感元件（弹簧、质量块和压电元件）不与外壳直接接触，受环境影响小，目前这种加速度传感器应用较多。

剪切式压电式加速度传感器结构示意图如图 6-15b 所示，它利用了压电元件的切变效应。压电元件是一个压电陶瓷圆筒，沿轴向极化。将圆筒套在基座的圆柱上，外面再套惯性质量环。当传感器受到振动时，质量环由于惯性作用，使压电圆筒产生剪切形变，从而在压电圆筒的内外表面上产生电荷，其电场方向垂直于极化方向。剪切式压电式加速度传感器的优点是具有很高的灵敏度，横向灵敏度很小，其他方向的作用力造成的测量误差很小。

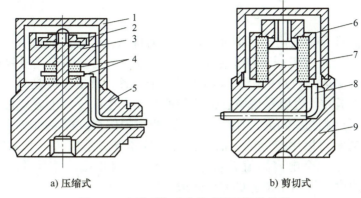

图 6-15　压电式加速度传感器结构示意图

1—外壳　2—弹簧　3—质量块　4—压电片　5—基座　6—质量环　7—压电陶瓷圆筒　8—引线　9—基座

压电式加速度传感器的使用下限频率一般压缩式为 3Hz，剪切式为 0.3Hz；上限频率达 10kHz，但很大程度上与环境温度有关；加速度测量范围为 $10^{-5}\,g \sim 10^{-4}\,g$，并有工作温度范围宽等特点。压电式加速度传感器属于自发电型传感器，它的输出为电荷量（以 pC 为单位），而输入为加速度（单位为 m/s²），灵敏度以 pC/（m/s²）为单位。压电式加速度传感器在安装压电片时必须加一定的预应力，一方面保证在交变力作用下，压电片始终受到压力；另一方面使两压电片间接触良好，避免在受力的最初阶段接触电阻随压力变化而产生非线性误差，但预应力太大将影响灵敏度。

6.2.3　压阻式

Ni–Cu 或 Ni–Cr 等金属电阻应变片加速度传感器是一个由板簧支承重锤所构成的振动系统，板簧上、下两面分别贴两个应变片，应变片加速度传感器结构如图 6-16 所示。应变片受振动产生应变，其电阻值的变化通过电桥电路输出电压被检测出来。除了金属电阻，Si 或 Ge 半导体压阻元件也可用于加速度传感器。

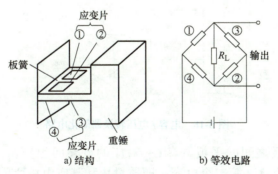

图 6-16　应变片加速度传感器结构示意图及其等效电路

半导体应变片的应变系数比金属电阻应变片高 50 ～ 100 倍，其灵敏度很高，但温度特性差，需要加补偿电路。最新研制的充硅油耐冲击高精度悬臂结构（重锤的支承部分），包含信号处理电路的超小型芯片式悬臂机构已有相关研究与报道。

217

6.2.4 电容式

电容式传感器具有微型化、高精度、低成本的特点。电容式加速度传感器至少由两个主要组件构成：一个是定极板（与外壳相连接）；另一个是与惯性质量块连接的极板，它可以在壳体内部自由运动。这两个极板形成了一个电容，其电容值是两个极板重叠的面积 A 及极板间距 d 的函数。也就是说电容值随加速度而发生改变。电容式加速度传感器测得的最大位移一般不会超过 20μm。因此，测量如此小的位移就需要对漂移和各种干扰进行可靠的补偿。这通常可以用差分的方法来实现，具体方法是在同一个 MEMS 结构中增加一个附加的电容。第二个电容的值必须与第一个电容值相近，并且可以测量相位差 180°的加速度，则加速度可用两个电容的差值来表示。

图 6-17a 所示为 MEMS 电容式加速度传感器的截面图，内部的质量块夹在上盖和基座中间，质量块由四根硅弹簧支撑，如图 6-17b 所示。上盖、基座和质量块之间的距离分别为 d_1 和 d_2。上述三部分均由硅片经微机械加工而成。需要注意的是，此处无阻尼。图 6-18 为电容/电压转换器简化电路。

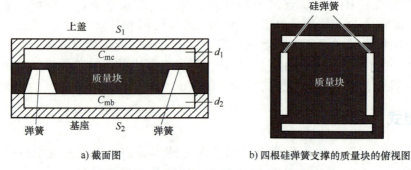

a) 截面图　　　　　　　　　b) 四根硅弹簧支撑的质量块的俯视图

图 6-17　具有差分电容的电容式加速度传感器

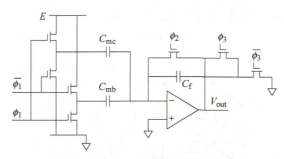

图 6-18　电容/电压转换器简化电路

质量块和上盖电极之间的平板电容 C_{mc} 对应的重叠面积为 S_1。当质量块向上盖移动时，间距 d_1 会减小一个 Δ。第二个电容，即质量块和基座电极之间的电容 C_{mb} 对应的重叠面积为 S_2。当质量块向上盖移动而远离基座时，距离 d_2 会增加 Δ。Δ 的值等于作用于质量块的机械外力 F_m 除以硅弹簧的弹性系数 k，即

$$\Delta = \frac{F_m}{k} \tag{6-23}$$

严格地说，只有当静电力不影响质量块的位置时，也就是当电容值随 F_m 线性变化时，加速度传感器的等效电路才是有效的。当加速度传感器应用于开关电容加法放大器时，输出电压取决于电容值，相应地也就取决于所受到的力，即

$$V_{out} = \frac{2E(C_{mc} - C_{mb})}{C_f}$$ （6-24）

当传感器电容发生微小变化时，式（6-24）同样成立。加速度传感器的输出同样是温度的函数并会产生电容性失配。建议能够在整个温度范围内对传感器进行校准，并且在信号处理过程中做出合适的修正。另一种保证高可靠性的有效方法是设计自校准系统，当给上盖或者基座电极施加高电压时，它能够利用加速度传感器装配中产生的静电力进行校准。

图 6-19 为一种先进的加速度传感器设计方案，该类加速度传感器惯性质量块的位移通过电容叉指进行测量，质量块的位移使电容叉指相对运动，从而改变电容极板的重叠面积。该类电容的总电容值与电容叉指的数量成正比。惯性质量块可分为四部分，每部分均由独立的蛇形弹簧支撑，并连接到自己一组的电容叉指组上。当质量块移动时，弯曲的电容叉指的位移变化如图 6-20a 所示。电容重叠面积发生变化，各电容值也随之改变。该加速度传感器结构形成了四组感应电容，四组电容接成如图 6-20b 所示的桥式电路。

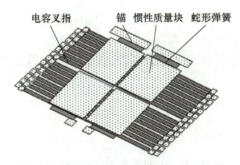

图 6-19 带有电容叉指结构的电容式加速度传感器

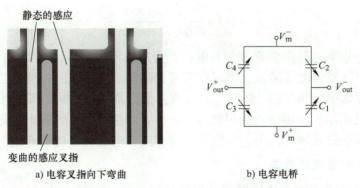

a) 电容叉指向下弯曲   b) 电容电桥

图 6-20 电容叉指的位移变化及电容电桥

6.2.5 热式

1. 加热板式加速度传感器

与其他加速度传感器一样，加热板式加速度传感器也包括质量块，该质量块通过薄悬臂悬置于单散热片附近或两个散热片之间，如图 6-21a 所示。质量块和悬臂梁结构都用微加工技术制成。部件之间的空间由导热气体填充。质量块由表面沉积或内置的加热器加热到特定温度 T_1。由于加速度传感器都是基于质量块位移的测量，所以热传导的基本公式可以用于计算被加热的质量块的运动。

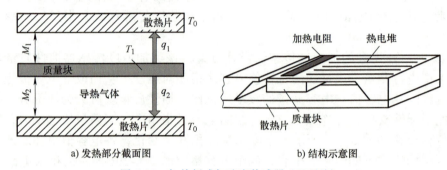

a) 发热部分截面图　　　　　　　b) 结构示意图

图 6-21　加热板式加速度传感器（无顶盖）

在没有加速度的情况下，质量块和散热片之间建立了热平衡关系，即经导热气体从质量块传递到散热片的热量 q_1 和 q_2 是距离 M_1 和 M_2 的函数。

支撑质量块的悬臂梁上任何点的温度都取决于它与支撑点的距离 x 及散热片之间的间隙。由此可得

$$\frac{\mathrm{d}^2 T}{\mathrm{d}x^2} - \lambda^2 T = 0 \tag{6-25}$$

式中，$\lambda = \sqrt{\dfrac{K_g(M_1 + M_2)}{K_{Si} D M_1 M_2}}$。$K_g$ 和 K_{Si} 分别为气体和硅的热导率；D 为悬臂梁的厚度。

在临界情况下，散热片的温度为 0，式（6-25）中悬臂梁温度的解为

$$T(x) = \frac{P \sinh(\lambda x)}{WDK_{Si} \lambda \cosh(\lambda L)} \tag{6-26}$$

式中，W 和 L 分别为悬臂梁的宽度和长度；P 为热功率。

在悬臂梁上沉积温度传感器，就可以测量它的温度。可以通过将硅二极管与梁做成一体，或在梁的表面串联热电偶（热电堆）实现。最后所测得的表征梁温度的电信号可表示加速度。加热板式加速度传感器的灵敏度（每 g 大约造成 1% 的输出变化）比电容式或压电式加速度传感器的灵敏度稍小，但它受环境温度或电磁和静电噪声的影响要小很多。

2. 热对流式加速度传感器

不同于加热板式加速度传感器通过气体进行热传导，热对流（HGA）式加速度传感器通过气体分子在密闭腔中的热对流传递热量。

　　热量可通过传导、对流和辐射来传递。对流（液体或气体）又分为自然对流（重力原因）和强制对流（利用外部人工装置，如风箱）。热对流式加速度传感器是在单片微机械加工的 CMOS 芯片上制作而成，是一种完整的双轴运动测量系统。它的惯性质量块是密闭腔内的非热均匀气体。在热对流加速度传感器中，加速度可引起腔内气体对流，嵌入式温度传感器测量积存气体内部的变化及热梯度，使加速度传感器运行。

　　热对流式加速度传感器包括一个微机械加工制成的平板，它与充满气体的密封腔相邻，如图 6-22 所示，平板上刻蚀有腔（沟槽）。槽上面悬有一个位于硅片中间的独立热源。四个铝热电堆或多晶硅热电堆（多个热电偶串联而成）温度传感器等距对称地分布在热源四周（两个沿 x 轴，两个沿 y 轴）。需要注意的是热电堆仅测量温度梯度，所以左、右两边的热电堆实际上属于同一个热电堆，左边是冷端，右边是热端。使用热电堆代替热电偶的目的是增加输出电信号的强度。另一对热电堆用来测量沿 y 轴的热量差。

　　加速度为零时，气体腔内的温度相对热源对称分布，所以四个热电堆接点的温度是相同的，从而导致每对热电堆输出电压都是零。加热器的温度加热到远高于周围的温度，通常为 200℃。图 6-22a 所示为用两个热电堆接点来测量单轴温度梯度。气体被加热，使得温度在热源附近最高，而向左、右两侧的温度传感器（热电极）方向锐减。

　　没有外力施加于气体时，温度围绕热源呈对称锥形分布，左边热电堆的温度 T_1 和右边热电堆的温度 T_2 相等。由于较冷的气体密度更大且更重，因此壳体在任何方向上的加速将使气体在腔内移动。任意方向的加速度都会通过对流热传递扰乱这种温度分布使其不对称。图 6-22b 所示为一个沿箭头方向的加速度 a。在加速力的作用下，热气体分子会向右边的热电堆转移，并将其自身热能的一部分传递给它。这样温度和另一端的热电堆接点输出电压将有所不同，从而 $T_1 < T_2$。温度差 ΔT、热电堆输出电压和加速度之间具有近似直接比例关系。该传感器中有两个相同的加速度信号测量通道：一个用来测量沿 x 轴的加速度，另一个测量沿 y 轴的加速度。通常热电堆传感器的固有本底噪声低于 $10^{-3}g$/Hz，因此可以在频率很低的情况下测量到低于 $10^{-3}g$ 的信号。

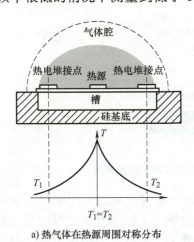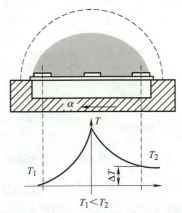

a) 热气体在热源周围对称分布　　　　b) 加速度使热气体向右边移动，造成温度梯度

图 6-22　热对流式加速度传感器沿 x 轴的截面图

　　热对流式加速度传感器具有以下特性：

1）没有运动部件，热对流式加速度传感器中的质量块由气体分子组成。

2）热对流式加速度传感器有无法察觉的固有频率，这使它几乎免受过载振动和冲击。

3）热对流式加速度传感器坚固可靠，有 50000g 的冲击容限（比许多电容或压阻元件大近一个数量级）。

4）热对流式加速度传感器在零重力下具有良好的时间补偿和温度补偿，并且具有几乎察觉不到的热滞后（这是许多其他类型加速度传感器经常遇到的效应，限制了它们测量小的加速度或倾斜角）。

5）热对流式加速度传感器可以测量动态加速度（如振动）和静态加速度（如重力）。

6）热对流式加速度传感器的另一个优点是低成本和小尺寸，如有的器件尺寸为 1.7mm × 1.2mm × 1.0mm，并把一个 I^2C 串行数字量输出连接到中断引脚上组成一个信号调节器。

7）热对流式加速度传感器的明显局限是相对窄的频率响应。典型例子就是发生 3dB 衰减需在 30Hz 频率以上。然而，绝大多数消费产品（智能手机、玩具、摄像机等）不需要超过这个限制的更快响应。注意：最大工作频率不受像机械式加速度传感器中的共振限制，而是由气体分子的惯性限制。

6.2.6 谐振式加速度传感器

目前，谐振式硅微机械加速度传感器已经成为硅微加速度传感器发展的新趋势之一。

1. 振梁型谐振式加速度传感器

振梁型谐振式加速度传感器工作原理图如图 6-23 所示。在静电梳状电压的驱动下，谐振梁发生谐振。当有加速度输入时，在质量块上产生惯性力，这个惯性力按照机械力学中的杠杆原理，把质量块上的惯性力进行放大。这一放大了的惯性力作用在谐振梁的轴向上，使谐振梁的频率发生变化。敏感电极检测频率的改变量，近而测出输入的加速度。

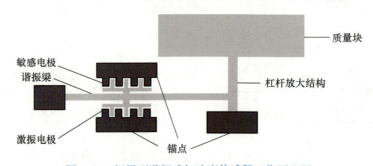

图 6-23　振梁型谐振式加速度传感器工作原理图

早在 2000 年就有研究机构在常用的硅质量块—悬臂梁基础上研制出了结构和工艺都比较简单的谐振式微硅加速度传感器。该传感器包括一个由悬臂梁支撑的质量块，悬臂梁横向连接着一个双端固定的硅梁，在此硅梁上扩散了电阻器和力敏电阻器，分别用作热激励源和拾振器，这样硅梁就成为谐振子。当传感器受到沿敏感轴方向（具体方向与悬臂梁根部的铰链形状有关）的加速度时，质量块产生位移使悬臂梁弯曲，在谐振梁上产生压应力或拉应力，间接使谐振梁的固有频率改变，用压阻拾振器将此频率信号检出，就可以得到加速度参数。

2. 静电刚度谐振式微加速度传感器

静电刚度是由平行板电容器引起的、影响振子振动频率的、有别于宏观机械刚度的另一种刚度形式，其大小与静电电容的参数及加在极板间的电压相关。它的大小与电容器间隙的三次方成反比，与电容器的有效面积成正比，与加在极板之间电压的二次方成正比，而与机械支撑梁的形式无关，但必须小于支撑梁刚度。

基于静电刚度的特点，如果外界加速度使电容器参数发生变化，静电刚度的大小就会改变，从而影响振动的固有频率的变化，通过检测频率的变化就可以检测出加速度的大小。这类加速度计的结构部分主要包括双端固支梁、平行板检测电容、梳齿驱动电容检测质量块及检测质量块的支撑结构。图 6-24 为静电刚度谐振式微加速度传感器结构示意图。它是通过平行板的间隙大小与检测质量块的位置相关来建立输出频率与输入加速度关系。在工作过程中，质量块在惯性力作用下改变电容间隙的大小，从而改变静电刚度来影响振梁的输出频率。

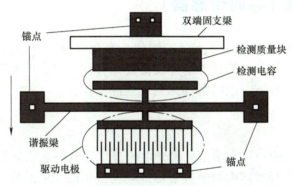

图 6-24　静电刚度谐振式微加速度传感器结构示意图

3. 双端固定音叉谐振式微加速度传感器

双端固定音叉（Double-Ended Tuning Fork，DETF）谐振式微加速度传感器结构如图 6-25 所示，当外部加速度 a_1 沿传感器 y 轴方向时，质量块产生的惯性力 P 通过悬臂梁的杠杆作用施加在音叉谐振器的轴向上，使音叉臂的固有振动频率发生改变，音叉的固有振动频率为

$$\omega_i = \frac{i^2\pi^2}{l^2}\sqrt{\frac{EI}{\rho A}}\sqrt{1+\frac{Pl^2}{i^2\pi^2 EI}} \qquad i=1,3,5,\cdots \tag{6-27}$$

式中，l 为音叉臂的长度（m）；I 为忽略梳齿结构时音叉臂的截面惯性矩（m^4），E 为硅的弹性模量（Pa）；ρ 为硅的密度（kg/m^3）；A 为音叉臂的截面积（m^2）。

频率的变化反映了外部加速度的情况，通过检测双端固定音叉梁谐振频率的改变量就能进行加速度值的测量。要使双端固定音叉梁克服阻尼发生谐振，必须给其加上横向激振力。由式（6-27）可知，谐振式微加速度计的固有频率在外加速度作用下是可变的，故驱动方式只能选择自激驱动方式。

223

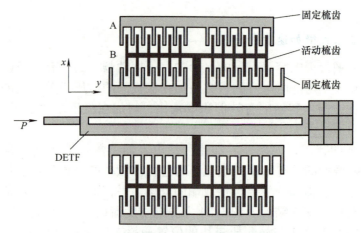

图 6-25 DETF 谐振式微加速度传感器结构示意图

6.3 方向传感器（导向传感器）

导向传感器可以是本体感受式的（陀螺仪、倾角罗盘）或外感受式的（罗盘），用来确定机器人的方向和倾斜度。与适当的速度信息结合在一起，可实现把运动集成到位置估计。这个过程源于船舶导航，故时常称为航位推测法。

6.3.1 光电式

测量方位（角度）的一种方法是采用光电码盘。光电码盘测角仪工作原理图如图 6-26 所示。光源 1 通过大孔径非球面聚焦镜 2 形成均匀狭长的光束照射到码盘 3 上。根据码盘所处的转角位置，位于狭缝 4 后面的一排光电器件 5 输出相应的电信号。该信号经放大、鉴幅、整形后，再经当量变换，最后进行译码显示。需要时可采用纠错电路和寄存电路。

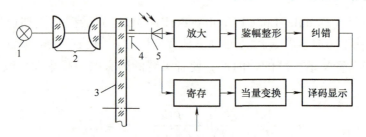

图 6-26 光学码盘测角仪工作原理图

1—光源 2—聚焦镜 3—码盘 4—狭缝 5—光电器件

编码器的分辨率所代表的角度不是整数，如一个 14 位的码盘，其分辨率为 $\theta_1=360°/2''=1'19''$，显示器总是希望以度、分、秒表示，为此需要使用脉冲当量变换电路。

6.3.2 罗盘

测量磁场方向的两个最普通的现代传感器是霍尔效应和磁通（量）闸门罗盘，它们各有其优缺点。

霍尔效应描述了在出现磁场时半导体中电动势的变化。当给横跨半导体的长度施加一个恒定电流时，根据半导体相对于磁力线的方向，则横跨半导体的宽度，在垂直方向就会有一个电压差。另外，电动势的符号确定了磁场的方向。因此，单个半导体提供了一维磁通和方向的测量。在移动机器人中，一般使用霍尔效应数字罗盘，且在直角方向包含两个单个半导体来提供磁场轴（起始端）的方向，从而获得八个可能之一的罗盘方向。该仪器价格不高，但存在许多缺点。霍尔效应数字罗盘的分辨率普遍不够高，误差的内部源包括基本传感器的非线性和半导体电平系统性的偏移误差，最终的线路必须进行有效的滤波。这就把霍尔效应罗盘的带宽降低到一个值，对移动机器人而言，这是缓慢的。

磁通闸门罗盘根据不同的原理运行。两个小线圈绕在铁心上相互垂直地装配，当交流电激励两个线圈时，根据各线圈的相对排列，磁场引起相移。测量相移，就可以计算二维的磁场方向。磁通闸门罗盘可以准确地测量磁场强度，改善分辨率和准确度；但它比霍尔效应罗盘更大、更复杂。

不管所用罗盘的类型如何，移动机器人使用地球磁场时，其主要的缺点是涉及其他磁性物体和人造结构所产生的磁场干扰，以及电子罗盘带宽的限制和对振动的感受性。特别是在室内环境中，移动机器人的应用常常避免使用罗盘，虽然罗盘可以提供有用的室内局部的方向信息，甚至出现钢结构时也是如此。

6.3.3　陀螺仪

陀螺仪是测量交通工具方向变化的传感器系统，它利用了物理学中物体在旋转时能够产生可预测效应的原理。一个旋转系并不一定是惯性系，因此许多物理系统将会显现非常明显的非牛顿状态。通过测量这些与本应出现在牛顿坐标系的常规状态的差异，得以求得物体潜在的自转。

1. 机械式系统

（1）机械式陀螺仪基本原理

机械式陀螺仪系统和旋转罗盘系统在导航史中出现的时间很早。通常，有据可查的史料认为 Bohnenberger 是第一个制造陀螺仪的人。而 1851 年，Leon Foucault 第一个证实了陀螺仪作为一个惯性系存在。第一个旋转罗盘系统的专利于 1885 年由 Marrinus Geradus ven den Bos 获得。1903 年，Herman Anschuts–Kaempfe 则第一次制造出一个可以运转的陀螺仪并对设计申请了专利。1908 年 Elemer Sperry 在美国申请了一个旋转罗盘的专利并试图把它卖给德国海军。紧接着一场专利战争开始，并由 Albert Einstein 证实了整个经过。更多有关旋转罗盘及其发明者的详情可参见相关参考文献。

陀螺仪和旋转罗盘主要依赖角动量守恒原理工作。角动量是指在无外部力矩作用下，一个旋转的物体围绕同一转轴保持不变的角速度的趋势。假设一个转动中的物体的角速度为 ω，而它的转动惯量是 I，那么它的角动量 L 则为 $L=I\omega$。考虑一个安装在一个万向节上可以任意改变转轴的快速转轮，如图 6-27a 所示，假设空气阻尼和轴承没有产生任何摩擦阻力，那么转子的转轴将保持固定，而与万向节转子的运动无关。尽管通常不直接通过陀螺仪来使用角动量守恒原理，但这种转轴保持旋转方向固定的性质可以用以保持一个安装在交通工具上面的轴承的转动。而此轴承的转动可以与此交通工具的运动无关。为更清楚地解释这一点，假设一个陀螺仪安置在赤道上，其转轴与赤道方向一致，如图 6-27b 所示。当地球转动时，陀螺仪围绕一个固定转轴转动。在一个与地球同步的观测者眼中，这个陀螺仪将每 24h 旋转回到它起始的方向。同样，假设此陀螺仪被放置在赤道上，但是它的转轴与地球的转轴平行，那么，在一个与地球同步的观测者看来，此陀螺仪将在地球转动时保持静止。

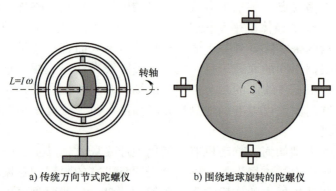

a) 传统万向节式陀螺仪   b) 围绕地球旋转的陀螺仪

图 6-27　机械式陀螺仪系统工作原理示意图

传统万向节式陀螺仪的万向节保证了陀螺仪在其基部被动旋转时，仍能够围绕转轴旋转的自由度；而对于围绕地球旋转的陀螺仪，陀螺仪的转轴（图中灰色部位）在陀螺仪围绕地球转动时保持同一方向，从与地球同步的观测者角度，陀螺仪始终在转动。

尽管这种全局性的转动限制了机械式陀螺仪感知绝对方位角的能力，它还是可以用来测量局部性的方向变化，因而还是适合交通工具式机器人的应用。速度陀螺仪测量交通工具的转速（即其旋转的角速度），这种基本测量是所有陀螺仪系统的基础。速率积分陀螺仪在陀螺仪内部使用嵌入式处理器对旋转速率进行积分，从而计算出交通工具的绝对旋转角度。

为了探究如何在相对于地球固定的坐标系内使用陀螺仪进行导航，希望陀螺仪的转轴相对于地球坐标系固定，而不是相对于一个外部坐标系固定。旋转罗盘通过旋进获得这种相对固定。当一个力矩作用于一个旋转的物体使其改变旋转方向时，旋转动量守恒造成改变的旋转方向同时垂直于角动量的方向和力矩施加的方向。这种效应将造成悬置于某一端的陀螺仪围绕着其悬置的那一端旋转。图 6-28a 所示钟摆式陀螺仪是一个在转轴的下端配重的标准陀螺仪。如前所述，想象此钟摆式旋转罗盘在赤道上旋转，转轴与地球的转轴一致，转轴下方的配重自然下垂。当地球转动时，罗盘的转轴保持静止，而看上去也是静止的。现在，想象如果罗盘的转轴不是与地球的转轴一致，而是与赤道的方向一致，当地球转动时，罗盘的转轴将向转出纸面的方向旋转，因为它要保持原有转向。当它转出纸面时，下方的配重将被抬起而重力就产生一个力矩。此时，与转轴和力矩同时保持垂直的方向将使转轴偏离已知的赤道方向而向地球的极点转去。整个过程如图 6-28b 所示。

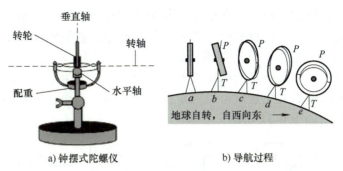

a) 钟摆式陀螺仪　　　　b) 导航过程

图 6-28　简易的旋转罗盘系统

T—力矩　P—精度

尽管钟摆式陀螺仪的转轴能与地球转轴保持一致，但它并不是固定于这一个状态而是在其左右来回振荡，因此钟摆式陀螺仪并不是理想的导航仪器。这类阻尼问题的解决方案是使用一个油池，并且限制油在池内的运动，而不是用一个固体配重作为平衡量。钟摆式旋转罗盘通过控制陀螺仪的旋进来找到真正的地球北极方向。实际上，作用于机械式旋转罗盘的外力会影响陀螺仪的旋进，也会影响罗盘的性能。这些外力既包括整个罗盘装置的旋转所产生的力，也包括任何作用于交通工具本身的外力。有关机械式旋转罗盘的另一个问题是在距离赤道较远的纬度，罗盘的稳定位置不是水平的，需要校正陀螺仪的原始数据才能得到对地球正北的准确测量。最后，机械式旋转罗盘需要一个外力作用于罗盘才能维持陀螺仪的持续转动。这个过程引入了测量系统本不需要的外力，造成了测量过程的额外误差。

（2）正交梁式隧道效应微机械陀螺仪

正交梁式隧道效应微机械陀螺仪的信号敏感方式采用了电子隧道效应原理，其结构示意图如图 6-29 所示，剖视图如图 6-30 所示，由框架、驱动梁、连接元件、检测梁、隧尖电极、活动梳齿和固定梳齿组成。驱动梁和检测梁的轴线重合并相互垂直，它们由方形连接元件连成一体，检测梁固定在基座上，基座可通过弹性支撑元件将整个敏感元件固定在传感器的外框架上，弹性支撑元件可用杨氏模量高的材料制成，它和基座一起可以吸收如噪声、重力、加速度和外界振动等干扰，提高陀螺仪的信噪比。这种正交梁式角速度敏感元件充分利用了驱动梁和检测梁在 y 轴和 z 轴方向上的刚度具有极大差异的特点，使得驱动振动模式和敏感振动模式有各自独立的振动梁，互不干扰。

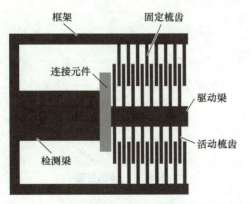

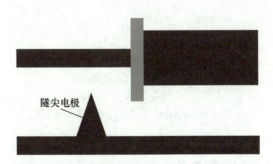

图 6-29　正交梁式隧道效应微机械陀螺仪结构示意图　　图 6-30　正交梁式隧道效应微机械陀螺仪剖视图

在该结构中，检测梁与隧尖相对的电极作为陀螺仪的反馈控制电极，驱动梁与衬底相对的平面上贴的电极作为陀螺仪的驱动检测电极。驱动梁在激励模态下振动，当角速度沿垂直于振动方向的对称轴，在科氏惯性力的作用下，检测梁将在科氏惯性力方向上振动，导致检测电极板与隧尖电极板之间的距离发生变化，从而产生隧道电流，通过测试检测电极与隧尖电极之间的电流变化量就可以判定被测角速度的大小，正交梁式隧道效应微机械陀螺仪处理电路框图如图 6-31 所示。

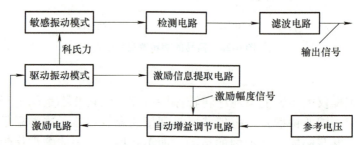

图 6-31　正交梁式隧道效应微机械陀螺仪处理电路框图

敏感元件结构示意图如图 6-32 所示。在陀螺仪开始工作前，首先对控制电极施加控制电压将悬臂梁下拉到与隧尖的间距能够产生隧道电流的工作范围的位置，并在隧尖处产生隧道电流；接着在驱动电极两侧加上直流偏压和相位相反的交流偏压使悬臂梁的末端沿 y 方向产生振动，这时陀螺仪处于工作状态，当敏感元件到绕 x 方向有输入角速度 Ω 时，由于科氏惯性力的作用，梁将在 z 方向产生振动，从而引起隧道电流变化，检测电路得到微小电流变化的同时将这种变化趋势通过反馈控制电路在控制电极上加上反相变化的电压，使隧道间距处于平衡状态；最后反相电压即反映角速度 Ω 的变化。

由于机械式陀螺仪的复杂度、造价、尺寸和独特的属性，以及成本更低、性能更可靠的技术的出现，机械式陀螺仪已逐步被光学式陀螺仪和微型机电系统陀螺仪取代。

2. 振动式陀螺仪

如图 6-33 所示，如果物体以初始半径 r_1 旋转，它的切向速度为 v_1，当转动物体移动到距中心更远半径为 r_2 的位置时，它将具有更快的切向速度 v_2。因此，当物体远离中心时，切向速度增加，物体做加速运动。这种现象于 1835 年由法国数学家 Gaspard G. de Coriolis 发现，称为科氏加速度。

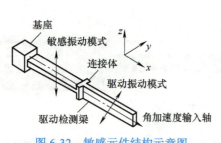

图 6-32　敏感元件结构示意图

图 6-33　转动矢量

加速度矢量 a_c 可表示为

$$a_c = -2\boldsymbol{\Omega}v \tag{6-28}$$

式中，v 为在转动系统内运动物体的速度矢量；$\boldsymbol{\Omega}$ 为角矢量，其大小等于转动角速度 ω 且指向旋转轴线方向。

如果物体质量为 m，科氏加速度产生力的矢量大小为

$$F_c = -2\boldsymbol{\Omega}vm \tag{6-29}$$

F_c 称为假想力，因为它不是来自不同物体之间的相互作用，而是来自单个物体的旋转。与转速成正比的科氏加速度矢量在与两轴构成的平面垂直的第三轴上。如图 6-34 所示，科氏加速度矢量垂直于角速度矢量和物体速度矢量所在的平面。

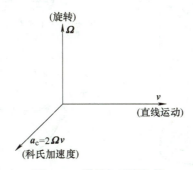

图 6-34　科氏加速度矢量

由于力的大小是关于角速度的函数，这表明角速度传感器可以结合将科氏力转换为电信号的力传感器来进行设计。具有质量的物体不仅仅只在一个方向上运动，它可以在测量角速度的参考系中往复运动。换句话说，物体可以在一个方向上摆动。当外框旋转时，就能在另一个方向上产生科氏力。可以通过输出的电信号测量该力。

图 6-35 所示为振动陀螺仪工作原理示意图。一个质量块 m 受外部力作用沿着 y 轴以几千赫兹的频率受迫振动，因此质量块以正弦形式做高速的上下运动。当框架旋转时，产生的科氏力将质量块向左或右方向推动。产生的偏移量通过位于 x 轴上的接近传感器或位移传感器来测量。其位移也遵循与角速度成正比的正弦函数关系。

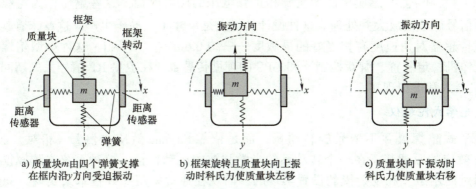

a) 质量块 m 由四个弹簧支撑　　b) 框架旋转且质量块向上振　　c) 质量块向下振动时
　在框内沿 y 方向受迫振动　　　动时科氏力使质量块左移　　　科氏力使质量块右移

图 6-35　振动陀螺仪工作原理示意图

利用 MEMS 技术可以大批量制造振动陀螺仪。构建一个振动陀螺仪有几种实用的方

法，然而，所有的方法都可以由以下原理进行概括：
1）简谐振荡器（有质量的弦、梁）。
2）平衡谐振器（调谐音叉）。
3）壳式谐振器（酒杯形、圆柱形、环形）。
上述振荡器已在实际设计中使用。

以图 6-36 所示振动陀螺仪为例，它使用了一个形状为小圆柱体（直径为 0.8mm、长度为 9mm）、侧面沉积有六个电极的压电陶瓷。

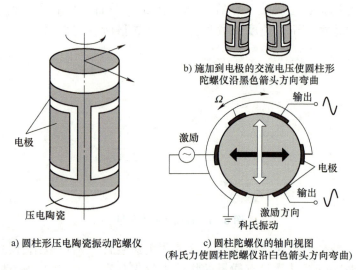

b）施加到电极的交流电压使圆柱形陀螺仪沿黑色箭头方向弯曲

电极

压电陶瓷

a）圆柱形压电陶瓷振动陀螺仪

c）圆柱陀螺仪的轴向视图
（科氏力使圆柱陀螺仪沿白色箭头方向弯曲）

图 6-36　振动陀螺仪示例

图 6-36 所示振动陀螺仪的设计利用了逆压电效应，即应用电荷使压电材料变形；从而将电信号转换为形变；反过来，应变产生电荷，从而将机械应力转换为电信号。驱动电极由外部振荡器产生的交流电压供电。它使圆柱形振动陀螺仪沿图 6-36c 所示的黑色箭头的方向弯曲。当圆柱形振动陀螺仪以其角速度 Ω 围绕其纵轴旋转时，产生的科氏力沿白色箭头的方向弯曲圆柱形振动陀螺仪，并且角速度越高，弯曲越强。旋转引起的弯曲在电极两端（V_{out}^{+} 和 V_{out}^{-}）感应出能产生异相正弦电压的压电电荷。这些电压作为陀螺仪输出信号由信号调节器放大并处理。这种设计的优点是尺寸小、易于生产，这意味着其成本更低。该传感器对角速度有相当好的灵敏度——约 0.6mV/[（°）/s]。这种小型陀螺仪广泛用于摄像机稳定装置、游戏控制器和 GPS 的辅助传感器（在卫星 RF 信号丢失期间继续导航）、机器人和虚拟现实系统。

3. 光学式陀螺仪

光学式陀螺仪并不依靠旋转惯量，而是依靠 Sagnac 效应来测量（相对）航向角。Sagnac 效应的原理基于在一个转动系的光学驻波的运动特性。这种系统在陀螺仪史上最初是通过使用激光和反射镜的设置实现的，而现在通常采用光纤技术来实现。Sagnac 效应以它的发现者 Georges Sagnac 命名。但是其根本原理可以追溯到更早的 Harres 所做的工作，而 Sagnac 效应最著名的应用可能是用于地球旋转的测量。

为了研究 Sagnac 效应，如图 6-37a 所示，需要忽略相对运动而只考虑圆形光线路径。

如果两束光线从周长为 $D=2\pi R$ 的静止路径的同一点向相反的方向以相同速度出发，那么它们将同时回到起点，用时为 $t=D/c$（c 为光在此媒介中的速度）。假设圆形的路径并不是静止的，而是以角速度 ω 围绕其中心顺时针转动，如图 6-37b 所示。那么沿顺时针方向前进的光线将需要走更长的路程才能到达起点，而沿逆时针方向行进的光线则需要走更短的路程。假设 t_c 是光线沿顺时针方向回到起点的时间，那么沿顺时针方向的路径长度则为 $D_c=2\pi R+\omega R t_c$；类似的，假设 t_a 是光线沿逆时针方向回到起点的时间，那么沿逆时针方向的路径长度则为 $D_a=2\pi R-\omega R t_a$。由于 $D_c=ct_c$，$D_a=ct_a$，因此 $t_c=2\pi R/(c-\omega R)$，$t_a=2\pi R/(c+\omega R)$，两者的差 $\Delta t=t_c-t_a$ 为

$$\Delta t = 2\pi R\left(\frac{1}{c-\omega R}-\frac{1}{c+\omega R}\right) \tag{6-30}$$

测量出时间差 Δt，就可以求得角速度 ω。需要指出的是，尽管以上推导建立在经典力学的基础上而忽略了相对效应，但是同样的推导在考虑了相对速度后也同样适用，能得到相同的结果。有关 Sagnac 效应和环形激光的更详细介绍可参阅相关参考文献。

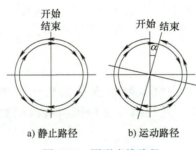

图 6-37　圆形光线路径

光学式陀螺仪通常采用激光作为光源。光学式陀螺仪通常有三种不同的实现方法。第一种采用镜面表面的直线光线路径，第二种则是采用放置于系统边际的棱镜来导向光束，也即环形激光陀螺仪（RLG），最后一种则是应用偏振现象来保持玻璃光纤圈，也即光纤式光学陀螺仪（FOG）。实际上，玻璃光纤可环绕多圈以延长光线的有效路径。顺时针和逆时针方向的时间差则通过测量顺、逆时针方向的光学信号的相位干涉来计算。而多个光学式陀螺仪可以沿不平行的方向装置在一起以测量三维（3D）的旋转。

测量顺、逆时针方向两条路径之间的时间差的方法也有很多，其中包括测量激光由于陀螺仪的运动产生的多普勒频移，以及测量顺、逆时针方向之间干涉模式下的拍频。环形干涉仪通常拥有多条光纤线圈，这些线圈引导光线在圈内以固定的频率向相反方向传播，从而测量相位差。一个环形激光通常包括一个环形的激光谐振腔，光线沿着这个谐振腔的两个相反方向环形传播，产生沿这两个方向上拥有相同数目节点的两个驻波。因为激光路径沿这两个方向的长度不同，激光的谐振频率也就不同，从而可测量出频率差。对于环形激光陀螺仪来说，一个不好的副效应是两个激光信号会在小幅度旋转时相互锁定。为了确定这种锁定效应不会发生，通常整个装置需要以一种固定的方式旋转。

4. 微型机电系统陀螺仪

几乎所有的微型机电系统陀螺仪都是基于振动的机械部件来测量转动的。振动式陀螺

仪依赖基于科氏加速度的振动模式的转变引起的能量转移。科氏加速度是在一个旋转的坐标系中产生的明显的加速度。假设一个物体在一个旋转的坐标系中沿直线前进，那么对于一个位于这个坐标系外面的观测者来说，这个物体运动的路径在惯性系中是弯曲的。这就造成了对一个旋转的观测者来说，必须有一种力去作用在这个物体上以使得此物体仍保持直线运动状态。假设一个物体在一个相对于惯性系以角速度 Ω 旋转的坐标系中，以局部速度 v 做直线运动，产生的科氏加速度 a 则为

$$a = 2v\Omega \tag{6-31}$$

在一个微型机电系统陀螺仪中，转换加速度意味着可以引入局部线速度并可以测量因此造成的科氏加速度。

早期的微型机电系统陀螺仪使用振动石英晶体来产生必要的线性运动，近期的设计则以硅基振动器取代了振动石英晶体。微型机电系统陀螺仪的结构有很多种，下面简单介绍其中的三种。

（1）音叉陀螺仪

音叉陀螺仪采用一种类似音叉的结构作为基本机制，如图 6-38 所示。当音叉在一个转动的坐标系中振荡时，科氏力将使音叉的尖头向音叉所在的平面外振动，而这种力是可以测量的。

（2）振动轮陀螺仪

振动轮陀螺仪仅使用一种围绕其转轴振荡的轮子。坐标系额外的转动致使轮子倾斜，通过测量这种倾斜可以测量转动。

图 6-38　音叉陀螺仪结构原理图

（3）酒杯谐振器陀螺仪

酒杯谐振器陀螺仪则通过测量一个酒杯形振荡结构节点位置的科氏力来达到测量外部转动的目的。

因为微型机电系统陀螺仪没有旋转元件，符合耗电量低的要求，并且尺寸很小，于是很快就取代了机械式和光学式陀螺仪在机器人中应用的地位。

陀螺仪的性能主要由以下一些因素决定：

1）可重复性偏差。这是陀螺仪在恒温条件下，在固定惯性运行中的最大测量偏差，即在理想操作条件下的最大测量偏差。在不同的时标下，可以测量出短期或长期可重复性偏差。

2）角度随机游动。角度随机游动主要用以测量陀螺仪角速度数据中的噪声。

3）比例因子系数。这个因素并不是陀螺仪或惯性传感器特有的，而是一种信号幅度的基本度量。比例因子系数为传感器的整体模拟输出量与有用输出量的比率。对陀螺仪来说，通常比例因子系数的单位为 mV/[（°）/s]；而对加速度来说，比例因子系数的单位通常为 mV/（m/s²）。

6.3.4　惯性测量单元与惯性导航系统

惯性传感器（Inertial Sensors）包括加速度计和陀螺仪。加速度计测量比力，陀螺仪

测量角速度，两者的测量过程都不需要外部参照。某些装置也可以测量载体相对于环境特征的速度、加速度或角速率等参数，一般认为，这些需要借助外部参照的测量装置不属于惯性传感器的范畴。

大多数加速度计仅测量单个轴向的比力，同样，大多数陀螺仪也仅测量绕一个轴向的转动角速率。一个惯性测量单元（Inertial Measurement Unit，IMU）包含多个加速度计和多个陀螺仪，通常是三个陀螺仪、三个加速度计，以实现三维的比力和角速率测量。IMU是惯性导航系统（Inertial Navigation Unit，INS）的传感部件。INS 可以自主输出三维导航信息。其基本原理是位置结果通过积分速度获得，速度结果则通过 IMU 测量的加速度积分后获得。姿态结果也是通过积分 IMU 测量的角速率获得。近年来设计的 INS 大都采用捷联方式，也就是惯性传感器与载体直接固连。低精度的 IMU 还被用于航向姿态参考系统、步行航位推算，以及内场环境探测等。

对于 IMU、INS 和惯性传感器而言，其精度可以大致、宽泛地分为以下几个级别：航海级、航空级、中等精度级、战术级和消费级。

其中，最高精度的惯性传感器用于军舰、潜艇、某些洲际弹道导弹和飞机的导航。航海级（Marine-Grade）惯导系统的成本很高，可提供的导航定位精度为 24h 不超过1.8km。航空级（Aviation-Grade）也称为导航级精度的惯导系统，一般要求第 1 个小时的导航工作期间，水平定位误差最大不超过 1.5km，在航空领域应用广泛。中等精度的IMU，大约比航空级的精度低一个数量级，常被用于小型飞机和直升机导航。战术级（Tactical-Grade）的 IMU，可用的单独工作时间仅为几分钟，但如果和其他的定位系统组合，如 GPS，就可以实现长时间的高精度导航，常被用于制导武器和无人机导航。更低精度的惯性传感器常称为消费级（Consumer-Grade）或汽车级（Automotive-Grade）。使用时，消费级或汽车级惯性传感器往往以独立的加速度计或陀螺仪的形式售出，不是完整的 IMU，而且大都未经标定。即便与其他导航系统组合，这类系统也不足以达到惯性导航的精度，但仍可以用于航向姿态参考系统、步行航位推算以及场景探测。

1. 姿态航向参考系统

一个基本的姿态航向参考系统（Attitude and Heading Reference System，AHRS），或航向姿态参考系统（Heading and Attitude Reference System，HARS）由一个消费级或战术级的低成本 IMU 和一个磁罗盘构成，如图 6-39 所示。其典型应用为低成本航空设备，如私人飞机和无人飞行器。从原理上来说，AHRS 可提供三个分量的惯性姿态，但不提供位置和速度信息。对于海上应用，它有时被称为捷联陀螺罗经。

AHRS 的主要工作过程为：姿态由积分陀螺测量得到，需要注意的是，当位置和速度未知时，需忽略地球自转和转移速率在当地导航坐标系下的分量；加速度计通过调平及陀螺姿态校正，推算得到滚动角和仰俯角；磁罗盘可采用低增益方式平滑掉短时误差，校正陀螺姿态推算出的航向，校正后，陀螺指示的滚动角和俯仰角结合三轴磁力计测量值，即可计算出磁航向。

当载体直线水平飞行时，AHRS 通常能

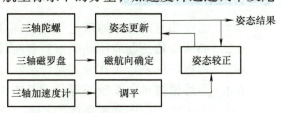

图 6-39 姿态航向参考系统基本构成框图

233

提供 10mrad（0.6°）的滚动角和俯仰角精度以及 20mrad（1.2°）的航向精度。其性能主要取决于所使用的惯性传感器精度和所用的处理算法。如通过卡尔曼滤波进行多传感器信息融合，可动态优化平滑增益，并使陀螺偏差得到校正；AHRS 与全球导航卫星系统（GNSS）组合，位置测量可以用于估计加速度修正量，从而校正水平测量值。

2. 步行航位推算

步行导航是导航技术中最具挑战性的应用之一。步行导航系统需要在 GNSS 和其他大多数无线电导航系统性能很差的城区、树下甚至室内正常工作。步行导航可以利用惯性传感器，通过航位推算，对前向运动进行测量。但是，步行应用一般要求导向系统体积小、质量轻、功耗小，尽可能成本低。因此，最好使用 MEMS 传感器。但单独使用时，MEMS 惯性导航性能可能受限，在低动态和高振动的环境条件下，也限制了 GNSS 或其他定位系统对其进行校正。

一种解决办法是使用安装在足底（鞋）上的 IMU 来进行惯性导航，结合每步进行零速修正。另一种方法是用惯性传感器对步数进行计数。通常意义上，一步是指一只脚移动而另一只脚静止，而跨步是指双脚的连续移动。鞋装传感器结合零速修正的惯性导航，也称为步行航位推算（Pedestrian Dead Reckoning，PDR）。实际应用中，PDR 不一定都是安装在鞋底上，可以放在不同位置，并常常跟其他传感器联合使用。

步行航位推算方法主要包括步伐探测、步幅估计、导航结果更新三个阶段，如图 6-40 所示。步伐探测阶段主要识别一步是否迈出，对于鞋装加速度计，当脚踩在地面时测量的比力为常量，而当脚摆动时，为变量，这使得行走很容易被识别。对于与身体固连的传感器，垂直的加速度计信号或加速度计信号的平方和开根号，在

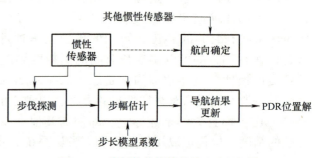

图 6-40　步行航位推算的处理过程框图

行走过程中呈现双峰值振荡模式。步伐可以通过检测过零加速度或加速度峰值实现，此时比力上升大于重力加速度，或下降低于重力加速度，同时要加入识别窗口来限制误检测。步幅估计则相对困难一些，由于不同对象的步伐特点不一，地形的坡度、质地，以及是否要穿越障碍等都不一样。为此，通常通过建立步幅与步频、与加速度的测量方差、地形坡度、垂直速度等的关系来求解，并通过 GNSS 测量或其他的定位系统来估计模型系统。

思考题与习题

6-1　速度测量的基本原理是什么？速度传感器有哪些类型？

6-2　加速度传感器有哪些类型？各有什么特点？

6-3　陀螺仪的基本工作原理是什么？光学式陀螺仪有哪些特点？

6-4　简述微型机电系统陀螺仪的基本工作原理。

6-5　简述姿态航向参考系统的基本工作原理及其在机器人系统中的应用例子。

6-6　简述步行航位推算的基本工作原理。

第 7 章　图像传感器与机器视觉

视觉是人类最强大的感知，可以提供最多同时也是最丰富的有关外部客观世界的信息，并且能在动态环境中进行智能交互。随着机器视觉技术的飞速发展，视觉（图像）传感器已逐渐成为最重要的传感器之一，在自主移动机器人、工业机器人、无人驾驶汽车等领域正在获得日益广泛的研究与应用。总体上，机器人视觉系统的主要任务可以分为图像采集（成像）和图像处理两个部分。本章将主要阐述与图像采集相关的基础知识。图像处理技术超出了本书的范围，仅做简要介绍。

在阐述具体内容之前，首先要明确本章的范畴，以便读者将后续的知识点关联起来。一般来讲，图像可以分为模拟图像（如在传统的卤化银摄像系统中，图像被转换成与二维平面位置相关的化学信息存储在感光胶片中）和数字图像。由于在机器人传感领域应用的几乎全部是数字图像，因此这将是本章讨论的重点。从这个角度上，图像可以简单地描述为"一个平面上与位置成函数关系的二维数字组"。其数字单元为像元或者像素（Pixel），与二维平面上的位置点一一对应。数字的取值范围是固定的，如 0 ～ 255。在不考虑色彩的情况下，这些数字表示的是图像上每个像素点的灰度值。进一步地，如果仅考虑光学成像，这些数字实际上反映了物体上每一点所对应的反射或者透射光强度，在图像上则表现为每一个像素的亮度。

从前面对数字图像的简单描述可知，成像过程的主要任务就是确定图像中每一个像素的光强度。这一方面可以通过扫描的方式实现，如单元光电式传感器逐点扫描和多元光电式传感器（主要是线阵传感器）逐行扫描等；另一方面则是通过透视投影的方式在面阵传感器上直接生成图像。对于广义的机器视觉技术，上述两种成像方式都有比较广泛的应用。而对于机器人传感，由于对实时性的高要求，则更多采用基于透视投影的摄像机。

透视投影摄像机的基本原理是：物体表面的反射光经不同路径穿过摄像机的光学系统（镜头），最终到达图像传感器，形成二维平面图像。因此，典型的透视投影摄像机主要由光学镜头和图像传感器组成，同时还包括必需的模拟电路、数字电路、控制系统及显示设备和存储设备等，如图 7-1 所示。

那么，客观世界中的三维物体或者场景是如何转换成一个二维平面上的图像呢？这就需要回答以下两个核心问题：

1）物体表面某一点的像在像平面（图像传感器）上的位置如何确定？

2）图像传感器如何将光信号转换成电信号、数字信号及输出二维平面图像？

为此，本章将重点阐述关于摄像机的基础光学知识及 CCD（电荷耦合器件）和

CMOS（互补金属氧化物半导体）图像传感器的基本原理。针对机器人传感技术需求，本章也将介绍运动与光流、视差与立体视觉、全向摄像机、彩色图像传感器等内容。

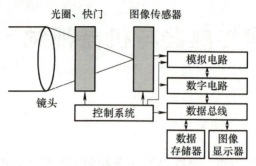

图 7-1　典型的透视投影摄像机结构框图

7.1　摄像机光学基础

本节主要阐述关于摄像机的基础光学知识，包括针孔成像、透视投影、运动与光流、视差与立体视觉等。

7.1.1　针孔成像

针孔摄像机的重要性不仅在于它是历史上第一个摄像机样板，而且还可以作为透视摄像机的标准模型。其成像原理如图 7-2 所示，在一个方形黑箱的一个侧面上有一个理想的小孔，并且小孔周围都不透光；如果忽略光的波动特性，左侧物体的光将沿直线经过小孔，并在黑箱的另一个侧面成倒立的像。这就是透视投影模型。其中，O 为小孔所在位置，经过 O 点且垂直于像平面的直线为光轴；a 和 b 分别为物体和像与 O 点之间的距离。根据相似三角形原理，成像的放大倍数可以表示为

$$m = \frac{y'}{y} = \frac{b}{a} \tag{7-1}$$

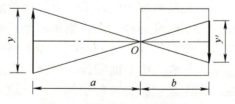

图 7-2　针孔摄像机成像原理

需要指出的是，针孔成像只是一个理想化模型。考虑到光线通过，针孔的直径必然不能为零，于是场景中某一点的像就不再是一个点，而是一个圆斑。不能将针孔做得太小的另一个原因是光的衍射现象，这将导致光不再是简单的直线传播。此外，由于针孔很小，只有极少量的光能够到达像平面，为了获得亮度足够的图像就必须采用非常长的曝光时间。因此，真正的摄像机通常使用透镜来收集光线。

7.1.2 透镜成像

用于摄像机镜头的透镜主要是凸透镜，或者可以等效为一个凸透镜。它是基于折射原理构造而成的。光在不同介质中的传播速度 v 不同，并且小于光在真空中的传播速度 c，其比值 $n=c/v$ 即为此介质的折射率。假设两种介质的折射率分别为 n_1 和 n_2，如图 7-3 所示，光线从一种介质向另一种介质传播的路径变化可以用折射定律表示为

$$n_1\sin\theta_1 = n_2\sin\theta_2 \tag{7-2}$$

根据光的折射定律及费马原理，就可以设计所需的凸透镜曲面。其中球面是最容易加工同时也是最便于量产和检验的曲面，因此球面透镜是大多数光学系统中的基本成像元件。图 7-4 为一个球面双凸薄透镜对无限远物体成像示意图。当物体距离透镜无限远时，可以认为其所反射的光以平行光线进入透镜，并在透镜另一侧汇聚成一个点，这就是透镜的焦点（F），它到焦点的距离称为焦距（f）。

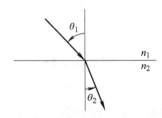

图 7-3 光的折射

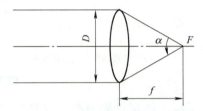

图 7-4 球面双凸薄透镜对无限远物体成像示意图

球面双凸薄透镜对于有限远的物体成像如图 7-5 所示。其中，a 为物体到透镜的距离，b 为透镜到像平面的距离，p 为物体到透镜焦点 F 的距离。于是，根据相似三角形原理，成像的放大倍数可以表示为

$$m = \frac{y'}{y} = \frac{b}{a} = \frac{f}{p} \tag{7-3}$$

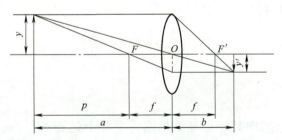

图 7-5 球面双凸薄透镜对有限远物体成像示意图

将 $p=a-f$ 代入式（7-3），可得

$$\frac{1}{f} = \frac{1}{a} + \frac{1}{b} \tag{7-4}$$

式（7-4）即为凸透镜成像公式。

从图 7-5 还可以看出，焦距为 f 的透镜实际上可以等同为一个设置在透镜中心 O 处、

距焦平面距离为 f 的针孔，从而将针孔成像与透镜成像统一起来。这就是针孔成像可以作为透视摄像机标准模型的原因。因此，在下面有关透视投影的讨论中将继续使用这个模型。

7.1.3 透视投影

在阐述了针孔成像与透镜成像之后，就可以回答前面的第一个问题，即物体表面某一点的像在像平面上的位置如何确定？为了方便，选取物体和针孔之间的一个平面作为图像平面，其与针孔 O 之间的距离与真正的像和针孔 O 之间的距离相同，如图 7-6 所示。这样做的目的是为了使图像与物体具有相同的方向。

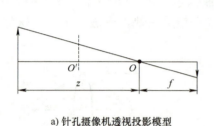 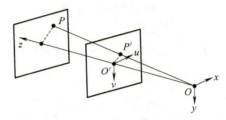

a) 针孔摄像机透视投影模型　　　　　　b) 以物体和针孔之间的平面表示图像平面示意图

图 7-6　透视投影模型

为了描述透视投影模型，首先需要定义两个合适的坐标系，用以分别表示物体上某一点 P 的三维坐标，以及它的像 P' 在图像平面上的二维坐标。对于 P 点，设定针孔 O 为坐标原点，且 z 轴与光轴一致，于是该点的三维坐标就可以表示为 $P=(x,y,z)$。而对于 P' 点，令光轴与图像平面的交点为坐标原点，于是该点的二维坐标就可以表示为 $P'=(u,v)$。那么，根据相似三角形原理可得

$$\frac{f}{z}=\frac{u}{x}=\frac{v}{y} \tag{7-5}$$

再通过简单的变换可得

$$u=\frac{f}{z}x \tag{7-6}$$

$$v=\frac{f}{z}y \tag{7-7}$$

以上描述了三维空间中某一点在二维图像平面上的透视投影。但由于坐标维数不一致，目前还不能构建一个完整的投影方程，因此需要进一步将其转换成齐次坐标，即

$$\tilde{\boldsymbol{P}}'=\begin{bmatrix} u \\ v \\ 1 \end{bmatrix}, \tilde{\boldsymbol{P}}=\begin{bmatrix} x \\ y \\ z \\ 1 \end{bmatrix} \tag{7-8}$$

于是，简化的透视投影方程可以写为

$$\begin{bmatrix} zu \\ zv \\ z \end{bmatrix} = \begin{bmatrix} fx \\ fy \\ z \end{bmatrix} = \begin{bmatrix} f & 0 & 0 \\ 0 & f & 0 \\ 0 & 0 & 1 \end{bmatrix} \begin{bmatrix} x \\ y \\ z \end{bmatrix} \tag{7-9}$$

由于数字摄像机中的图像传感器（CCD 或 CMOS）是由像素组成的，因此还需要将该透视投影方程转换成像素坐标。考虑到摄像机的光学中心，即针孔或者透镜中心，通常不对应于图像传感器的中心，因此可以先设定它的像素坐标为（u_0，v_0），同时引入两个比例因子 k_u 和 k_v，分别表示 u 和 v 方向上的像素密度，单位为 Pixel/m。于是可得

$$u = k_u \frac{f}{z} x + u_0 \tag{7-10}$$

$$v = k_v \frac{f}{z} y + v_0 \tag{7-11}$$

那么，像素坐标系下的透视投影方程就可以写为

$$\begin{bmatrix} u \\ v \\ 1 \end{bmatrix} = \begin{bmatrix} fk_u & 0 & u_0 \\ 0 & fk_v & v_0 \\ 0 & 0 & 1 \end{bmatrix} \begin{bmatrix} x/z \\ y/z \\ 1 \end{bmatrix} \tag{7-12}$$

在实际应用中，还会涉及环境坐标系（x_w，y_w，z_w）与前面所定义的坐标系（x，y，z）不一致的情况，此时需要先将这两个参考坐标系进行变换，即引入一个旋转矩阵 **R** 和一个平移向量 **t**。

239

$$\begin{bmatrix} x \\ y \\ z \\ 1 \end{bmatrix} = \boldsymbol{R} \begin{bmatrix} x_w \\ y_w \\ z_w \\ 1 \end{bmatrix} + \boldsymbol{t} \tag{7-13}$$

再令 $a_u = fk_u$，$a_v = fk_v$，此时透视投影的一般方程为

$$z \begin{bmatrix} u \\ v \\ 1 \end{bmatrix} = \begin{bmatrix} a_u & 0 & u_0 & 0 \\ 0 & a_v & v_0 & 0 \\ 0 & 0 & 1 & 0 \end{bmatrix} \begin{bmatrix} r_{11} & r_{12} & r_{13} & t_1 \\ r_{21} & r_{22} & r_{23} & t_2 \\ r_{31} & r_{32} & r_{33} & t_3 \\ 0 & 0 & 0 & 1 \end{bmatrix} \begin{bmatrix} x_w \\ y_w \\ z_w \\ 1 \end{bmatrix} \tag{7-14}$$

或者使用齐次坐标

$$z \tilde{\boldsymbol{p}} = \boldsymbol{A}[(\boldsymbol{R} \mid \boldsymbol{t})] \tilde{\boldsymbol{P}}_w = \boldsymbol{A} \boldsymbol{W} \tilde{\boldsymbol{P}}_w \tag{7-15}$$

式中，**A** 为内部参数矩阵，且

$$\boldsymbol{A} = \begin{bmatrix} a_u & 0 & u_0 & 0 \\ 0 & a_v & v_0 & 0 \\ 0 & 0 & 1 & 0 \end{bmatrix} \tag{7-16}$$

W 为外部参数矩阵，且

$$W = \begin{bmatrix} r_{11} & r_{12} & r_{13} & t_1 \\ r_{21} & r_{22} & r_{23} & t_2 \\ r_{31} & r_{32} & r_{33} & t_3 \\ 0 & 0 & 0 & 1 \end{bmatrix} \tag{7-17}$$

$r_1 = (r_{11} \ r_{21} \ r_{31})^T$ 为环境坐标系 x 轴在摄像机坐标系中的方向向量；$r_2 = (r_{12} \ r_{22} \ r_{32})^T$ 为环境坐标系 y 轴在摄像机坐标系中的方向向量；$r_3 = (r_{13} \ r_{23} \ r_{33})^T$ 为环境坐标系 z 轴在摄像机坐标系中的方向向量；$t = (t_1 \ t_2 \ t_3)^T$ 为环境坐标系原点在摄像机坐标系中的位置。

式（7-14）还可以进一步表示为

$$z \begin{bmatrix} u \\ v \\ 1 \end{bmatrix} = M \begin{bmatrix} x_w \\ y_w \\ z_w \\ 1 \end{bmatrix} \tag{7-18}$$

式中，M 为投影矩阵，它可以表示任意点的空间坐标和图像坐标之间的关系。若已知投影矩阵 M 和空间点的坐标，则可求得该空间点的图像坐标，即一个物点在成像平面上对应唯一的像点。但反过来，若已知图像坐标，则只能得到关于空间点的两个线性方程，其表示的是像点和摄像机中心的连线，即连线上的所有点都对应着该像点。M 可表示为

$$M = \begin{bmatrix} m_{11} & m_{12} & m_{13} & m_{14} \\ m_{21} & m_{22} & m_{23} & m_{24} \\ m_{31} & m_{32} & m_{33} & m_{34} \end{bmatrix} \tag{7-19}$$

投影矩阵或者内参矩阵和外参矩阵可以通过摄像机标定予以估计。这部分内容将在 7.5 节介绍。

7.1.4 光学成像系统中的光阑

实际的摄像机镜头远比前面讨论的单个薄透镜复杂，通常是由几片、十几片甚至二十几片球心位于同一光轴上的光学镜片组成，但总体上可以等效为一个凸透镜，因此上述的透视投影方程仍然可用。除了光学镜片，实际的摄像机镜头中还包括一个或多个可以控制光束发散角、位置和成像范围的器件，称为光阑。图 7-7 为 6 片 4 组对称式高斯光学结构镜头示意图，其中就包含了一个光阑。孔径光阑和视场光阑是最主要的两种类型，下面将详细介绍。

1. 孔径光阑

限制光轴上物点成像光束立体角的光阑，称为孔径光阑。其主要作用是调节进入系统的光能量，以适应外界不同的照明条件，同时也有选择光轴外物点成像光束位置的作用。基于孔径光阑，还可以定义两个重要的虚拟光阑，即入瞳和出瞳。如图 7-8 所示，孔径光阑 PQ 被前面的光学系统在物方所成的像 $P'Q'$（通常为虚像）称为入射光瞳，简称入瞳。入瞳决定了能够进入系统参与成像的最大光束孔径。相应地，孔径光阑 PQ 被后面的

光学系统在像方所成的像 $P''Q''$（通常也为虚像）称为出射光瞳，简称出瞳。只有出瞳范围内的光线才能通过整个光学系统。孔径光阑不仅可以有效调节图像的亮度，通过合理选择孔径光阑的位置，还可以阻挡成像质量较差的那部分光，从而改善光轴外物点的成像质量。

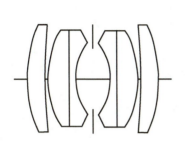

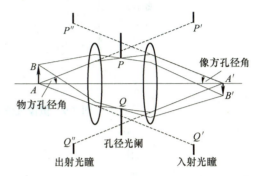

图 7-7　6 片 4 组对称式高斯光学结构镜头示意图　　图 7-8　摄像机镜头中的孔径光阑、入射光瞳与出射光瞳

2. 视场光阑

在实际光学系统中，不仅物面上每一点参与成像的光束宽度是有限的，而且能够清晰成像的物面大小也是有限的。这个能够清晰成像的物面范围就是光学系统的视场，而用来限制物面上成像范围的光阑就是视场光阑。与入射光瞳和出射光瞳类似，基于视场光阑可以定义光学系统的射入窗和出射窗，即视场光阑被前面的光学系统所成的像称为入射窗，被后面的光学系统所成的像称为出射窗。其示意图与图 7-8 相似，这里不再赘述。

7.1.5　摄像机的景深

前面的讨论都是基于空间中某一点所发出的光线汇聚于像平面上的一点。因此，根据式（7-4），只有距离为 a 且与光轴垂直（与像平面平行）的物平面才能够形成清晰的像。但实际上，很多时候需要把空间中具有一定深度的物点成像在一个像平面上，或者说，即使被拍摄物所在平面不完全与像平面平行，也能够获得锐利的图像。这其中所涉及的问题就是摄像机的景深。

所谓景深，就是在像平面上可以获得清晰图像的物方空间深度范围。之所以可以有这样一个概念，就是因为图像传感器的分辨率是有限的，因此也不要求像平面上的"像"为一几何点。如图 7-9 所示，空间点 A_1 和 A_2 在对准平面以外，它们的像点 A_1' 和 A_2' 也就不在像平面上，而是在像平面上形成一个圆形的弥散斑。只要这个弥散斑足够小，如小于图像传感器的分辨率，就可以认为是一个清晰的"像"。这里定义能够成清晰像的最远的物平面为远景平面，能够成清晰像的最近的物平面为近景平面，它们距对准平面的距离分别为 Δ_1 和 Δ_2，那么该摄像机的景深就是 $\Delta=\Delta_1+\Delta_2$。

由图 7-9 可以计算出所形成的圆形弥散斑的直径，即根据相似三角形原理有

$$\frac{d_1'}{D}=\frac{b-b_1}{b_1},\ \frac{d_2'}{D}=\frac{b_2-b}{b_2} \tag{7-20}$$

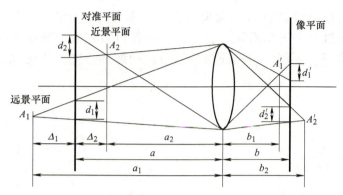

图 7-9　摄像机镜头中的景深示意图

$$d_1' = D\frac{b-b_1}{b_1}, d_2' = D\frac{b_2-b}{b_2} \tag{7-21}$$

式中，D 为透镜的直径，对于实际的摄像机镜头应为入射光瞳的直径。因为 $b=ma$，$b_1=ma_1$，$b_2=ma_2$，m 为成像放大倍数，所以式（7-21）又可以写为

$$d_1' = D\frac{a-a_1}{a_1}, d_2' = D\frac{a_2-a}{a_2} \tag{7-22}$$

目前图像传感器的尺寸一般为 $1.25 \sim 10\mu m$，于是对于一台摄像机，在确定的入射光瞳直径及成像放大倍数下，很容易估计景深的大小。很显然，镜头的焦距越大，景深也越大，并与前者的平方成正比。另外，在镜头焦距确定的情况下，入射光瞳的直径越小，景深越大，反之景深越小。这与常常听到的"大光圈、浅景深"是一致的，如图 7-10 所示。但这并不意味着可以无限减小光圈的尺寸，一方面图像的亮度将显著降低，另一方面非常小的孔径光阑也会引起光的衍射现象。

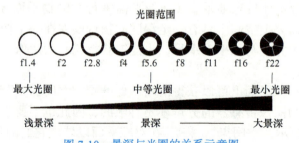

图 7-10　景深与光圈的关系示意图

景深的一个重要应用是视觉测距，如通过改变镜头与图像传感器的距离使图像从模糊到锐度最大化，就可以求解出物体的两个平面之间的距离。此外，从式（7-22）还可以观察到一个有趣的现象，即当物体距离透镜较近时，弥散斑直径随物体移动的变化更加灵敏。这可以通过一个简单的例子来说明：假设摄像机镜头的焦距为 10cm，当对前方 20cm 处的物体成像时，像平面位于镜头另一侧 20cm 处，此时将物体向远处移动 1cm，所形成的弥散斑直径为 $0.048D$；而当对镜头前 30cm 处的物体成像时，像平面则位于镜头另一侧 15cm 处，此时将物体向远处移动 1cm，所形成的弥散斑直径仅为 $0.016D$。因此，这也是

利用景深进行测距必须要考虑的问题。

7.2　视差与立体视觉

距离感知是机器人学中最重要的内容之一，在地图重构、路径规划与避障等方面不可或缺。第 4 章已经介绍了激光雷达、ToF 摄像机和结构光摄像机等多种测距方法。本节将继续讨论基于双目摄像机的立体视觉，它也可以实现机器人距离感知。

通过前面对透视投影的讨论可知，图像平面上的每一个点，还是穿过该点与光学中心的光线上所有点的投影。因此，从单台针孔摄像机所拍摄的一张图像中不可能估计出物空间某点的距离。7.1.5 节中介绍了一种基于景深的测距方法，但必须通过改变摄像机的参数（如焦距、像距、光圈大小等）获得两幅以上图像。这个例子说明，通过拍摄场景的多幅图像，可以提供更多的信息，从而恢复深度信息。为了实现这个目的，最常见的方法是使用两台摄像机在不同位置拍摄同一场景。

这与人类的视觉感知过程是一致的。位于面部左右两侧的眼睛，对于外部世界所成的图像是存在差异的。举一个简单的例子：将一个手指放在眼前，然后交替闭上左眼和右眼，就会发现手指的左右跳动。这是因为人的左、右眼有间距，造成两眼的视角存在细微的差别，于是所观察到的景物就会有一定的位移，即视差。正是这个差异，使得人类的大脑可以通过融合左、右眼的图像，获得有空间感的立体视觉效果，而且可以判断物体的距离，如图 7-11 所示。

那么，对于一个双目摄像机，具体是如何恢复深度信息的呢？首先考虑一个简化的情况。假设两台摄像机都已经标定过，将它们布置在同一个平面且光轴平行，如图 7-12 所示，坐标原点位于左侧摄像机的光学中心，它与右侧摄像机的光学中心的距离为 T，经过二者的直线称为基线；空间点 $P=(x,y,z)$ 在左、右两幅图像中的投影点分别为 $p_\mathrm{l}=(u_\mathrm{l},v_\mathrm{l})$ 和 $p_\mathrm{r}=(u_\mathrm{r},v_\mathrm{r})$。

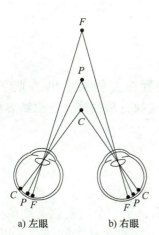

图 7-11　人眼判断距离的原理示意图

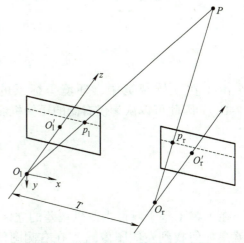

图 7-12　平行光轴立体视觉示意图

于是，根据式（7-6）可得

$$\frac{f}{z} = \frac{u_1}{x} \tag{7-23}$$

$$\frac{f}{z} = \frac{-u_r}{T-x} \tag{7-24}$$

再经过简单的变换可得

$$x = u_1 \frac{z}{f} \tag{7-25}$$

$$T - x = -u_r \frac{z}{f} \tag{7-26}$$

将式（7-25）和式（7-26）左右相加，可得

$$T = (u_1 - u_r)\frac{z}{f} \tag{7-27}$$

于是

$$z = T\frac{f}{u_1 - u_r} \tag{7-28}$$

式（7-28）表明，利用双目摄像机所拍摄的两幅图像就可以方便地估计图像上某一点在物空间的距离。其中，u_1-u_r 就是空间点 P 在双目摄像机中的视差，在有的文献中也称为像差。考虑到在描述摄像机镜头的成像误差时多数文献都使用了视差这个概念，为此本文像很多类似的文献一样称其为视差。式（7-28）还表明，视差正比于两摄像机之间的距离 T，也就是说，对于较大的摄像机间距，深度估计的准确性会更高。

很显然，以上讨论的是一种理想的情况。实际上，两台摄像机不会完全相同，也不可能完全对准，而是有视差的，且不对齐，如图 7-13 所示。但只要这两台摄像机的内参和相对位姿是已知的，仍然可以实现深度信息的估计。此时，需要将这两台摄像机分别按照式（7-13）进行坐标变换，从而得到与式（7-15）类似的透视投影方程。

$$z\tilde{\boldsymbol{p}}_1 = \boldsymbol{A}_1[(\boldsymbol{R}_1 \,|\, \boldsymbol{t}_1)]\tilde{\boldsymbol{P}}_w \tag{7-29}$$

$$z\tilde{\boldsymbol{p}}_r = \boldsymbol{A}_r[(\boldsymbol{R}_r \,|\, \boldsymbol{t}_r)]\tilde{\boldsymbol{P}}_w \tag{7-30}$$

由于在立体视觉中，环境坐标系的原点通常设置在左侧摄像机的光学中心（见图 7-12），因此可以认为仅右侧的摄像机需要进行坐标变换，从而将上述投影方程简化为

$$z\tilde{\boldsymbol{p}}_1 = \boldsymbol{A}_1[(\boldsymbol{I} \,|\, 0)]\tilde{\boldsymbol{P}}_w \tag{7-31}$$

$$z\tilde{\boldsymbol{p}}_r = \boldsymbol{A}_r[(\boldsymbol{R} \,|\, \boldsymbol{t})]\tilde{\boldsymbol{P}}_w \tag{7-32}$$

在了解了基于双目摄像机视差的立体视觉原理之后，下一个问题就是图像点的对应，也就是如何找到左侧图像 p_1 点在右侧图像上的共轭点 p_r。对于这个问题，可以基于窗口或者特征进行搜索。但问题是是否需要在整幅图像上进行搜索？答案显然是否定的。从图 7-12 和图 7-13 可以看出，点 P、p_1、O_1、O_r 和 p_r 实际上都在同一个平面上，这个平面

称为极平面。于是，很容易想到在已知 p_1、O_1、O_r 的情况下，p_r 一定位于极平面在右侧图像的投影上。又由于 O_r 在极平面上且是右侧摄像机的光学中心，因此这个投影是一条直线，称为极线。这样就可以把二维平面上的共轭点搜索缩减为一维直线。

对于极线方程，可以根据透视投影方程式（7-15）将经过 p_1、O_1 的射线投影到右侧图像上获得，这里不再赘述。之所以这样，是因为很多时候并不需要这个极线方程。从图 7-12 可以看出，对于光轴平行的双目摄像机，极线是水平的。这意味着可以通过图像校正，将它们转换成平行光轴的情况，如图 7-14 所示，从而进一步简化共轭点的搜索。

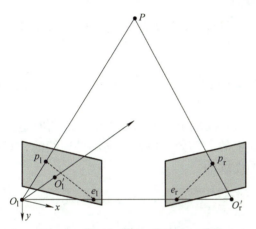

图 7-13　非平行光轴立体视觉示意图

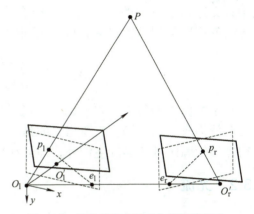

图 7-14　将非平行光轴几何结构转换为
平行光轴几何结构示意图

245

7.3　运动场与光流

7.2 节讨论了利用立体视觉估计物体的距离，这对于地图重构、路径规划与避障等问题至关重要。本节将继续介绍两个时变图像中的重要概念，即运动场和光流，它们在无源导航方面具有重要的作用。

7.3.1　运动场

所谓运动场指的是图像上每一点的速度矢量的集合。为了理解这个概念，可以考虑如下事实：当物体相对于摄像机运动，物体所成的像也会发生相应的变化。如图 7-15 所示，假设物体上某一点 P_o 以速度 v_o 运动，它的像 P_i 在像平面内则以速度 v_i 运动。

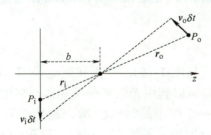

图 7-15　物体上某一点相对于摄像机运动会导致图像上的点发生相应的移动

经过时间 δt，P_o 运动了 $\delta r_o = v_o \delta t$，$P_i$ 运动了 $\delta r_i = v_i \delta t$，于是它们的速度矢量可以描述为

$$v_o = \frac{\mathrm{d}r_o}{\mathrm{d}t}, v_i = \frac{\mathrm{d}r_i}{\mathrm{d}t} \tag{7-33}$$

为了方便描述，可以将透视投影方程式（7-6）和式（7-7）也写成矢量形式，即

$$r_i = \frac{r_o}{r_o z} = \frac{r_o}{r_o^\mathrm{T} \hat{z}} \tag{7-34}$$

式中，$\hat{z}$ 为光轴方向的单位矢量。结合式（7-33）所表示的含义，将式（7-34）两边对 t 求导，就可以得到速度矢量 v_i 与 v_o 之间的关系为

$$v_i = \frac{(r_o^\mathrm{T} \hat{z})v_o - (r_o^\mathrm{T} \hat{z})r_o}{(r_o^\mathrm{T} \hat{z})^2} = \frac{(r_o \times v_o) \times \hat{z}}{(r_o^\mathrm{T} \hat{z})^2} \tag{7-35}$$

对于图像上的每个一点，都可以通过式（7-35）被赋予一个速度矢量，而所有这些速度矢量就构成了运动场。需要指出的是，在图像上的大部分区域，运动场是连续的，只有在物体的轮廓区域才会发生例外，即运动场是不连续的。

7.3.2　光流

所谓光流，就是当物体运动时，物体在图像上所产生的亮度模式的明显运动。想象当中光流与运动场应该是相对应的，但事实并不总是这样。如图 7-16 所示，由于球体的表面是弯曲的，在图像中必然会有亮度的空间变化，即前面所提到的亮度模式。如果该球体仅发生转动，那么原来的亮度模式将不会变化。在这种情况下，尽管运动场不为 0，但是光流却处处为 0。而对于另一种情况，即球体是固定不动的，但光源绕着球体运动，那么很显然图像中的亮度模式将不断变化。此时，光流不为 0，但运动场却为 0。

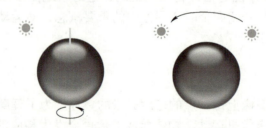

a) 运动场不为0，光流为0　　　b) 光流不为0，运动场为0

图 7-16　光流与运动场不对应的两种情况

7.3.3　光流约束方程

尽管在某些特殊情况下（见图 7-16），光流和运动场不一致，但大多数时候仍可以认为光流与运动场相对应，这是可以利用光流来分析物体与摄像机之间相对运动的最基本假设。同时还需要假设，对于一个很小的时间段 δt，物体上同一点的辐照度是恒定的。如果 $E(x, y, t)$ 为图像点 (x, y) 在 t 时刻的辐照度，$u(x, y)$ 和 $v(x, y)$ 分别为该点处光流向量在 x

和 y 方向的分量，那么在 $t+\delta t$ 时刻，图像点 $(x+\delta x, y+\delta y)$ 就应该等于 $E(x,y,t)$，即

$$E(x+\delta x, y+\delta y, t+\delta t) = E(x,y,t) \tag{7-36}$$

如果进一步假定，图像亮度的变化是平滑的，则可以将式（7-32）的左侧展开成泰勒级数形式，即

$$E(x,y,t) + \frac{\partial E}{\partial x}\delta x + \frac{\partial E}{\partial y}\delta y + \frac{\partial E}{\partial t}\delta t + e = E(x,y,t) \tag{7-37}$$

式中，e 包含关于 δx、δy 和 δt 的二阶以及高阶误差。消掉左右两侧的 $E(x, y, t)$，再同时除以 δt，并且令 $\delta t \rightarrow 0$，可得

$$\frac{\partial E}{\partial x}\frac{\mathrm{d}x}{\mathrm{d}t} + \frac{\partial E}{\partial y}\frac{\mathrm{d}y}{\mathrm{d}t} + \frac{\partial E}{\partial t} = 0 \tag{7-38}$$

式（7-36）正好是 E 关于 t 的全微分方程 [式（7-37）] 的展开形式，即

$$\frac{\mathrm{d}E}{\mathrm{d}t} = 0 \tag{7-39}$$

令

$$Eu = \frac{\mathrm{d}x}{\mathrm{d}t}, v = \frac{\mathrm{d}y}{\mathrm{d}t}, E_x = \frac{\partial E}{\partial x}, E_y = \frac{\partial E}{\partial y}, E_t = \frac{\partial E}{\partial t} \tag{7-40}$$

式（7-38）可简化为

$$E_x u + E_y v + E_t = 0 \tag{7-41}$$

式（7-41）就是光流约束方程，它提供了一个关于光流 $(u,v)^{\mathrm{T}}$ 的约束条件。其中，偏导数 E_x、E_y 和 E_t 可以从图像中估计出来。E_t 表示辐照度随时间的变化，E_x 和 E_y 分别表示辐照度在 x 和 y 方向的空间率。考虑一个由 u 和 v 组成的二维速度空间，如图 7-17 所示，满足光流约束方程的光流矢量 (u,v) 在该速度空间的一条直线上。

将式（7-41）转换为

$$[E_x, E_y]\begin{bmatrix} u \\ v \end{bmatrix} = -E_t \tag{7-42}$$

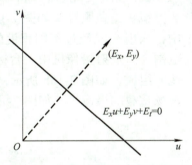

图 7-17　光流向量约束条件示意图

可以得到沿亮度梯度方向的光流分量大小为

$$E_t / \sqrt{E_x^2 + E_y^2} \tag{7-43}$$

但不能确定光流在垂直于亮度梯度方向上的分量大小，这种不确定性也称为孔径问题。

为了计算 u 和 v 两个分量，还需要引入附加的约束，即光流在图像的大部分区域中是平滑的，但会受到某种程度的破坏，衡量所计算的光流的不平滑程度的计算公式为

$$e_s = \iint [(u_x^2 + u_y^2) + (v_x^2 + v_y^2)]\,\mathrm{d}x\mathrm{d}y \tag{7-44}$$

同时考虑光流约束方程的误差为

$$e_c = \iint (E_x u + E_y v + E_t)^2 dxdy \tag{7-45}$$

式（7-44）、式（7-45）两个方程都要尽可能小，即使 $e_s + \lambda e_c$ 最小化。λ 为权重系数，用于调节光流约束方程的满足程度与平滑性符合程度之间的平衡。如果亮度测量精确，那么 λ 应该较大；如果测量结果中包含很大的噪声，则 λ 应该较小。最小化某一积分形式是一个变分问题，最终得到欧拉方程为

$$\nabla^2 u = \lambda(E_x u + E_y v + E_t)E_x \tag{7-46}$$

$$\nabla^2 v = \lambda(E_x u + E_y v + E_t)E_y \tag{7-47}$$

式中，∇^2 为拉普拉斯算子，且

$$\nabla^2 = \frac{\partial^2}{\partial x^2} + \frac{\partial^2}{\partial y^2} \tag{7-48}$$

可以用迭代方法求解式（7-46）和式（7-47）组成的二阶椭圆偏微分方程组。

7.4 全向摄像机

全向摄像机（Omnidirectional Camera）一般是指镜头视角接近甚至超过 180° 的摄像机。目前常见的全向摄像机主要有折射摄像机（Dioptric Camera）、折反射摄像机（Catadioptric Camera）和多折射摄像机（Polydioptric Camera）等类型。折射摄像机的典型镜头是鱼眼镜头如图 7-18a 所示，它一般由十几个不同的透镜组合而成，在成像过程中，入射光线经过不同程度的折射，投影到尺寸有限的像平面上，从而获得更大的视野范围。折反射摄像机由一台标准像机和一片曲面反射镜（如双曲面镜、抛物面镜或者椭圆镜）组成，如图 7-18b 所示，能够获得大于 180° 的视场（FOV）。多折射摄像机包含多台视场重叠的摄像机，如图 7-18c 所示，可以获得真正的全向视场。

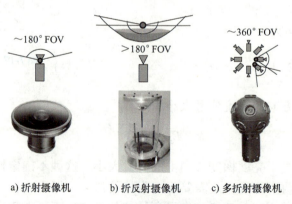

a) 折射摄像机　　　　b) 折反射摄像机　　　　c) 多折射摄像机

图 7-18　常见的全向摄像机

与标准的针孔摄像机模型不同，全向摄像机采用非相似成像，即通过对空间的压缩来突破视角的局限，从而实现广角成像，因此前面所讨论的透视投影方程不能再使用，而且

还会引入更大的畸变。下面将继续讨论全向摄像机投影模型及其标定。

7.4.1 中心全向摄像机

在讨论全向摄像机投影模型之前，首先要介绍一个重要概念，即中心全向摄像机。它是指被观察物体的光线都交汇在 3D 空间中的一个点，这个点称为投影中心或者单个有效视点。很显然，前面所讨论的标准透视摄像机就是一个中心全向摄像机，如图 7-19a 所示。对于鱼眼摄像机，可以将它的镜头组简化为一个球面，如图 7-19b 所示，入射的所有光线交汇于球心，因此所有的鱼眼摄像机都是中心全向摄像机。而对于折反射摄像机，则需要适当选择曲面反射镜的形状及与标准透视摄像机之间的距离，才能够实现中心化。如图 7-19c、d 所示，对于双曲面镜或者椭圆镜，必须要保证摄像机的光学中心与双曲面或者椭球面的一个焦点重合；而对于抛物面反射镜则需要在摄像机之前插入一片正交透镜，以使得抛物面所发射的平行光汇聚于摄像机的光学中心。

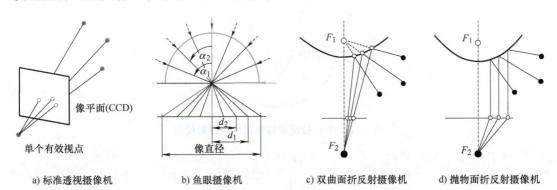

a) 标准透视摄像机 b) 鱼眼摄像机 c) 双曲面折反射摄像机 d) 抛物面折反射摄像机

图 7-19　中心全向摄像机

构建中心全向摄像机的目的是获得几何学上正确的透视图像，因为在单个有效视点的约束下，图像中的每个像素可以测量在一个特定方向穿过视点的辐照度。当摄像机经过标定之后，可以预先为每个像素计算该方向，于是每个像素所测得的辐照度就可以被映射到距离视点任意距离的平面上，从而形成一个平面透视图像。

7.4.2 全向摄像机投影模型

关于全向摄像机投影模型的文献有很多，这里仅介绍两个标准的模型，即中心折反射摄像机统一投影模型及折反射和鱼眼摄像机统一模型。

1. 中心折反射摄像机统一投影模型

中心折反射摄像机统一投影模型是由 Geyer 和 Daniilidis 于 2000 年提出的，适用于基于双曲面、抛物面或者椭球面三种类型的折反射摄像机。该模型的核心思想是折反射与标准透视投影等效于一个球体（中心位于单个有效视点）到一个平面（投影中心与球心的距离为 ε，取值范围见表 7-1）的投影，如图 7-20 所示。

投影过程如下：

令 $P=(x, y, z)$ 是以反射镜（中心为 C）为参考框架的一个场景点，首先将它投影

到单位球面，得到点 P_{S} 坐标为

表 7-1　ε 的取值范围

反射镜类型	ε
抛物面	1
双曲面	$\dfrac{d}{\sqrt{d^2+4l^2}}$
椭球面	$\dfrac{d}{\sqrt{d^2+4l^2}}$
透视	0

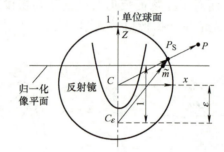

图 7-20　中心折反射摄像机统一投影模型

$$P_{\mathrm{S}} = \frac{P}{\|P\|} = (x_{\mathrm{s}}, y_{\mathrm{s}}, z_{\mathrm{s}}) \tag{7-49}$$

然后将该点的坐标转换到以 C_ε 为中心的参考框架内，$C_\varepsilon = (0,0,-\varepsilon)$，可得

$$P_\varepsilon = (x_{\mathrm{s}}, y_{\mathrm{s}}, z_{\mathrm{s}}+\varepsilon) \tag{7-50}$$

接着将 P_ε 投影到归一化像平面（与 C_ε 的距离为 1），可得

$$\tilde{m} = (x_m, y_m, 1) = \left(\frac{x_{\mathrm{s}}}{z_{\mathrm{s}}+\varepsilon}, \frac{y_{\mathrm{s}}}{z_{\mathrm{s}}+\varepsilon}, 1 \right) = g^{-1}(P_{\mathrm{S}}) \tag{7-51}$$

最后通过内参矩阵 A[式（7-16）] 将点 $\tilde{m}$ 投影到摄像机图像点 $\tilde{p} = (u,v,1)$，且

$$\tilde{p} = A\tilde{m} \tag{7-52}$$

由式（7-51）可得

$$P_{\mathrm{S}} = g(m) \propto \begin{bmatrix} x_m \\ y_m \\ 1 - \varepsilon \dfrac{x_m^2 + y_m^2 + 1}{\varepsilon + \sqrt{1 + (1-\varepsilon^2)(x_m^2 + y_m^2)}} \end{bmatrix} \tag{7-53}$$

这是中心折反射摄像机投影模型的核心，它表达了归一化像平面上的点 m 与反射镜参考框架内的单位向量 P_{S} 之间的关系。

2. 折反射和鱼眼摄像机统一模型

折反射和鱼眼摄像机统一模型由 Scaramuzza 等人于 2006 年提出，它与中心折反射摄像机投影模型的主要差异在于函数 g 的选择。为了克服鱼眼摄像机的参数模型缺失问题，利用了泰勒多项式，它的系数和阶次可以在标定过程中获得。于是，归一化像平面上的点 m 与鱼眼参考框架内的单位向量 P_S 之间的关系可以写为

$$P_S = g(m) \propto \begin{bmatrix} x_m \\ y_m \\ a_0 + a_2\rho^2 + \cdots + a_n\rho^n \end{bmatrix} \tag{7-54}$$

式中，$\rho = \sqrt{x_m^2 + y_m^2}$。通过恰当选择多项式的阶次，式（7-54）可以涵盖折反射、鱼眼及标准透视摄像机，一般三或四阶就可以非常准确地对市场上所有的折反射摄像机以及多种鱼眼摄像机进行建模。

7.5　摄像机标定

摄像机标定的目的在于为世界坐标系的三维物点和图像坐标系的二维像点之间建立一种映射关系，即根据已知特征点的图像坐标和世界坐标来求解摄像机的参数。本节将针对透视摄像机和第 4 章介绍的结构光摄像机的常用标定方法进行简要介绍。

7.5.1　透视摄像机标定

无论是单目相机还是双目相机，在使用之前都要先进行标定。标定的方法有很多，比较常用的是直接线性标定法和张正友标定法。通常采用的方式是在摄像机前方放置一个已知形状和尺寸的标定参照物，称为靶标。图 7-21 为常用的两种靶标，即平面靶标和立体靶标。在靶标上，黑白方块的交点作为标定点，其坐标位置已知。采集靶标图像后，通过图像处理可以获得标定点的图像坐标。利用标定点的图像坐标和空间位置坐标，可以求出摄像机的内参矩阵和相对于靶标参考点的外参矩阵。

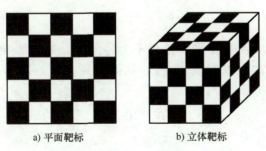

a) 平面靶标　　　　　　b) 立体靶标

图 7-21　常用的两种标定靶标

1. 直接线性标定法

传统的标定方法是在摄像机前方放置一个立体靶标，上面有一系列位置已知的点作为特征点，采集图像后，利用这些点的图像坐标和空间坐标建立线性方程组，通过求解线性

方程组得到摄像机的参数。

以内参矩阵为四参数的摄像机为例，假设景物点的空间坐标已知，则由式（7-18）可得

$$z\begin{bmatrix} u \\ v \\ 1 \end{bmatrix} = M\begin{bmatrix} x_w \\ y_w \\ z_w \\ 1 \end{bmatrix} = \begin{bmatrix} m_{11} & m_{12} & m_{13} & m_{14} \\ m_{21} & m_{22} & m_{23} & m_{24} \\ m_{31} & m_{32} & m_{33} & m_{34} \end{bmatrix}\begin{bmatrix} x_w \\ y_w \\ z_w \\ 1 \end{bmatrix} \tag{7-55}$$

将式（7-55）展开，可得

$$\begin{cases} zu = m_{11}x_w + m_{12}y_w + m_{13}z_w + m_{14} \\ zv = m_{21}x_w + m_{22}y_w + m_{23}z_w + m_{24} \\ z = m_{31}x_w + m_{32}y_w + m_{33}z_w + m_{34} \end{cases} \tag{7-56}$$

将式（7-56）消去 z 后可以得到两个线性方程，即

$$\begin{cases} m_{11}x_w + m_{12}y_w + m_{13}z_w + m_{14} - um_{31}x_w - um_{32}y_w - um_{33}z_w = um_{34} \\ m_{21}x_w + m_{22}y_w + m_{23}z_w + m_{24} - vm_{31}x_w - vm_{32}y_w - m_{33}z_w = vm_{34} \end{cases} \tag{7-57}$$

对于 n 个已知坐标的空间点，则可以得到 $2n$ 个方程构成的方程组为

$$\begin{bmatrix} x_{w1} & y_{w1} & z_{w1} & 1 & 0 & 0 & 0 & 0 & -u_1x_{w1} & -u_1y_{w1} & -u_1z_{w1} \\ 0 & 0 & 0 & 0 & x_{w1} & y_{w1} & z_{w1} & 1 & -v_1x_{w1} & -v_1x_{w1} & -v_1x_{w1} \\ \vdots & \vdots & \vdots & \vdots & \vdots & \vdots & \vdots & \vdots & \vdots & \vdots & \vdots \\ x_{wn} & y_{wn} & z_{wn} & 1 & 0 & 0 & 0 & 0 & -u_nx_{wn} & -u_ny_{wn} & -u_nz_{wn} \\ 0 & 0 & 0 & 0 & x_{wn} & y_{wn} & z_{wn} & 1 & -v_nx_{wn} & -v_ny_{wn} & -v_nz_{wn} \end{bmatrix}\begin{bmatrix} m_{11} \\ m_{12} \\ m_{13} \\ m_{14} \\ m_{21} \\ m_{22} \\ m_{23} \\ m_{24} \\ m_{31} \\ m_{32} \\ m_{33} \end{bmatrix} = \begin{bmatrix} u_1m_{34} \\ v_1m_{34} \\ \vdots \\ u_nm_{34} \\ v_nm_{34} \end{bmatrix} \tag{7-58}$$

由式（7-55）可知，矩阵 M 乘以任意不为零的数，并不影响空间点 (x_{wi},y_{wi},z_{wi}) 和像点 (u_i,v_i) 之间的关系，故可以假设 $m_{34}=1$，从而得到关于矩阵 M 其他 11 个参数的 $2n$ 个方程。

令

$$K = \begin{bmatrix} x_{w1} & y_{w1} & z_{w1} & 1 & 0 & 0 & 0 & 0 & -u_1x_{w1} & -u_1y_{w1} & -u_1z_{w1} \\ 0 & 0 & 0 & 0 & x_{w1} & y_{w1} & z_{w1} & 1 & -v_1x_{w1} & -v_1x_{w1} & -v_1x_{w1} \\ \vdots & \vdots & \vdots & \vdots & \vdots & \vdots & \vdots & \vdots & \vdots & \vdots & \vdots \\ x_{wn} & y_{wn} & z_{wn} & 1 & 0 & 0 & 0 & 0 & -u_nx_{wn} & -u_ny_{wn} & -u_nz_{wn} \\ 0 & 0 & 0 & 0 & x_{wn} & y_{wn} & z_{wn} & 1 & -v_nx_{wn} & -v_ny_{wn} & -v_nz_{wn} \end{bmatrix}$$

$$
m = \begin{bmatrix} m_{11} \\ m_{12} \\ m_{13} \\ m_{14} \\ m_{21} \\ m_{22} \\ m_{23} \\ m_{24} \\ m_{31} \\ m_{32} \\ m_{33} \end{bmatrix}, \quad U = \begin{bmatrix} u_1 m_{34} \\ v_1 m_{34} \\ \vdots \\ u_n m_{34} \\ v_n m_{34} \end{bmatrix}
$$

则式（7-58）可以表示为

$$Km = U \tag{7-59}$$

当 $2n>11$ 时，利用最小二乘法可得

$$m = (K^{\mathrm{T}} K)^{-1} K^{\mathrm{T}} U \tag{7-60}$$

最终，向量 m 和 $m_{34}=1$ 一起构成所求解的投影矩阵 M。通过前面的推导可知，若已知空间中至少 6 个特征点的空间坐标，以及与之相对应的像点坐标，便可以求得投影矩阵 M。在实际应用中，一般会在靶标上选取超过 8 个标定点，使方程的数量远远大于未知量的个数，从而降低用最小二乘法求解造成的误差。

由投影矩阵 M 还可以进一步求解摄像机的内参数矩阵 A 和外参数矩阵 W，但必须满足一定的约束条件。这部分内容读者可以自行参考相关文献，本节不做展开。

2. 张正友标定法

张正友标定法也称 Zhang 标定法，是由微软研究院的张正友博士提出的介于传统标定方法和自标定方法之间的平面标定方法。它既避免了传统标定方法对设备要求高、操作烦琐等缺点，又比自标定方法精度高、鲁棒性好。

Zhang 标定法的主要步骤如下：

1）打印一张黑白棋盘方格图案，贴于一个刚性平面上作为标定板。

2）移动标定板或者摄像机，从不同角度拍摄若干照片。

3）对每张照片中的方格角点进行检测，确定图像坐标和空间坐标。

4）根据旋转矩阵正交性，通过求解线性方程，获得摄像机的内部参数和每一幅图的外部参数。

5）利用最小二乘法估算摄像机的径向畸变参数。

6）根据再投影误差最小原则，对内部参数进行优化。

由式（7-18）可知，当待测空间点位于同一平面且将世界坐标系的原点置于该平面时，z 轴与该平面垂直，平面摄像机模型如图 7-22 所示，则有

$$z\begin{bmatrix} u \\ v \\ 1 \end{bmatrix} = M \begin{bmatrix} x_w \\ y_w \\ 0 \\ 1 \end{bmatrix} = \begin{bmatrix} h_{11} & h_{12} & h_{13} \\ h_{21} & h_{22} & h_{23} \\ h_{31} & h_{32} & h_{33} \end{bmatrix} \begin{bmatrix} x_w \\ y_w \\ 1 \end{bmatrix} \tag{7-61}$$

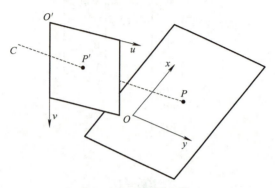

图 7-22　平面摄像机模型

由式（7-61）可知，一个二维平面上的点与图像平面上的点可以用一个 3×3 的齐次矩阵 H 来描述，称为单应矩阵。该平面上点的坐标可以通过式（7-61）转换成图像坐标，同样地，图像上点的坐标也可以转换成环境坐标，即

$$s\begin{bmatrix} x_w \\ y_w \\ 1 \end{bmatrix} = H^{-1} \begin{bmatrix} u \\ v \\ 1 \end{bmatrix} \tag{7-62}$$

式中，s 为尺度因子，对于齐次坐标而言，其大小不会改变坐标值。

可见，Zhang 标定法首先对于单应矩阵 H（H^{-1}）的求取。求解的推导过程与式（7-55）～式（7-60）类似，这里不再赘述。需要注意的是，每一个平面（即这里拍摄的多张照片）都对应一个单应矩阵。利用这些单应矩阵可以求取摄像机的内部参数和外部参数，其基本原理如下：

由式（7-14）可知

$$\begin{bmatrix} h_1 & h_2 & h_3 \end{bmatrix} = \lambda A \begin{bmatrix} r_1 & r_2 & t \end{bmatrix} \tag{7-63}$$

式中，λ 为比例因子。由于 r_1 和 r_2 是正交向量，所以有

$$h_1^T A^{-T} A^{-1} h_2 = 0 \tag{7-64}$$

$$h_1^T A^{-T} A^{-1} h_1 = h_2^T A^{-T} A^{-1} h_2 \tag{7-65}$$

由于 r_1 和 r_2 是通过单应性求解出来的，因而式（7-65）中的未知量就会有内参矩阵 A，它包括 4 个参数，所以需要至少 2 幅图像就可以计算摄像机的内参矩阵，进而获得外参矩阵。

7.5.2　全向摄像机标定

对于广角摄像机和全向摄像机，径向畸变是一个非常重要的问题，主要包括桶形畸变

和枕形畸变，如图 7-23 所示。因此，必须对摄像机的内在和外在参数进行标定。全向摄像机的标定与标准透视摄像机的标定方法相似，但需要注意的是，全向摄像机的标定图片取自围绕摄像机的全部，而不只是一面，以补偿摄像机和反射镜面之间可能的位置不准。对于透视摄像机和全向摄像机，都有成熟的开源工具箱可用于摄像机的标定。

a) 正常物体   b) 枕形畸变   c) 桶形畸变

图 7-23　径向畸变的类型

7.5.3　结构光摄像机标定

结构光法是利用激光器投射光点、光条或光面到目标物的表面形成特征点，利用摄像机获得图像，提取特征点，再根据三角测量原理求取特征点的三维坐标信息（见图 4-11）。结构光摄像机的标定方法主要有两类：一类方法是先对摄像机的内外参数进行标定，然后利将激光投射到立体靶标上，确定特征点，再由这些特征点的空间坐标标定出激光光束或者光平面的方程；另一类方法是将摄像机和激光器作为一个整体，直接利用特征点的空间坐标和图像坐标，求取二者之间的变换矩阵作为结构光视觉系统的参数。本节主要介绍第一类标定方法中比较简单的一种，即基于立体靶标的激光平面标定。

首先制作一个阶梯状的立体靶标，如图 7-24 所示。靶标的两个顶部端面平行且均为矩形，因此共有 8 个顶点，其相对位置已知。令空间坐标系的原点在上面矩形的中心，各顶点的坐标记为 $P_i = (x_{wi}, y_{wi}, z_{wi})$。于是，以这 8 个顶点作为参考点，并利用前面介绍的标定方法，就可以标定出摄像机的内部和外部参数。摄像机的外部参数，即为靶标相对于摄像机的位姿。由此可以得到高端面在摄像机坐标系下的方程为

$$r_{13}x + r_{23}y + r_{33}z - r_{13}t_1 - r_{23}t_2 - r_{33}t_3 = 0 \tag{7-66}$$

式中，r_3 为环境坐标系 Z 轴在摄像机坐标系中的方向向量，$r_3 = (r_{13} \quad r_{23} \quad r_{33})^T$；$t$ 为环境坐标系原点在摄像机坐标系中的位置，$t = (t_1 \quad t_2 \quad t_3)^T$。

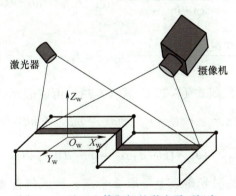

激光器　　摄像机

图 7-24　基于立体靶标的激光平面标定

255

假设上、下两个端面的距离为 d，则由式（7-66）可得低端面在摄像机坐标系下的方程为

$$r_{13}x + r_{23}y + r_{33}z - r_{13}t_1 - r_{23}t_2 - r_{33}t_3 + d = 0 \qquad (7\text{-}67)$$

由摄像机的内部参数模型 [式（7-12）] 可得激光条纹上任一点 P_j 在焦距归一化成像平面上的坐标为

$$\begin{bmatrix} x_{cj} & y_{cj} & 1 \end{bmatrix}^{\mathrm{T}} = \boldsymbol{A}^{-1} \begin{bmatrix} u_j & v_j & 1 \end{bmatrix}^{\mathrm{T}} \qquad (7\text{-}68)$$

由于 P_j 在过光轴中心与点 $(x_{cj}, y_{cj}, 1)$ 的直线上，因此

$$\begin{cases} x = x_{cj}k \\ y = y_{cj}k \\ z = k \end{cases} \qquad (7\text{-}69)$$

成立。同时，P_j 也在激光平面上。设在摄像机坐标系下的激光平面方程为

$$ax + by + cz + 1 = 0 \qquad (7\text{-}70)$$

式中，a、b、c 为摄像机坐标系下的激光平面参数。

由式（7-69）和式（7-70）可以得到点 P_j 在摄像机坐标系下的坐标为

$$\begin{cases} x = \dfrac{-x_{cj}}{ax_{cj} + by_{cj} + c} \\[2mm] y = \dfrac{-y_{cj}}{ax_{cj} + by_{cj} + c} \\[2mm] z = \dfrac{-1}{ax_{cj} + by_{cj} + c} \end{cases} \qquad (7\text{-}71)$$

由于激光条纹上的点既在激光平面上，又在靶标的相应端面上，因此这些点既满足相应端面的平面方程，又满足激光平面方程。对于高、低端平面，将式（7-71）分别代入式（7-66）和式（7-67），可得

$$\frac{-r_{13}x_{cj} - r_{23}y_{cj} - r_{33}}{ax_{cj} + by_{cj} + c} - r_{13}t_1 - r_{23}t_2 - r_{33}t_3 = 0 \qquad (7\text{-}72)$$

$$\frac{-r_{13}x_{cj} - r_{23}y_{cj} - r_{33}}{ax_{cj} + by_{cj} + c} - r_{13}t_1 - r_{23}t_2 - r_{33}t_3 + d = 0 \qquad (7\text{-}73)$$

令 $m = r_{13}t_1 + r_{23}t_2 + r_{33}t_3$，则式（7-72）、式（7-73）可以表示为

$$r_{13}x_{cj} + r_{23}y_{cj} + r_{33} + max_{cj} + mby_{cj} + mc = 0 \qquad (7\text{-}74)$$

$$r_{13}x_{cj} + r_{23}y_{cj} + r_{33} + (m-d)ax_{cj} + (m-d)by_{cj} + (m-d)c = 0 \qquad (7\text{-}75)$$

于是，在高、低端面的激光条纹上各取 2 个点，构成包含 4 个方程的方程组，利用最小二乘法就可以求解出摄像机坐标系下的激光平面参数 a、b 和 c。

7.6　图像传感器

前面介绍的内容已经回答了第一个问题，即三维空间中的物体在摄像机的像平面上成像的原理。接下来要讨论的是，如何将这个图像的光信号转换成电信号、数字信号及输出二维平面图像？本节主要介绍两类固体图像传感器，即 CCD 图像传感器和 CMOS 图像传感器。

7.6.1　CCD 图像传感器

CCD 即电荷耦合器件（Charge Coupled Device），是一种能够在半导体中以电荷包的形式存储和传输信号电荷的器件。它的基本工作过程包括信号电荷的产生、存储、转移和检测。

1. 电荷的收集与存储

构成 CCD 的基本单元是光电二极管或金属氧化物半导体（Metal–Oxide–Semiconductor，MOS）。光电二极管已在第 3 章介绍过。MOS 是一种三明治结构，最上层是金属，一般是铝化合物，中间层是氧化物，一般是二氧化硅，下面是 N 型或 P 型半导体，也称为 N 型或 P 型衬底。当 MOS 被置于电场中时，电子将向正极聚集，而空穴则向负极聚集，从而构成与 PN 结类似的结构。这种效应称为场效应（Field Effect），而基于这种效应"现场"产生的半导体器件则称为场效应晶体管（Field Effect Transistor，FET）。

3.3 节中已经讨论了光电效应，即当一定通量的光子（高于半导体带隙能量 E_g）进入半导体时，将产生电子 – 空穴对，其中的少数载流子（通常是电子）就是 CCD 图像传感器所关注的电荷。此处将不再赘述这一现象，而是进一步关注这些电荷的收集和存储。图 7-25 为一个基于 P 型半导体的 MOS 管，在金属栅极 G 施加电压之前，多数载流子（空穴）是均匀分布的，如图 7-25a 所示；而当栅极上施加电压 V_G 时，空穴将被排斥走，从而在半导体表面区域形成耗尽层，如图 7-25b 所示。这相当于在氧化层与 P 型半导体层的界面形成了一个势阱，并且随着栅极电压 V_G 增大，势阱的深度也不断加深。此时，注入的少数载流子，如经光电效应产生的光电子，就会被吸引到该界面，形成反型层，如图 7-25c 所示，这样就实现了对光生电荷的收集与存储。需要注意的是，当入射光通量一定时，收集的光电子数量与积分时间成正比，但同时也会引起势阱深度的逐渐减小，因此只能收集有限的电荷。通常把 MOS 管或者光电二极管能够积累的最大电荷量称为满阱容量（Full–Well Capacity）或者饱和电荷量（Saturation Charge），即

$$Q_F = \frac{1}{q} \int_{V_{reset}}^{V_{max}} C_{PD}(V) dV [\text{electrons}] \tag{7-76}$$

式中，C_{PD} 为 MOS 管或者光电二极管的电容；q 为电子的电量；V_{max} 和 V_{reset} 分别为最大电压和初始电压。

2. 电荷的转移

为了理解势阱及电荷从一个单元转移到另一个单元的过程，可以观察图 7-26 所示三个靠得很近的电极。假设在 t_0 时刻，电极 G_1 上施加了高电压，在其下面形成了一个深势

阱，并且收集了一些电荷，其他两个电极均施加低电压，如图 7-26a 所示。接下来，在 t_1 时刻将电极 G_2 上的电压升至高电压，则电极 G_1 下面的势阱将与电极 G_2 下面新生成的势阱耦合，如图 7-26b 所示，且电荷也变为这个耦合势阱所共有，如图 7-26c 所示。此后，再将电极 G_1 的电压降为低电压，如图 7-26d 所示，耦合势阱中的电荷将转移到电极 G_2 下面的深势阱中。这就是 CCD 图像传感器中电荷转移的基本过程。需要强调的是，CCD 电极之间的间隙必须要足够小才能够实现电荷的自由转移，否则电极之间的势垒将使相邻势阱不能耦合，也就无法转移电荷。一般来讲，CCD 电极之间的距离应小于 $3\mu m$。从图 7-26 所示的电荷转移过程还可以看出，势阱中的电荷数量不受电压和电流波动的影响，这种完全电荷转移模式使 CCD 具有极高的信噪比，因而非常适合图像传感器应用。

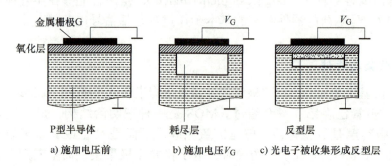

图 7-25　MOS 捕获光生电荷示意图

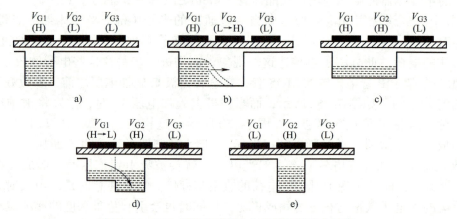

图 7-26　CCD 图像传感器中电荷转移的基本过程

3. 电荷的检测

在 CCD 中，电荷的检测是一个重要问题。尽管电荷在转移过程中与时钟脉冲没有任何电容耦合，但在输出端则不可避免，因此设计适当的输出电路是非常必要的。由于这部分内容不是本书关注的重点，因此这里不做详细讨论。图 7-27 为 CCD 电荷检测的基本过程：信号电荷在时钟脉冲的驱动下被转移至最末一级电极（图中电极 G_m）下的势阱中，当 G_m 上的电压由高变低时，信号电荷将通过输出栅极（OG，加有恒定的电压）下的势阱进入反向偏置的二极管中，从而产生电流，其大小与信号电荷的数量 Q_{sig} 成正比，再通过场效应放大器输出电压变化，即

$$\Delta V_{FD} = \frac{Q_{sig}}{C_{FD}} \qquad (7\text{-}77)$$

式中，C_{FD} 为场效应放大器所连接的势阱的电容。如果放大器的电压增益为 A_V，最终输出的电压变化为

$$\Delta V_{OUT} = A_V \Delta V_{FD} \qquad (7\text{-}78)$$

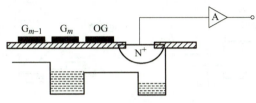

图 7-27　CCD 电荷检测的基本过程

4. 表面沟道与掩埋沟道

在前面讨论的 CCD 中，信号电荷只在半导体的表面存储与传输，这种类型的 CCD 称为表面沟道 CCD（SCCD）。由于半导体表面的晶格不规则，将引入大量的载流子陷阱，致使信号电荷在传输时被俘获，从而降低电荷转移效率。为了避免或减轻这一问题，可以在半导体内设置具有高效传输能力的掩埋沟道，这种类型的 CCD 称为掩埋沟道或体沟道 CCD（BCCD）。

BCCD 的纵向剖面如图 7-28 所示，在 P 型衬底上引入一个 N 型掺杂层，且通过在 P 型衬底和 N 型掺杂层之间施加反向偏置电压使其完全耗尽，再在 N 型层的电极上施加电压，就可以控制 BCCD 的沟道电动势。

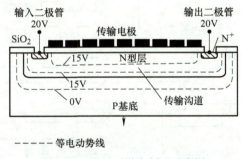

图 7-28　BCCD 纵向剖面示意图

5. CCD 的转移电极结构

转移电极结构对于 CCD 至关重要，它决定了电荷转移的驱动方式、脉冲频率和转移能力。典型的 CCD 转移电极结构包括二相驱动、三相驱动、四相驱动等多种形式。

（1）二相 CCD

对于只用二相驱动脉冲进行电荷转移的 CCD，必须防止电荷逆流，这可以通过在部分电极下方构建势垒来实现，一般采用多晶硅交叠的方法来制作电极，如图 7-29a 所示。其中，第一层电极为低电阻多晶硅，第二层电极为铝电极。由于电极下方的绝缘层

（SiO₂）厚度不同，相当于在铝电极下方形成了一个势垒。如果将相邻硅电极和铝电极并联成一对电极，在相同的栅压下，电荷将处于势阱较深的硅电极下方，从而限定电荷移动的方向。二相 CCD 的典型时钟脉冲如图 7-29b 所示，图 7-29c 展示了电荷的转移过程。

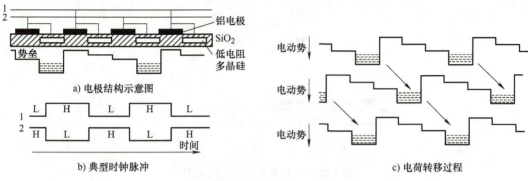

图 7-29　二相 CCD

（2）三相 CCD

三相驱动脉冲是采用单层金属电极结构的最低相位数要求，由于芯片结构简单，是 CCD 图像传感器中比较常用的电荷转移方式之一。常见的三相 CCD 电极结构包括单层铝电极结构、电阻海结构以及交叠栅极结构等多种形式。图 7-30a 为一种三层多晶硅交叠栅极结构，一般先制作第一层电极，并覆盖多晶硅绝缘层，再利用同样的方法加工第二层和第三层电极。三相 CCD 的典型时钟脉冲及电荷转移过程分别如图 7-30b、c 所示。

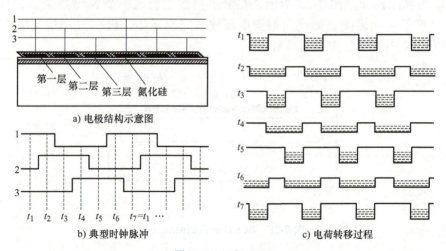

图 7-30　三相 CCD

（3）四相 CCD

在四相 CCD 中，可以利用相邻两个电极作为存储电极（Storage Electrode），其余两个电极作为势垒电极（Barrier Electrode），从而在两个电荷包之间形成双重相隔，如图 7-31 所示。尽管四相 CCD 的时钟驱动电路比较复杂，但有助于提高电荷转移能力。一般认为，随着相位数增加，电荷转移能力也会随之提高。因而，在很多 CCD 中都采用了多相（三相、四相甚至十相）转移电极结构。最大可转移电荷量 Q_m 为

$$Q_{m} = q_{i}W(M-2)L/M \tag{7-79}$$

式中，q_{i} 为单位面积可转移电荷数；W 为沟道宽度；M 为相位数；L 为转移单元长度。

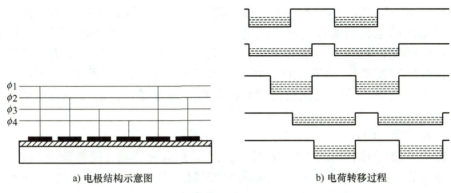

a) 电极结构示意图　　　　　　　　b) 电荷转移过程

图 7-31　四相 CCD

6. CCD 图像传感器的结构

CCD 有线性 CCD 和面阵 CCD 两种类型。线性 CCD 仅由一行光敏单元（像素）组成，它可以将接收到的光信号直接转换成时序电信号输出，是扫描仪、复印机、传真机等设备中常用的图像传感器。由于线性 CCD 一次只能生成高度为一个像素的图像，因此必须与被测物体做相对运动才能获得有效的二维图像，这使其在机器人传感领域中的用途相对有限。为此，本节将主要介绍有关面阵 CCD 的基本结构和工作方式。

按照像元排列结构和信号读出方式不同，面阵 CCD 主要可以分为全帧转移 CCD（Full Frame Transfer CCD，FFCCD）、帧转移 CCD（Frame Transfer CCD，FTCCD）和行间转移 CCD（Interline Transfer CCD，ITCCD）等。

（1）全帧转移 CCD

全帧转移 CCD 是直接将线阵 CCD 扩展为面阵 CCD。如图 7-32a 所示，FFCCD 主要由紧密排列的像元阵列和一个水平读出寄存器组成。其中，光生电荷将按照行的顺序转移到串行读出寄存器，进而逐一转换为数字信号。FFCCD 的最大优点是填充因子可达 100%，从而最大化像素的光灵敏度。填充因子将在 7.6.3 节中讨论。FFCCD 的显著缺点是在信号读出过程中仍不断累积电荷。由于上面像素中的电荷要经过下面的像素转移至读出寄存器，因此会叠加转移期间所产生的电荷，从而造成严重的拖影现象。因此，FFCCD 必须结合机械快门，用于拍摄静止图像。

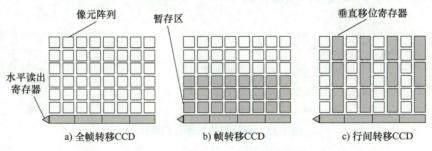

a) 全帧转移 CCD　　　　　b) 帧转移 CCD　　　　　c) 行间转移 CCD

图 7-32　三种面阵 CCD 结构示意图

261

（2）帧转移 CCD

帧转移 CCD 的结构如图 7-32b 所示，主要由成像区、暂存区和水平读出寄存器组成。其中，暂存区和水平读出寄存器均被金属覆盖，以屏蔽入射光。图像信号产生于图像区，然后转移至暂存区，并在下一帧光生电荷积分时间内逐行转移至水平读出寄存器读出。由于图像区的电荷向暂存区转移的速度很快，通常小于 500μs，因此可以在一定程度上降低拖影问题，但仍无法完全避免。为了进一步减少拖影现象，需要使用高频率时钟，使帧转移的速度更快。FTCCD 的优点是结构简单，填充因子可以达到 100%，像素尺寸可以很小，而且不需要机械快门或者闪光灯，但成像区占芯片总面积的比例小，成本较高。

（3）行间转移 CCD

行间转移 CCD 的结构如图 7-32c 所示，除了光电探测器（通常情况为光电二极管）外，这种类型的 CCD 还包括金属层覆盖的垂直移位寄存器。图像曝光后，累积的电荷首先被转移至垂直移位寄存器，再转移至水平读出寄存器输出。由于电荷从光电二极管传输至垂直移位寄存器的速度非常快（小于 1μs），因此图像基本没有拖影，所以不需要机械快门。此外，由于光电二极管与垂直移位寄存器是分开的，因而可以被独立设计成最优的结构，以实现更好的性能（如高灵敏度、低噪声等）。ITCCD 的显著缺点是垂直移位寄存器需要占用传感器上的空间，导致填充因子很低，图像失真增加。尽管如此，ITCCD 仍是摄像机和数码相机中标准的图像传感器，应用非常广泛。

7. CCD 的读出模式

对于 ITCCD，主要有两种数据读出模式，即隔行扫描和逐行扫描。对于隔行扫描 CCD，当图像曝光后，首先将奇数行的信号电荷包转移至垂直移位寄存器，再转移至水平读出寄存器输出，形成奇数场；这个过程完成之后，再以相同的方式将偶数行的信号电荷包输出，形成偶数场，如图 7-33a 所示。奇数场和偶数场叠加，构成一幅完整的图像。很显然，奇数场和偶数场的读出顺序有先有后，此时如果物体发生移动，图像就会出现重影，因此必须采用精确的机械快门来阻止信号读出期间产生额外的光电荷。与隔行扫描不同，逐行扫描 CCD 是将所有的信号电荷包同时转移至垂直移位寄存器，再逐行转移至水平读出寄存器输出，如图 7-33b 所示。可以看出，这种 CCD 的每一帧图像都是在相同的时间点获得的，因此不采用机械快门也可以获得清晰的图像，这是采集运动物体图像所必需的。但是，逐行扫描 CCD 的制造工艺比隔行扫描 CCD 更加复杂，而且垂直移位寄存器之间需要额外的布线，阻碍了像素的减小和像素数的提高，因此很多高分率的摄像机仍采用隔行扫描 CCD 和机械快门相结合的方式。

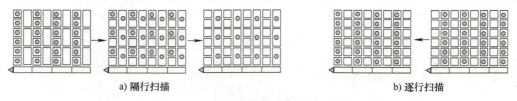

a) 隔行扫描　　　　　　　　　　　　　　　　b) 逐行扫描

图 7-33　隔行扫描与逐行扫描比较

7.6.2　CMOS 图像传感器

CMOS 即互补金属氧化物半导体（Complementary Metal Oxide Semiconductor）。CMOS 图像传感器出现于 1969 年，比 CCD 还早一年，但早期的 CMOS 图像传感器存在暗电流及读出噪声高、像素尺寸小、填充因子低等问题，因而只在一些对图像质量要求不高的领域应用。进入 20 世纪 90 年代以后，随着有源像素的出现和不断发展，以及电荷传输门、微透镜等一系列 CCD 中的优势技术被转移到 CMOS 图像传感器，使得 CMOS 图像传感器的性能已接近 CCD 图像传感器，并在功能、功耗、价格等方面展现出较大优势，因此应用越来越广泛。

CMOS 图像传感器主要由光电二极管和各种 MOS 场效应晶体管组成。下面将详细介绍 MOS 场效应晶体管的基本结构、CMOS 的像素结构、CMOS 图像传感器的结构及像素的扫描方式。

1. MOS 场效应晶体管

在 7.5.1 节中已经简要介绍了 MOS 场效应晶体管的基本结构。如果把这个结构继续加工，如在 P 型衬底的两端通过扩散或者离子注入工艺加工出两个 N^+ 型电极，即构成了 NMOS；同理，在 N 型衬底的两端加工出 P^+ 型电极，就形成了 PMOS。在大规模集成电路中，NMOS 和 PMOS 被集成在一起实现数字信号的逻辑功能，就是常说的 CMOS。

下面将以 NMOS 为例详细说明 MOS 场效应晶体管的基本结构。如图 7-34 所示，中间的金属电极称为栅极 G，N^+ 型掺杂浓度高的一端称为源极 S，而掺杂浓度稍低的一端称为漏极 D。如果只在源极 S 与漏极 D 之间施加电压 U_{DS}，由于两个 N^+P 结的方向相反，无论 U_{DS} 的极性如何都不会产生电流。而当栅极 G 上被施加了一个电压 U_G 时，空穴将被排斥走，并在半导体的表面聚集电子，形成一个反型层，也称 N 沟道。此时，源、漏极之间的电压 U_{DS} 就会使二者之间有电流通过，而且随着 U_G 进一步提高，沟道的导电能力不断增强，电流也会随之增大。这说明，通过控制栅极电压就可以有效控制源、漏极之间的电流。

（1）MOS 场效应晶体管的伏安特性

MOS 场效应晶体管的伏安特性是指漏极电流 I_D 与源漏极电压 U_{DS} 之间的关系。典型的伏安特性曲线如图 7-35 所示。可以看出，漏极电流 I_D 首先随着源漏极电压 U_{DS} 的升高而增大，并在一定范围内呈线性关系，这段区域称为线性区；而当 U_{DS} 进一步升高，由于绝缘层上的电压降将沿着源漏极方向逐渐减小，致使 N 沟道逐渐变薄，于是 I_D 不再继续增大，即达到饱和电流，这段区域称为饱和区。此外，MOS 场效应晶体管的伏安特性与栅源极电压 U_{GS} 正相关，这是因为 U_{GS} 越大，反型层中的电子迁移率越大。

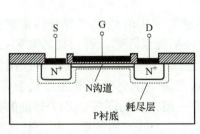

图 7-34　NMOS 场效应晶体管结构

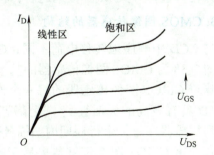

图 7-35　MOS 场效应晶体管的伏安特性曲线

263

（2）MOS 场效应晶体管的开关特性

在后面的讨论中会发现，CMOS 图像传感器中采用了大量的 MOS 开关。其基本电路如图 7-36a 所示。当输入电压 U_I（栅极电压）为高电平时，MOS 管导通，此时的电源电压 U_{DD} 的电压降主要在电阻 R_L 上，因而输出电压 U_O 接近于 0；而当栅极电压 U_G 为低电平时，MOS 管截止，则输出电压 U_O 为高电平。在实际的集成电路中，可以用另一个MOS 场效应晶体管代替电阻 R_L，如图 7-36b 所示，将其栅极与漏极短接，并且工作在饱和状态，实际上等效为一个阻值确定的电阻。需要注意的是，由于输出端存在对地电容 C_g，MOS 开关不可能是时变的，而是经历一定的上升沿或下降沿逐渐变化的。

2. CMOS 的像素结构

CMOS 图像传感器的像素结构有两种类型，即无源像素和有源像素。无源像素只包含一个光电二极管和一个 MOS 选择开关，如图 7-37a 所示。当光生电荷积分结束后，MOS 选择开关被选通，使得光电二极管 VDL 中的信号被连接到列总线上，再经过像素阵列外的公共放大器放大后输出。无源像素的结构虽然简单、填充因子高，但固定图案噪声大、信噪比低，已基本被淘汰。

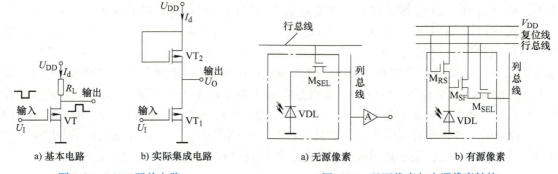

图 7-36　MOS 开关电路　　　　图 7-37　无源像素与有源像素结构

有源像素与无源像素的最主要区别是，每个像素中产生的光电荷都先经过放大后再输出，这样可以使信号读出路径上产生和引入的噪声得到抑制。如图 7-37b 所示，有源像素主要由光电二极管 VDL、复位开关 M_{RS}、源跟随器 M_{SF} 和行选择开关 M_{SEL} 组成，其工作过程如下：首先复位开关 M_{RS} 导通，光电二极管 VDL 被瞬间复位；接下来关闭 M_{RS}，光电二极管开始积分光信号；源跟随器 M_{SF} 的作用是将光电二极管的输出信号进行电流放大，并在行选择开关 M_{SEL} 被选通后，将被放大后的光电信号输出到总线上。

3. CMOS 图像传感器的结构

与 CCD 中顺序地转移电荷不同，CMOS 图像传感器采用的是 X–Y 寻址的像素扫描方式。图 7-38 为 CMOS 图像传感器的基本结构，主要包括像素阵列、行扫描器和列扫描器。这意味着 CMOS 图像传感器的每一个像素都有一个独立的地址，因而其信号读出方式相比 CCD 具有更高的灵活性。一般情况下，行扫描器在每一帧时间内顺序地选通每一行，然后列扫描器在每一个行周期内扫描各列，从而输出一幅完整的图像。X–Y 寻址的像素扫描方式使得 CMOS 图像传感器更易于实现感兴趣区域（AOI）的读取，从而获得更高的帧率。尽管 CCD 也可以实现 AOI 模式，但其读出结构决定了必须将 AOI 上、下所有行的数据移出并丢掉。由于丢掉比读出更快，所以这种方法也可以提高帧率，但如果只减少水平方向像素并不能提高帧率。CMOS 图像传感器中常见的扫描器是移位寄存器和解码器。移位寄存器的优点是结构简单、翻转噪声低，而解码器则具有更高的扫描灵活性，可以实现 AOI 选读或跳跃式读出。

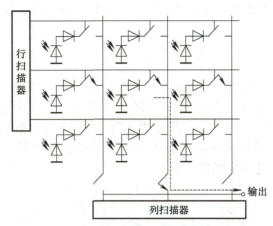

图 7-38　CMOS 图像传感器的基本结构

4. CMOS 的像素扫描方式

由于 CMOS 图像传感器的每一个像素信号都可以被独立地读出，因此具有多种扫描方式，主要包括像素扫描、行扫描和全局扫描三种。其中，像素扫描的结构如图 7-39a 所示，行和列选择脉冲每次选定一个像素进行读出和处理。该方案可以实现完整的 X–Y 寻址，但每个像素的光信号积分时间在逐渐偏移。

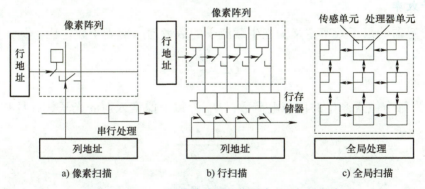

a) 像素扫描　　　　　b) 行扫描　　　　　c) 全局扫描

图 7-39　CMOS 图像传感器的信号读出和扫描方式

行扫描的结构如图 7-39b 所示，即同一行像素的信息被同时处理，并存储在一个行存储器中，然后按顺序读出。显然，这种读出方式的光信号积分时间将逐行偏移，致使图像的第一行和最后一行存在很大的采集时间差。此时如果物体发生移动，就会产生明显的畸变，因此必须配合全局电子快门或者机械快门使用。

全局扫描的结构如图 7-39c 所示，每个像素都需要一个存储区甚至处理器单元，从而实现像素信息的并行读取和处理。这种扫描方式可以突破像素读取速率的瓶颈，在机器视觉应用所要求的高速图像方面具有突出的优势。

7.6.3 图像传感器的特性参数

1. 填充因子

填充因子（Fill Factor，FF）指的是像素中的感光区域面积 A_{pd} 与像素总面积 A_{pix} 之比，它对图像传感器的灵敏度、分辨率、响应时间等影响很大，其计算公式为

$$FF = \frac{A_{pd}}{A_{pix}} \times 100\% \tag{7-80}$$

前面介绍的 FFCCD 和 FTCCD 由于感光区域没有覆盖金属层，因而填充因子可以认为是 100%，而 ITCCD 由于垂直移位寄存器需要避光，其填充因子要低得多。对于 CMOS 图像传感器，由于每个像素中都包含驱动、放大和处理电路，其填充因子也会相应降低。因此，对于常见的 CCD 和 CMOS 图像传感器，一般都采用片上微透镜来提填充因子，如图 7-40 所示，以减少图像失真。

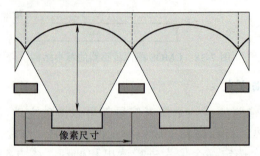

像素尺寸

图 7-40　带有片上微透镜的 CCD 像素结构

2. 量子效率

图像传感器的量子效率定义为光生载流子的数量与入射光子数之比，其计算公式为

$$QE = \frac{N_{sig}}{N_{ph}} \tag{7-81}$$

式中，N_{sig} 为每个像素产生的信号电荷数；N_{ph} 为每个像素入射的光子数。且有

$$N_{sig} = \frac{I_{ph} A_{pix} t_{INT}}{q} \tag{7-82}$$

$$N_{ph} = \frac{P A_{pix} t_{INT}}{h\nu} \tag{7-83}$$

式中，I_{ph} 为光电流；A_{pix} 为有效像素面积；P 为输入光功率；t_{INT} 为积分时间；q 为电子的电荷量。于是，式（7-81）可以写为

$$QE = \frac{I_{ph} h\nu}{Pq} \tag{7-84}$$

3. 灵敏度

图像传感器的灵敏度也称响应率，是指光电流与输入光功率的比值，即

$$R_{ph} = \frac{I_{ph}}{P} \qquad (7-85)$$

再由式（7-84）可得

$$R_{ph} = QE\frac{q}{h\nu} = QE\frac{q\lambda}{hc} \qquad (7-86)$$

灵敏度是图像传感器的重要参数，由式（7-86）可以看出，它与图像传感器的量子效率成正比，但并不能简单地理解为灵敏度随着波长增加而增大，因为量子效率和光功率都是波长相关的。影响图像传感器灵敏度的因素有很多，一般来讲，提高器件的量子效率和光子收集效率有助于提高传感器的灵敏度。

4. 光谱响应

从前面的讨论可以看出，图像传感器的光谱响应可以用两种方式表示，即量子效率和灵敏度。图 7-41 为典型 CCD 的相对灵敏度响应曲线，可以看出，该传感器对蓝色响应较弱，而对红色响应较强，因此需要采用色温校正滤光片进行校正。此外，该 CCD 的光谱响应一直延伸到近红外区，这与硅材料的禁带宽度（1.107eV，大约为 1.12μm）相符。由于近红外光线的吸收长度大于 10μm，因此可以抵达衬底并在其中产生光电子，光电子通过衬底扩散到相邻光电二极管就会导致图像模糊，因此通常采用红外截止滤光片来消除这一影响。

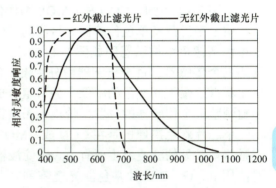

图 7-41　典型 CCD 的相对灵敏度响应曲线

267

5. 动态范围

图像传感器的动态范围（Dynamic Range，DR）可以理解为饱和输出电压与暗噪声的比值。其中，饱和输出电压主要由满阱容量决定，并与氧化物层电容 C_{ox}、栅极电压 U_G 及有效像元面积 A_{pix} 成正比。图像传感器的噪声来源比较复杂，一般将出现在图像固定位置的噪声称为固定模式噪声（Fixed-Pattern Noise，FPN），而随时间、位置变化的噪声则称为暂态噪声。对于 CCD 图像传感器，固定模式噪声主要源自暗电流的不均匀性，而对于 CMOS 图像传感器，除了暗电流外，还包括像素中有源晶体管的性能波动。原则上，固定模式噪声可以通过信号处理消除，而暂态噪声，如热噪声、散粒噪声等，则难以通过信号处理消除。对于这部分内容本文不做重点论述，但是很显然，噪声是图像传感器的重要参数之一，对于传感器的灵敏度、动态范围及图像质量均有显著的影响。目前，大部分图像传感器的动态范围在 70dB 左右。需要指出的是，噪声（特别是暗电流）具有明显的温度相关性，据计算，温度每降低 10℃暗电流可下降一半，因此将图像传感器制冷可以有效提高信噪比和动态范围。

6. 分辨率

CCD 和 CMOS 图像传感器都是像素化的，属于空间上分立的像元对光学图像的采样。从这个角度来看，图像传感器的分辨率主要取决于像素数，同时也受到电荷转移传输效率的影响。另外，从频谱的角度看，频谱混叠会引起低频干涉条纹，从而对图像的清晰度造成很大影响。因此，为提高图像传感器的分辨率，一方面可以增加像素数量，另一方面可以采用光学低通滤波器来减小频谱混叠。对于前者需要指出的是，尽管目前的图像传感器像素数已发展到 1024×1024、2048×2048 甚至 4096×4096，但实际上 160 万 ~ 870 万像素就足够以 300dpi 打印 A4 尺寸的印刷品。因此，选用图像传感器时显然并不是分辨率越高越好，这一点对于机器人传感应用尤为重要，因为高分辨率必然会带来成像速率的降低，同时也加大了图像处理运算负担。另一方面，在图像传感器总体尺寸不变的情况下，分辨率越高，也意味着单个像素的尺寸越小，其灵敏度和动态范围也将显著降低。具有大像素的高分辨率图像传感器一般用于单反相机，其成本很高，而且需要更大的镜头系统，因而通常不适于机器人传感应用。

7. 彩色图像传感器

由图 7-41 可知，CCD 和 CMOS 图像传感器对于 400 ~ 1100nm 的光都有响应，因此从本质上来说都是单色传感器。目前的彩色摄像机主要有三芯片和单芯片两种类型。三芯片彩色摄像机结构示意图如图 7-42 所示。通过镜头的光线被分光器或棱镜分为三束分别到达三个传感器，每个传感器前分别设有红（R）、绿（G）、蓝（B）三种颜色的滤光片，从而获得三幅不同颜色的图像，最后组合成彩色图像。显然，这种三芯片摄像机需要很仔细地调整三个传感器的位置，价格也昂贵得多，在机器人学中很少应用。

单芯片彩色摄像机是在 CCD 或 CMOS 图像传感器上加装滤波器结构，形成彩色图像传感器。常见的滤波器主要有 Bayer 滤波器和互补色滤波器，如图 7-43 所示。Bayer 滤波器使用 R、G、B 三种基色滤光镜阵列，芯片上的像素被分成 2×2 的棋盘格结构，并且使绿色滤光镜是红色滤光镜和蓝色滤光镜的 2 倍，这样做是因为人眼对于绿色最为敏感。为了获得全传感器分辨率下的彩色图像，丢失的色彩值需要通过插值处理来重建。这种结构的图像传感器实际上降低了分辨率，另外由于只有一定波长范围的光可以到达光电二极管，灵敏度也随之降低。互补色滤波器由蓝绿色（Cy）、洋红色（Mg）和黄色（Ye）滤光器组成。相比 RGB 基色滤波，互补色滤波器允许通过的光波长、范围更宽，因而可以获得较高的灵敏度，但将互补色转换成 RGB 基色的过程会使信噪比下降，色彩还原也没有 RGB 基色滤光器准确。

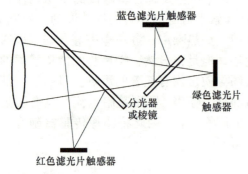

图 7-42　三芯片彩色摄像机结构示意图　　　　图 7-43　Bayer 滤波器与互补色滤波器

7.7　图像处理技术

图像处理是机器视觉的核心软件功能，涉及的内容非常广泛，典型的操作包括图像滤波、图像增强、边缘检测、特征提取、图像恢复与重构、几何变换、颜色校正、图像分割、图像识别等。由于全面阐述这些内容超出了本书的范畴，故本节仅着重对与机器人学相关的常用图像处理操作做简要概述。更加详细的内容可以参考机器视觉相关专著。

7.7.1　图像滤波

在图像采集和传输过程中，不可避免地会受到各种噪声的干扰，使图像质量下降。为了抑制噪声，改善图像质量，需要对图像进行滤波（平滑）处理。目前，图像滤波的方式有多种，包括：

1）空域滤波：直接对图像数据做空间变换以达到滤波的目的。

2）频率滤波：先将空间域图像变换至频率域处理，再逆变换回空间域图像（傅里叶变换、小波变换等）。

3）线性滤波：输出像素是输入像素邻域的线性组合（移动平均、高斯滤波等）。

4）非线性滤波：输出像素是输入像素邻域的非线性组合（中值滤波等）。

下面简要介绍几种常用的图像滤波方法。

1. 移动平均法

移动平均法（Moving Average）也称均值滤波器（Average Filter），是最简单的消除噪声的方法。它是使用图像 I 中某像素周围的 $m \times n$ 个像素的平均值来置换该像素，形成新的图像 I'，从而达到消除噪声的目的。m、n 通常为奇数，即 $m=2a+1$，$n=2b+1$。这个过程可以用数学式表示为

$$I'(x_{i,j}, y_{i,j}) = \frac{1}{mn} \sum_{i=i-a}^{i+a} \sum_{j=j-b}^{j+b} I(x_{i,j}, y_{i,j}) \tag{7-87}$$

以 3×3 的移动窗口为例，如图 7-44 所示，图像 I' 中的像素可以表示为

$$I'(x_{i,j}, y_{i,j}) = \frac{1}{9}(I_{i-1,j-1} + I_{i-1,j} + I_{i-1,j+1} + I_{i,j-1} + I_{i,j} + \\ I_{i,j+1} + I_{i+1,j-1} + I_{i+1,j} + I_{i+1,j+1}) \tag{7-88}$$

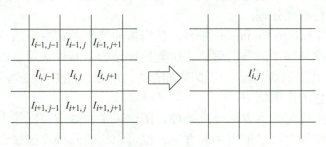

图 7-44　移动平均法

269

2. 中值滤波法

中值滤波法是将图像 I 中某像素周围的 $m \times n$ 个像素，按从小到大的顺序排列，取中间值来置换该像素，形成新的图像 I'，如图 7-45 所示。

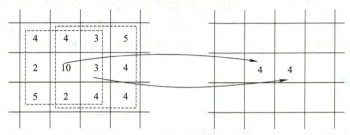

图 7-45　中值滤波法

3. 高斯滤波器

许多图像处理算法使用了图像强度的二阶导数。由于此类方法对于基本信号中强度变化的敏感性，比较适合使用高斯滤波器，它可以有效消除高频噪声，也使得强度的一阶导数和二阶导数更加稳定。高斯滤波器的系数为

$$G_{\sigma}(x, y) = \mathrm{e}^{-\frac{x^2+y^2}{2\sigma^2}} \tag{7-89}$$

如两个高斯滤波器的模板为

$$\frac{1}{16}\begin{bmatrix} 1 & 2 & 1 \\ 2 & 4 & 2 \\ 2 & 2 & 1 \end{bmatrix} \qquad \frac{1}{84}\begin{bmatrix} 1 & 2 & 3 & 2 & 1 \\ 2 & 5 & 6 & 5 & 2 \\ 3 & 6 & 8 & 6 & 3 \\ 2 & 5 & 6 & 5 & 2 \\ 1 & 2 & 3 & 2 & 1 \end{bmatrix}$$

$\sigma=1$，3×3 模板　　$\sigma=2$，5×5 模板

7.7.2　图像增强

在实际应用中，摄像机所得到的图像并不一定清晰，如在黑暗中拍摄的图片，或者在草丛中拍摄昆虫，由于目标物融入了具有相似亮度或者色彩的背景之中，图像难以分辨，因此需要对图片进行增强处理。

所谓图像增强（Image Enhancement），是指按照特定的需要突出一幅图像中的某些信息，同时削弱或去除某些不需要的信息。这类处理是为了某种应用目的而去改善图像的质量，使图像更适合机器识别系统。应该明确的是，增强处理并不是增强原始图像的信息，而是增强对某种信息的辨别能力。

图像增强技术主要包括直方图修改处理、图像平滑化处理、图像尖锐化处理及彩色处理技术等。在实际应用中可以采用一种方法，也可以结合几种方法联合处理。

图像增强技术基本上可分为两大类：一是空域处理法；二是频域处理法。

空域处理法是直接对图像中的像素进行处理，如增加图像的对比度、改善图像的灰度层次等。下面以对比度增强为例说明图像增强的作用。

对比度（Contrast）是指图像的明亮部分和阴暗部分的比值。对比度高的图像中，目标物的轮廓清晰可见；相反，对比度低的图像中目标物的轮廓模糊。对于灰度图像而言，其主要原因是图像的灰度值过于集中于某个区域。因此，一个比较直接的方法就是把图像中每个像素的灰度值都乘以一个系数，即

$$g(x,y) = nf(x,y) \tag{7-90}$$

因为灰度的取值范围为 0 ～ 255，当计算结果超过 255 时，将其设定为 255。这样就可以使得灰度分布遍布于 0 ～ 255 的整个区域，从而起到增强对比度的作用。如图 7-46 所示，也可以将灰度范围自动从 a ～ b 变换到 a' ～ b'，变换公式为

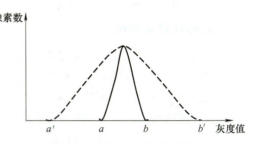

图 7-46　灰度直方图修改处理

$$z' = \frac{b'-a'}{b-a}(z-a) + a' \tag{7-91}$$

频域处理法的基础是卷积定理。它采用修改图像傅里叶变换的方法实现对图像的增强处理。由卷积定理可知，如果原始图像是 $f(x,y)$，处理后的图像是 $g(x,y)$，而 $h(x,y)$ 是处理系统的冲击响应，那么，处理过程可表示为

$$g(x,y) = h(x,y) * f(x,y) \tag{7-92}$$

式中，* 表示卷积。如果 $\hat{g}(u,v)$、$\hat{h}(u,v)$、$\hat{f}(u,v)$ 分别为 $f(x,y)$、$g(x,y)$、$h(x,y)$ 的傅里叶变换。那么，式（7-92）卷积关系可表示为变换域的乘积关系，即

$$\hat{g}(u,v) = \hat{h}(u,v)\hat{f}(u,v) \tag{7-93}$$

在图像增强中，$f(x,y)$ 是给定的原始数据，通过傅里叶逆变换 $g(x,y) = F^{-1}[\hat{h}(u,v)\hat{f}(u,v)]$ 得到的 $g(x,y)$ 比 $f(x,y)$ 在某些特性方面更加易于识别、解译，如可以强调图像中的低频分量使得图像更平滑，也可以强调图像中的高频分量使得图像得到增强等。

7.7.3　图像分割

图像分割是按照一定的规则将一幅图像或景物分成若干部分或子集的过程。这种分割的目的是将一幅图像中的各成分分离成若干与景物中的实际物体相对应的子集。图像分割的基本概念是将图像中有意义的特征或者需要应用的特征提取出来。这些特征可以是图像场的原始特征，如物体占有区的像素灰度值、物体轮廓曲线和纹理特征等；也可以是空间频谱，或直方图特征等。从分割依据的角度出发，图像分割大致可分为相似性分割和非连续性分割。所谓相似性分割就是将具有同一灰度级或相同组织结构的像素聚集在一起，形成图像中的不同区域，这种基于相似性原理的方法通常也称为基于区域相关的分割技术。所谓非连续性分割就是首先检测局部不连续性，然后将它们连接起来形成边界，这些边界把图像分成不同的区域，这种基于不连续性原理检测出物体边缘的方法有时也称为基于点

相关的分割技术。从图像分割算法来分，可分为阈值法、界线探测法、匹配法等。其中，阈值法是最简单的图像分割算法，包括全局阈值法、自动阈值法、动态阈值法等。

7.7.4 边缘检测

对于图像处理而言，边缘检测（Edge Detection）也是重要的基本操作之一。利用所提取的边缘可以识别出特定的物体，测量物体的面积、周长，搜索两幅图像的对应点等，也可以作为更复杂的图像识别、图像处理的关键预处理。比较常用的边缘检测算法有梯度边缘检测和 Canny 边缘检测等。

1. 梯度边缘检测

一般来讲，边缘位于强度有大的变化的地方，因此可以利用微分运算来提取边缘，如一阶微分（也称梯度运算）和二阶微分（也称拉普拉斯运算）。

（1）一阶微分（梯度运算）

图像中坐标点 (x, y) 的一阶微分可表示为

$$G(x, y) = (f_x, f_y) \tag{7-94}$$

式中，f_x 为 x 方向的微分；f_y 为 y 方向的微分。

$$\begin{cases} f_x = f(x+1, y) - f(x, y) \\ f_y = f(x, y+1) - f(x, y) \end{cases} \tag{7-95}$$

求出 f_x、f_y 以后，就可以计算边缘的强度和方向为

$$G = \sqrt{f_x^2 + f_y^2} \tag{7-96}$$

$$\theta = \arctan\left(\frac{f_x}{f_y}\right) \tag{7-97}$$

（2）二阶微分（拉普拉斯运算）

二阶微分是对梯度再进行一次微分，只用于检测边缘的强度，在数字图像中可表示为

$$L(x, y) = 4f(x, y) - |f(x, y-1) + f(x, y+1) + f(x-1, y) + f(x+1, y)| \tag{7-98}$$

2. Canny 边缘检测

Canny 算法是 John Canny 在 20 世纪 80 年代提出的，尽管年代久远，但它是边缘检测的一个经典算法，应用广泛。Canny 算法的目的是找到一个最优的边缘检测算法，其主要步骤如下：

1）将图像 I 进行高斯卷积平滑，去除噪声。

2）寻找图像的强度梯度。在实际应用中，平滑和微分被合并成一个操作。这里需要两个正交的滤波器，$f_V(x, y) = G'_\sigma(x) G'_\sigma(y)$ 和 $f_H(x, y) = G'_\sigma(y) G'_\sigma(x)$，将图像 $I(x, y)$ 与其分别进行卷积，可以得到两个梯度分量 $R_V(x, y)$ 和 $R_H(x, y)$，则梯度的幅值可以表示为

$$R(x, y) = R_V^2(x, y) + R_H^2(x, y) \tag{7-99}$$

3）应用非最大压缩（Non-Maximum Suppression）消除误检。

4）应用双阈值方法确定可能的边界。

5）利用滞后技术跟踪边界。

7.7.5　其他图像处理技术

机器视觉领域的图像处理技术还有很多，如特征提取、图像恢复与重构、颜色校正、几何变换、频域变换、图像识别等。每种图像处理技术涉及的算法也多种多样，如傅里叶变换、小波变换、哈夫算法、模式识别、神经网络、遗传算法等。图像处理的难点在于没有任何一种算法能够独立应对千差万别的应用，因而需要针对不同的处理对象，对图像处理算法进行组合和修改。如在无人驾驶汽车领域的车道线检测就涉及图像预处理、图像分割、特征提取、目标分类等多种图像处理技术，如图 7-47 所示。限于本书的重点，此部分内容无法详尽阐述，感兴趣的读者可以参考机器视觉相关专著。

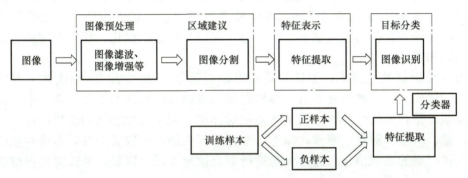

图 7-47　无人驾驶汽车的车道线识别图像处理示意图

273

思考题与习题

7-1　为什么透镜成像可以用针孔成像模型来描述？

7-2　给出透视投影方程，并解释其含义。

7-3　什么是孔径光阑和视场光阑？它们的作用是什么？

7-4　简述摄像机景深的含义。如何利用景深实现测距？

7-5　简述视差与立体视觉的原理。

7-6　什么是光流？光流与运动场总是对应的吗？

7-7　全向相机的类型有哪些？它们各自的特点是什么？

7-8　什么是 CCD 和 CMOS？ CCD 和 CMOS 的中英文名称分别是什么？

7-9　CCD 的工作原理是什么？简要描述其工作过程。

7-10　CCD 图像传感器有哪几种结构类型？它们各自的特点是什么？

7-11　图像传感器的主要特性参数有哪些？简要说明它们的意义。

7-12　图像传感器的彩色是如何实现的？

7-13　CCD 和 CMOS 图像传感器的区别有哪些？简述各自的优缺点。

第 8 章　多传感器信息融合

多传感器信息融合（Multi-Sesor Information Fusion）也常称为多传感器数据融合（Multi-Sensor Data Fusion），是一种可对不同位置、不同类型和不同时间的多个传感器所获测量信息进行综合处理和性能优化的技术。多传感器信息融合通过对多源信息的综合分析和处理，挖掘出各多源信息间内在的联系和规律，剔除无用的、错误的和冗余的信息，保留正确的和互补的有效信息，以最终实现测量信息的优化，获得对观测对象或环境完整的认识和理解。

作为一种信息处理技术，多传感器信息融合最早是 20 世纪 70 年代在军事领域提出来的概念。然而，从某种角度而言，多传感器信息融合的概念源于仿生学。本质上，多传感器信息融合是在模仿自然界中人类和动物对环境客观事物的感知和认知过程，如人类就是利用视觉、听觉、触觉、嗅觉和味觉等多种感官功能，获取关于外界客观对象的不同种类、层次和时空的多源信息，通过大脑进行综合信息处理，以最终形成对外界事物和环境状态完整的认识和理解。

随着微电子技术、计算机技术、功能材料技术和信息处理技术的飞速发展，传感器的集成化和智能化程度也不断提高。使得各种面向复杂应用场景的多传感器系统的实时信息融合得以实现。经过多年的研究和发展，多传感器信息融合技术在众多领域得到了广泛的重视、研究和应用，且其内涵和功能不断得到拓展和深化。机器人工程是多传感器信息融合技术研究和发展的重要应用领域之一。在机器人实现定位导航、地图构建、路径规划、目标识别与跟踪，环境感知和态势估计等的过程中，多传感器信息融合技术得到了十分广泛和重要的研究与应用。

8.1　多传感器信息融合的优势、结构和层次

8.1.1　多传感器信息融合的优势

多传感器信息融合技术为综合处理不同时间和不同空间所获多源测量信息提供了一条有效的途径，可充分发挥多个传感器的联合优势，获得最佳的协同效果，克服单传感器所获信息的局限性（包括功能、时间或空间等的局限性）。基于多个传感器不同时间和不同空间所获得的观测信息，多传感器信息融合技术通过对多源信息的深入分析和合理支配，充分利用多传感器所获信息在时间上或空间上存在的冗余性或互补性信息，融合输出更为

丰富和有效的信息。

多年的研究和应用实践表明，与单传感器相比较，多传感器信息融合技术的主要优势或优点为：

（1）可克服单传感器的局限性并获取更为全面和深层次的信息

单传感器的功能一般比较单一，且只能获得某一时间段或有限空间的测量信息，而利用多传感器信息融合技术，采用多个传感器，则可突破单传感器在功能、时间或空间上的限制，获得关于观测对象较为全面而深层次的信息。如自主移动机器人或无人车常采用激光雷达、声学传感器阵列（超声波传感器阵列或传声器阵列）和图像传感器（各种类型的摄像头或视觉传感器）等多种传感器以获得关于周围环境时间上和空间上较为全面的测量数据和信息，并通过合适的信息融合方法获得目标识别结果、实时构建的地图、威胁估计和态势评估结果等深层次信息。

（2）可提高测量信息的准确性

基于多传感器信息融合技术，通过合理配置多传感器的组合实现信息互补，是一种提高测量信息准确性的有效方法。如将超声波传感器阵列和温度传感器整合在一起，可通过温度传感器测量所获环境温度值对声速进行实时校正，克服环境温度对超声波传感器阵列测距结果的影响，大幅度提升自主移动小车的避障效果和定位准确性。

（3）多传感器信息融合系统具有较好的容错性和鲁棒性

相较于单传感器，通过合理配置传感器的组合（包括传感器类型、数量和构型等），并采用合适的信息融合算法，多传感器信息融合系统一般具有较好的容错性和鲁棒性。当多传感器信息融合系统中某个或少数几个传感器出现故障或失效时，由于存在时空上互补和冗余的信息，系统仍可以正常稳定地运行。如自主移动机器人导航，一般会从惯性导航组件、视觉传感器、激光雷达（或毫米波雷达）、声学传感器阵列和 GNSS 芯片等根据实际情况优选出两种以上的传感器进行导航传感器组合配置，以保证当其中某种传感器发生故障或失效时，依靠其他传感器依然能够实现导航功能并使机器人顺畅移动。

8.1.2 多传感器信息融合的结构

多传感器信息融合的结构可分为串联型多传感器信息融合、并联型多传感器信息融合和混合型多传感器信息融合三种主要类型。

串联型多传感器信息融合如图 8-1 所示。在串联型多传感器信息融合系统中，每个传感器均配备有相应的信息融合中心，传感器的信息融合是逐次进行的。第一个信息融合中心仅对第一个传感器获得的信息进行处理。后续每个信息融合中心则需对相应传感器获得的信息和上一个信息融合中心输出的结果进行本地的信息融合，并将信息融合的结果传递给下一个信息融合中心。最后一个信息融合中心则综合运用所有传感器获得的信息，并输出最终的信息融合结果。

并联型多传感器信息融合如图 8-2 所示。与串联型多传感器信息融合不同，并联型多传感器信息融合只有一个信息融合中心，而串联型信息融合则有多个信息融合中心。在并联型多传感器信息融合系统中，所有传感器获得的测量信息均直接输入同一个信息融合中心进行综合处理，并由该融合中心输出最终的信息融合结果。

275

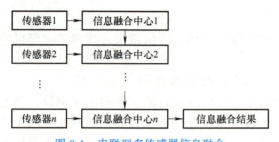

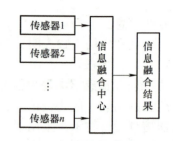

图 8-1　串联型多传感器信息融合　　　　　图 8-2　并联型多传感器信息融合

混合型多传感器信息融合则可视为串联型多传感器信息融合和并联型多传感器信息融合的结合，如图 8-3 所示。混合型多传感器信息融合有多个初级融合中心和一个高级融合中心。各初级融合中心实现初步的多传感器信息融合。高级融合中心的输入为各初级融合中心输出的初步信息结果及某些未参与初级信息融合的传感器所获得的信息。高级融合中心的输出则为最终的信息融合结果。

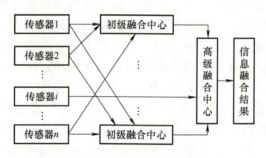

图 8-3　混合型多传感器信息融合

至于实际应用时究竟采用何种结构类型的多传感器信息融合系统为宜，目前并没有一定之规。一般都是具体情况具体分析，根据实际情况选用合适的结构类型。

8.1.3　多传感器信息融合的层次

多传感器信息融合本质上是对多传感器获得的多源信息进行综合处理。通过对所获多源信息的数据校准（多传感器获得的多源信息在时空上可能不同，因此需要通过校准使所获测量信息在时空上保持一致性）、数据关联、特征提取和融合决策等，以最终获得比仅利用单传感器所获信息更好的测量、参数估计或对象识别结果。

依据最终信息融合时所利用信息的抽象程度（或信息加工的深度）的不同，多传感器信息融合系统的信息融合可在三个不同层次上进行，即数据级多传感器信息融合、特征级多传感器信息融合和决策级多传感器信息融合。

如图 8-4 所示，数据级多传感器信息融合属于初级层次的信息融合，它是直接对来自多传感器的多源信息进行分析和处理，并给出最终的融合结果。数据级信息融合的优势在于它的信息加工程度最低、客观性强，一般利用未加工过或经过很少处理的原始信息，可最大限度地保留所获原始测量信

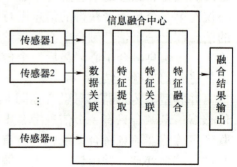

图 8-4　数据级多传感器信息融合

息的细节。缺点是对于某些对象（如机器视觉图像传感器获得的二维图像），所需处理的数据量较大，信息融合的实时性较差。数据级信息融合多适用于多传感器为同质传感器，融合目标相对简单或单纯的场合，如对多个图像传感器获得的多幅模糊图像各像素灰度信息进行融合处理以确认目标属性等。

如图 8-5 所示，特征级多传感器信息融合属于中间层次的信息融合，它先对各传感器所获原始测量信息进行预处理，提取出反映对象特性的特征量，即特征提取，然后再基于所提取的各特征量进行信息融合。特征级多传感器信息融合由于进行了特征提取，其优点是在保留反映对象特性的关键重要信息的基础上，提高了信息融合的实时性。相对于数据级多传感器信息融合和决策级多传感器信息融合，特征级多传感器信息融合是一较好的折中，

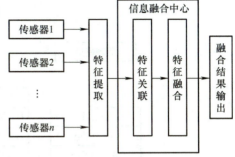

图 8-5　特征级多传感器信息融合

性能也比较全面，在机器人图像分析与处理（包括机器视觉）、模式识别等方面得到了十分广泛的应用。

如图 8-6 所示，决策级多传感器信息融合属于最高级层次的信息融合，也是信息加工程度最深的一种信息融合。它是在初级决策中心完成初级决策的基础上，对各初级决策结果进行综合分析和评判并输出最终的信息融合结果（最终的决策结果）。决策级多传感器信息融合的优点是容错能力和抗干扰较强，当某个传感器（或某部分传感器）出错或失效时，只要信息融合方法得当，多传感器信息融合系统仍能够获得正确的结果。但是，由于决策级多传感器信息融合需对传感器所获原始测量数据或信息进行深度的加工以获得初级决策结果，因此信息预处理所需数据量较大。同时，由于对测量信息进行了深度的信息加工，会或多或少地损失一些原始的细节信息。

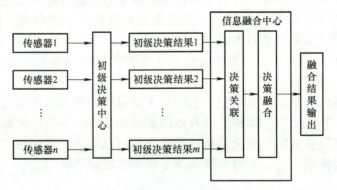

图 8-6　决策级多传感器信息融合

8.2　多传感器信息融合算法

8.2.1　多传感器信息融合算法的分类

虽然多传感器信息融合技术目前还未形成完整而成熟的理论体系和普适的信息融合算

法（或方法），但是经过多年的研究和发展，针对不同的应用领域或场景，目前已经提出不少有效的多传感器信息融合算法。现有的各种信息融合算法大致可分为基于物理模型的算法、基于参数分类的算法和基于认知模型的算法等三大类，如图 8-7 所示。

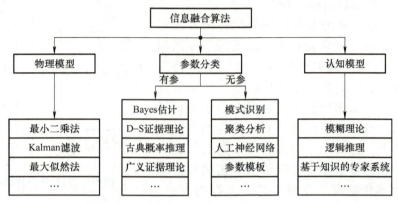

图 8-7　多传感器信息据融合算法的分类

　　基于物理模型的多传感器信息融合算法是依据相应的物理模型。物理模型可给出预测数据或预测数据特征，相应的信息融合过程是通过预测数据（或预测数据特征）与测量数据（或测量数据特征）的匹配或比较来实现目标的估计和识别。一般匹配或比较过程多涉及计算预测数据（或预测数据特征）和实测数据（或实测数据特征）的相关关系。若表征相关关系的量化指标满足相应的条件（如相关系数超过一个预先设定的值），则可认为两者间存在匹配关系。最小二乘法、Kalman 滤波和最大似然法等是常用的基于物理模型的多传感器信息融合算法。

　　基于参数分类的多传感器信息融合算法是根据参数数据（如特征）获得属性说明，在参数数据和属性说明之间建立一种直接的映像。该类信息融合算法可进一步分为有参分类和无参分类两种技术。有参分类技术一般需要有关数据的先验知识，如关于数据的各种随机概率分布函数及其随机统计特性等。而无参分类技术一般不需要先验知识。Bayes 估计、D-S 证据理论、模式识别、聚类分析和人工神经网络等是目前常用的基于参数分类的多传感器信息融合算法。

　　基于认知模型的信息融合算法主要是模仿人类对属性判别的推理过程。该类信息融合方法需要一个利用知识工程技术建立的有效的先验知识库，用启发式推理形式代替数学模型，可利用传感器所获的原始测量信息或特征进行信息融合。常用基于认知模型的多传感器信息融合方法有模糊理论、逻辑推理和基于知识的专家系统等。

8.2.2　典型多传感器信息融合算法

　　目前应用较多的多传感器信息融合算法主要有加权平均法、Kalman 滤波、Bayes 估计、D-S 证据推理和人工神经网络等。

1. 加权平均法

　　加权平均法是简单而直观的多传感器信息融合算法。引入加权因子后，该方法的信息融合结果可表示为

$$y = w_1 y_1 + w_2 y_2 + \cdots + w_i y_i + \cdots + w_N y_N = \sum_{i=1}^{N} w_i y_i \tag{8-1}$$

式中，y 为信息融合结果；y_i 为第 i 个传感器检测所获的测量数据；w_i 为第 i 个传感器的权重系数，$\sum_{i=1}^{N} w_i = 1.0$。

加权平均法是一种简单而直接的多传感器信息融合算法。它对计算量和数据存储的要求几乎可以忽略不计，因此可以称得上是实时性能最佳的信息融合算法，特别适用于快速动态变化的应用场景。

应用加权平均法的关键是需预先获得各个权重系数 w_i 的最佳值。若权重系数 w_i 的值准确合理，应用加权平均法往往能获得很好的结果。实际应用过程中，权重系数 w_i 的值一般是综合考虑各传感器的测量精度、测量频次、统计特性、使用经验和实际应用场景的适用性等因素优化确定。

2. Kalman 滤波

离散时间线性动态系统的状态方程可表示为

$$x_{k+1} = \boldsymbol{\Phi}_k x_k + \boldsymbol{\Gamma}_k w_k \tag{8-2}$$

式中，x_k 为 k 时刻系统的 n 维状态向量（列向量）；$\boldsymbol{\Phi}_k$ 为系统状态转移矩阵；$\boldsymbol{\Gamma}_k$ 为系统过程噪声矩阵；w_k 为系统过程演化噪声，是独立的具有零均值和正定协方差矩阵 $\boldsymbol{Q}_k$ 的高斯噪声向量。

离散时间线性动态系统传感器的观测方程（量测方程）可表示为

$$y_{k+1} = \boldsymbol{H}_k x_k + \boldsymbol{v}_k \tag{8-3}$$

式中，y_k 为 k 时刻系统的 m 维观测向量（量测向量，列向量）；$\boldsymbol{H}_k$ 为系统观测矩阵；$\boldsymbol{v}_k$ 为系统观测噪声（即测量噪声）向量，是独立的具有零均值和正定协方差矩阵 $\boldsymbol{R}_k$ 的高斯噪声向量。

如果该动态系统是线性时不变的，过程演化噪声和观测噪声是平稳的，则系统状态转移矩阵 $\boldsymbol{\Phi}_k$、系统噪声矩阵 $\boldsymbol{\Gamma}_k$ 和系统观测矩阵 $\boldsymbol{H}_k$ 为常矩阵，即 $\boldsymbol{\Phi}_k = \boldsymbol{\Phi}$，$\boldsymbol{\Gamma}_k = \boldsymbol{\Gamma}$，$\boldsymbol{H}_k = \boldsymbol{H}$，协方差矩阵 $\boldsymbol{Q}_k$ 和 $\boldsymbol{R}_k$ 也为常矩阵，即 $\boldsymbol{Q}_k = \boldsymbol{Q}$，$\boldsymbol{R}_k = \boldsymbol{R}$，则式（8-2）和式（8-3）可表示为

$$x_{k+1} = \boldsymbol{\Phi} x_k + \boldsymbol{\Gamma} w_k \tag{8-4}$$

$$y_{k+1} = \boldsymbol{H} x_k + \boldsymbol{v}_k \tag{8-5}$$

Kalman 滤波是在利用已知测量数据（观测向量 y_k）的情况下，通过最小化估计误差的协方差来实现未知变量（状态向量）的最优估计。

令 $\hat{x}_k$ 表示状态向量的估计值，实际的状态向量为 x_k，则状态估计的误差 e_k 可表示为

$$e_k = x_k - \hat{x}_k \tag{8-6}$$

其协方差矩阵 $\boldsymbol{P}_k$ 为

$$\boldsymbol{P}_k = cov(e_k) = E[e_k e_k^{\mathrm{T}}] \tag{8-7}$$

279

Kalman 滤波的实施是递推进行的，可分为初始状态设置、一步预测及校正与更新三个步骤。

（1）初始状态设置

状态向量和估计误差协方差矩阵的初始值 $\hat{\boldsymbol{x}}_0$ 和 $\boldsymbol{P}_0$ 需要利用先验知识设置。一般常假定初始状态 $\boldsymbol{x}_0$ 为某种已知分布的随机向量，$\boldsymbol{w}_k$ 和 $\boldsymbol{v}_k$ 与初始状态也独立，即

$$\hat{\boldsymbol{x}}_0 = \boldsymbol{E}(\boldsymbol{x}_0) \tag{8-8}$$

$$\boldsymbol{P}_0 = \boldsymbol{E}[(\boldsymbol{x}_0 - \hat{\boldsymbol{x}}_0)(\boldsymbol{x}_0 - \hat{\boldsymbol{x}}_0)^{\mathrm{T}}] \tag{8-9}$$

（2）一步预测

用 $k-1$ 时刻的状态向量估计值 $\hat{\boldsymbol{x}}_{k-1}$ 对 k 时刻的状态进行一步预测，获得一步预测的状态向量估计值 $\hat{\boldsymbol{x}}_{k,k-1}$ 和相应的一步预测误差协方差矩阵 $\boldsymbol{P}_{k,k-1}$，即

$$\hat{\boldsymbol{x}}_{k,k-1} = \boldsymbol{\varPhi}\hat{\boldsymbol{x}}_{k-1} \tag{8-10}$$

$$\boldsymbol{P}_{k,k-1} = \boldsymbol{\varPhi}\boldsymbol{P}_{k-1}\boldsymbol{\varPhi}^{\mathrm{T}} + \boldsymbol{\varGamma}\boldsymbol{Q}\boldsymbol{\varGamma}^{\mathrm{T}} \tag{8-11}$$

（3）校正与更新

引入 k 时刻的测量数据（观测向量 $\boldsymbol{y}_k$）对一步预测的状态向量估计值 $\hat{\boldsymbol{x}}_{k,k-1}$ 和相应的一步预测误差协方差矩阵 $\boldsymbol{P}_{k,k-1}$ 进行校正与更新，获得 k 时刻的状态向量估计值 $\hat{\boldsymbol{x}}_k$ 和相应的 k 时刻的预测误差协方差矩阵 $\boldsymbol{P}_k$，即

$$\hat{\boldsymbol{x}}_k = \hat{\boldsymbol{x}}_{k,k-1} + \boldsymbol{K}_k(\boldsymbol{y}_k - \boldsymbol{H}\hat{\boldsymbol{x}}_{k,k-1}) \tag{8-12}$$

$$\boldsymbol{P}_k = \boldsymbol{P}_{k,k-1} - \boldsymbol{P}_{k,k-1}\boldsymbol{H}^{\mathrm{T}}(\boldsymbol{H}\boldsymbol{P}_{k,k-1}\boldsymbol{H}^{\mathrm{T}} + \boldsymbol{R})^{-1}\boldsymbol{H}\boldsymbol{P}_{k,k-1} \tag{8-13}$$

式中，$\boldsymbol{K}_k$ 为 k 时刻的 Kalman 增益矩阵，且

$$\boldsymbol{K}_k = \boldsymbol{P}_{k,k-1}\boldsymbol{H}^{\mathrm{T}}(\boldsymbol{H}\boldsymbol{P}_{k,k-1}\boldsymbol{H}^{\mathrm{T}} + \boldsymbol{R})^{-1} \tag{8-14}$$

Kalman 滤波也常称为 Kalman 滤波器，是一种经典的随机统计估计方法，已在众多领域得到了广泛的应用。以上扼要介绍的是最基本的 Kalman 滤波，主要适用于线性时不变且噪声是平稳和独立的系统。自 20 世纪 60 年代 Kalman 滤波提出以来，经过多年的研究，目前已有多种改进型 Kalman 滤波技术以适用于非线性系统和有色噪声存在等的情况。

从以上有关基本 Kalman 滤波的描述可以看出，采用 Kalman 滤波可以利用多传感器测量数据（m 维观测向量）实现系统未知变量（n 维状态向量）的最优估计。本质上，这其实就是一种多传感器信息融合，因此，只要能构造出系统的状态方程和观测方程，并摸清传感器测量噪声的统计特性，Kalman 滤波就能提供一条有效的信息融合途径。

作为基于物理模型的信息融合算法的代表，Kalman 滤波在机器人领域得到了广泛的应用。实际应用过程中需要注意：①信息冗余导致的实时性能下降问题。虽然 Kalman 滤波的递推特性使得相应的信息融合系统在进行信息处理时不需要大量的数据存储和计算，可有效地融合实时动态多传感器冗余数据，但若传感器的信息大量冗余，相应的计算量可能剧增，信息融合系统的实时性将受到影响。②传感器故障导致的信息融合结果可靠性问

题。Kalman 滤波是在假定传感器能有效获取测量信息这一前提下进行操作的，其本身没有对传感器进行故障诊断的能力，若有传感器发生故障导致测量数据失效，则相应信息融合结果的可靠性将降低。

3. Bayes 估计

Bayes 估计多传感器信息融合算法是基于 Bayes 条件概率。设 $A_1, A_2, \cdots, A_n$ 为样本空间 S 的一个划分，且满足如下条件：

1）A_i 与 A_j 的交集为空集（$i \neq j$）。

2）$A_1 \bigcup A_2 \bigcup \cdots \bigcup A_n = S$。

3）A_i 的概率 $P(A_i) > 0$。

则对于事件 B，$P(B) > 0$，可得 Bayes 条件概率为

$$P(A_i|B) = \frac{P(B|A_i)P(A_i)}{P(B)} = \frac{P(B|A_i)P(A_i)}{\sum_{j=1}^{n} P(B|A_j)P(A_j)} \tag{8-15}$$

将样本空间 S 视为决策空间，S 的第 i 个划分 A_i 视为系统可能的第 i 个决策，事件 B 视为用一个传感器对系统进行观测时得到的观测结果。若能够利用先验知识得到该传感器的先验概率 $P(A_i)$ 和条件概率 $P(B|A_i)$，则利用式（8-15）Bayes 条件概率公式，根据传感器的观测结果可获得后验概率 $P(A_i|B)$。

以上讨论的是发生单个事件（即采用单台传感器进行观测）的情况。若有两个事件 B_1 和 B_2 同时发生（即采用两台传感器进行观测获得两个观测结果），则这种情况下 A_i 成立的条件概率可表示为

$$P(A_i|B_1 \bigcap B_2) = \frac{P(B_1 \bigcap B_2|A_i)P(A_i)}{\sum_{j=1}^{n} P(B_1 \bigcap B_2|A_j)P(A_j)} \tag{8-16}$$

假定 A_i、B_1 和 B_2 之间相互独立，有

$$P(B_1 \bigcap B_2|A_i) = P(B_1|A_i)P(B_2|A_i) \tag{8-17}$$

则式（8-16）可改写为

$$P(A_i|B_1 \bigcap B_2) = \frac{P(B_1|A_i)P(B_2|A_i)P(A_i)}{\sum_{j=1}^{n} P(B_1|A_j)P(B_2|A_j)P(A_j)} \tag{8-18}$$

进一步推广到有 m 个事件 $B_1, B_2, \cdots, B_m$ 同时发生（即采用 m 个传感器进行观测获得 m 个观测结果）且 A_i 与 $B_1, B_2, \cdots, B_m$ 彼此相互独立且条件独立时的情况，此时 A_i 成立的条件概率（整体后验概率）可表示为：

$$P(A_i|B_1 \bigcap B_2 \bigcap \cdots \bigcap B_m) = \frac{\prod_{k=1}^{m} P(B_k|A_i)P(A_i)}{\sum_{j=1}^{n} \prod_{k=1}^{m} P(B_k|A_j)P(A_j)} \tag{8-19}$$

式（8-19）即为 Bayes 估计多传感器信息融合算法的基本公式，它表征了如何利用 m 个传感器的各自的先验知识（先验概率和条件概率）获得关于第 i 个决策的后验概率。当各个决策 A_i 的整体后验概率计算获得后，可依据某种准则确定哪个决策作为信息融合系统最终的决策。最大后验概率是常用的准则，应用该准则就是选取最大的那个整体后验概率所对应的决策为信息融合最终结果。

Bayes 估计具有数理基础明晰、易于理解及计算与存储要求不高等优点，是一种常用的信息融合算法。但 Bayes 估计不是所有情况都适用，它存在一个大问题，即需要准确的先验知识（各先验概率和条件概率等），同时要求所有概率都是相互独立的。这在某些应用场合是难以满足的。当先验知识的准确性难以保证时，应用 Bayes 估计所获得的信息融合结果的可靠性也难以得到保证。而概率独立性要求也在一定程度上限制了 Bayes 估计的应用，因为现实中确实有不少应用场合，其各个事件间不完全独立，各个事件间或多或少地存在一定的相关性。

4. D–S 证据推理

D–S（Dempster–Shafer）证据推理也常称为 D–S 证据理论，是一种不确定性推理方法。与 Bayes 估计不同，它采用置信函数而不是概率作为度量。

D–S 证据推理用识别框架 U 来表征样本空间。U 完整地包含了需要识别的全体对象（命题），且各个对象间相互排斥（即互不相容）。

D–S 证据推理依据基本信度赋值、信度函数和似真函数三个基本要素来描述不确定性。

设 U 为识别框架，则函数 $m:2^U \rightarrow [0,1]$ 在满足

1）$m(\varnothing) = 0$ 。

2）$\sum\limits_{A \subset U} m(A) = 1$ 。

条件时称 m 为该识别框架上的基本信度分配函数，其中 $\varnothing$ 表示空集，2^U 表示 U 的所有子集构成的集合，$m(A)$ 为 A 的基本信度赋值。$m(A)$ 表示对命题 A 的信任程度，即对 A 的支持程度。$m(A)$ 的具体值可由证据（测量数据和专业知识等）合理确定。空集 $\varnothing$ 不产生任何信任程度。m 将 $0 \sim 1$ 的一个值赋予对于 U 的每个命题，但给所有命题的基本信度赋值之和等于 1。

定义函数 $Bel(A)$

$$Bel(A) = \sum_{B \subset A} m(B) \tag{8-20}$$

为 A 的信度函数。$Bel(A)$ 表示对命题 A 的全局信任度，数值上是 A 所有子集信任度度量之和。易知 $Bel(\varnothing) = 0$，$Bel(U) = 1$ 。

进一步可定义 $pl(A)$

$$pl(A) = 1 - Dou(A) = 1 - Bel(\bar{A}) \tag{8-21}$$

为 A 的似真函数。$Dou(A)$ 为怀疑函数，$Dou(A) = Bel(\bar{A})$ 本质上是表征 A 的否命题 $\bar{A}$ 的信任程度。$pl(A)$ 可以视为潜在支持 A 的信任程度。

$[Bel(A), pl(A)]$ 为 A 的不确定区间。$[0, Bel(A)]$ 为可信区间，表示证据对命题"A 为真"的支持程度。$[0, pl(A)]$ 为似真区间，表示证据对命题"A 为真"的不怀疑程度，即证据支持不能否定"A 为真"的程度。如图 8-8 所示。

图 8-8　命题 A 的 D–S 不确定区间

D–S 证据推理的核心是 Dempster 证据组合规则。设 $m_1, m_2, \cdots, m_n$ 是识别框架 U 上的 n 个基本信度分配函数，如果它们是由独立来源的数据（证据）集推得的，则根据 Dempster 证据组合规则，融合后的 $m(A)$ 可表示为

$$m(A) = m_1 \oplus m_2 \oplus \cdots \oplus m_n = \frac{\sum\limits_{\cap A_i = A} \prod\limits_{i=1}^{n} m_i(A_i)}{1 - K} = \frac{\sum\limits_{\cap A_i = A} \prod\limits_{i=1}^{n} m_i(A_i)}{1 - \sum\limits_{\cap A_i = \varnothing} \prod\limits_{i=1}^{n} m_i(A_i)} \qquad (8\text{-}22)$$

式中，K 表征融合过程中各证据间的冲突程度，$K = \sum\limits_{\cap A_i = \varnothing} \prod\limits_{i=1}^{n} m_i(A_i)$ $0 \leqslant K \leqslant 1$，$K$ 越大表明证据间冲突性越强。特别地，$K = 0$ 时表示证据间无冲突；$K = 1$ 时表示证据间是完全矛盾的，融合结果无意义。

若系统的决策目标集由数个互不相容的待识别对象构成，决策目标集可视为 D–S 证据推理的识别框架。采用 n 个独立传感器进行观测，则利用 D–S 证据推理进行多传感器信息融合大致可分为以下几个步骤：

1）对各个传感器获得的信息进行预处理。

2）计算获得各个传感器相对应的基本信度赋值、信度函数和似真函数。

3）用 Dempster 证据组合规则计算获得 n 个传感器共同作用下的基本信度赋值、信度函数和似真函数。

4）依据决策规则，以获得最大支持程度的识别对象为信息融合结果。

D–S 证据推理可视为 Bayes 估计的推广，其主要优势在于：

1）不需要 Bayes 估计所必需的先验概率和条件概率，D–S 证据推理需要的证据在现实中容易获得，方法具体实施时可操作性强。

2）D–S 证据推理不仅可以综合利用客观的测量数据和带有一定主观性的专家知识等不同信息源进行决策，而且可以通过组合规则和证据的积累逐步缩小假设集，这更符合人类的证据收集和逐步抽象过程。

3）既能处理命题的不确定性，也能将"不知道"和"不确定"区分开来。

虽然 D–S 证据推理具有上述优势，但目前仍存在以下不足：

1）D–S 证据推理存在主观性。实际信息融合应用时，不同的人对 D–S 证据推理可能有不同的理解和具体操作手段，从而导致得出不同的信息融合结果。如对于命题相同的证据（或证据集），不同的人依据其自身的知识和经验可能给出不同的基本信度赋值。

2）D-S证据推理要求每个证据相互独立，这在实际中有时难以满足。

3）当参与组合的证据存在较大冲突时，采用D-S证据推理进行多传感器信息融合难以获得有效的结果，所得出的结果常常有悖常理。

4）随着系统需识别对象个数的增加，D-S证据推理的计算复杂性将激增。

5. 人工神经网络

人工神经网络（Artificial Neural Network，ANN）也常简称为神经网络（Neural Network，NN），是模仿生物大脑神经网络结构和信息处理过程而提出来的一种信息处理技术。由于人工神经网络具有自学习、自适应、联想存储记忆、并行处理计算速度快和非线性逼近等功能，并能适用于高度非线性和严重不确定性系统，因此在人工智能、自动控制、模式识别、信号处理、数据挖掘和多传感器信息融合等领域得到了广泛的研究和应用。多年来，人工神经网络一直是信息科学与IT行业中重点研究发展的热点技术。

人工神经网络的基本单元是人工神经元，也常称为人工神经网络的节点，其模型如图8-9所示。人工神经元的工作流程包括加权求和、阈值操作和激活输出三个主要步骤。图8-9中$x_1, x_2, \cdots, x_n$为神经元的输入，$w_1, w_2, \cdots, w_n$为与各神经元输入相对应连接路径（称为突触）的权值。神经元的输入通过各自的突触进行加权求和，$Sum = \sum_{i=1}^{n} w_i x_i$。若加权求和结果$Sum$超过阈值$b$，即$Sum \geq b$，则进入激活函数$f(\bullet)$并产生神经元的输出$y$。常用的激活函数有阶跃函数、线性函数、符号、双曲正切和sigmoid函数等。

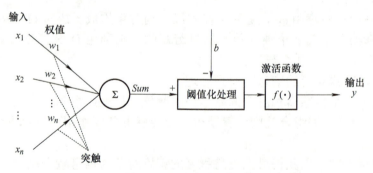

图8-9　人工神经元模型

人工神经网络是由大量人工神经元组成的并行分布式信息处理系统。结构上，人工神经网络一般由一个输入层、一个或多个隐含层和一个输出层构成。经过多年的发展，目前已提出多种不同类型的神经网络，如多层感知器神经网络、反向传播（Back-Propagation BP）神经网络、Hopfield网络、径向基神经网络和卷积神经网络等。图8-10为典型多层感知器神经网络。与此同时，人工神经网络也常常与其他信息处理技术相结合，如应用了模糊逻辑的模糊神经网络。

人工神经网络需要学习（或训练），学习是人工神经网络应用中必需的关键环节。人工神经网络的学习是基于先验知识（各种已知的知识、学习样本或案例）依据一定的规则或机制确定人工神经网络的参数（各神经元间连接的权重等）。如对于图 8-10 所示的多层感知器神经网络，利用已知的样本集（输入输出数据集）进行学习，可采用 BP 算法调整并最终确定该神经网络的参数。学习完成后，该人工神经网络就能实际应用于解决特定问题或完成特定任务。

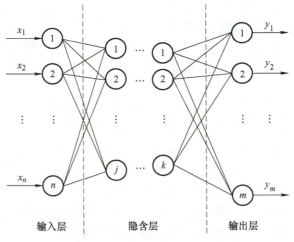

图 8-10　典型多层感知器神经网络

从多传感器信息融合角度而言，各个传感器的测量信息（经适当预处理）为神经网络的输入，即神经网络的输入层的主要功能是接收传感器的测量信息。隐含层完成信息融合。而输出层对应于信息融合目标，主要用于输出多传感器信息融合的结果。

利用人工神经网络进行多传感器信息融合一般有以下几个主要步骤：

1）根据系统特性和信息融合要求选择合适的神经网络结构（包括隐含层数量和各层神经元个数等）、神经元特性（激活函数等）和神经网络学习规则 / 算法等。

2）完成神经网络的学习（或训练）。利用样本集和先验知识，依据已选定的学习规则 / 算法对神经网络进行离线学习（或训练），确定人工神经网络的结构参数（各神经元间连接的权值等）。

3）将各传感器测量信息输入学习好的神经网络进行实时在线信息融合，获得多传感器信息融合的结果。

人工神经网络由于其强大的非线性逼近能力、自学习和自组织功能，使得它便于处理各种类型的不确定性信息和信息融合系统中各传感器信息间的复杂非线性关联等，并可方便地实现知识的自动获取、联想推理和知识库建立等。同时由于其具备大规模并行信息处理能力，实际信息融合时，信息处理的速度也较快。因此，相对于其他信息融合算法（或方法），人工神经网络具有独特的优势，在某些场合（如信息融合对象为高度不确定性非线性复杂系统时），人工神经网络可能是唯一的选择。人工神经网络一直是多传感器信息融合领域研究发展重点关注的主流方法，且近年来发展很快，具有巨大的潜力和广阔的实际应用前景。然而，需要指出的是，人工神经网络不是万能的。人工神经网络的拓扑结构（或类型）、学习样本的数量和质量、学习算法 / 规则等的选择都会对多传感器信息融合的效果产生重大的影响，在实际应用过程中需要重视。

8.3　多传感器信息融合应用中需注意的问题

多传感器信息融合技术突破了单传感器的局限性，为综合处理多时空多源信息提供了一条有效途径或信息处理框架。然而，虽经多年的研究和发展，多传感器信息融合技术目前仍未形成普适性的理论框架体系，也未提出通用性强且普适的信息融合算法，目前仍缺乏对多传感器信息融合技术和相应信息融合系统性能进行评估的方法。如何建立对信息融合系统进行综合分析和评价的机制，如何对信息融合算法进行客观准确的评价等仍是目前迫切需要解决的问题。因此，多传感器信息融合目前还未发展成熟，尚属一种发展中的信息处理技术。

在实际应用多传感器信息融合技术时，需注意以下问题：

（1）需有针对性地建立适用的信息融合系统

由于缺乏普适性的理论体系、信息融合算法和评价机制，因此，参照已有的成功案例和经验，在实际应用时，需根据具体信息融合对象问题的种类和特性，有针对性地选择合适的信息融合模式和信息融合算法，以期获得对于特定问题的最佳信息融合效果。

（2）多传感器信息融合所获结果并不能代替单一高精度传感器所获测量结果

在单一高精度传感器适用的场合，多传感器信息融合技术不一定是更好的选择。虽然利用多个传感器的测量信息可在一定程度上提高系统的容错性和鲁棒性，但利用多传感器信息融合技术所获结果的准确性往往不如单一高精度传感器所获结果。

（3）传感器测量数据的不确定性

在利用传感器进行测量的过程中，所获测量数据不可避免地会含有噪声，从而使得测量数据或多或少地存在一定的不确定性。在信息融合过程中需对多个传感器所获多源信息进行综合分析、验证和校正等，以尽可能地降低测量数据不确定性对信息融合结果的影响。

（4）数据冲突、异常和虚假测量数据

信息融合的理想状态是各个传感器所获测量数据实现信息互补、准确可靠并由此得出一致结论。然而，在实际多传感器信息融合过程中，由于种种原因，基于多个传感器所获测量数据可能有多种解释，甚至可能得出不一致或相互矛盾的解释（数据冲突）。另外，由于传感器特性、传感器故障和环境干扰等因素，传感器也可能输出异常或虚假的测量数据。因此，信息融合系统需配备相应的处理措施以应对出现数据冲突、异常和虚假测量数据等情况。

（5）传感器数量及其布局优化

多传感器信息融合系统的传感器数量要足够（以获取表征对象的全面信息），但并非越多越好。盲目增加传感器数量，系统的信息融合效果不一定会变得更好，反而会增加系统的硬件成本、复杂性和相应的计算量等，极端情况下，会严重恶化系统的实时性能和运行的稳定性。同时，传感器的布局对信息融合效果也有较大影响。大量的应用实践表明，对多传感器信息融合系统中传感器的布局进行优化是提高系统整体信息融合性能的有效途径。通过传感器布局的优化，系统往往有可能利用数量较少的传感器获得较好的信息融合效果。

8.4　多传感器信息融合应用范例

8.4.1　GPS/INS 组合导航

一般而言，导航包含两方面的功能：确定运动物体（载体）的位置和速度；规划和保持载体运动的航线，规避障碍避免碰撞。组合导航（Integrated Navigation）是把性能互补的两种或两种以上不同的导航系统有机地组合在一起，相互取长补短以提高整体导航系统的容错性和可靠性。从多传感器信息融合角度而言，组合导航就是利用多个导航传感器获得的多源信息，采用合适的信息融合方法或算法进行综合信息处理，充分发挥各导航传感器各自的优势，最终达到减小误差、提高系统导航精度和增强系统抗干扰能力的目的。

GPS 即美国的全球定位系统。INS 即惯性导航系统（Inertial Navigation System）。GPS/INS 组合导航系统就是组合 GPS 和 INS 两套导航系统的组合导航系统，是经典的组合导航系统，亦是目前在军用和民用领域使用十分广泛的组合导航系统。

GPS 的优势在于能实时和连续导航、长期精度高等，但运动载体（如巡航导弹或民用飞机等）上配置的卫星导航接收装置不是独立自主的导航系统，其卫星信号易受环境干扰，在某些应用场合还会出现 GPS 信号丢失（或不可用）从而导致定位 / 导航中断或失效的状况。INS 的优势在于它是一个不依赖外界信息条件、全自主工作的导航系统、具有较高的短期测量精度，同时除了能提供位置与速度等信息外还可以提供一般 GPS 接收机不能提供的姿态信息，不足之处在于其定位 / 导航误差会随着时间的增长而不断累积，需加以校正。因此，GPS 和 INS 具有很好的互补性，将这两种导航系统有机组合可利用 GPS 连续提供的高质量位置和速度信息来校正 INS 各传感器的测量误差，亦可利用 INS 的短期高精度来弥补 GPS 接收机在受到干扰时误差增大或丢失卫星信号时定位 / 导航失效等缺点。GPS/INS 组合导航系统可在长、短期的导航过程中保证高精度的定位 / 导航精度和运行可靠性，同时导航系统的适用范围或区域也可得到大幅度的拓展。

利用多传感器信息融合技术实现 GPS/INS 组合导航采用的多传感器主要是 INS 中的陀螺仪和加速度计、GPS 卫星导航接收机等硬件，信息融合的算法主要有 Kalman 滤波、加权平均、Bayes 估计、D–S 证据推理和人工神经网络等，其中以 Kalman 滤波应用最为典型和普及。

应用 Kalman 滤波进行 GPS/INS 组合导航目前主要有松组合、紧组合和深组合三种工作模式。

图 8-11 为基于 Kalman 滤波的 GPS/INS 组合导航松组合工作模式流程框图。在松组合工作模式下，GPS 卫星导航接收机和 INS 各自独立完成运动载体位置和速度的解算，并输出至 Kalman 滤波器进行信息融合。Kalman 滤波器输出组合导航的数据，利用 INS 和 GPS 两个子系统输出信号的差值建立误差模型，实现 INS 的误差估计并反馈给 INS 子系统，以实现对 INS 中传感器（陀螺仪和加速度计等）的实时校正。而 INS 各传感器的测量信息则可用于辅助 GPS 卫星导航接收机的跟踪回路，以便在有环境噪声或信号干扰时提高 GPS 卫星导航接收机的信号跟踪能力。松组合工作模式的优点在于便于实现，不同种类的 INS 和 GPS 卫星导航接收机都可以方便地利用这种方式来提高导航精度和运行

的可靠性。同时，松组合工作模式可以提供原始 INS 导航结果、原始 GPS 导航结果和组合导航结果三个导航结果。但是，由于 GPS 卫星导航接收机通常是通过内置的 Kalman 滤波器获得位置和速度数据，因此，松组合工作模式会导致滤波器串联，使得组合导航观测噪声时间相关（即存在有色噪声），不满足 Kalman 滤波器（扩展 Kalman 滤波器）观测噪声是白噪声的基本要求，严重时可能导致组合导航 Kalman 滤波器工作不稳定。另外，当捕获卫星数量低于最低数量时，GPS 导航会暂时失效，相应地组合导航也会暂时失败。

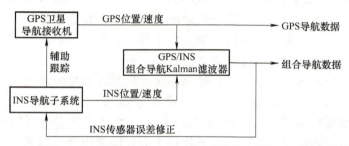

图 8-11　基于 Kalman 滤波的 GPS/INS 组合导航松组合工作模式流程框图

　　图 8-12 为基于 Kalman 滤波的 GPS/INS 组合导航紧组合工作模式流程框图。在紧组合工作模式下，GPS 卫星导航接收机不完成运动载体位置和速度的解算，不输出独立的 GPS 定位和导航结果。GPS 卫星导航接收机输出伪距和伪距率等至组合导航 Kalman 滤波器。INS 子系统输出位置、速度和姿态等信息至组合导航 Kalman 滤波器。组合导航 Kalman 滤波器进行信息融合并输出组合导航结果和 INS 各传感器的误差估值等。修正后的 INS 数据和原始的 INS 数据都可用于辅助 GPS 卫星导航接收机的信号跟踪。相对于松组合工作模式，在紧组合工作模式下不存在滤波器级联问题，组合导航系统可对 GPS 卫星导航接收机的测距误差进行建模，以获得比松组合工作模式更高的组合导航精度。此外，在紧组合工作模式下，一般都会利用 INS 输出信号结合卫星星历计算获得伪距和伪距率的预测值，与 GPS 卫星导航接收机获得的伪距及伪距率的测量值进行比较，并基于差值采用 Kalman 滤波器技术实现 INS 子系统的误差估计，因此，采用紧组合工作模式的 GPS/INS 组合导航系统可在可捕获卫星数量少于 4 颗的情况下依然能正常工作（依然能够提供 GPS 信号更新）。紧组合工作模式的局限性在于结构上相对于松组合工作模式复杂一些，且没有独立的 GPS 导航结果。

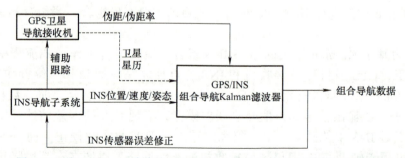

图 8-12　基于 Kalman 滤波的 GPS/INS 组合导航紧组合工作模式流程框图

　　图 8-13 为基于 Kalman 滤波的 GPS/INS 组合导航深组合工作模式流程框图。在深组合工作模式下，既利用滤波器技术实现了对 INS 子系统误差的最优估计，又利用校正后

的 INS 速度信息等提高了 GPS 卫星导航接收机在高动态或强干扰环境下的信号跟踪能力。对比图 8-12 和图 8-13 可知，在深组合工作模式下 Kalman 滤波器不仅将 INS 误差修正值反馈给 INS 子系统，还将伪距和多普勒频移估计值等反馈给 GPS 卫星导航接收机。另外，当 GPS 卫星导航接收机出现"丢星"（即 GPS 卫星导航接收机失去对卫星信号的捕获或锁定）情况时，深组合工作模式下的 GPS/INS 组合导航系统已有的准确定位和速度估计结果亦能帮助 GPS 卫星导航接收机更快地重新锁定卫星信号。深组合也常称为超级组合，在这种工作模式下，GPS 和 INS 不再是独立子系统，而是一种嵌入式组合，一体化设计集成度高，可通过共用电源和时钟等来减小组合导航系统体积、成本和非同步误差对组合导航结果的影响等。但深组合这种工作模式增加了系统的复杂性和计算量等。在某些应用场合，为保证 GPS 子系统的信号跟踪能力，对相应的 INS 子系统的性能要求也较高。

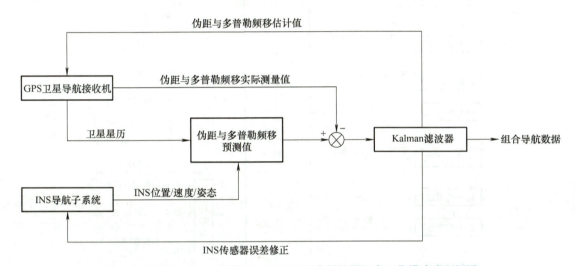

图 8-13　基于 Kalman 滤波的 GPS/INS 组合导航深组合工作模式流程框图

8.4.2　无人车的自动驾驶

无人车实现自动驾驶所必备的功能包括自动道路巡航、自动停车 / 泊车和危险状态下的紧急制动等，需要融合多种、多个、不同或同类的传感器所获测量信息来实现，如图 8-14 所示。

环境信息感知所需的传感器一般有视觉传感器（如前视摄像头、后视摄像头和 360° 环视系统）、毫米波雷达和超声波雷达等。多传感器所获的多源信息实现互补，并通过多传感器信息融合技术协同工作以完成自动驾驶所需的各项功能。

安装在不同位置的视觉传感器，以获取关于周边环境的二维 / 三维图像（影像）信息。利用立体视觉还可获得关于环境物体的深度 / 距离信息。若合理安置多个视觉传感器，融合所获的各个角度的二维 / 三维图像（影像），无人车可无死角地对周边环境进行监测，实现景物辨识、地标和障碍物识别、车道线检测、碰撞规避、自动行驶和自动泊车等。

毫米波雷达一般布置在无人车的正前方、正后方、车身两侧或四角等位置，以获取行进道路周边环境物的距离和速度等信息，生成行进道路场景的雷达成像图和航迹图等，并可对感兴趣的目标进行运动跟踪和预测等。图 8-15 为无人车典型的毫米波雷达布置示意图。正前方安置的长距离前向毫米波雷达作用距离较长，其探测距离一般为 0.5～150m，甚至可达 300m 以上，主要用于无人车巡航。雷达波束张角较窄，主要是根据无人车前方车辆与无人车本身的相对位置和速度以控制无人车的自动行驶，保证无人车行驶的安全性。无人车前、后方和两侧安置的防碰撞雷达一般采用作用距离 100m 以内的中距离毫米波雷达。为达到满意的防碰撞效果，中距离防碰撞毫米波雷达的探测精度和实时性等要求较高，要能够准确、快速地获得周边物体的信息，并实现定位和监控。无人车车身四角一般安置作用距离为 30m 左右的短距离毫米波雷达，主要用于覆盖中长距离毫米波雷达未能有效覆盖的盲区，提供盲区内物体的信息以进一步提高自动驾驶的安全性。

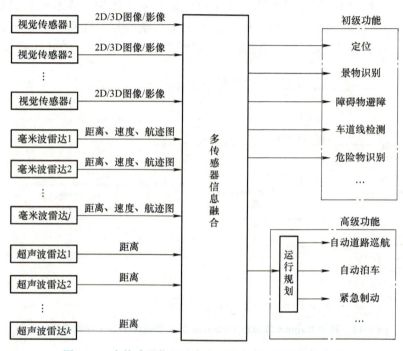

图 8-14　多传感器信息融合在无人车自动驾驶中的应用

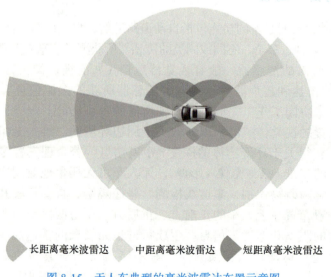

图 8-15　无人车典型的毫米波雷达布置示意图

　　超声波传感器特别适用于短距离低速情况，且相对于视觉传感器和毫米波雷达具有明显的成本优势。无人车自动驾驶用的超声波传感器也常称为超声波雷达，多用于低速行驶或自动泊车时监测无人车周围的物体（障碍物或行人等）。最为典型的应用是超声波自动泊车（也常称为超声波停车辅助），一般多采用两种类型的超声波雷达。一种行业内称为超声波泊车辅助（Ultrasonic Parking Assistant，UPA）雷达，多安装在无人车前后保险杠位置，作用距离较短，其有效探测距离范围一般为 15cm ～ 2.5m，主要用于探测无人车前、后方的物体。另一种行业内称为自动泊车辅助（Auto Parking Assist，APA）雷达，功率较大、作用距离较长，多安装在车身侧面，其有效探测距离范围一般为 30cm ～ 5.0m。与 UPA 雷达相比，APA 雷达的探测范围要大一些，可覆盖一个停车位，超声波传感器性能也要好一些，相应的雷达的成本也要高一点。超声波自动泊车一般采用 6 ～ 12 个超声波雷达。图 8-16 为无人车自动泊车典型超声波雷达布置示意图，共使用了 12 个超声波雷达，前、后各 4 个共 8 个 UPA 雷达，车身侧面各 2 个共 4 个 APA 雷达。8 个 UPA 雷达主要用于倒车时探测无人车与障碍物之间的距离，而 4 个 APA 雷达主要用于探测停车位的空间。

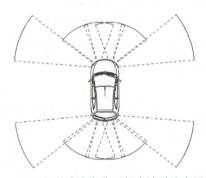

图 8-16　无人车自动泊车典型超声波雷达布置示意图

　　对于不同的道路环境和探测目标，各种类型不同的传感器具有不同的适用性和各自的优势。虽然对于较为理想的环境和较为简单的功能需求，采用同一类型的多个传感器也能完成任务，如采用多个视觉传感器或多个超声波雷达均能实现自动泊车，但是多年的应用实践表明，合理融合不同类型的多个传感器所获信息的应用效果更好，更易于实现功能要求，且能适用于复杂的应用场景，完成更高的功能需求。下面简要介绍两个无人车自动驾驶常用的多传感器信息融合案例。

　　（1）视觉传感器＋超声波雷达实现近距离障碍物测距

　　采用视觉传感器利用立体视觉技术可获得无人车与障碍物间的距离，但一般需要较多的视觉传感器，而视觉传感器的价格相对较高，采用多视觉传感器实现障碍物测距在成本上不占优势，且难以适用于较为黑暗、能见度低和有透明障碍物存在等应用场合。采用多个超声波雷达也能获得无人车与障碍物间的距离，虽然成本较低，但测量精度相对较低。若采用视觉传感器＋超声波雷达的组合、利用多传感器信息融合进行障碍物测距，不仅可以获得比仅利用视觉传感器或超声波雷达所获测距结果更好的测距精度，而且可以减少所需视觉传感器和超声波传感器的数量。视觉传感器＋超声波雷达这一组合可以用合理的成本代价获得更好的障碍物测距效果，且能适用于较为复杂的应用场合。

（2）前置毫米波雷达＋视觉传感器实现无人车自动巡航

前置毫米波雷达用于获取无人车前方150m甚至更远距离内物体的距离和速度等信息。视觉传感器（摄像头）则可获取视野内物体的2D或3D图像信息，用于识别行人、障碍物、路标、指示牌、车道线和街道景观等。前置毫米波雷达＋视觉传感器这一组合可利用多传感器信息融合技术实现无人车在高速路、城市村街道和乡村道路的自动启停，危险情况下的紧急刹车，以及道路自动巡航等。

思考题与习题

8-1　什么是多传感器信息融合？

8-2　多传感器信息融合可在哪些不同层次上进行？不同层次的信息融合各有什么优缺点？

8-3　Kalman滤波用于多传感信息融合的前提条件是什么？

8-4　写出Bayes条件概率公式并说明该公式在信息融合中的重要意义。

8-5　采用人工神经网络进行多传感器信息融合需注意哪些问题？

8-6　目前多传感器信息融合技术还存在哪些局限性？

8-7　应用多传感器信息融合技术时是否传感器数量越多越好？为什么？

8-8　举一个机器人工程中多传感器信息融合的实例。

参 考 文 献

[1] SICILIANO B，KHATIB O. 机器人手册 [M].《机器人手册》翻译委员会，译 . 北京：机械工业出版社，2016.

[2] SIEGWART R，NOURBAKHSH I R，SCARAMUZZA D. 自主移动机器人导论 [M]. 2 版 . 李人厚，宋青松，译 . 西安：西安交通大学出版社，2013.

[3] FERNANDEZ-MADRIGAL J，CLARACO J L B. 移动机器人同步定位与地图构建 [M]. 石章松，谢君，董银文，等译 . 北京：国防工业出版社，2017.

[4] 蔡自兴，谢斌编 . 机器人学 [M]. 3 版 . 北京：清华大学出版社，2015.

[5] 郭彤颖，张辉 . 机器人传感器及其信息融合技术 [M]. 北京：化学工业出版社，2017.

[6] 高国富，谢少荣，罗均 . 机器人传感器及其应用 [M]. 北京：化学工业出版社，2005.

[7] 迟明路，田坤 . 机器人传感器 [M]. 北京：电子工业出版社，2022.

[8] 毕欣 . 自主无人系统的智能环境感知技术 [M]. 武汉：华中科技大学出版社，2020.

[9] 熊蓉，王越，张宇，等 . 自主移动机器人 [M]. 北京：机械工业出版社，2021.

[10] 梁桥康，徐菲，王耀南 . 机器人力触觉感知技术 [M]. 北京：化学工业出版社，2019.

[11] 王耀南，梁桥康，朱江，等 . 机器人环境感知与控制技术 [M]. 北京：化学工业出版社，2018.

[12] 郭彤颖，张辉，朱林仓，等 . 特种机器人技术 [M]. 北京：化学工业出版社，2019.

[13] 张宏建，黄志尧，周洪亮，等 . 自动检测技术与装置 [M]. 3 版 . 北京：化学工业出版社，2019.

[14] 陈忧先 . 化工测量及仪表 [M]. 3 版 . 北京：化学工业出版社，2010.

[15] 王化祥 . 自动检测技术 [M]. 2 版 . 北京：化学工业出版社，2009.

[16] 马宏，王金波 . 仪器精度理论 [M]. 2 版 . 北京：北京航空航天大学出版社，2014.

[17] 费业泰 . 误差理论与数据处理 [M]. 7 版 . 北京：机械工业出版社，2015.

[18] 吴建平 . 传感器原理及应用 [M]. 3 版 . 北京：机械工业出版社，2020.

[19] 周杏鹏 . 传感器与检测技术 [M]. 北京：清华大学出版社，2010.

[20] 胡向东，等 . 传感器与检测技术 [M]. 3 版 . 北京：机械工业出版社，2020.

[21] 全国统计方法应用标准化技术委员会 . 测量方法与结果的准确度（正确度与精密度）第 1 部分：总则与定义：GB/T 6379.1—2004/ISO 5725-1：1994[S]. 北京：中国标准出版社 2005.

[22] 全国法制计量管理计量技术委员会 . 通用计量术语及定义：JJF 1001—2011[S]. 北京：中国质检出版社，2012.

[23] CLARENCE WDE SILVA. 传感器系统：基础及应用 [M]. 詹惠琴，崔志斌，等译 . 北京：机械工业出版社，2019.

[24] DOEBELIN E O. 测量系统：应用与设计 [M]. 3 版 . 王伯雄，等译 . 北京：电子工业出版社，2007.

[25] 唐文彦 . 传感器 [M]. 4 版 . 北京：机械工业出版社，2006.

[26] 董大钧 . 误差分析与数据处理 [M]. 北京：清华大学出版社，2013.

[27] 刘建侯 . 仪表可靠性工程和环境适应性技术 [M]. 北京：机械工业出版社，2003.

[28] 王化祥 . 仪器仪表可靠性技术 [M]. 天津：天津大学出版社，2020.

[29] 汪荣鑫 . 数理统计 [M]. 西安：西安交通大学出版社，1986.

[30] 盛骤，谢式千，潘承毅 . 概率论与数理统计 [M]. 4 版 . 北京：高等教育出版社，2008.

[31] 全国法制计量管理计量技术委员会 . 测量不确定度评定与表示：JJF 1059.1—2012[S]. 北京：中国标准出版社，2012.

[32] 叶德培 . 测量不确定度理解评定与应用 [M]. 北京：中国质检出版社，2013.

[33] 胡向东 . 传感器与检测技术 [M]. 4 版 . 北京：机械工业出版社，2021.

[34] FRADEN J. 现代传感器手册：原理、设计及应用：原书第 5 版 [M]. 宋萍，隋丽，潘志强，译 . 北

京：机械工业出版社，2019.

[35]　乔玉晶，郭立东，吕宁，等.机器人感知系统设计及应用 [M].北京：化学工业出版社，2021.

[36]　苏建华，杨明浩，王鹏.空间机器人智能感知技术 [M].北京：人民邮电出版社，2020.

[37]　杜功焕，朱哲民，龚秀芬.声学基础 [M].3 版.南京：南京大学出版社，2012.

[38]　吴胜举，张明铎.声学测量原理与方法 [M].北京：科学出版社，2014.

[39]　许龙，李凤鸣，许昊，等.声学计量与测量 [M].北京：科学出版社，2014.

[40]　陈伟中.声空化物理 [M].北京：科学出版社，2014.

[41]　陈鹤鸣，赵新彦，汪静丽.激光原理及应用 [M].4 版.北京：电子工业出版社，2022.

[42]　焦明星，冯其波，王鸣，等.激光传感与测量 [M].北京：科学出版社，2014.

[43]　陈家璧，彭润玲.激光原理及应用 [M].4 版.北京：电子工业出版社，2019.

[44]　柳强，王在渊.激光原理与技术 [M].北京：清华大学出版社，2020.

[45]　王耀南，彭金柱，卢笑，等.移动作业机器人感知、规划与控制 [M].北京：国防工业出版社，2020.

[46]　洪连进.声学传感器技术及工程应用 [M].北京：高等教育出版社，2018.

[47]　林玉池，曾周末.现代传感技术与系统 [M].北京：机械工业出版社，2009.

[48]　SAUER T. Numerical analysis [M].2nd ed. New York：Pearson Education Inc.，2012.

[49]　刘琪，冯毅，邱佳慧.无线定位原理与技术 [M].北京：人民邮电出版社，2017.

[50]　胡青松，李世银.无线定位技术 [M].北京：科学出版社，2020.

[51]　杨铮，吴陈沐，刘云浩.位置计算：无线网络定位与可定位性 [M].北京：清华大学出版社，2014.

[52]　DONGES A，NOLL R. Laser measurement technology：fundamental and applications[M]. Berlin：Springer-Verlag，2015.

[53]　梁友祯，陈璟.无线传感与定位新技术 [M].北京：科学出版社，2017.

[54]　REMONDINO F，STOPPA D. TOF range-imaging cameras[M]. Berlin：Springer-Verlag，2013.

[55]　BLAIS F. Review of 20 years of range sensor development[J]. Journal of Electrical Imaging，2004，13（1）：231-240.

[56]　GILLETTE M D，SILVERMAN H F. A linear closed-form algorithm for source localization form time-difference of arrival[J]. IEEE Signal Processing Letters，2008，15：1-4.

[57]　LLEEMAN L. Advanced sonar with velocity compensation[J]. Int. J. of Robotics Research，2004，23（2）：111-126.

[58]　KNAPP C H，CARTER G C. The generalized correlation method for estimation of time delay[J]. IEEE Trans. on Acoustics，Speech and Signal Processing，1976，24（4）：320-327.

[59]　RASCON C，MEZA I. Localization of sound sources in robotics：a review[J]. Robotics and Autonomous Systems，2017，96：184-210.

[60]　RUBIO F，VALERO F，LLOPIS-ALBERT C. A review of mobile robots：concepts，methods，theoretical framework and applications[J]. Int. J. of Advanced Robotics Systems，2019，16（2）：1-22.

[61]　QIU Y，LI B，HUANG J，et al. An analytical method for 3-D sound source localization based on a five-element microphone array[J]，IEEE Transactions on Instrumentation and Measurement，2022，71：7504314.

[62]　QIU Y，JIANG Y，WANG B，et al. An analytical method for 3-D target localization based on a four-element ultrasonic sensor array with TOA measurement[J]. IEEE Sensors Letters，2023，7（5）：6002104.

[63]　赵力，梁瑞宇，魏昕，等.语音信号处理 [M].3 版.北京：机械工业出版社，2019.

[64]　陈鹏，陈洋，王威.无人机声学定位技术综述 [J].华南理工大学学报（自然科学版），2022，50（12）：109-123.

[65] 田晋跃，罗石 . 无人驾驶技术 [M]. 北京：化学工业出版社，2022.

[66] 曹林，赵宗民，王东峰 . 智能交通中毫米波雷达数据处理方法与实现 [M]. 北京：电子工业出版社，2021.

[67] 何举刚 . 汽车智能驾驶系统开发与验证 [M]. 北京：机械工业出版社，2012.

[68] 梶原昭博 . 毫米波雷达技术与设计 [M]. 兰竹，徐畅，资礼琅，译 . 北京：科学出版社，2022.

[69] 张明友，汪学刚 . 雷达系统 [M].5 版 . 北京：电子工业出版社，2018.

[70] 秦红磊，丛丽，金天 . 全球卫星导航相同原理、进展和应用 [M]. 北京：高等教育出版社，2019.

[71] KAPLAN E O，CHRISTOPHER J. GPS/GNSS 原理与应用 [M].3 版 . 冠艳红，沈军，译 . 北京：电子工业出版社，2021.

[72] 田中成，刘聪锋 . 无源定位技术 [M]. 北京：国防工业出版社，2015.

[73] 刘亚欣，金辉 . 机器人感知技术 [M]. 北京：机械工业出版社，2022.

[74] 金凌芳，许红平 . 工业机器人传感技术与应用 [M]. 杭州：浙江科学技术出版社，2019.

[75] GROVES P D. GNSS 与惯性及多传感器组合导航系统原理 [M].2 版 . 练军想，唐康华，潘献飞，等译 . 北京：国防工业出版社，2015.

[76] 王晓飞，梁福平 . 传感器原理及检测技术 [M].3 版 . 武汉：华中科技大学出版社，2020.

[77] 申强，杨成伟 . 多传感器信息融合导航技术 [M]. 北京：北京理工大学出版社，2020.

[78] 汪延成，梅德庆 . 分布式柔性触觉传感阵列：设计、建模与检测应用 [M]. 北京：科学出版社，2021.

[79] 杨圣，张韶宇，蒋依秦，等 . 先进传感技术 [M]. 合肥：中国科学技术大学出版社，2014.

[80] RUSSELL R A. Using tactile whiskers to measure surface contours[C]. Proc. IEEE Int. Conf. Robot. Auton.，1992，2：1295–1299.

[81] KANEKO M，UENO N，TSUJI T. Active antenna–basic considerations on the working principle[C]. Proc. IEEE/RSJ/GI Int. Conf. Intell. Robot. Syst.（IROS94），1994，3：1744–1750.

[82] COWAN N，MA E，CUTKOSKY M R，et al. A biologically inspired passive antenna for steering controlof a running robot[C]. International Symposium on Robotics Research，Springer Tracts. Adv. Robotics，Springer，Berlin，Heidelberg，2004.

[83] 传感器技术 . 探秘电子皮肤——触觉传感器 [EB/OL].（2017-10-04）[2024-08-05]. https：//www.sohu.com/a/196184083_468626.

[84] 百度百科 . 滑觉传感器 [EB/OL].（2022-07-26）[2024-08-02]. https：//baike.baidu.com/item/ 滑觉传感器 .

[85] 蜕变 . 接近传感器（包括光电传感器）[EB/OL].（2021-10-14）[2024-08-05]. https：//zhuanlan.zhihu.com/p/421597884.

[86] 朱晓青，凌云，袁川来 . 传感器与检测技术 [M]. 北京：清华大学出版社，2020.

[87] 徐科军，马修水，李晓林，等 . 传感与检测技术 [M]. 北京：电子工业出版社，2016.

[88] HORN B K P. 机器视觉 [M]. 修订版 . 王亮，蒋欣兰，译 . 北京：中国青年出版社，2014.

[89] STEGER C，ULRICH M，WIEDEMANN C. 机器视觉算法与应用 [M].2 版 . 杨少荣，段德山，张勇，等译 . 北京：清华大学出版社，2019.

[90] 郁道银，谈恒英 . 工程光学基础教程 [M].2 版 . 北京：机械工业出版社，2017.

[91] 崔宏滨 . 光学基础教程 [M]. 合肥：中国科学技术大学出版社，2013.

[92] 毛文炜 . 现代光学镜头设计方法与实例 [M].2 版 . 北京：机械工业出版社，2017.

[93] 邵晓鹏，王琳，宫睿，等 . 光电成像与图像处理 [M]. 西安：西安电子科技大学出版社，2015.

[94] 于琪林 . 照相机与镜头 [M]. 北京：中国传媒大学出版社，2014.

[95] BELBACHIR A N. 智能摄像机 [M]. 程永强，等译 . 北京：机械工业出版社，2013.

[96] 王庆有，尚可可，逐力红 . 图像传感器应用技术 [M].3 版 . 北京：电子工业出版社，2019.

[97]　OHTA J. 智能 CMOS 图像传感器与应用 [M]. 史再峰，徐江涛，姚素英，译. 北京：清华大学出版社，2015.

[98]　中村淳. 数码相机中的图像传感器和信号处理 [M]. 徐江涛，高静，聂凯明，译. 北京：清华大学出版社，2015.

[99]　刘增龙，赵心杰. 机器视觉从入门到提高 [M]. 北京：机械工业出版社，2021.

[100]　邵欣，马晓明，徐红英. 机器视觉与传感器技术 [M]. 北京：北京航空航天大学出版社，2017.

[101]　工控帮教研组. 机器视觉原理与案例详解 [M]. 北京：电子工业出版社，2020.

[102]　卢金燕. 机器人智能感知与控制 [M]. 郑州：黄河水利出版社，2020.

[103]　李新德，朱博. 智能机器人环境感知与理解 [M]. 北京：国防工业出版社，2022.

[104]　陈兵旗. 机器视觉技术 [M]. 北京：化学工业出版社，2018.

[105]　徐德，谭民，李原. 机器人视觉测量与控制 [M]. 3 版. 北京：国防工业出版社，2022.

[106]　HALL D L，LLINAS J. 多传感器数据融合手册 [M]. 杨露菁，耿伯英，译. 北京：电子工业出版社，2008.

[107]　何友，王国宏，陆大金，等. 多传感器信息融合及应用 [M]. 2 版. 北京：电子工业出版社，2007.

[108]　康耀红. 数据融合理论与应用 [M]. 西安：西安电子科技大学出版社，1997.

[109]　LLEIN L A. 多传感器数据融合理论及应用 [M]. 戴亚平，刘征，郁光辉，译. 北京：北京理工大学出版社，2004.

[110]　韩崇昭，朱洪艳，段战胜. 多源信息融合 [M]. 2 版. 北京：清华大学出版社，2010.

[111]　罗俊海，王章静. 多源数据融合和传感器管理 [M]. 北京：清华大学出版社，2015.

[112]　高隽编. 智能信息处理方法导论 [M]. 北京：机械工程出版社，2004.

[113]　腾召胜，罗隆福，董调生. 智能检测系统与数据融合 [M]. 北京：机械工业出版社，2001.

[114]　FOURATI H. 多传感器数据融合：算法、结构设计与应用 [M]. 孙合敏，周焰，吴卫华，等译. 北京：国防工业出版社，2019.